U0192238

城市与建筑生态设计理论及实践丛书

栗德祥　主编

气候变化与城市绿色转型规划

王富平　著

中国建筑工业出版社

图书在版编目（CIP）数据

气候变化与城市绿色转型规划/王富平著. —北京：中国建筑工业出版社，2020.1

（城市与建筑生态设计理论及实践丛书）

ISBN 978-7-112-24703-5

Ⅰ.①气…　Ⅱ.①王…　Ⅲ.①气候变化-关系-城市经济-转型经济-研究-中国　Ⅳ.①P467②F299.21

中国版本图书馆 CIP 数据核字（2020）第 022476 号

本书为《城市与建筑生态设计理论及实践丛书》第三分册。本书在项目实践的基础上，总结了城镇绿色低碳发展的实现路径和规划方法，共分 7 章，分别为绪论，气候变化背景下的城市绿色转型，协同创新型低碳生态城市发展模式及其规划研究框架，资源环境评估与规划定位，分项规划研究，方案优化、规划实施与实施评价，补充案例。

本书适合于期望了解城市绿色发展与应对气候变化问题，了解相关规划路径的本科生、研究生和专业工作者阅读。

＊　　＊　　＊

责任编辑：于　莉
责任校对：李欣慰

城市与建筑生态设计理论及实践丛书
栗德祥　主编

气候变化与城市绿色转型规划
王富平　著

＊

中国建筑工业出版社出版、发行（北京海淀三里河路 9 号）
各地新华书店、建筑书店经销
北京鸿文瀚海文化传媒有限公司制版
北京市密东印刷有限公司印刷

＊

开本：850×1168 毫米　1/16　印张：19¾　字数：462 千字
2020 年 9 月第一版　　2020 年 9 月第一次印刷
定价：**90.00** 元
ISBN 978 - 7 - 112 - 24703 - 5
（35021）

丛书编委会

主　编　栗德祥

编　委　黄献明　邹　涛　栗　铁　夏　伟　周正楠

　　　　　刘小波　王富平　黄一翔　雷李蔚　刘　聪

　　　　　田　野　王　静　刘抚英

总　序

全球气候变暖、资源能源危机、生态环境恶化，对人类的生存和发展构成了严重威胁和严峻挑战。应对这一挑战是全方位的，无论哪个国家、哪级政府、哪个行业，都责无旁贷，无一例外。

建筑领域是资源能源消耗以及温室气体排放大户，节能减排任务十分艰巨。作为建筑工作者，我们深知自己肩上的重任。

传统的建筑学专业，在解决当前复杂的城市问题、应对全球挑战方面，已显得捉襟见肘。在学校里，建筑设计专业研究生的论文选题，也出现了重叠、"炒冷饭"和问题域枯竭现象，要想有所创新，最佳选择是打破原有的专业界限。所以，从专业上看，亟待拓展建筑专业的内涵，使其广义化，并与有关学科交叉。

上述缘由以及吴良镛院士"广义建筑学"的呼唤，催生了我们这类生态设计团队的形成。

在生态设计之路上，我们沿着三条基本路径整合向前推进。

其一，站在前人的肩膀上，不断深化生态设计理论探索。近十年来我所指导的研究生，其论文选题多半与生态设计有关，并通过工程项目或研究课题使理论与实践结合起来，《结合自然整体设计——注重生态的建筑设计研究》、《城市住区中住宅环境评估体系指导作用研究》、《绿色建筑的生态经济优化问题研究》、《绿色建筑并行设计过程与方法研究》、《中国矿业城市工业废弃地协同再生对策研究》、《基于被动式设计策略的气候分区研究》、《生态城市视野下的协同减熵动态模型与增维规划方法》等一系列论文的完成，不断深化着我们的理论探索。

其二，寻访他山之石，体验生态环境，开拓设计思路。近十年来，我们多次组团对国外生态城市与绿色建筑进行考察，或在城市与建筑考察中增加生态环境内涵。我们先后考察了德国著名生态城市埃朗根、弗莱堡，德国鲁尔地区生态修复，德国各地的生态村和绿色办公建筑，奥地利林茨日光城，英国贝丁顿 BedZED 零能耗发展项目，瑞典哈玛碧滨水新城及马尔默"明日之城"等，这些都给了我们团队的生态设计思路很多重要的启发。

其三，摸着石头过河，注重积累生态设计案例。在我国，引进国外先进的生态设计理念相对要容易些，而要把理念变成现实则困难得多，但这却是关键环节。因此，我们必须知难而进，在生态理念指导下尽可能多地实践。也正是基于这一考虑，近年来我们团队陆续完成了中央美院迁建工程（新校园规划及建筑设计）、北京中关村科技园区海淀园发展区生态规划、长春市整体城市设计城市生态设计专题、大连獐子岛镇"走向生态岛"生态规划与城市设计、清华大学超低能耗楼、邯郸市地税局数据处理中心、青岛天人环境工程公司综合实验楼、兰州联合国工业发展组织太阳能技术促进转让中心综合楼、2008 北京奥运会柔道跆拳道馆（北京科技大学体育馆）、2008 三星北京奥运展示馆、株洲城市规划展览馆等十余项生态规划与绿色建筑项目。

城市是复杂的巨系统，由多系统多层面构成。生态设计实践要全面关注、整体分析、分层落实、协同运作。

本丛书记录了我们在这三条路径上求索的足迹，共分为五册，第一册为综合篇，第二册为生态城设计篇，第三册为被动式设计篇，第四册为生态化建设及补偿篇，第五册为欧洲城市生态建设考察篇。此外，视生态设计研究深入的情况，再确定是否续编。

目前我们的设计研究尚比较粗浅，对国外优秀案例的考察很不全面，设计研究的成果还显得稚嫩，敬请读者不吝赐教。

在生态设计研究过程中，我们有幸得到了中国科学院李文华院士、北京市计科能源新技术开发公司王斯成总工程师、北京计科电可再生能源技术开发中心陈振斌研究员、UNIDO 国际太阳能技术促进转让中心喜文华教授等校外专家，能源基金会、气候组织等国际 NGO 组织，瑞典 SWECO 建筑设计公司、奥雅纳工程咨询（上海）有限公司等国际设计团队，吴良镛院士、江亿院士、秦佑国教授、庄惟敏教授、尹稚教授、袁镔教授、朱文一教授、吴唯佳教授、李树华教授、刘翔教授、蒋建国教授、张兴教授、林波荣博士等校内专家的关心与支持，为我们克服前进中的困难增添了动力和解决问题的方法。在此谨表衷心感谢！

本丛书能顺利出版，得到了中国建筑工业出版社的大力支持，对此深表谢意。

衷心希望本丛书的出版，能对我国生态设计的全面开展有所裨益。

栗德祥

序　言

　　遵照吴良镛先生广义建筑学和人居环境学的理念，以及住房和城乡建设部前部长叶如棠关于"建筑师应以生态环境建设为己任"的要求和期望，我们这个师生共建的学术团队，对我国城镇和建筑的低碳绿色发展进行了不懈的探索并取得了进展，本书就是成果之一。

　　本书作者自读博以来，一直将研究方向锁定在低碳生态城规划理论和方法上。其博士学位论文题目是《低碳城镇发展及其规划路径研究——以獐子岛镇为例》，博士后研究报告的题目是《基于复杂性科学的低碳生态城规划理论与方法研究》。在实践中，参与了獐子岛镇"走向生态岛"项目研究，作为项目执行负责人参与主持了海南博鳌万泉乐城、淮安新城、苏州吴中太湖新城、苏州高新区等低碳生态（绿色生态）专项规划项目。深入的理论研究和丰富的工程项目实践为本书筑就了坚实基础。

　　作者全面梳理了人类对全球气候变化的认识过程，以及应对气候变化的努力。在城镇发展层面，以复杂性科学及其相关理论为指导，建构了协同创新型低碳生态城市发展模式。在项目实践的基础上，总结了城镇绿色低碳发展的实现路径和规划方法。这种探索对我国城镇可持续发展具有实际参考价值。

　　有两点还需要强调一下：

　　其一，建构城镇生态安全格局应先于总体规划布局，以体现生态优先的原则。系统协同规划专项应与控制性详细规划并行展开，以利于专项与控制性详细规划的对接和融入。

　　其二，根据十九大精神和国家建设方针，应整体提升适用、经济、绿色、美观四项建筑基本性能，打造四项全优的好建筑。绿色建筑应转型升级回归整体，建筑行业应重点创建中国好建筑。绿色建筑、健康建筑等单项创优应以好建筑为基础和门槛。

栗德祥

2018.12.26 于清华园

目　录

第1章 绪 论

1.1 与经济发展相伴的环境问题及其治理

工业革命带来了社会财富的大量积累，同时也带来了日趋严峻的环境问题。后者因工业化而产生，并随着经济和科技的迅猛发展，类型不断增加，范围持续扩大。当新的环境问题产生而旧的环境问题依然存在时，旧问题往往会参与到新问题的发展演变中，相互影响，加剧问题治理的难度。因此，与经济发展相伴，人类对环境问题的治理始终持续，既有阶段性，又有连续性。今天的气候变化，虽然是近几十年来出现的新问题，但也是整个环境问题的一部分，是以往环境问题的延续和加深。它的出现，使环境问题从以部分国家和地区为主的局部问题真正成为威胁全人类生存基础的全球性挑战，同时也使以大气污染为代表的旧的环境问题卷土重来或加剧。后者的再次出现和加剧反过来也在影响前者。新旧交织，治理局面越加复杂，难度进一步增加。

1.1.1 局部环境治理

18 世纪 60 年代，蒸汽机的发明和广泛使用带动了工业革命的到来，同时也使人类对煤炭的使用进入了一个迅猛发展的新阶段。19 世纪 70 年代，由于电力使用的普及和内燃机的出现，汽车、飞机、远洋轮船等交通运输业蓬勃兴起，为内燃机和工业提供能源的石油开采和石油加工业也随之发展起来。大规模的煤炭和石油使用，导致 CO、SO_2、NO_x 等有害气体的大量排放。以机械、钢铁、化工为主的重工业发展，在大量消耗自然资源的同时，也大量排放含有铅、锌、镉、铜、砷等重金属的有害废水、废气和固体废弃物，污染水源、大气和土壤。工业化带动了城市化。城市人口的迅速增长，造成未经处理的生活垃圾随意堆弃和污水大量排放，进一步污染土壤和水环境。

直到第一次世界大战，在 150 多年的工业化进程中，西方主要国家的环境问题不断积累，酿成了一系列著名的环境事件。作为伦敦的母亲河，泰晤士河原本河水清澈、鱼虾成群，是伦敦地区的主要水源地。由于工业化时代的到来、人口的急剧增长和生活方式的改变，大量未经处理的生活污水和工业废水直接排入河中，沿岸垃圾随意堆放，导致泰晤士河水质严重恶化，水生生物几乎灭绝，河流两岸霍乱频发。1832—1886 年间，伦敦 4 次爆发霍乱，均与饮用水源污染有关。仅1849 年的霍乱就死亡 14000 余人。1858 年夏季的"大恶臭"事件，使英国议会和政府工作停摆。继河流污染之后，伦敦的空气污染也日趋严重。由于浓雾与有害工业废气混合，伦敦市在 1873 年、1880 年和 1892 年先后三次爆发严重的空气污染事件。这是人类历史上最早的煤烟型污染事件。南北战争结束后，美国的钢铁、电力、石油、汽车制造等新兴工业迅速建立，并带动了芝加哥、匹兹堡、圣·路易斯等新兴工业城市的发展。这些城市中的相当一部分，垃圾和水环境污染问题突出，霍乱、痢疾等传染病流行，个别城市成为当时全球传染病死亡率最高的城市。在日本，1877 年栃木县足尾铜矿生产产生的废石、矿渣和含有重金属的废水，严重污染区域生态环境和渡良濑河下游河水，并堵塞河道，引发山洪，导致几十万人流离失所。

环境污染的严重后果开启了相关国家和地区的治理序幕。"大恶臭"事件后，伦敦启动泰晤士河污染治理工程。市政部门沿泰晤士河两岸建造排污干渠和两座污水库，集中排放市区污水，缓解泰晤士河伦敦主城区河段的污染状况。由于污水未经过净化处理，泰晤士河从排污口到入海口的 25km 河段仍处于严重污染状态，并通过海水涨潮和河水流量减少时的污水回流，再次威胁伦敦城区。针对工业的有害废气排放，英国议会颁布了《工业发展环境法》和《制碱法》，规定氯化氢的最高排放量和控制有毒有害气体排放清单。但法案并没有消除伦敦市的空气污染源头，相关污染事件仍不断出现。美国新兴工业城市则积极改革市政管理系统，开展垃圾分类收集和处理，建立污水排放系统，有的城市禁止火车在市内使用烟煤，并通过立法和各种政令限制工业、商业及运输业排放烟尘。足尾铜矿污染后，日本政府开始相关治理行动，但在经济优先发展的指导思想下，产业防治措施并不彻底，效果也不显著。回顾这段历史，以大量消耗资源与牺牲环境为代价的发展方式和末端为主的治理模式，使环境污染成为发达国家工业化进程中无法摆脱的一道阴影。但与后来的污染类型、范围和危害程度相比，这一时期的环境问题仍处于初发阶段，类型少、危害范围有限、危害程度相对较低。

1.1.2 大气污染防治

20 世纪 50 年代以来，世界经济在经历了两次世界大战期间的停滞和恢复之后，再次转入高速发展阶段。能源资源消耗快速增长，环境污染加剧。一些新的污染形式，如核污染、海洋运输污染、石油开采储藏污染等相继出现。大气污染由于污染物排放量大、输送效率高、危害范围广、治理难度大，逐渐成为众多发达国家和发展中国家都必须面对的全球性环境问题，以及新一阶段环境污染的主要形式之一。

对于以煤炭为主要能源的国家和地区，煤烟型污染是其主要大气污染类型之一。它由煤炭燃烧和工业生产过程排放的 SO_2、CO、NO_x 等气态污染物与烟尘颗粒物共同造成。气态污染物在空气中氧化，生成硫酸盐、硝酸盐等强刺激性液态颗粒物，形成二次污染。1952 年的伦敦烟雾事件作为 20 世纪十大环境公害事件之一，尽管只持续了 4 天时间，但当月死亡人数就较常年同期增加 4000 余人，2 个月后又有8000 多人因此丧生。20 世纪 50 年代，随着石油、天然气大量取代煤炭成为主要能源和机动车保有量的快速增长，石油型或机动车尾气型污染在发达国家的大城市相继出现。在强烈的日照条件下，机动车尾气和工业废气中的 NO_x、挥发性有机物（VOC_s）等气态污染物进一步发生化学反应，形成以臭氧（O_3）为主的光化学污染。在著名的 1955 年洛杉矶光化学烟雾事件中，两天内就有 400 多名 65 岁以上的老人因呼吸系统衰竭离世。20 世纪 60、70 年代以来，由于化石燃料燃烧，空

气中的 SO_2、NO_x 等气态污染物总量持续上升，酸雨污染不断加重，并逐渐形成欧洲、北美等重要酸雨区，导致大量土壤和湖泊酸化、树木枯萎、水生生物死亡。在加拿大，受酸雨影响的国土面积达 5.2 万 km^2，5000 多个湖泊明显酸化。美国每年因酸雨造成的经济损失达 250 亿美元。跨境污染也使美国和加拿大政府在酸雨治理问题上摩擦不断。同时，工业化和城市化的交织以及能源结构的改变，也使大气污染逐渐由传统的单一类型向以细颗粒物（$PM_{2.5}$）和臭氧为关键污染物的复合型转变。多污染源、多污染物叠加，污染扩散范围更广，持续时间更长，对生态系统的直接和间接危害同时增长。自 20 世纪 80 年代开始，伴随着高速的经济增长和城市化进程，发展中国家的大气污染问题逐渐显现，并成为大气污染的重灾区。

大气污染的广泛威胁，引起了国际社会的共同关注。1972 年 6 月，联合国首届人类环境会议在瑞典首都斯德哥尔摩召开。包括我国政府在内的各国政府代表团、政府首脑、联合国机构和国际组织代表共同探讨人类环境的保护和改善问题，并通过了著名的《联合国人类环境会议宣言》。《联合国人类环境会议宣言》第一次把环境与人口、资源和发展联系在一起，力图从整体上解决环境问题。并试图从整体性出发，以源头防治思想替代单一的末端治理模式，综合运用立法、行政、市场、技术等治理手段，成为新一阶段环境治理的重要特点。英国早在 1943 年就颁布了《控制蒸汽机和炉灶排烟法》，以控制煤烟型大气污染物的排放。在 1968 年修订的《大气清洁法》中，英国首次提出烟尘污染物量化评价标准——"林格曼黑度"，其后又针对污染物排放量评估制定了国家大气排放物目录。美国不仅先后出台了一系列针对大气污染控制的法律法规，还率先建立联防联控管理机制，对区域大气污染进行全盘整合式管理。美国也是世界上最先建立污染物排放权交易制度、把税收手段引入环保领域的国家。针对重点排放行业，主要发达国家从 20 世纪 80 年代开始着手调整产业结构，着力发展高科技产业、服务业和绿色经济产业。同时，欧洲和日本开始大力倡导循环经济，鼓励企业采用先进的清洁生产工艺和技术。欧盟成立后，欧洲国家的大气污染防治进入统一框架，同步推动大气环境质量标准和减排措施的落实。持续的努力使欧洲国家传统的大气污染问题基本得到控制，空气质量显著改善。但由于化石能源使用、气候变暖等因素的作用，大气污染仍是影响这些国家公共健康的首要环境风险因素。2014 年，41 个欧洲国家约 52.04 万人因细颗粒物、臭氧和 NO_2 污染早逝，其中 42.8 万人的死因主要与细颗粒物污染有关[1]。与发达国家相比，发展中国家受困于薄弱的发展基础和巨大的发展压力，大气污染防治难度更大，并由于污染物的长距离输送影响全球。在耶鲁大学发布的《2018 年环境绩效指数报告》（2018 Environmental Performance Index）中，中国和印度的空气质量在全球 180 个参评国家和地区中，分列倒数第四位和倒数第三位[2]。

1.1.3 应对气候变化

人类活动通过向大气排放温室气体（Greenhouse Gas，GHG）和气溶胶（包括其前体物），以及对地表反照率的改变，扰动地球气候系统的辐射收支平衡，引起全球气候变化。以联合国政府间气候变化专门委员会（Intergovernmental Panel on Climate Change，IPCC）的科学评估为背景，气候变化被列为全球影响自然生态环境、威胁人类生存基础的重大问题。1992年《联合国气候变化框架公约》的通过，标志着全球应对气候变化主渠道行动的开始。全球环境保护努力也由此进入了一个新的发展阶段。

气候变暖是气候变化的最直接表现。根据世界气象组织（World Meteorological Organization，WMO）的报告，与工业化前相比，在有完整气象观测记录以来的10个全球最暖年份中（除1998年外），9个年份出现在2005年之后。2009—2018年，全球表面平均温度比工业化前基线高（0.93±0.07）℃。2015—2018年是有记录以来最暖的4个年份[3]。2017年作为其中最暖的非厄尔尼诺年份，全球表面平均温度比1981—2010年平均值高0.46℃，比工业化前高1.1℃[4]。由于海陆之间的蓄热性差异，许多陆地地区甚至出现更大幅度的区域性升温。大气和海洋变暖导致全球降水量重新分配、冰川和冻土加速消融、海平面上升、海洋酸化和含氧量下降、极端天气气候事件发生频率和强度增加、生物多样性丧失、粮食减产，深刻影响着自然生态系统和人类的生存与发展。20世纪50年代以来，许多观测到的以变暖为代表的全球变化在几十年乃至上千年的时间里都是前所未有的[5]。1998—2017年，全球由气候相关灾害造成的直接经济损失达2.25万亿美元，占全球自然灾害直接经济损失的77%，比1978—1997年的损失规模增加151%[6]。由于人类活动的持续影响，预计人为导致的全球变暖仍将以每10年0.2℃的速度增加。2030—2052年，全球平均温升将达1.5℃（高置信度），人类和自然生态系统都将面临前所未有的环境挑战[7]。到21世纪末，全球表面平均温度将比工业化前升高3.7~4.8℃，并引发灾难性后果。升温2℃，森林等生态系统将极易引起突发和不可逆转的变化风险；温升超过4℃，大面积珊瑚礁将死亡，粮食将严重短缺。

人类活动在近百年的全球气候变暖，特别是最近50多年的快速变暖中所起的作用是显而易见的[5]。根据AR5的估算，相对于1750年，2011年全球总人为辐射强迫①值达2.29［1.13~3.33］W/m^2，比自然因子产生的辐射强迫值高40多倍，比AR4估算的2005年总人为辐射强迫值高43%，如图1-1所示。温室气体是人为辐射强迫中最主要的增温效应因子。大气中混合充分的温室气体的辐射强迫达3.00［2.22~3.78］W/m^2，其中一半以上由CO_2产生。除温室气体外，由硫酸盐、硝酸盐、铵盐、碳（黑碳和有机碳）、沙尘等人为源气溶胶导致的总辐射强迫为-0.9（-1.9~0.1）W/m^2，地表反射率变化导致的辐射强迫为-0.15［-0.25~0.15］W/m^2。这两者的冷却效应部分抵消了温室气体导致的气候变暖。尽管人为源气溶胶总体表现为冷却效应，但其中的黑碳和有机碳却是重要的增温效应因子。如果除去黑碳和有机碳的增温效应，短期的净全球变暖（3~5年内）会减少20%~45%。黑碳气溶胶也被认为是继CO_2之后最重要的增温效应因子，增温效应高于CH_4。因此，在一定时期内，减少黑碳和有机碳排放可以更有力地遏制气候变暖。目前全球大气中的温室气体浓度仍在持续上升。2017年，全球大气中的CO_2、CH_4和N_2O浓度分别比

---

① 辐射强迫（Radiative Forcing，RF）指某一因子在地气系统辐射收支平衡中造成的能量通量变化。正值为增温效应，负值为冷却效应。辐射强迫可根据某一种物质的大气浓度变化计算，也可根据某一化合物的排放计算。后者与人类活动联系更直接，包含了受排放影响的所有物质贡献。

工业化前增加了 46%、157% 和 22%[3]。随着温室气体浓度的持续上升，未来留给人类的排放空间极其有限。将全球温升控制在 1.5°C 以内，需要实现能源、土地、城市与基础设施（包括交通运输和建筑），以及工业系统快速而深远的变革。到 2030 年，全球人为 CO_2 净排放量要比 2010 年减少 45%，并在 2050 年左右达到"净零"排放[7]。

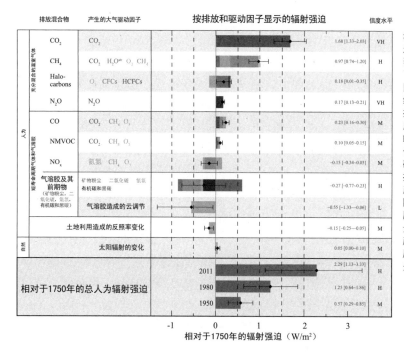

图 1-1 2011 年气候变化主要驱动因子辐射强迫估计值和不确定性（相对于 1750 年）

资料来源：IPCC. 决策者摘要［M/OL］//IPCC. Climate Change 2013：the Physical Science Basis. Cambridge：Cambridge University Press，2013. https：//www.ipcc.ch/report/ar5/wg1/.

气候变化与大气污染也正以复杂的形式交织在一起。气候变暖使许多地区的季风减弱，平均风速降低，降水减少，大气环境容量下降，细颗粒物、臭氧等大气污染问题重新抬头或加剧。与全球升温趋势相呼应，2016 年 10 月的印度首都新德里，11 月的伊朗，12 月的法国巴黎、西班牙马德里、韩国首尔等城市均遭受了严重的灰霾天气过程。2016 年我国京津冀地区 70% 以上的雾霾事件也是由气象条件决定的。在气候变暖背景下，未来京津冀地区的气象条件将越来越不利于大气污染物的扩散[8]。高温天气和不利扩散条件也在加剧全球臭氧污染形势。欧洲大部分国家仍没有达到世界卫生组织规定的臭氧浓度安全标准。我国部分大城市每年的臭氧污染天数已与颗粒物污染天数持平。而大气污染也在通过对植被固碳能力和全球碳循环的破坏，加剧短期气候变暖。同时由于气候变化人为强迫因子与大气污染物往往是同一种物质或有着共同的排放来源，因此许多气候变化减缓措施同时也是大气污染物削减措施。又由于人为强迫因子辐射效应的不同，许多措施需要综合运用。例如，由于是同一物质，在削减 SO_2 和 NO_x 排放，同时也会降低它们转化为气溶胶后产生的冷却效应，加剧短期气候变暖。为抵消这种短期气候效应，在

削减 SO_2 和 NO_x 排放的同时，就需要考虑加大 CO_2、短寿命气候污染物[①]等增温效应因子的减排力度。

自《联合国气候变化框架公约》通过以来，尽管全球应对气候变化行动遇到过各种阻力，但始终没有停止前进步伐。2015 年 11 月底，备受瞩目的巴黎气候变化大会（COP21）召开。全球 150 位国家元首及政府首脑、195 个与会国家和经济体的近万名代表，共商应对气候变化的全球新协议，并最终通过了《巴黎协定》。《巴黎协定》致力于将 21 世纪全球升温幅度控制在 2℃ 以内，并努力控制在 1.5℃ 以内。全球 189 个国家提交了国家自主贡献承诺。中国政府承诺 2030 年国内 CO_2 排放量达峰并争取尽早达峰。《巴黎协定》的通过，标志着全球气候治理向着《联合国气候变化框架公约》所设定的"将大气中温室气体的浓度稳定在防止气候系统受到危险的人为干扰的水平上"这一最终目标迈进了一大步。它也使气候治理与各国的经济社会发展更加紧密地结合在一起。但即使《巴黎协定》所有国家的自主贡献承诺完全履行，也仅能完成 2030 年温控目标所需减排量的 1/3，到 2100 年，全球仍极有可能升温 3℃ 以上。因此，地方和非国家行动者（如城市、私营部门等）的行动是加强未来气候治理雄心的关键[9]。2017 年 6 月，美国政府宣布退出《巴黎协定》。但随即，加州、纽约州和华盛顿州成立"美国气候联盟"（United States Climate Alliance），全美 61 个城市市长联合发表声明，共同维护和执行《巴黎协定》。从2017—2018 年陆续发布的美国《第四次国家气候评估报告》（Fourth National Climate Assessment）来看，美国并未从气候变化的全球影响中独善其身。气候变化对美国自然生态系统、经济和社会发展的影响正在加剧，如果没有持续的、实质性的全球减缓行动和区域适应努力，到 21 世纪末，一些经济部门的年损失将达数千亿美元[10]。

从全球环境问题的发展历史和现实危机中一路走来，如何在可持续发展和公平的总体框架下认识、评估和应对气候变化，如何在"公约"主渠道行动之外通过短寿命气候污染物减排加强气候治理效果，如何实现气候与环境问题的综合解决，是现阶段国际社会应对气候变化研究和行动的几个热点问题。它们都与发展中国家应对路径的选择息息相关。作为全球最大的温室气体排放国和全球最易遭受气候变化不利影响的国家之一，也是同时面临发展与可持续发展、应对气候变化与生态环境质量总体改善等诸多挑战的发展中大国，我国的应对气候变化行动正在加强生态文明建设等一系列新思想、新论断、新要求的指向下，与其他资源环境问题的解决结合，以更加系统的方式推进。在我国面临的土、能、水、大气、固体废弃物、生物多样性等诸多方面的资源环境问题中，只有应对气候变化是与各项资源环境问题都高度关联，具有广泛协同效应的。它与国家经济社会发展方式的联系也最为紧密，并能进行较为完整的行动绩效量化评估。因此，积极应对气候变化和低碳发展，既是中国作为最大温室气体排放国的国际责任、保障能源安全和环境污染治理的内在

---

① 短寿命气候污染物（Short-Lived Climate Pollutants，SLCPs）概念由联合国环境规划署（United Nations Environment Programme，UNEP）提出，主要包括 CH_4、黑碳、对流层臭氧和部分氢氟碳化物（HFCs）。它们在大气中停留时间短，短期气候风险显著。同时减排短寿命气候污染物和 CO_2，到 2100 年可以使全球温度少升高 2.6℃，单独减排短寿命气候污染物，可使全球温度少升高 0.6℃。

要求，也是我国转变发展方式、开展绿色城镇化探索、提高发展质量的重要抓手，是"有助于我国实现多重相辅相成的发展目标，根植于我国国情并符合世界发展趋势的战略性道路"[11]。

1.2 城市应对气候变化行动的蓬勃发展与理性回归

城市是人为温室气体排放的主要源头，也是全球应对气候变化的主战场。受气候变化问题复杂性的影响，国内外城市的应对气候变化行动都经历了一个从蓬勃兴起到徘徊停滞再到理性回归的曲折过程。

1.2.1 城市发展与气候变化问题的汇聚

城市应对气候变化包括"减缓"和"适应"两个相辅相成的基本任务。适应是必不可少的，即使最严格的减缓努力都无法避免未来几十年里气候的进一步变化，但减缓仍是根本，因为只依靠适应无法阻止气候变化的加剧。

如果以消费类数据为基础，全球 60%~70% 的人为温室气体排放来自城市区域，并始终保持上升趋势。其中，与工业相关的温室气体排放量目前约占全球温室气体总排放量的 1/5 左右。很多工业活动都具有高能耗特征，如钢铁制造、有色金属、化工、石油加工、水泥生产等。这些高能耗产业支撑了城市扩张和城市化进程。虽然随着全球产业结构升级和减排意识的增强，工业领域温室气体排放比重有所下降，但仍不足以打破现有排放格局。尤其是那些快速城市化的发展中国家，工业比重高，温室气体排放比重大等问题突出。交通领域的温室气体排放量目前占全球温室气体总排放量的 13%，是全球增长最快的温室气体排放源。发展中国家特别是机动车保有量快速增长的国家，交通排放尤为严重。2011 年，全球共有约 12 亿乘用车辆，预计到 2050 年，数量将达到 26 亿，大多数集中在发展中国家。而不恰当的城市规划模式及其所导致的交通需求增长又进一步加剧了交通领域的温室气体排放。城市建筑运行过程中的电力使用、采暖和制冷用能排放的温室气体量在全球温室气体总排放量中也占较高比重，约为 8%。在英、美等发达国家，这一比例高达 40%。城市废弃物处理处置排放的温室气体量约占全球温室气体总排放量的 3%。尽管比例不大，但近年来也呈上升趋势。财富不断增长、快速城市化的发展中国家尤为突出。另外，全球大约 31% 的温室气体排放由农业和林业活动产生。它主要来自城市蔓延和居民消费升级对农业活动模式、林业活动模式及土地利用方式的改变。因此可以说，正是工业文明带来的城市发展和城市生活方式扩张，造成了全球人为温室气体排放的不断增长，而全球城市化仍在以前所未有的速度发展[12]。

气候变化也给城市地区及其不断增长的人口带来了独特挑战。作为几乎所有其他环境风险的加速器，气候变化会增强极端天气事件的发生频率和强度，加剧城市环境扰动，威胁居民生命和财产安全。仅 2018 年，全球就有近 6200 万人受到自然灾害影响，主要是天气和气候事件。2018 年春末和夏季，欧洲大部分地区经历了异常的高温和干旱天气，瑞典南部地区降雨量只有此前最低纪录值的一半左右，丹麦经历了最炎热的夏季，中欧的严重热浪造成 1500 多人死亡。同样遭受热浪袭击的还有亚洲东部和北美。日本共有 153 人死于酷暑，加拿大魁北克省 93 人死于相关疾病。9月，超强台风"山竹"造成我国珠三角地区240万人受灾。日本神户地区因台风导致大范围洪水，关西国际机场大面积被淹。9月和10月，四级飓风"弗洛伦斯"和飓风"迈克尔"使美国遭受总计超过490亿美元的经济损失，102人死亡。飓风"弗洛伦斯"是美国历史上第九大风暴，气候变化使其降雨量增加了一半以上。11月，加州北部遭遇100多年来美国生命损失最严重的野火，17万英亩土地被烧、1.8万座建筑焚毁、近30万人紧急撤离、80余人死亡。研究认为，气候变化带来的气温升高、降雨量减少和大气环流改变，助长了该地区的火灾发生几率和事态发展。由于全球变暖，加州的森林火灾预计将在20~30年后以更高的频率出现。2018年全球同样遭遇严重野火的地区还有瑞典、希腊的雅典、加拿大西部城市等。瑞典的野火达到前所未有的程度，超过2.5万hm²土地烧毁[3]。除极端天气事件的影响外，气候变化还会损坏城市道路、给水排水系统、能源系统等各类基础设施和建筑，影响城市居民生活和贸易、制造业、旅游业、保险业等一系列经济活动。例如，由海平面上升和海水入侵造成的沿海地区建筑物毁坏、地面塌陷、道路和地下管线侵蚀，由风暴和洪水造成的电力传输设施损坏和干扰，由降水模式改变造成的地下水位下降、城市供水不足，等等。气候变化还会通过恶化空气污染，增加过敏源、病毒宿主、食源和水源疾病等对公共健康产生重大影响。

与许多资源环境问题的解决不同，应对气候变化必须从根本上转变以往基于化石能源和粗放型资源消费的经济社会发展模式，因此它不是城市中某些部门、行业、领域或层面的局部问题，而是一个必须由城市内部各部门、各行业、各领域和各利益群体共同参与、整体规划、协同行动的全局性问题。这些行动中既有经济的，也有政治的；既有法律的，也有行政的；既有科技的，也有文化的；既有政府的，也有市场和社会的。城市规划直接决定城市的发展规模、功能布局和基础设施建设形式，引导着城市生产方式、生活方式和资源利用方式的发展。这些无一不与城市温室气体排放水平和适应气候变化的能力息息相关，并具有长期锁定效应。因此，城市规划是城市应对气候变化行动必不可少的"优先行动领域"①。伦敦、纽约、东京等国际主要城市纷纷将减排目标和应对措施纳入城市规划文件，引领城市的应对气候变化行动。联合国第三次住房和可持续发展大会（简称"人居三"，H Ⅲ）通过的引领未来20年全球可持续城镇化的纲领性文件《新城市议程》（New Urban Agenda，2016），也将优良的城市规划视为引领健康城镇化、应对气候变化等重大全球挑战的重要工具。在我国，城市规划是城市建设和管理的基本依据，在城市气候战略向具体行动转化过程中具有"承上启下"的专业接口和引导作用。特别是在快速城镇化和城市资源环境问题不断加深的形势下，城市规划的这一作用会更加凸显。

1.2.2 国际行动

20世纪90年代以来，尽管在应对气候变化必要性方面出现过不同声音，但依托于坚持不懈的科学探索，国际城市的应对气候变化行动依然稳步推进，积累了大量成果。

---

① 《斯特恩报告》（Stern Review，Stern，2006）认为，低碳城市规划是应对气候变化的四个优先行动领域之一。

一些化石能源消耗量大，易受气候变化影响的特大/超大城市、河口城市走在了全球城市应对气候变化行动的前列。以科学评估和多层次行动方案为支撑、减缓与适应并重、技术手段与公共治理结合，是这些城市应对行动的共同特点。2001—2011年的十年间，伦敦市从"伦敦气候变化伙伴关系"（London Climate Change Partnership，LCCP）项目开始，先后颁布了《市长应对气候变化行动计划》（Action Today to Protect Tomorrow-The Mayor's Climate Change Action Plan，2007）、《伦敦适应气候变化战略草案》（The Draft Climate Change Adaptation Strategy for London，2010）、《市长气候减缓和能源战略》（Delivering London's Energy Future：The Mayor's Climate Change Mitigation and Energy Strategy，2011）、《气候变化适应战略——管理风险和增强韧性》（Managing Risk and Increasing Resilience：The Mayor's Climate Change Adaptation Strategy，2011）等一系列文件，结合温室气体清单和气候风险评估，系统阐述城市减缓和适应气候变化的目标、思路及路径。2016年，在新的《大伦敦规划》（the London Plan）中，伦敦政府提出了零碳城市发展目标。纽约市的行动计划同样全面、系统。在2015年编制的《一个纽约：为强大而公正的城市规划》（One New York：The Plan for a Strong and Just City）文件中，纽约市提出了2050年温室气体排放量比2005年削减80%的大力度减排目标。东京作为日本温室气体排放量最大的地区和敏感的河口城市，也通过《低碳东京10年计划》（10-Year Project for a Carbon-Minus Tokyo，2006）、《东京气候变化战略——低碳东京十年计划的基本政策》（Tokyo Climate Change Strategy：A Basic Policy for the 10-Year Project for a Carbon-Minus Tokyo，2007）、《东京气候变化战略：进展报告与未来展望》（Tokyo Climate Change Strategy：Progress Report and Future Vision，2010）等一系列政府文件，多层次部署应对行动。东京都政府还在2010年构建了全球首个城市强制排放交易体系——东京都排出量取引制度（Tokyo Cap-and-Trade Program，TCTP），以市场化手段引导减排行动。2011年3·11大地震后，由于核电站的关闭，东京电力供应的能源结构有所改变，碳排放系数增加。为应对新局面，东京都政府除了制定温室气体排放目标外，还制定了新的能源消耗和可再生能源利用目标，并致力于建设一个以氢能利用为基础的零碳城市。2019年，碳排放交易体系做了新的修订，以支持城市2030年可再生能源利用目标和之后的零碳城市目标的实现[13]。

国际组织在应对气候变化行动中发挥了重要的推动作用。1993年在纽约联合国城市领导人峰会上，国际地方环境行动理事会（The International Council for Local Environmental Initiviatives，ICLEI）率先发起了名为"城市气候变化保护行动"（Cities for Climate Protection Campaign，CCP）的行动计划，协助地方政府核算温室气体排放量并制定减排方案，推动《联合国气候变化框架公约》在城市层面的实践。目前全球已有87个国家1200余个地方政府参与该行动。"C40城市气候领袖群"（Large Cities Climate Leadership Group，简称C40）是2005年由全球主要城市为应对气候变化成立的国际组织，现有成员城市69个。这些城市共占全球人口的5%，占全球GDP的21%。2009年，C40与克林顿基金会和美国绿色建筑委员会联合发起了C40正气候发展计划（the Climate Positive Development Program），通过大规模的城市社区碳减排项目探索环境可持续和经济可行的城市增长模式。纳入计划的项目可以通过能源、废弃物和交通领域的社区自身减排及邻近社区减排，实现项目零排放乃至净负排放的"正气候"目标。2016年6月,我国首钢"新首钢高端产业综合服务区"核心区项目成为我国首个、全球第19个正气候项目。联合国人居署(United Nations Human Settlements Programme,UN-Habitat)也在城市应对气候变化行动方面开展了大量工作。2008年至今,UN-Habitat先后发起了"城市应对气候变化项目"(Cites and Climate Change Initiative,2008)、"城市低排放发展战略"(Urban Low Emission Development Strategies,2012)等行动计划,并通过《城市与气候变化——全球人类住区2011》(Cities and Climate Change:Global Report on Human Settlements 2011,2011)、《城市适应气候变化行动方案指导原则》(Guiding Principles for City Climate Action Planning,2015)等多种形式的研究报告和指南,引导行动的开展。2016年10月,在"人居三"大会通过的《新城市议程》中,促进应对气候变化的缓解和适应性,帮助实现气候变化《巴黎协定》目标,成为城市和人类住区建设的主要愿景之一。因为有了这些国际组织的引导,全球城市的应对气候变化行动得以更加广泛、规范和高效的开展。

1.2.3 国内探索

与国外城市相比,我国城市的应对气候变化行动虽然起步较晚,但在生态文明建设总体要求和多种形式的试点示范工作带动下,进展迅速。

总体来看,我国城市的应对气候变化行动主要沿着两个方向展开,一个是从完成我国碳排放峰值目标和控制碳排放总量目标出发,以低碳与地区发展双赢的气候治理模式探索为核心的"低碳城市试点"体系;另一个是以城市空间规划及其实施管理为平台,探索集成化生态型城市建设方案的"低碳生态城市"和"绿色生态示范区"建设体系。两个方向各有侧重,相互补充,使我国城市的应对行动迅速从零散、局部的自发性探索向集约化、规模化的系统探索发展。2010—2017年,国家发展和改革委员会(简称"国家发改委")先后组织开展了三批低碳省区和低碳城市试点。试点省市在建立转型发展倒逼机制、完善低碳发展管理能力、促进产业低碳化发展、科技创新等方面取了许多重要成果。在此期间,国家发改委还陆续启动了低碳工业园区(2013年)、低碳社区(2014年)和低碳城镇(2015年)试点工作。试点形式、内容和成果多样。2010年1月,住房和城乡建设部(简称"住建部")与深圳市政府签署《关于共建国家低碳生态示范市合作框架协议》,探索南方气候条件下的低碳生态城市规划建设模式。其后,住建部进一步与广东省签订《关于共建低碳生态城市建设示范省合作框架协议》,扩大共建范围。一系列国际低碳生态城市建设合作也相继开展,如"中德低碳生态试点示范市"(2014)、"中欧低碳生态城市合作项目"(2015)、"中芬低碳生态城市合作试点"(2015)、"中英绿色低碳小城镇试点"(2016)等。2012年底,住建部启动包含低碳理念在内的国家绿色生态示范城区创建工作,截至目前已有40余个国家级示范城区项目获得批准。2013年3月,住建部发布《"十二五"绿色建筑和绿色生态城区发展规划》,推动规模化绿色建筑和生态型城区发展。2017年7月发布的国家标准《绿色生态城区评价标准》GB/T 51255—2017,要求把应对气候变化作为绿色生态城区建设的重要内容。2017年3月,国家发改委与住建部联合启动气候适应型城市建设试点,城市适应气候变化问题积极稳妥地向前推进。

部分经济基础好、化石能源消耗量大、易受气候变化影响的大型城市在城市应对气候变化行动中表现突出。以世博会为契机，上海市将低碳城市作为转型发展的重要方向。崇明生态岛、临港低碳宜居新城、虹桥低碳商务区、世博会园区、中国-瑞士（上海）低碳城市项目等不同类型的示范项目，以及碳交易试点、上海市民低碳行动等治理措施相继推出。在以"迈向卓越的全球城市"为总体目标的《上海市城市总体规划（2016—2040）》中，"坚持生态优先，树立低碳发展典范"、"守护城市安全，建设韧性城市"成为重要的规划目标。北京也是一个人口高度聚集、资源供给高度依赖外部供应的超大型城市。为从根本上缓解人口与资源环境约束，北京市结合京津冀协同发展战略和非首都功能的疏解，在调整产业结构、控制人口规模等方面开展了许多独特探索，并在地方法规和条例制定、碳排放权交易试点、低碳社区和低碳园区创建试点等方面取得了很多成功经验。长辛店生态城、北京未来科技城、雁栖湖生态发展示范区、新首钢高端产业综合服务区核心区等一批重要的低碳城市规划建设项目由此诞生。作为住建部开展合作共建的第一个国家低碳生态示范市，深圳市以"实现城市紧凑发展，生态环境明显改善，资源利用效率显著提高，CO_2 排放保持较低水平"为目标开展工作，并以光明新区、坪山新区、坪地国际低碳城等为重点片区开展实践，成效显著。此外，深圳市还建立了低碳生态城市建设白皮书制度，定期评估和总结低碳生态城市建设进展和成效，接受公众监督，促进城市交流。

在探索过程中，一批系统性、探索性突出的新城建设项目受到了国内外的广泛关注，如以生态环境保护修复和零碳发展为目标的上海东滩生态城项目，由我国和新加坡两国政府联合开发建设的中新天津生态城项目，由瑞典和我国专家团队联合规划的曹妃甸国际生态城（现为"曹妃甸新城"）项目等。这些项目的建设实施虽然进展各异，但它们所体现的先进发展理念、科学的规划建设方法和多层次的实施策略极大地拓宽了我们的行动视野，对我国城市的应对行动有重要的启示和借鉴意义。

1.3 理论与实践结合的再思考

1.3.1 写作目的与重点

我国城市可持续发展面临着包括气候变化在内的诸多资源环境问题，形势严峻。从根本上综合解决这些问题与发展的矛盾，提高人民群众的生活福祉，是未来相当长时期内国家经济社会发展的重要任务。本书尝试在全球气候变化影响与地区资源环境困境相互交织、持续加深的背景下，结合新的气候科学研究成果、理论思考和实践案例，探讨我国城市应对气候变化与其他主要资源环境问题协同解决的基本规律和行动思路，并尝试将其反映到城市规划的编制和实施管理工作中，通过城市规划的引领作用，提高行动的科学性和规范性，促进综合行动质量与效率最优。

（1）结合气候科学研究的新成果、我国城市应对气候变化的条件与挑战，以及40余年来我国解决资源环境问题的持续探索，认识气候变化人为归因的新特点；认识气候变化与大气污染等资源环境问题相互交织、协同治理的发展新趋势；认识我国可持续发展探索中不断加深的"绿色转型"、"融合发展"与"创新引领"诉求。

（2）从复杂性科学和城市生态学出发，认识城市可持续发展的自组织创新与协同进化特征，以及其中的开放性、层次性、复杂适应性、超循环结合等发展要求；认识城市物质、能量与信息流耦合作用的自组织结构特性及其对资源环境问题的影响。在此基础上，认识城市可持续发展理念——绿色发展、低碳发展、循环发展、生态城市、智慧城市等的行动特点与协同行动关系，探讨我国城市以资源环境问题综合解决为导向的高效发展模式，促进城市关键发展资源的配置、系统发展质量和效率整体最优。

（3）以钱学森先生等提出的求解复杂巨系统演化问题的"从定性到定量的综合集成法"和吴良镛先生提出的中国人居环境建设方法论为指导，结合实践案例，以系列专项规划的编制、实施与评价为载体，探讨与新发展要求和发展模式相适应的协同规划组织、编制、实施和评价方法，使新要求更好地融入现行城市规划体系，为高效的综合行动构建良好开端。

1.3.2 理论借鉴

复杂性科学兴起于20世纪80年代，是系统科学发展的新阶段。它重点研究有组织复杂系统的复杂性来源、表现与演化的一般规律。所谓"复杂"既是指系统结构上的复杂，也是指这种结构中孕育而生的复杂的、创新的、自我演化的系统行为。复杂性理论的出现打破了牛顿力学以来线性、均衡、简单还原论的传统思维模式，使科学技术方法论从认识存在到认识演化，从认识相对静止到认识运动变化，进而去认识存在与演化、相对静止与相对运动统一的发展过程。这是思维方式和方法论的重要进步。经过近30年的发展，复杂性科学逐渐形成了包括耗散结构理论、协同学理论等在内的众多理论流派，能够更深入地解答复杂系统的复杂性来源与演化问题。尽管目前人们对复杂性科学的定义仍不尽相同，但其在自然科学、哲学、社会学等众多领域的应用价值毋庸置疑。城市是典型的复杂适应系统和复杂巨系统，也是一类人工与自然结合的特殊生态系统。本书尝试将复杂性科学作为主要理论借鉴，认识城市可持续发展和绿色低碳转型的自组织创新发展本质与复杂系统规律；将复杂性理论与城市生态学结合，探讨城市资源环境问题综合解决的高效发展模式；将求解复杂巨系统演化问题的"从定性到定量的综合集成法"与人居环境建设方法论结合，探讨与新发展要求相适应的协同规划组织、编制、实施和评价方法。

城市生态学是生态学的一个分支。它以生态学的概念、理论和方法来研究城市的结构、功能和动态调控。本书着重利用其中的生态系统功能基础和生态位理论，认识城市自组织演化的结构特性，认识"绿色"、"低碳"、"生态"、"循环"、"智慧"等重要可持续发展理念的行动特点与行动关系，探讨以城市资源环境问题综合解决为导向的高效发展模式。作为复合生态系统，城市是通过物质、能量和信息资源在系统与环境之间、在系统内部各子系统之间不断的代谢运动来维持其生存发展的。三种生态流的代谢运动和耦合作用，将城市的生产与生活、经济与资源环境、时间与空间、结构与功能，以人为中心串联起来。这是城市作为复杂系统自组织演化的功能基础。城市发展的不可持续，实质上就是不合理的他组织活动导致的三种资源的配置不合理，以及由此对系统自组织演化功能的破坏。而城市的各种可持续发展探索，无论是绿色发展、低碳发展还是循环发展，无论是生态城市建设还是低碳城市建设，归根到底都是一种资源的优化配置探索。这些资源流的代谢运动是耦合运动，是不可分割的，它们的优化配置方法也应该是协同作用的。

人居环境科学理论由吴良镛先生于20世纪90年代提出。人居环境即人类聚居生活之所。它由自然、人类、社会、居住和支撑五大系统组成，并可分为全球、国家和区域、城市、社区和建筑等多个空间层次。人居环境科学旨在针对我国快速城市化提升中人类生活、生产与自然、社会的和谐发展问题，建立以人与自然的协调为中心，对人居环境进行多学科整体研究的学科群，探寻人居环境规划建设的科学规律与方法。人居环境科学的一个重要特色是从系统思想和复杂性科学出发，以整体的、相互联系的动态方法，解决开放巨系统中的复杂性问题。在体系架构上，人居环境科学是以建筑、园林和城市规划为核心，涵盖地理、环境、生态、哲学、艺术、民俗、历史、土木、心理、社会、经济等众多学科的开放的、成长中的科学共同体。在研究方法上，人居环境科学强调以问题为导向的、融贯的综合研究，通过抓住关键、解剖问题、综合集成、螺旋上升的研究逻辑，创建人居环境研究的新范式。而生态环境恶化、全球气候变化等新的发展挑战的出现，也在推进着人居环境科学进一步向着"大科学"的方向迈进[14]。本书着重以人居环境科学中知识体系架构、研究方法和规划设计的相关要求为依据，结合求解复杂巨系统演化问题的相关方法，探讨与新发展要求相适应的协同规划组织、编制、实施和评价方法。

1.3.3 应用案例

本书主要借助大连市长海县獐子岛镇"走向生态岛"生态规划与城市设计项目，探讨与新发展要求相适应的协同规划组织和编制方法（详见本书第4章、第5章、第6章6.1节和6.2节）①。獐子岛镇位于北纬39°的黄海北部海域。该纬度是世界公认的海洋珍稀物产纬度，獐子岛镇的海珍品养殖也因此驰名中外。20世纪90年代以来，经济快速增长和气候变化带来的资源环境影响日渐显现，威胁着獐子岛镇的可持续发展。本项目是一个以低碳生态岛建设为主题，同时整合产业经济、土地利用、城镇空间格局、交通、建筑、能源综合利用、水资源综合利用、固体废弃物综合利用、景观生态等多个专题的城镇可持续发展规划与设计研究项目，项目成果为獐子岛镇的法定规划修编和可持续发展管理提供相关解决方案。獐子岛镇陆地总面积14.95km²，主岛作为重点规划区陆地面积8.94km²，规模与一般的生态型城区规划设计项目相当。与一般城区项目相比，獐子岛镇远离大陆，来自外界的能量和物质交换干扰少，系统完整性和封闭性高，但一般城区项目中常见的可持续发展

---

① 项目由清华大学建筑学院生态设计工作室、清华大学建筑设计研究院绿色建筑工程设计研究所和北京清华城市规划设计研究院城市与建筑生态工程研究所共同主持完成。项目主持人：栗德祥教授；生态规划部分主要参与人：邹涛、王富平、黄一翔、雷李蔚、田野、刘晓波、吴正旺等；城市设计部分主要参与人：栗铁、黄献明、夏伟、张正岚、许珍杰等；其他参与编制单位包括：宇恒可持续交通研究中心何东全博士团队（可持续交通专题规划）、北京市计科能源新技术开发公司（可再生能源电力规划）、中国航天北京航天发射技术研究所电动车辆研制中心（可持续交通工具技术）、清华大学环境科学与工程系刘翔教授和蒋建国教授团队（水资源和固体废弃物专题规划）、清华大学航天航空学院工程热物理研究所张兴教授团队（分布式风能技术）、中国农业大学观赏园艺与园林系李树华教授团队（景观规划）等。

问题，如产业结构不合理、土地资源紧缺、能源紧缺、水资源匮乏、固体废弃物处理处置难、生物多样性破坏等在该镇均有不同程度的体现，而作为海岛城镇，气候变化对獐子岛镇生产生活和自然生态系统的影响更加突出。因此，本书将其作为探讨新规划理念和规划编制方法的微缩模型。

由于獐子岛镇规模较小，方案编制时间较早，一些新的规划思路、内容和方法无法尽述，所以本书同时借助海南万泉乐城低碳生态专项规划（详见本书第7章7.1节）[①]、苏州吴中太湖新城启动区绿色生态专项规划（详见本书第7章7.2节）[②]和苏州高新区绿色生态专项规划（详见本书第6章6.2节和第7章7.3节）[③]三个项目，进一步探讨企业主导下资源环境保护与开发利益共赢的生态型城区建设模式和规划方法、典型新建生态型城区的协同规划编制和实施办法，以及新技术手段在协同规划中的运用。此外，作为规划问题的延伸，本书还借助"江苏省建筑节能和绿色建筑示范区后评估体系研究"课题[④]成果（详见本书第6章6.3节），探讨协同规划实施评价的基本思路、方法与工具构建问题。

① 项目由清华大学建筑学院生态设计工作室主持完成。项目主持人：栗德祥教授；生态规划部分主要参与人：邹涛、王富平；低碳规划部分主要参与人：王富平、邹涛、雷李蔚、黄献明、夏伟、刘畅等。项目同时得到了清华大学建筑学院林波荣教授和李树华教授，清华大学环境学院孙傅教授与赵岩博士，清华大学航天航空学院张兴教授、李义强博士和宋梦馔博士，中国农业大学任斌斌博士等的大力支持和参与。

② 项目由清华大学建筑学院生态设计工作室、清华大学建筑设计研究院有限公司绿色建筑工程设计研究所、江苏省住房和城乡建设厅科技发展中心共同完成。项目负责人：栗德祥教授；执行负责人：王富平、王登云；主要参与人：李湘琳、黄献明、夏伟、栗铁、程洁、雷李蔚、任斌斌、刘加根、张伦、赵洋、刘畅、张正岚等。

③ 项目由清华大学建筑学院生态设计工作室、清华大学建筑设计研究院有限公司绿色建筑工程设计研究所、江苏省住房和城乡建设厅科技发展中心共同完成。项目负责人：栗德祥、孙晓文；执行负责人：王富平、王登云；主要参与人：丁杰、栗铁、夏伟、黄献明、朱珊珊、任斌斌、张雪艳、刘畅、彭渤、程洁等。

④ 项目由江苏省住房和城乡建设厅科研设计处、清华大学建筑学院生态设计工作室、江苏省住房和城乡建设厅科技发展中心、清华大学建筑设计研究院有限公司绿色建筑工程设计研究所共同完成。课题负责人：唐宏彬、栗德祥；执行负责人：王登云、王富平；课题组成员：李湘琳、丁杰、朱文运、黄献明、栗铁、夏伟等。感谢孙金颖博士在研究前期的资料收集工作。

第2章　气候变化背景下的城市绿色转型

《巴黎协定》的达成向全球传递了绿色低碳转型的积极信号，也进一步推动着绿色低碳发展成为大势所趋[15]。气候变化的深刻影响和转变发展方式、实现经济社会与资源环境协调发展的迫切诉求，决定了我国城市绿色低碳转型的必然性、紧迫性和独特性。认识气候变化的主要人为归因及其背后的经济社会驱动规律，了解我国城市应对气候变化行动的条件、挑战与进展，是我国城市绿色低碳转型要解答的几个重要基础问题。

2.1　气候变化的主要人为归因及其经济社会驱动规律

2.1.1　主要人为温室气体排放现状与干扰

1. 主要人为温室气体排放现状

温室气体是大气中自然或人为产生的气体成分，能够吸收和释放特定波长的热红外辐射而导致温室效应。部分温室气体大气寿命长、能在对流层均匀混合并具有全球性温室效应，如 CO_2、CH_4、N_2O 等；部分温室气体大气寿命短、在对流层中无法均匀混合而只具有区域性温室效应，如臭氧。《京都议定书》附件 A 规定了 6 种主要的人为温室气体（以下简称"温室气体"）[①]，包括二氧化碳（CO_2）、氧化亚氮（N_2O）、甲烷（CH_4）、六氟化硫（SF_6）、氢氟碳化物（HFC）和全氟化碳（PFC）。2012 年多哈气候大会又增加了三氟化氮（NF_3）。这些温室气体主要来自能源利用、工业过程和产品使用、农业活动、土地利用变化和林业、废弃物处理 5 个人类活动领域。它们的大气浓度、大气寿命和对全球温度的影响程度决定了温室气体的气候效应。2011 年，全球 CO_2 排放共产生辐射强迫 1.68［1.33~2.03］W/m^2，N_2O 排放产生辐射强迫 0.17［0.15~0.19］W/m^2，CH_4 排放产生辐射强迫 0.97［0.74~1.20］W/m^2，SF_6、HFCs 和 PFCs 排放共产生辐射强迫 $0.03W/m^2$。如果将造成 CO_2 浓度增加的其他含碳气体排放考虑在内，CO_2 的辐射强迫达 1.82［1.46~2.18］W/m^2。从大气浓度变化来看，臭氧对总的辐射强迫也有很大贡献。臭氧浓度变化产生的总辐射强迫为 0.35［0.15~0.55］W/m^2，对流层臭氧和平流层臭氧的辐射强迫分别为 0.40［0.20~0.60］W/m^2 和-0.05［-0.15~0.05］W/m^2。

工业革命以来全球温室气体排放量显著上升，1970 年以来的上升趋势尤为明显。与 1970 年相比，2010 年全球温室气体排放总量从 27（±3.2）Gt CO_2e/年跃升至 49.0（±4.5）Gt CO_2e/年，增幅达 80%。其中，近一半的累计排放来自2000—

---

① 本书以下内容所讨论的温室气体均指这 6 种主要人为温室气体，以 CO_2、N_2O 和 CH_4 为代表。

2010 年期间。按气体类型划分，2010 年全球共排放 CO_2 38（±3.8）Gt CO_2e，占当年全球温室气体排放总量的 76%；排放 CH_4 7.8（±1.6）Gt CO_2e，占比 16%；排放 N_2O 3.1（±1.9）Gt CO_2e，占比 6.2%；排放各种氟类气体 1.0（±0.2）Gt CO_2e，占比 2%[16]。按领域划分，能源活动占 2010 年全球温室气体排放总量的 34.6%（主要来自化石燃料燃烧产生的 CO_2 排放），农林业和其他土地利用排放占比 24%（主要来自 CH_4 和 N_2O 排放），工业排放占比 21%，交通运输排放占比 14%，建筑排放占比 6.4%。如果考虑供电和供热的间接排放，工业和建筑领域排放占当年全球温室气体排放总量的 31% 和 19%，如图 2-1 所示。源自化石燃料燃烧和工业领域的 CO_2 排放始终占据温室气体排放的"头把交椅"。1970—2010 年，两者累计 CO_2 排放量占这期间全球温室气体排放总量的 78%。

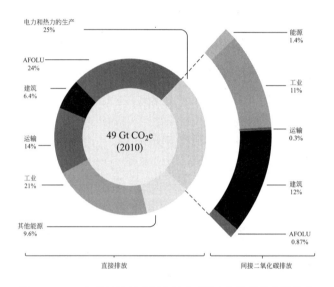

图 2-1　2010 年按经济行业划分的全球温室气体排放总量构成
资料来源：IPCC. 决策者摘要［M/OL］//IPCC. Climate Change 2014：Mitigation of Climate Change. Cambridge：Cambridge University Press，2014. https：//www. ipcc. ch/report/ar5/wg3/.

受金融危机、能源需求减少等因素的影响，2010 年以来全球温室气体排放增长趋势放缓。2014—2016 年全球温室气体排放增长率分别为 0.9%、0.2% 和 0.5%，但总量仍在增加。2016 年全球温室气体排放总量达 51.9Gt CO_2e，其中约 70% 来自化石燃料燃烧和工业领域的 CO_2 排放。两者的年 CO_2 排放量自 2014 年以来基本保持稳定，而全球国内生产总值年增长率则达 3%。经济增长与碳排放之间的脱钩趋势增加了人们对温室气体排放达峰的预期[9]。但全球碳项目（Global Carbon Project，GCP）2018 年的报告显示，由于经济回暖和新兴国家对化石燃料的普遍依赖，2017 年全球化石燃料燃烧和工业领域 CO_2 排放又呈现高增长势头，年增长率 1.6%，预计 2018 年增长率将达 2%。2017 年，全球 CO_2 排放的主要贡献国家和地区（不考虑消费侧排放）为中国（27%）、美国（15%）、欧盟 28 国（10%）和印度（7%），共占当年全球 CO_2 总排放量的 59%。四者 2017 年的排放增长率分别为 1.7%、−0.5%、1.4% 和 4%。四者之中，美国的人均排放量始终居全球首位，中国的碳排放强度下降最快，美国和欧盟 28 国的累计排放仍领先于全球其他国家和地区，如图 2-2 所示[17]。

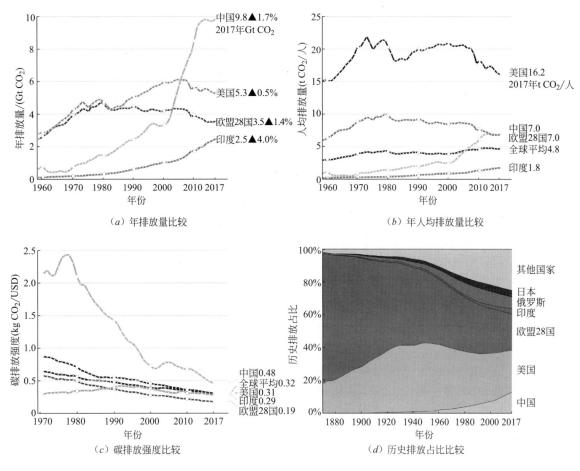

图 2-2　2017 年全球碳排放（化石燃料燃烧和工业领域排放）
主要贡献国家和地区排放情况比较

资料来源：GCP. Global Carbon Budget 2018［EB/OL］. (2018-12-05). https://www.globalcarbonproject.org/
carbonbudget/18/files/GCP_ CarbonBudget_ 2018. pdf.

2. 全球碳循环及其人为干扰

作为地球上最大规模的物质和能量循环，碳元素以 CO_2、CH_4、HCO_3^-、CH_2O
和 CO_3^{2-} 等形态在地球各圈层（大气、生物、土壤、海洋和岩石圈）中贮存、交换
和运移，并在维持全球气候稳定和生命系统功能中发挥着关键作用。全球碳储量中
的 96.2%贮存在岩石圈中，2.9%以地层中的有机化合物形态存在，实际参与循环的
仅占 0.9%。在参与循环的碳中，大气中的 CO_2 占 1.6%，构成现存生物量的有机碳
占 1%，海洋中的固体碳占 97.4%。如果没有人为干扰，碳元素在各碳库之间的交
换过程保持长期的动态平衡。这些交换过程既有生物尺度（季节\百年级）的，也
有轨道尺度（万年级）和构造尺度（千万年级）的。其中与气候变化关系最密切的
是生物尺度的交换过程，包括陆地-大气碳交换、海洋-大气碳交换和陆地-海洋碳
交换。在全球陆地生态系统中，46%的碳贮存在森林中，23%贮存在热带和温带草
原中，其余贮存在耕地、湿地、冻原、高山草地及沙漠半沙漠中。近海是海洋 CO_2
的重要汇区。近海面积占海洋总面积的 10%，但浮游植物固碳量占海洋浮游植物总
固碳量的 30%[18]。与海洋的固碳能力相比，陆地生物圈是最活跃的碳库，条件稍有
改变，贮存的碳就可能被释放出来。所以它仅能起到海洋碳吸收的缓冲作用。

人类主要通过化石燃料的使用和土地利用活动，把沉积在岩石圈和生态系统中的碳过早地释放到大气中，加快了各圈层的碳交换。1870—2017年，两种活动累计产生碳排放（615±80）Gt。其中约41%存在于大气中，24%被海洋吸收，剩余的主要贮存在陆地生态系统中，如图2-3所示[17]。在进入大气的碳中，约50%可以在30年内清除，30%在几百年内清除，剩余的20%将在大气中留存数千年。土地利用变化对全球碳循环的影响常被忽视。森林砍伐，森林向农田、草地或建设用地转化，草原开垦，不合理的农田耕作制度、施肥制度和残茬管理，耕地向建设用地转化等，都是人类影响全球碳循环的重要方式。它们改变了地表的土地覆盖类型，使陆地生态系统的地上生物量和土壤有机碳大量损失。退耕还林、退建还田等促进陆地生态系统恢复和增汇的土地利用措施也仅能部分补偿前者造成的碳损失。在引起陆地生态系统碳损失的土地利用方式中，城镇化的影响不容忽视。2001—2008年间，我国因农用地被建设用地占用引起的碳排放增长了16.73%，年增长率2.23%[19]。1995年，深圳市因快速城镇化及其土地利用变化产生的碳排放是城市同期能源消费碳排放的18.63%。但也有学者认为，我国农业活动和城市开发的碳排放量相当，城镇化对陆地生态系统碳循环的影响并不显著，而一些城市用地主要由森林转化而来的西方国家，城镇化造成的排放量更大。此外，IPCC估计，沿海蓝碳生态系统（沿海湿地生态系统，包括红树林、潮汐沼泽和海草）每年由于人类活动造成的损失率高达3%，由此释放的CO_2达10亿t/年，相当于全球热带毁林排放量的19%[3]。人类的许多渔业活动，如贝藻类养殖、滤食性鱼类养殖、增殖渔业、海洋牧场及捕捞渔业等，也在直接或间接地影响着海洋碳循环。随着养殖贝藻的收获，大量碳以贝壳的形式移出海洋，养殖场以及邻近海域的碳循环会受到影响。

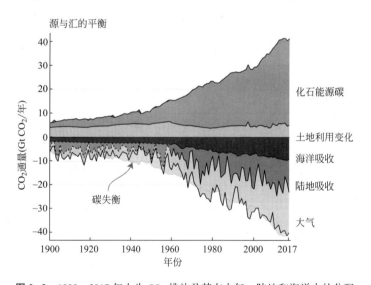

图2-3　1900—2017年人为CO_2排放及其在大气、陆地和海洋中的分配

资料来源：GCP. Global Carbon Budget 2018［EB/OL］.（2018-12-05）. https://www.globalcarbonproject.org/carbonbudget/18/files/GCP_CarbonBudget_2018.pdf.

除以上方式外，人类活动还有一些影响全球碳循环的重要间接机制。全球碳循环与水循环和氮循环是紧密耦合的。人类活动引起气候变化，气候变化改变了全球水循环，水循环的改变又反作用于碳循环，引起全球碳循环的进一步变化。全球水循环影响着植物的光合作用、呼吸作用、土壤含水量，进而影响区域植被的生理与生态演化，改变生态系统的固碳能力及区域碳的净排放。相应的，植被构成及其分布变化也影响着区域地表的能量过程、蒸散发、地表糙度及最大洼地储留深，影响地表产流和汇流过程。例如，森林覆盖率的减少增加了区域蒸散发，并导致径流量的减少。同样，人类通过化肥使用、化石燃料燃烧和工业生产持续向大气中排放氮元素。2010年，人类活动产生的活性氮至少是陆地生态系统自然产生的活性氮的2倍[5]。氮排放量的增加不仅会引起气候变化，也会增加氮沉降。氮沉降的增加一方面会促进植物生长发育和陆地生态系统（特别是森林生态系统）固碳能力的提高，另一方面也会造成生态系统的酸性增加，导致河流富营养化，影响全球水体质量。氮沉降对不同地区生态系统的固碳贡献并不相同，其中的复杂耦合机制仍有待进一步研究。

2.1.2 气溶胶和臭氧污染及其耦合效应

1. 人为源气溶胶及其气候、环境效应

大气气溶胶是悬浮在大气中的固体和液体颗粒物共同组成的多相体系混合物，主要包括沙尘气溶胶、碳气溶胶、硫酸盐气溶胶、硝酸盐气溶胶、铵盐气溶胶、海盐气溶胶等6种。其中的颗粒物又称气溶胶粒子，空气动力学直径多在 $0.001 \sim 100\mu m$ 之间，能在大气中滞留数天，部分可至数年，之后通过干沉降和湿沉降清除。由于粒子滞留时间短，大气气溶胶的气候和环境效应均以源地及其周边区域为主，但也可以通过大范围长距离输送造成地区乃至全球影响。雾、烟、霾等都是自然或人为原因造成的大气气溶胶。自然源气溶胶主要来自被风扬起的细灰和微尘、海水溅沫蒸发而成的盐粒、火山喷发的散落物以及森林燃烧的烟尘等；人为源气溶胶以气体前体物通过化学反应生成的二次气溶胶为主，如硫酸盐气溶胶、硝酸盐气溶胶和铵盐气溶胶，也包括一定量的一次气溶胶，如大部分的碳气溶胶和沙尘气溶胶。自然源气溶胶在大气中的含量、分布和光学特性较为稳定，相关的气候和环境影响可以忽略不计，人为源气溶胶则在全球气候变化和大气污染中扮演着重要角色。

硫酸盐气溶胶是大气气溶胶的最主要成分，由 SO_2 转化而来。大气对流层中 2/3 以上的 SO_2 是人为排放的，主要来自工业活动、化石燃料和生物质燃烧。硝酸盐气溶胶在大气气溶胶中含量不高，前体物 NO_x 主要来自自然界，少量来自各类油品燃烧。大气中的 SO_2 和 NO_x 只有遇到铵根离子才能形成硫酸盐和硝酸盐。因此，减少大气中的铵根离子是限制硫酸盐和硝酸盐气溶胶形成的重要条件。不合理的农田管理方式、人口聚集地区的废弃物处理处置都是大气铵根离子的主要来源。碳气溶胶是燃烧过程产生的各种含碳颗粒物的总称，包括黑碳（BC）和有机碳（OC）。有机碳气溶胶由成百上千种有机化合物组成，并含有多种有毒有害物质。其来源以化石燃料和生物质不完全燃烧引起的直接排放为主，也包括部分挥发性有机化合物在大气中发生化学反应产生的颗粒物。黑碳也称煤烟等，主要来自化石燃料和生物质的不完全燃烧。黑碳的大气浓度很低，占比仅为 $1.1\% \sim 2.5\%$。沙尘气溶胶在大气气溶胶中占有很大比重。沙漠并不是沙尘气溶胶产生的主要原因。滥垦、滥牧、滥伐、滥采及滥用水资源等掠夺性人类活动造成的沙质草地、干旱湖盆和干旱河床才是沙尘的主要来源。有学者将沙尘气溶胶分为自然沙尘气溶胶和人为沙尘气溶胶。

后者占全球沙尘气溶胶总量的1/4左右,主要来自于农田、过度放牧、城市生活和道路交通等。

气溶胶粒子既能通过辐射强迫直接影响气候,又能作为云凝结核或冰核,改变云的微物理和光学特性以及降水效率,间接影响气候。硫酸盐气溶胶、硝酸盐气溶胶和铵盐气溶胶的辐射强迫均表现为冷却效应。硫酸盐气溶胶是最重要的冷却效应强迫因子,全球平均直接辐射强迫为$-0.2 \sim -0.8 W/m^2$,间接辐射强迫约为$-0.3 \sim -1.8 W/m^2$。碳气溶胶具有较强的增温效应。特别是黑碳,它不但有独特的太阳辐射吸收特性,还能吸附在冰雪表面,改变其反照率,加速冰雪消融。沙尘气溶胶既能吸收又能反射太阳和红外辐射,与地球辐射系统的相互作用比其他气溶胶复杂。IPCC目前只对沙尘气溶胶的直接辐射强迫做了评估,并给出了一个不确定范围($-0.6 \sim 0.4 W/m^2$)。除辐射强迫外,沙尘气溶胶的气候效应还包括独特的"铁肥料效应"。来自农田沃土的沙尘气溶胶富含海洋浮游生物所需养分。它们在海上的沉降,使浮游生物获得充分的铁元素进行固氮和繁殖,因此能提高海洋初级生产力及其固碳能力,间接影响气候变化。

人为源气溶胶粒子带来的颗粒物污染是区域大气污染的主要元凶。颗粒物污染对生态系统、城市交通、城市供电、公共健康等均有显著危害,其中以生态系统和公共健康的危害最为突出。高浓度的粒子会改变污染区植物光合作用所需的有效太阳辐射数量、质量和其他相关气候条件,影响甚至阻碍植物的生长发育。硫酸盐和硝酸盐气溶胶粒子的湿沉则为酸雨的形成提供了反应条件。酸雨会改变土壤和水环境的pH值,并具有腐蚀作用,会造成树木枯萎、农作歉收和水生生物死亡。人为源气溶胶粒子除自身可能具有毒性外,还能够大量吸附细菌、病毒、重金属、硫氮氧化物、挥发性有机物等有毒有害物质。这些物质随粒子通过呼吸作用进入人体,不仅传播流行病,更会全面损害心血管、中枢神经、代谢、生殖等器官系统,并具有致癌和遗传毒性。人为源气溶胶粒子还可以通过间接途径危害公共健康,如吸附在粒子上的重金属通过沉降进入土壤、水体和食物链,并在人体累积。在各种粒子中,可吸入颗粒物(PM_{10})和细颗粒物($PM_{2.5}$)在大气中停留时间长、污染物携带能力强,更易进入人体且清除难度大,危害最突出。前者主要成分为无机盐,后者主要由硫酸盐、硝酸盐、铵盐、元素碳、重金属、有机物和微生物组成,更易富集有毒有害物质。前者是局地或城市尺度的污染物,后者则是地区甚至长距离跨区域输送的污染物。后者也被世界卫生组织(World Health Organization,WHO)列为普遍和主要的环境致癌物。

2. 臭氧污染及其气候、环境效应

臭氧是一种重要的大气微量气体。大气中的臭氧约90%集中在平流层,10%存在于对流层。前者可以充当地球卫士,吸收短波紫外线,使人类免受紫外伤害,后者特别是近地层臭氧则因为强氧化作用而直接影响生态系统和公共健康,正所谓"在天是佛,在地是魔"。

臭氧的人为源前体物主要是机动车尾气和工厂烟雾排出的NO_x、挥发性有机物等。高空臭氧层流入、生物质燃烧、闪电、土壤的地球生物化学过程也是对流层臭氧的重要来源。除排放源外,对流层臭氧浓度还受温度、相对湿度、风速等气象条件影响,其中以温度影响最关键。气温高、紫外线强、云量少、风力弱的春、夏两季是对流层臭氧污染的高发期。受人类活动影响，工业革命以来平流层臭氧不断减少，对流层臭氧持续增加。20世纪以来，北半球对流层臭氧浓度以每年1%的速度增长。臭氧的平均寿命约为20~30天，具体时长随季节和环境而变化，在热带边界层中可能只存在几天，在对流层上部则可以停留1年。与液相硫和HO_x的氧化反应是对流层臭氧的重要汇机制。全球变暖约有5%~10%源于空气中近地层臭氧的增加。大气中臭氧浓度由10~15μg/kg增加到30~40μg/kg，气温将升高0.9℃[20]。但由于大气寿命短、空间分布差异大，所以臭氧不属于《京都议定书》附件A规定的主要人为温室气体。因此，它也被认为是除黑碳之外，又一种被《京都议定书》遗漏的重要气候变化人为强迫因子。

作为最主要的光化学污染物，臭氧污染能够抑制植物生长、加速植物老化、导致农作物和林木减产，还能够伤害植物外形美观和农作物品质、口感等。20世纪90年代前后，臭氧污染造成美国植被净初级生产力年均减产2.6%~6.8%，中西部地区农作物在臭氧污染最严重时减产超过13%，阔叶树年均减产3%~16%。根据国内研究，在水肥充足的麦田中，臭氧污染会导致冬小麦春后生物量损失11.4%，产量损失17.8%[20]。由于具有强氧化性，臭氧污染会对人的呼吸道产生强烈刺激，引发胸闷咳嗽、咽喉肿痛，严重的会引发哮喘，甚至导致肺气肿和肺组织损伤。同时，臭氧也会刺激眼睛，使视觉敏感度和视力降低。WHO估计，全球每年约有200万人死于短期吸入臭氧及空气污染，主要是一些患有心脏病的老人。

3. 气候与环境效应的耦合

由于气候变化人为强迫因子与大气污染物的双重身份，人为源气溶胶和对流层臭氧使气候变化与大气污染问题紧密地耦合在了一起。两者及其前体物的人为排放加剧了气候变暖，气候变暖又通过影响大气温度、湿度、风速和降水频率等，影响气溶胶和臭氧的气态化学过程、输送过程、干湿清除过程和自然排放过程，进而影响大气气溶胶和臭氧浓度，恶化以颗粒物和臭氧问题为代表的全球大气污染形势，如图2-4所示。它们也使温室气体与大气污染物排放形成了很强的同源、同步和同介质特性。例如，化石能源燃烧在产生CO_2的同时，也会与其他杂质结合生成SO_2；水泥和钢铁生产过程由于燃煤和生产工艺，会同时产生CO_2、SO_2、NO_x和大量的烟气、粉尘；机动车尾气既会排放CO_2，也会排放CO、碳氢化合物（HC）和黑碳，而发动机燃烧室内的高温、高压环境则易生成NO_x；航空燃料燃烧会同时排放CO_2、NO_x、HC、SO_2、苯、萘、甲醛、尘埃粒子等多种加剧气候变暖、臭氧污染并影响公共健康的有毒废气；农业管理和废弃物处理处置既是CH_4等温室气体的主要来源，也是黑碳和有机碳气溶胶的主要来源，同时还会产生臭氧前体物。又由于辐射效应的不同，一些大气污染物的治理措施也必须与温室气体减排措施同步考虑。因此，如何获得气候和环境双赢的减排效果，成为相关领域的研究热点，如图2-5所示。

2015年10月，WHO和气候与清洁空气联盟（Climate and Clean Air Coalition to Reduce Short-lived Climate Pollutants）联合发布了题为《通过减少短寿命气候污染物降低全球健康风险》（Reducing Global Health Risks Through Mitigation of Short-lived Climate Pollutants, 2015）的报告。报告指出，黑碳、CH_4、对流层臭氧等短寿命气候污染物减排周期短、潜力大、成本低、影响行业少、协同效益突出，特别是对于

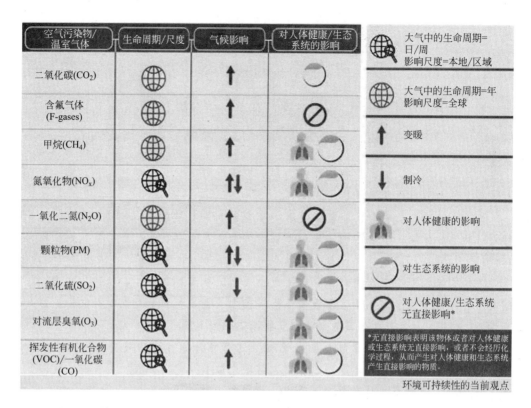

图2-4 普通空气污染物和温室气体对气候、人体健康及生态系统（包括农业）的影响

资料来源：Melamed，M. L.，J. Schmale and E. von Schneidemesser，2016. 转引 WMO. 2018 年全球气候状况声明 [EB/OL]．(2019)．https：//library．wmo．int/doc_ num．php？explnum_ id=5806．

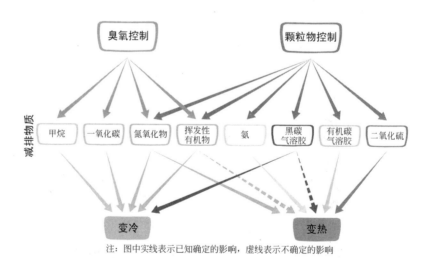

注：图中实线表示已知确定的影响，虚线表示不确定的影响

图2-5 控制污染物浓度时减排特定排放物对气候产生的影响

资料来源：IPCC. Climate Change 2013：the Physical Science Basis [M/OL]．Cambridge：Cambridge University Press，2013. https：//www.ipcc. ch/report/ar5/wg1/.

发展中经济体，具有很好的优先度和成本优势。发达国家在实施气候政策之前通常已经有效减少了大气污染物的排放，减排的协同效益相对较低；发展中国家的大气污染程度较高，污染控制水平较低，减排的协同效益相对较高。UNEP 的《2017 年排放差距报告》也认为，对导致气候变暖的氢氟碳化物、黑碳等采取强有力的治理措施，能为减排作出重要贡献。

2.1.3　主要人为归因的经济社会驱动规律

1. 环境库兹涅茨曲线假说

库兹涅茨曲线是 20 世纪 50 年代提出的经济学假说，用以分析人均收入水平与分配公平程度之间的关系。假说认为，收入不均现象随着经济增长先升后降，两者呈倒 U 形曲线关系。部分环境污染物排放总量与经济增长的长期关系也具有与库兹涅茨曲线类似的倒 U 形关系，即环境库兹涅茨曲线（the Environmental Kuznets Curve，EKC）假说。温室气体和大气污染物排放是 EKC 研究的两个热点问题。

以碳排放为例，碳排放与经济发展的演化关系通常将依次跨越碳排放强度、人均碳排放量和碳排放总量 3 个倒 U 形曲线高峰，如图 2-6 所示。而一个国家或地区经济发展与碳排放的演化关系可以划分为 4 个阶段：碳排放强度高峰前阶段即碳排放强度上升阶段（图 2-6 中 S_1 阶段）、碳排放强度高峰到人均碳排放量高峰阶段（图 2-6 中 S_2 阶段）、人均碳排放量高峰到碳排放总量高峰阶段（图 2-6 中 S_3 阶段）和碳排放总量稳定下降阶段（图 2-6 中 S_4 阶段）。其中，只有 S_4 阶段，碳排放强度、人均碳排放量和碳排放总量三项指标同时下降，该国家或地区真正实现经济发展与碳排放总量的脱钩。这是低碳发展的努力方向。在实现各碳排放高峰的跨越中，S_2 阶段所经历的时间相对较长，难度最大；S_3 阶段所需要的时间较短，难度较小。从 GCP 的统计数据来看，我国目前总体处于 S_2 阶段（图 2-2），碳排放点量和人均排放量持续上升，碳排放强度不断下降。但随着经济增速放缓和能源资源消费减速，我国的 EKC 也接近了一个重要的选择期。此后，是持续上升还是进入一个较低的拐点，取决于未来经济与能源发展的战略取向。

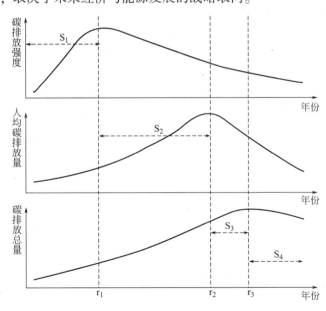

图 2-6　碳排放三大高峰的演化态势示意图

资料来源：中国科学院可持续发展战略研究组. 2009 中国可持续发展战略报告——探索中国特色的低碳道路［M］.北京：科学出版社，2009.

2. 基于 Kaya 公式的经济社会驱动因素分析

Kaya 公式是经济社会驱动因素分析的主流方法，数学形式简单、分解无残差、解释力强。根据 Kaya 公式，一个国家或地区的温室气体排放总量主要由人口、生活水平、能源强度和温室气体排放强度 4 种驱动因子决定。公式的数学表达式为：

$$GHG = POP \times \left(\frac{GDP}{POP}\right) \times \left(\frac{TOE}{GDP}\right) \times \left(\frac{GHG}{TOE}\right) \tag{2-1}$$

公式（2-1）中，GHG、TOE、GDP、POP 分别为温室气体排放总量、一次能源消费总量、国内生产总值和总人口；GHG/TOE 为能源的温室气体强度，反映的是能源结构状况；TOE/GDP 为单位 GDP 能源强度，与产业结构和技术进步联系紧密；GDP/POP 为人均 GDP，代表了经济增长；总人口则体现了人口的规模效应。这些驱动因子在温室气体排放不同演化阶段所起的作用不同。对于碳排放，在图 2-6 的 S_1 阶段，能源或碳密集型技术进步对碳排放变化基本起主导作用；在 S_2 阶段，经济增长对碳排放的贡献通常起主导作用；在 S_3 阶段，碳减排技术进步所起作用明显增强；在 S_4 阶段，碳减排技术进步将占主导地位。

根据 Kaya 公式，1970—2004 年间，全球人口年均增长 1.6%，人均 GDP 年均增长 1.8%，能源强度年均下降 1.2%，碳强度年均下降 0.2%，CO_2 排放量年均增长 1.9%[21]。在此期间，尽管全球能源强度大幅下降（比 1970 年下降了 33%），但其减排效益仍小于全球经济和人口增长（分别比 1970 年增加了 77% 和 69%）共同导致的排放增长。经济和人口是驱动这一时期全球因化石燃料燃烧导致的 CO_2 排放增加的最主要因子。2000—2010 年，全球人口增长的贡献率与 30 年前基本持平，但经济增长的贡献率急剧上升，由此导致的排放增长均超过了能源强度下降带来的减排效益[16]。世界银行的研究也得出了类似结论，并认为，这期间能源强度下降的弥补作用大概在 40%。AR5 进一步指出，全球商品和服务消费总量及人均消费量的迅速增长是造成包括全球变暖在内的环境退化的主要驱动力，高消费的奢侈生活方式仍在发达国家和一些新兴国家的中产阶级中蔓延。在我国，持续快速的经济发展也曾对碳排放增长起到了决定性作用。1971—2005 年，我国经济增长累计贡献了 86% 的碳排放增量。同时，能源结构调整和能源利用效率的提高对减缓我国碳排放增长起到了主要作用。这一时期 89% 的碳减排来自单位 GDP 的能耗下降。

另一方面，Kaya 公式本身仍有局限性。它只能解释碳排放量的流量变化，而无法解释碳排放量的存量变化，对快速工业化国家碳排放变化的解释力较强，对发达国家碳排放变化的解释力较弱。同时，Kaya 公式中的驱动因素多为表象驱动因素，对温室气体排放总量的实际影响难以确定，对表象驱动因素背后的复杂影响机制也难以反映。因此，IPCC 进一步将全球温室气体排放的驱动因子分解为"直接驱动因子"（immediate drivers）和"基础驱动因子"（underlying drivers），如图 2-7 所示。直接驱动因子即出现在 Kaya 公式中的 4 种驱动因子，是驱动排放活动的基本因素。基础驱动因子包括贸易、资源可利用性、治理、技术、城市化、工业化、基础设施和发展。它们影响排放的过程、机制和特征。两类驱动因子相比，前一类驱动因子易于描述和度量，后一类驱动因子更贴近政策措施的制定，更有利于行动安排。而政策措施通过意识创新、经济激励、规划、研发、信息提供、直接管理及非气候政策等工具，影响基础驱动因子和直接驱动因子，实现对温室气体排放的控制[16]。

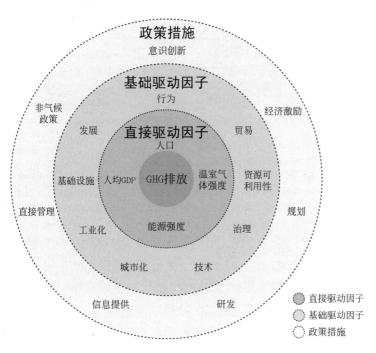

图 2-7 温室气体排放、驱动因子与政策措施的逻辑关系

资料来源：IPCC. Climate Change 2014：Mitigation of Climate Change［M/OL］. Cambridge：Cambridge University Press，2014. https：//www.ipcc.ch/report/ar5/wg3/.

2.2 影响我国城市应对气候变化行动的主要因素

我国城市应对气候变化行动受多方面因素影响，其中既有人为强迫因子发展现状及趋势带来的减缓条件影响，也有城市面对气候变化脆弱性形成的适应条件影响，还有我国特殊发展阶段、发展水平和复杂资源环境挑战带来的行动背景影响。进一步了解这些影响才能构建和完善我国城市的应对气候变化行动路径。

2.2.1 城市主要温室气体、气溶胶和臭氧排放现状及趋势

1. 主要温室气体排放现状及趋势

我国是世界上最大的温室气体排放国。1994—2005 年，我国 CO_2、CH_4 和 N_2O 年排放总量从 36.50 亿 tCO_2e 增加到 68.81 亿 tCO_2e，增长了 89%，其中 CO_2 排放增长最快，增长了 109%。2005 年我国温室气体排放总量约为 74.67 亿 tCO_2e，土地利用变化和林业部门共吸收温室气体 4.21 亿 tCO_2e。从排放的气体类型来看，CO_2 排放量最大，占比 80.03%；从排放领域来看，能源活动的排放规模最可观，占比 77%，如图 2-8 所示。能源活动和工业生产过程是 CO_2 的主要排放源，分别占当年 CO_2 排放量的 90.4% 和 9.5%；农业活动、能源活动和废弃物处理是 CH_4 的主要排放源，分别占当年 CH_4 排放量的 56.62%、34.71% 和 8.60%；N_2O 排放以能源活动、工业生产过程和废弃物处理为主，四者分别占当年 N_2O 排放量的 73.79%、10.54%、8.34% 和 7.32%[22]。综合来看，这些温室气体 85% 来自城市，城市的排

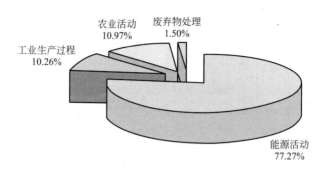

图2-8 2005年中国温室气体排放部门构成（不包括土地利用变化和林业）

资料来源：国家发展和改革委员会应对气候变化司. 中华人民共和国气候变化第二次国家信息通报 ［M］. 北京：中国经济出版社，2013.

放影响毋庸置疑。同时，我国在减缓温室气体排放方面做出了巨大努力。2017年单位GDP碳排放强度比2005年下降了46%，已超额完成2020年碳排放强度下降40%~50%的减缓目标，碳排放快速增长的局面得到初步扭转[23]。但这仍难以抵消巨大发展基数和特殊发展阶段带来的总量攀升趋势。

快速发展的工业化和城镇化进程是我国温室气体排放增长的两大推手。2016年我国城镇化率为57.35%，距离主要发达国家70%~80%的平均水平还有较大差距。预计未来我国城镇化率仍将以每年1%左右的速度增长，并在2030年左右基本完成。我国城镇化率每提高1个百分点，将新增城镇人口1200万~1300万人，新增各类建筑面积20亿m²，能源增长及其相关碳排放上升6%。城镇化也带来了大量的农村人口转移和生活方式、用能方式转变。2012年，目前我国城乡人均生活用能比为1.38∶1。以此推算，每个农村人口转变为城镇人口，生活用能将至少增加1/3。同时，目前我国城镇发展质量普遍不高，未来随着城镇发展质量的提升，城镇居民消费结构还将进一步升级，并带动汽车、住房等需求的增长，能源需求规模也将进一步扩大。而城镇人口老龄化和家庭规模的缩小，也会推动能源消费和相关温室气体排放增长。与城镇化相伴随的是我国工业化的快速发展和高能耗形势。我国工业化进程总体处于工业化中期向后期的过渡阶段，部分地区处于前期和中期发展阶段。人均资本存量低，第二产业长期较快发展。钢铁、有色金属、化工、建材等高能耗产业的经济产出虽然仅占工业增加值的25%，但能耗却占工业能耗的64%以上。我国工业化中期任务距离基本完成还有20年左右的时间。在此期间，重化工业产业群和建筑、汽车工业的发展仍将是推动经济增长的重要因素。因此，即使技术进步能够大幅提高能源利用效率，我国的能源需求和温室气体排放仍有较大的合理增长空间[24]。预计到2030年左右工业化与城镇化基本完成时，能源需求增速趋缓，加之技术进步，新增能源需求有望依靠新能源和可再生能源满足，为CO_2排放达峰创造条件。

受"富煤、贫油、少气"的资源禀赋限制，我国是全球仅有的几个以煤炭为主要能源的国家之一。2015年，煤炭消费占全球一次能源消费量的29.2%，在我国该比例则高达63.7%[25]。同等质量条件下，煤炭燃烧产生的CO_2是石油的2倍左右，因此，煤炭的大量使用是我国碳排放迅速增长的一个重要原因。同时，我国石油、天然气等优质化石能源资源储量有限，相关新增能源需求主要依靠进口满足，安全风险不容忽视。我国的风能、太阳能、生物质能等可再生能源发展迅速，利用规模居全球首位。但受资源条件、技术水平、市场竞争力、管理体制等因素影响，短期内可再生能源仍难发挥重大支撑作用[24]。我国的能源清洁替代工作也困难重重。"以气代煤"和"以电代煤"等清洁替代技术成本高，洁净型煤推广困难，大量煤炭在小锅炉、小窑炉及家庭生活等领域散烧使用，污染物排放严重，且高品质清洁油品利用率较低，交通用油等亟需改造升级。受益于持续开展的经济结构和能源结构优化工作，预计到2035年前后，我国能源结构中煤炭消费比重将降至50%左右，但以煤为主的能源结构在短时期内仍难以改变，加剧温室气体排放上升压力。

产业结构失衡是我国经济发展中长期存在的突出问题，主要表现为一、二、三次产业比例不协调，农业基础薄弱，工业大而不强，服务业发展滞后。"十二五"以来，我国产业结构不断优化，但产业结构失衡的总体态势依旧。2014年，我国工业增加值占GDP比重为43.1%，仍比全球平均水平高15.4%，比同为金砖国家的巴西、印度分别高19.1%和13.1%①。与农业和服务业相比，工业的高能耗和高碳排放特征明显。尽管我国主要行业能效水平显著进步，火电、电解铝等行业能源利用效率已达到世界先进水平，但先进产能与落后产能并存的现象仍然比较普遍。从中长期来看，我国第二产业在国民经济中的占比将持续下降。在发展方式较快转变的情景下，2030年我国第二产业比重将降低至38.7%，但高能耗的发展惯性仍将保持一段时期[26]。在国际分工中，我国是全球最重要的生产和出口大国，由直接或间接出口产生的能源消耗及其CO_2排放占我国温室气体排放总量的1/4左右。今后伴随更加积极主动的开放战略和国内国际两个市场的资源配置作用，我国的产品出口规模还将持续增长，承担全球碳转移排放的数量也可能进一步增加[24]。

受城镇化和城镇居民消费结构升级的影响，建筑和交通已成为继工业之后，我国终端能源消费和温室气体排放的另外两个大户，增长速度超过工业部门。2001—2015年，我国每年竣工建筑面积超过15亿 m^2，建筑面积总量达573亿 m^2。建筑规模的持续增长意味着大量的生产能耗和运行能耗需求。同时，我国建筑能效整体较低。北方采暖城市居住面积仅占全国城市居住面积的10%，但能耗却占全国建筑能耗的40%，单位面积采暖能耗是发达国家的3倍。未来，我国城镇建筑总量及其建造能耗、运行能耗都将持续增长。交通运输是我国能源消耗和温室气体排放增长最快的部门。截至2018年底，我国汽车保有量突破2.4亿辆，接近占据全球汽车保有量首位的美国。但从人均水平来看，2018年我国千人汽车保有量仅为172辆，而美国和日本的千人汽车保有量则达780辆和587辆。我国的千人汽车保有量不仅远低于美国、日本等发达国家，同样还低于巴西、墨西哥、泰国等发展中国家，未来增长空间巨大。因此，尽管油电混合动力汽车、纯电动汽车等低排放型小汽车不断普及，但如果汽车保有量持续增长，其结果仍可能是更多的能源消耗和CO_2排放。汽车保有量的增长伴随着行驶里程的增长。两者导致我国的交通运输能耗以每年10%

---

① 数据来源：http://data.worldbank.org.cn/indicator/NV.IND.TOTL.ZS?view=chart。

的速度递增，随之而来的尾气排放成为城市大气污染的重要来源。大中城市的大气污染开始呈现煤烟型和机动车尾气复合型的污染特点。

2. 主要人为源气溶胶及其前体物排放现状与趋势

我国也是全球气溶胶及其前体物排放大国。SO_2 和黑碳排放居全球首位，NO_x 和有机碳排放也位于全球前列。我国 SO_2 排放绝大部分来自以原煤为主的煤炭燃烧，其占 SO_2 排放总量的 90% 以上，剩余来自油品燃烧和非能源使用排放，如非金属的烧结、焦炭生产、硫酸和纸浆生产等工业过程。工业排放始终占据排放活动的主导地位，年排放占比长期保持在 80% 以上。2015 年，全国 SO_2 排放总量为 1859.1 万 t，其中，83.7% 为工业源排放，16.0% 为城镇生活排放，其余为机动车、集中式污染治理设施等排放，见表 2-1。我国 NO_x 排放以原煤燃烧为主。原煤燃烧排放量占 NO_x 总排放量的 2/3 左右，其次为油品燃烧排放，另有少量薪柴、秸秆等生物质燃烧排放。作为最主要的 NO_x 排放活动，工业排放在年排放量中的占比始终保持在 60% 以上。2015 年，全国 NO_x 排放总量为 1851.9 万 t，其中，63.8% 为工业源排放，3.5% 为生活源排放，31.6% 为机动车排放，1.1% 为集中式污染治理设施排放[27]。我国的黑碳排放约占全球排放总量的 1/4。工业企业和居民生活的燃料燃烧是我国黑碳排放的最主要贡献者，两者共占黑碳总排放量的 82.9%，交通运输排放占比 12.1%。从能源类型来看，黑碳排放主要来自煤炭和生物质燃料燃烧，两者共占黑碳排放总量的 83.2%[28]。居民生活、工业排放和生物质燃烧是我国有机碳排放的主要来源。沙尘气溶胶浓度高是我国大气气溶胶组分的突出特点。我国西北地区是全球沙尘气溶胶的主要排放源地之一。这里产生的沙尘常沿西北路径影响我国内蒙、甘肃、黄土高原、华北平原和东北平原，甚至是南方部分地区，最终约有一半被输送到中国海区甚至遥远的北太平洋，同时影响陆地和海洋生态系统。

我国主要人为源气溶胶及其前体物排放情况   表 2-1

气溶胶及其前体物	排放源与排放占比数据	数据年份
SO_2	工业排放占 83.7%，城镇生活排放占 16.0%，剩余为机动车、集中式污染治理设施等排放；工业排放中，约 36.1% 为电力、热力和供应业排放①	2015
NO_x	工业排放占 63.8%，生活排放占 3.5%，机动车排放占 31.6%，集中式污染治理设施排放占 1.1%；工业排放中，约 45.8% 为电力、热力和供应业排放①	2015
黑碳	从排放活动来看，居民生活源（以煤炭和生物燃料为主）排放占 43.3%，工业源排放占 42.9%，交通运输排放占 9.4%，生物质燃烧（包括露天秸秆焚烧、森林火灾和草原火灾）排放占 3.5%，火电和供暖行业排放占 0.8%；从能源类型来看，煤炭和生物质燃料燃烧排放分别占 54% 和 31.6%，石油燃料燃烧排放占 10.9%②	2012
有机碳	居民生活排放占 52.5%，工业源排放占 27.3%，生物质燃烧排放占 14.7%，交通源排放占 4.9%，发电排放占 0.6%③	2007

资料来源：①中华人民共和国环境保护部. 中国环境统计年报 2015［M］. 北京：中国环境出版社，2016：55-59；②付加锋，齐蒙，刘倩，等. 黑碳气溶胶排放量测算及空间分布研究［J］. 科技导报，2018，36（2）：38-46；③曹国良，张小曳，龚山陵，等. 中国区域主要颗粒物及污染气体的排放源清单［J］. 科学通报，2011，56（3）：261-268.

受地理条件、经济发展水平和产业结构影响，我国各地区的大气气溶胶浓度差异显著。气溶胶污染最严重的是北京以南的华北与关中平原区域、以长三角为主体的华东区域、以珠三角为主体的华南区域和四川盆地。从6种主要气溶胶化学组分来看（海盐气溶胶除外），以上4个区域的PM_{10}主要由沙尘气溶胶（占比20%~38%）、硫酸盐气溶胶（占比14%~24%）和有机碳气溶胶（占比11%~18%）组成。燃煤、机动车、城市逸散性粉尘和农业活动是4个主要污染源。这些地区的城区与郊区气溶胶浓度也差异显著，前者通常比后者高1.5~2.5倍[29]。也有研究认为，沙尘气溶胶和硫酸盐气溶胶是近年影响我国的主要气溶胶类型。其中尤以硫酸盐气溶胶影响最大，影响主要集中在东部经济发达地区和西南湿润地区。沙尘气溶胶主要由沙尘暴造成，影响主要集中在西北干旱地区，并且由于生境破坏、风沙天气增加导致其影响逐年加深[30]。与气溶胶问题相关联，1961—2015年，我国100°E以东地区年平均霾日数总体显著增加。2017年，全国338个地级以上城市环境空气质量超标率达70.7%。以$PM_{2.5}$、PM_{10}和臭氧为首要污染物的超标天数居多，分别占重度及以上污染天数的74.2%、20.4%和5.9%，如图2-9所示[31]。全国酸雨污染依然存在，总体呈减弱、减少趋势。2017年酸雨区面积占国土面积的6.4%，总体仍为硫酸型酸雨。同时，我国北方地区平均沙尘日数呈明显减少趋势，平均每10年减少3.6d[32]。由于硫酸盐、黑碳等气溶胶的作用，我国夏季风雨带南移，长江中下游等南方地区夏季降水增加，北方部分地区降水减少。这可能是近十几年我国南涝北旱降水分布变化的一个重要原因。大气质量下降也在一定程度上影响到了我国的可再生能源利用条件。从20世纪80年代到21世纪初，仅仅十几年的时间，我国的太阳能资源分区已由5个变为4个，每个分区的辐射值均有下降。

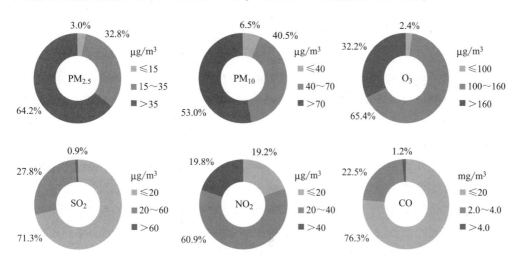

图2-9 2017年全国338个地级以上城市主要大气污染物不同浓度区间城市比例

资料来源：中华人民共和国生态环境部. 2017中国生态环境状况公报 [R/OL].北京：中华人民共和国生态环境部，2018. http://www.mee.gov.cn/hjzl/zghjzkgb/lnzghjzkgb/201805/P020180531534645032372.pdf.

近年来，随着国家节能减排政策的强势推进和经济结构调整，我国气溶胶及其前体物排放与经济发展开始呈现脱钩趋势。2017年，全国338个地级以上城市PM_{10}平均浓度比2013年下降22.7%，京津冀、长三角、珠三角区域$PM_{2.5}$平均浓度比2013年分别下降39.6%、34.3%、27.7%。其中，SO_2和NO_x年排放总量下降趋势尤其明显。2017年全国SO_2和NO_x排放总量分别比2015年下降52.9%和32.0%，比 2011 年下降 60.5% 和 47.6%[33]。工业领域特别是火电行业减排技术的进步在两项污染物总量下降中起到了主要作用。2011—2015 年，全国工业源 SO_2 排放下降 22.8%，集中式污染治理设施排放下降 33.3%，城镇生活排放尽管增长了 48.2%，但由于排放占比较低，并未对总量下降造成显著影响[27]。2011—2015 年，全国工业源 NO_x 排放下降 31.7%，机动车排放下降 8.1%，集中式污染治理设施排放基本保持不变，城镇生活排放虽然上升了 77.9%，但工业源和机动车主导的排放局面未变。从中长期发展趋势来看，气溶胶及其前体物排放以及相关的颗粒物、酸雨等大气污染问题，仍将是相当一段时期内我国环境保护和公共健康的主要威胁之一。工业化、城镇化进程的持续推进，以煤为主的能源结构和艰难推进的能源清洁替代工作，都会增加气溶胶及其前体物排放的上升压力，SO_2 和 NO_x 排放量大的状况也难有根本改变。我国持续高速经济增长产生的自身环境问题及其全球环境影响正在受到广泛的国际关注。如果不能协同处理好大气污染、气候变化和国民经济重点行业发展问题，将严重影响我国未来经济可持续发展和人民生活水平的提高[34]。

3. 对流层臭氧污染现状及趋势

随着 NO_x 等前体物的大量排放和气象条件变化，我国对流层臭氧污染问题已广泛存在，并在华北、珠三角、长三角等经济发达地区呈现加剧趋势。三个地区中，近地面臭氧污染最严重的当属京津冀地区，珠三角和长三角地区次之华北地区一般 6—9 月是高臭氧污染期；长三角地区在 5—6 月和 9—10 月可出现水平相当的臭氧峰值，沿海地区尤其显著；珠三角地区的臭氧峰值通常出现在秋季 10—11 月，有时会出现在初冬，春季出现次峰。在部分省市，臭氧污染已有赶超颗粒物污染的趋势。京津冀地区 2015 年 6—8 月近半数污染日中，臭氧代替 $PM_{2.5}$ 成为首要大气污染物。同样，从广东省 2015 年第二季度的全省城市环境空气质量状况公报来看，臭氧也已成为该地区的首要大气污染物。我国农村地区的臭氧污染形势也不容忽视，污染程度有时甚至超过城区。臭氧污染已不再局限于前体物排放源地附近，而成为一种区域性污染现象。

对流层臭氧污染的区域化既与污染排放的集中程度有关，也与气流传输有关。例如，华北平原由于西侧受太行山山脉阻挡、北部受燕山山脉阻挡，存在平原-山地效应，再加上副热带高压的配合，几乎常年存在周期性西南—东北的气流输送和回流，所以包括臭氧在内的各种大气污染物非常容易在该区域内配送和再分配。另一方面，我国的颗粒物污染大大削弱了近地层紫外辐射，这使臭氧前体物生成臭氧的潜力还没有完全释放。因此，随着对颗粒物污染治理力度的加大，空气能见度的提高，对流层臭氧污染问题会越发凸显，颗粒物与对流层臭氧污染的协同治理势在必行。

2.2.2　气候变化对城市环境的主要影响

中国是全球气候变化的敏感区和影响显著区。20 世纪中叶以来，中国平均升温率明显高于同期全球平均水平。气候变化对我国粮食安全、水资源安全、生态安全、环境安全、能源安全、重大工程安全、经济安全等诸多领域构成严峻挑战，气候风险水平趋高[32]。

1. 对气候要素与大气环境的影响

1951—2017 年，我国地表年平均温度呈显著上升趋势，增温速率为 0.24℃/10 年，如图 2-10（a）所示。近 20 年是 20 世纪初以来的最暖时期。2017 年属异常偏暖年份，全国地表年平均温度接近历史最高年份（2007 年）。1961—2017 年，我国年平均降水量、相对湿度无明显增减趋势；年平均降水日数和日照时数均呈显著减少趋势，两者平均每 10 年分别减少 2.0d 和 33.9h；平均风速总体也呈减小趋势，平均每 10 年减小 0.13m/s；年累计暴雨日数和平均 ≥10℃ 的年活动积温均呈增加趋势，前者平均每 10 年增加 3.9%，后者平均每 10 年增加 53.9d·℃；此外，平均总云量总体也呈下降趋势，如

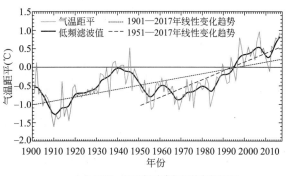

（a）1901—2017 年地表年平均气温距平

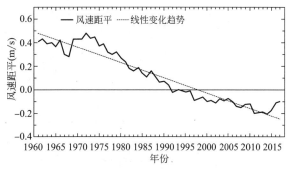

（b）1961—2017 年平均风速距平

图 2-10 中国地表年平均气温和平均风速距平

资料来源：中国气象局气候变化中心.2018 年中国气候变化蓝皮书［R］.北京：中国气象局，2018.

图 2-10（b）所示。平均风速的减小和地表温度的升高，与城市热岛效应相互影响，加剧了城市高温天气的出现，使城市局部地区的气象条件改变。这种现象在一些大型和特大型城市，以及建筑密集的城市中心区域尤其明显。从统计数据来看，我国极端低温事件也在显著减少，极端高温事件自 20 世纪 90 年代中期以来显著增多，极端强降水事件呈显著增多趋势。登陆我国的台风（中心风力 ≥8 级）个数也呈弱的增多趋势，平均强度呈增强趋势，20 世纪 90 年代中期以来尤为明显。总体而言，我国气候风险呈升高趋势。20 世纪 70 年代和 80 年代气候风险低，20 世纪 90 年代以来气候风险高，1991—2017 年平均气候风险指数较 1961—1990 年平均值增高 55%[32]。

与地表显著增温趋势相呼应，1961—2015 年，我国 100°E 以东地区年平均大气环境容量总体呈下降趋势，平均每 10 年下降 3%。全球变暖后，南北方热力差异减小，风速减小，降水日数减少，整体气候条件更加不利于大气污染物的消除。受此影响，我国灰霾污染持续时间长、影响范围广、污染强度大。作为全国大气污染防控重点地区的京津冀、长三角和珠三角地区年平均大气环境容量下降显著，导致重污染天气的低容量日数明显增加，如图 2-11 所示。1961 年以来，京津冀地区降水日数减少 13%，平均风速减小 37%，大气环境容量下降 42%[35]。从未来冬季气候变化趋势来看，特别是在气候变暖的背景下，京津冀地区的气象条件将更加不利于污染物扩散[8]。同样，高温天气和不利扩散条件也在加剧城市臭氧污染。

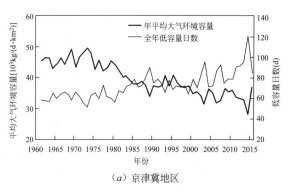

（a）京津冀地区

（b）长三角地区

图 2-11 部分地区年平均大气环境容量
和低容量日数长期变化

资料来源：中国气象局气候变化中心.中国气候变化监测公报（2015 年）［M］.北京：科学出版社，2016.

气候变化通过加快水循环过程而引起水资源空间分布的变化。过去 100 多年里，在人类活动和气候变化的共同影响下，我国主要江河的实测径流量总体呈减少态势。北方地区水资源量减少尤其明显，海河流域减少 40%～60%，黄河中下游减少 30%～60%，水资源供需矛盾加剧。干旱区也从黄淮海地区向西北、西南、东北方向扩展。进入 21 世纪以来的平均受旱率、成灾率较 20 世纪均有明显增加，粮食安全、供水安全形势不容乐观。与此相反，长江中下游地区和东南地区洪涝灾害加重，呈突发、常发态势，范围加大，强度增高。未来气候变化还将对我国水资源分布产生较大影响。在 RCP4.5 排放情景下，我国水资源总量将再减少 5%，进一步增加我国洪涝和干旱灾害发生几率，加重北方地区缺水形势[24]。而水温升高、降水强度增加、低流量期延长又会加剧多种形式的水污染，降低湖泊方塘水质，弱化水生生态系统的结构功能，威胁供水安全和公共健康。2007 年太湖蓝藻大面积暴发，沿湖部分城市水质严重恶化，城市自来水供应中断。经济活动带来的水体富营养化与气候变暖引起的持续高温天气相遇，导致了这次影响广泛的水污染事件。2015 年夏季的异常高温使太湖蓝藻再次爆发。

海岸带是最易遭受气候变化影响的陆地地区。气候变化已经对我国海岸带环境和生态系统产生一定影响，造成海平面上升、海岸侵蚀和海水入侵，引发更大规模洪水，增加河流、河湾和地下水盐度，海岸带滨海湿地减少，红树林和珊瑚礁等生态系统退化，渔业和近海养殖业深受影响。1980—2017 年，我国沿海海平面平均上升速率为 3.0mm/年，高于全球平均水平。海平面每上升 1cm，长江三角洲和苏北海岸带将后退 10m 以上，潮滩和湿地分别减少 16.7% 和 28%。海水入侵则以渤海、黄海沿岸最为严重，渤海沿岸的海水入侵距离可达 20～30km。受海岸带侵蚀影响，2005—2010 年，崇明东滩潮间带湿地损失速率达 0.09～0.13km²/年。1980 年以来，广东沿海湿地损失超过 50%。20 世纪 90 年代开始，我国沿海风暴潮灾害频率不断增加，进入 21 世纪以来致灾程度明显上升。未来气候变化还将对我国海岸带产生较大影响，海平面持续上升，台风和风暴潮等自然灾害发生几率继续增大，海岸侵蚀与至灾程度加重，滨海湿地、红树林和珊瑚礁等典型生态系统损害程度加大。

我国自然生态系统总体受益于气候变化。2015 年，我国区域平均归一化植被指数（NDVI）为0.31，与近4年同期相比，植被覆盖水平没有因气候变化而显著降低。但气候变化对我国生态系统的负面影响也是显而易见的。20世纪50年代到2015年，鄱阳湖、洞庭湖等华中地区主要湖泊湿地面积不断缩减。其中洞庭湖面积缩减76.6%，缩减趋势最明显。从中长期发展趋势来看，未来气候变化对我国生态系统的总体影响将以负面为主。森林生态系统受益于气候变化，但在物种、生产力和林火、病虫害等方面将产生较为严重的不利影响。湿地面积以退化萎缩为主要趋势，特别是长江中下游地区。我国草原分布也将因气候变化东移，西部荒漠化加剧，草原植被生产力显著降低，生物多样性丧失，草原生态系统稳定性降低。

3. 对经济社会发展的影响

气候变化直接影响我国城市中由交通、能源、水系统等组成的基础设施网络。气候变化带来的强降水会冲击路面、损毁桥梁、破坏道路照明等指示系统和交通运输设备。持续的高温天气会加速轮胎和路面老化，使铁轨变形，妨碍公路、铁路和航空的正常运行。伴随干旱，河流水位下降，船舶运输能力和航道码头的使用也会受到影响。大雪、冻雨、路面结冰等，也是导致公路交通事故的重要原因。在沿海城市，海平面上升会淹没高速公路，侵蚀路基和桥梁结构，影响基础设施使用寿命和使用安全。我国60%的人口集中在距海岸线60km的范围内，易受海平面上升影响的人口数量居全球前列。长三角和珠三角地区是我国人口、资源、资本和城市最集中的区域，也是全球海岸带最脆弱的区域之一。一旦遭受相关危害，损失巨大。城市是能源的高需求中心。高温、干旱均会增加城市能源需求，甚至引起用电负荷变化，导致城市大规模停电。气候变化所带来的水资源和水环境改变，也使城市的供水安全面临考验，如高温和干旱对城市水资源供应的影响以及强降雨引发的城市内涝。研究表明，环境温度每上升1℃，工业冷却水用量将增加1%～2%，月生活用水量将增加0.80%～1.11%。此外，城市邮电通信、环保和防灾等设施，也都分别承受着气候变化带来的各种冲击。

气候变化对我国城市产业经济影响最广泛、最直接的是农业。积极与消极影响并存。气候变暖使农业热量资源增加，利于种植制度调整，但也会使部分农作物单产和品质降低、耕地质量下降、肥料和用水成本增加、农业灾害加重。年平均温度每上升1℃，我国农作物病虫害面积将增加0.96亿 hm^2。病虫害加重导致农作物减产，增加农药使用和农业生产成本，进一步威胁食品安全。气候变化和过度捕捞等多种因素，也使我国近海的渔业资源发生较大变化，许多优质鱼种已经无法形成鱼汛。随着气候变化导致的海水酸化和赤潮等灾害的发生频率上升，以虾、贝养殖为代表的沿海养殖业也在经历严重打击。气候变化还会对城市工业和服务业发展产生诸多不利影响，如多发的极端天气事件带来的生产设备损毁、生产安全事故等。而对工业企业影响最大的，还是温室气体减排带来的生产制约。气候变化对各类服务业的影响总体上不及农业和工业，但也关系到千家万户，如对旅游产品、旅游服务和保险业的影响等。此外，金融、教育、卫生等行业，也都与气候变化影响有着诸多联系。

气候变化也在通过多种途径和方式威胁我国的公共健康。温度、降水、湿度和海平面上升等任何物理性变化，都会改变特定传染性疾病的传播范围、生命周期和传播率。洪水会将污染性杂质和病原体带入供水系统，增加痢疾和呼吸道疾病的发病率。大气污染会引起慢性支气管炎、支气管哮喘、肺气肿及肺癌等疾病，被称作公共健康的"头号杀手"。随着高温天气的增加、市区人口的增长和社会的快速老龄化，今后与热相关的疾病和死亡率也将进一步上升，见表2-2。

我国各区域受气候变化影响的关键领域　　　　　　　　　　　　　　　表2-2

区域	主要影响领域	具体表现
东北地区	农业、自然生态系统	农业总产量呈增长趋势；西部土地荒漠化严重，盐渍化、沙化土地向东扩展；湿地大面积萎缩退化，生态功能严重衰退
华北地区	水资源、农业	干旱加剧，水资源总量增加但供需矛盾持续加重；农业复种指数增加，灌溉用水制约较大
华东地区	农业、沿海城市、公共健康	粮食亩产下降；区域能耗改变，采暖日减少，制冷日增加；洪灾、潮灾数量和频率有所增加；高温热浪病死率提高；沿海大型藻类灾害事件增加
华中地区	农业、水资源和公共健康	部分粮食品种宜种区域扩大，病虫害增加，农药用量增加；水质污染加重，发生频率加快，持续时间延长，范围扩大；夏季高温热浪频率和强度上升，冬季气温升高，极端气候事件增多
华南地区	沿海城市（群）、海岸带	径流量增加，咸潮加剧，影响正常供水；红树林和珊瑚礁生态系统退化；海平面上升，沿海低地、岛屿和滩涂淹没面积扩大；海岸侵蚀强度和范围增加
西南地区	自然生态系统、水资源、旅游和山地灾害	植被带迁移，林线海拔升高，灌木种类入侵；干旱、洪涝、高温等灾害加剧，影响水电开发；自然景观和人文景观受到影响，严重影响旅游业发展；暴雨和山洪等极端事件频发
西北地区	农牧业、水资源、自然生态系统	农作物适种区域扩大，病虫害增加，草场质量下降；大部分自然植被出现退化，生物丰度和多样性明显下降，加剧沙漠化和荒漠化速度；湿地退化明显，生物多样性丧失；水资源短缺问题突出

资料来源：《第三次气候变化国家评估报告》编写委员会.第三次气候变化国家评估报告［M］.北京：科学出版社，2015.作者根据该书内容整理.

2.2.3　国情背景挑战

1.发展阶段挑战

纵览世界各国的工业化进程，高消耗、高排放、高污染是其发展的普遍特征，目前还没有哪一个国家能够依靠低碳能源实现工业化。城镇化亦是如此。随着城镇化率的提高，人均碳排放不断上升。20世纪70年代以来，英、美等发达国家的工业化和城镇化陆续完成，开始迈入后工业化阶段，除汽车的油品消费外，食、住等生活消费与生产过程消费基本都可以不依赖高碳化石能源完成。同时，这些国家的局部环境问题（如噪声）、区域性环境污染（如河流污染和城市污染）等都已基本解决，有条件将解决环境问题的重点转移到应对气候变化这样的全球环境保护议题上来。与这些国家相比，我国仍处于工业化中期阶段，快速城镇化带来的城市人口集聚、高能耗产业快速增长和消费升级使我国经济发展呈现典型的高碳经济特征。根据联合国标准，我国还有1亿多人生活在贫困线以下，改变他们的生存状态是国家发展的历史任务和社会稳定的基础。同时，我国是全球仅有的几个以煤炭为主要能源的国家之一。以煤炭为主的能源结构是我国能源战略的核心问题，也是与世界发展潮流相悖的无奈选择。这些因素使我国的温室气体排放压力更加突出并在短期内难以改变。而应对气候变化的国际压力和国内能源紧缺、生态环境恶化的严峻形势，又要求我国的温室气体和短寿命气候污染物排放量大幅削减。因此，与发达国家相比，我国应对气候变化面临着高碳能源刚性需求与能源紧缺、环境恶化的长期矛盾，发展的基数、阻力和难度更大[11]。

2015 年底，我国政府在巴黎气候变化大会上提出的 2030 年 CO_2 排放量达峰承诺是有力度的。它意味着我国工业化和城镇化的增长"天花板"被量化确定，由此也给能源结构和产业结构调整带来巨大的转型压力。据测算，我国 CO_2 排放达峰时人均 GDP 只相当于美国和欧盟平均水平的 30%~40%，人均排放只有美国达峰时的一半。"既要发展经济、消除贫困、改善民生，又要积极应对气候变化，是当今中国面临的一项艰巨挑战"[36]。但这也使我国有可能开辟一条比发达国家和地区更为低碳、在较低收入水平上达到更低峰值的崭新的发展路径。

2. 资源环境约束复杂性挑战

除了气候变化、能源安全和大气污染问题外，我国城镇化还面临着一系列亟待解决的资源环境"硬约束"，水、土、自然生态等资源环境承载力均已达到或接近上限。这些"硬约束"与气候变化问题也是密切联系的。其中有的是温室气体的重要人为排放源，有的在气候变化影响下形势不断恶化，又反作用于气候变化，加剧全球变暖和大气环境污染。因此，如何协调解决这些"硬约束"问题，既是我国城市在应对气候变化的同时不能回避的资源环境挑战，也是提高应对行动质量和效率的独特背景。

我国是全球 13 个人均水资源最匮乏的国家之一。2017 年底人均水资源量 2074.5m³，约为全球人均占有量的 1/4。全国有 400 余座城市供水不足，严重缺水的城市有 114 座，资源型和水质型缺水严重。《全国水资源综合规划（2010—2030年）》确定的全国水资源可利用量上限控制指标为 8140 亿 m³/年，而 2017 年实际用水量已达 6043.4 亿 m³。即使综合考虑各种可行的节水措施，到 2030 年用水高峰时，全国多年平均供水量仍将达 7113 亿 m³/年，占水资源可开发利用量的 87%，进一步开发利用空间极为有限。同时，长期形成的高污染和水资源过度开采局面仍未改变。2017 年全国水功能区水质达标率 62.5%，河流和湖泊中劣 V 类水体分别占 8.3% 和 19.5%。浅层地下水水质总体较差。在全国 2145 个监测站数据中，水质较差和极差的数据比例分别为 60.9% 和 14.6%，部分地区存在一定程度的重金属和有毒有机物污染[37]。长期的过度开采又进一步引发了河流断流、湖泊萎缩、湿地退化、地面沉降、海水入侵等水资源和水环境问题。未来中国必须实行最严格的水资源管理制度才有可能解决我国日益复杂的水资源和水环境困境。

我国的土地供需矛盾和土壤生态问题也在加剧。我国陆地国土空间面积广大，但山地多、平地少，扣除必须保护的耕地和已有建设用地，可用于城镇化开发和其他方面建设的用地面积只有 28 万 km² 左右，约占全国陆地国土总面积的 3%。由于建设用地占用等原因，我国耕地面积始终呈减少趋势。全国耕地总面积由 2011 年的 20.29 亿亩下降至 2016 年的 20.24 亿亩。虽然始终高于 18 亿亩的耕地保障红线，但耕地保护形势不容乐观[38]。由于不合理的利用方式，土地生态质量不断降低。根据第一次全国水利普查结果，全国土地侵蚀面积占普查范围总面积的 31.1%。截至 2014 年，全国荒漠化和沙化土地面积分别占国土总面积的 27.2% 和 17.9%。2004 年以来，全国荒漠化和沙化状况连续三个监测期"双缩减"，呈现整体遏制、持续缩减、功能增强、效果明显的良好态势，但防治形势依然严峻[39]。

我国陆地生态系统类型丰富，但生态环境比较脆弱。2016 年，全国生态环境质量"优"和"良"的县域占国土面积的42%，"一般"的县域占24.5%，"较差"和"差"的县域占33.5%[31]。快速城镇化带来的植被覆盖变化和环境污染极大地冲击了原有的自然生态系统安全格局和生物多样性基础。长三角、华中等诸多经济发达和较发达地区处于环境质量"一般"或"较差"区间，植被覆盖率较低，有不适合人类生活的制约性因子出现，或存在明显限制人类生活的因素。在长三角地区，连接城市群的高速公路网建设已使江浙沪区域景观严重破碎化，生物的自由传播和流动不同程度受限，而城市扩张带来的大规模郊区土地整理和河道水系整治又使土地资源异质性进一步降低，小生境破坏，从根本上动摇了区域生物多样性基础。但这些影响的时空尺度和强度尚无法预测。"如果蜜蜂消失了，人类将只能存活4年"，爱因斯坦曾经这样简明扼要地强调生物多样性的重要性。

我国城市生活垃圾产生量增长迅速，2016年达2.04亿t（以清运量计），比1979年增长7.12倍[40]，人均生活垃圾产生量1.17kg/d，也已超过韩国、日本等周边亚洲国家。伴随城市人口数量和经济发达程度的提高，人均生活垃圾产生量还将进一步增长。垃圾堆放或填埋占用大量土地且极易污染环境。仅20世纪90年代初，我国城市固体废弃物堆存的占地面积就超过600km^2。虽然2016年全国城市生活垃圾无害化处理率已达96.62%，但仍不足以从根上解决"垃圾围城"及相关环境问题。卫生填埋仍是无害化处理的主要工艺，占比超过60%。卫生填埋不仅占用土地，还存在因管理不当造成的环境污染风险[41]。在无害化处理工艺中，垃圾焚烧可以有效解决垃圾占地问题，但焚烧过程中易产生二噁英等二次污染物，危害公共健康。我国垃圾焚烧的二次污染风险尚未完全得到有效控制。此外，尽管未达到无害化处理标准的垃圾量逐年下降，但由于基数大，每年的产生规模依然极为可观，生态影响不容忽视。相对于生活垃圾，我国城市工业固体废弃物产生量更大，2016年达12.5亿t，是当年城市生活垃圾产生量的6倍。由于处理处置技术所限，工业固体废弃物综合利用率始终偏低。20%的工业固体废弃物在无任何处理的前提下被直接排放到自然环境中，造成严重污染。仅2000—2016年，我国工业固体废弃物污染事故就超过1000起。

3. 体制机制挑战

我国城市应对气候变化也面临着管理体制和发展机制方面的惯性挑战，"经济至上"仍是部分地方政府的固有思维模式。尽管政绩考核制度中已有资源环境保护的相关要求，但在实际执行过程中仍不乏将其置于投资规模、地方税收、就业率等经济目标之后的情况。部分应对气候变化项目在局部利益驱使下，成为土地财政和造城运动的新概念，有低碳之名而无低碳之实。

条块分割的管理体系和体制是我国城市资源环境保护工作的一个重要障碍。城市资源环境管理具有独特的综合性和不可分割性。但在我国现行管理体制中，许多政策、机构与利益格局都是彼此孤立的。不仅是城市资源环境管理部门与城市经济建设和社会发展管理部门相互封闭，处于同一管理层级的部门之间也相互封闭。政出多门、责权不清导致的低水平重复建设、协调成本高、工作效率低等现象屡见不鲜。以水资源管理为例，我国水源工程归口水利部门，配水设施归口城建部门，污水处理归口环保部门，地下水归口国土资源和地矿部门。这种"多龙管水"就导致供水管理部门不管配水，城镇用水管理部门不管农村用水，水量管理部门不管水质，地表水管理部门不管地下水，再加上地域范围与地方行政管理范围的不吻合，直接限制了地表水与地下水的联调，水污染治理难的问题更加突出。同样，许多新技术、新措施的应用也面临着条块分割的管理障碍。例如，共同管沟建设从技术上讲并无太大难度，但由于管线背后复杂的利益格局，实施工作常常较难推进。

相关法规、制度不健全，管理手段单一，也是当下我国资源环境管理中的突出问题。经过多年的努力，我国已形成了一系列资源环境保护的法律、法规和制度，其中相关法律20多部，法规和规章100多件。这些法律和规章制度对我国资源环境保护和可持续发展起到了积极的促进作用，但总体上仍未使相关工作完全走上法制化和规范化轨道。部分重要领域法规和制度缺位，部分法规行政命令性和原则性强，可操作性差，违法成本低。配套机制不足，各相关方责权不明确，也影响着法规和制度效力的发挥。从国外管理经验来看，复杂利益格局的打破，需要由立法、成立专门部门、建立科学的费用计算体系、激励企业参股等多种管理手段的综合运用来推动。在国内，尽管已经开始使用税费、生态补偿等经济手段，但行政与市场杠杆的综合运用仍明显不足。

4. 发展时机挑战

无论是在国际上还是在国内，公众对应对气候变化的认知始终存在多种声音，"条件不成熟"、"不必要"等疑虑时有耳闻。就我国现实条件来说，"不成熟"包含了多种因素。一方面，我国城市普遍面临着发展经济、提高人民生活水平等多重现实任务，挑战众多，问题复杂，应对行动难度大；另一方面，如何构建符合我国国情特征、切实可行的城市应对气候变化行动路径仍处在摸索之中，距离形成较为成熟的行动模式还有相当长的一段路要走。在实践中，把应对气候变化放在经济发展的对立面上，将应对气候变化行动简单地等同于 CO_2 减排的片面认识，重数量、轻质量，重造城、轻"造血"，重建设、轻运营，重技术、轻文化等不成熟发展倾向，以及有低碳之名而无低碳之实的造城运动，都在不同程度上损害了人们对应对气候变化的认同和支持。

不成熟不等于不行动。与发达国家相比，我国尚不具备全面应对气候变化的经济、技术、文化、体制机制等各项储备，但确实已经面临着必须直面该问题的外部压力和内部诉求。应对气候变化始终是我国作为全球最大温室气体排放国的国际责任，也是我国城市谋求绿色转型、推动科技进步、提升国际科技和经济竞争力的重要抓手，是挑战也是机遇。任何探索都是有风险的，会伴随着各种新问题的产生。而这些问题的产生和解决，也正是探索推进的必然过程。作为一个始终坚持独立发展道路的发展中大国，我国经济社会发展中许多问题的出现和解决都无先例可循，也无现成模式可以套用。迎难而上，积极行动，在不断发现和解决问题的过程中完善、推进，一直是我国经济社会快速发展并取得巨大成就的重要经验。这一经验也同样适用于应对气候变化问题。我国城市的应对气候变化行动需要更深入的认识，更积极、务实的态度和更科学的方法。没有行动就没有积累，没有积累就没有把握机遇的能力。"机会只给有准备的人"。

2.3 我国解决资源环境问题的持续探索

20世纪70年代以来，在世情和国情的共同推动下，我国政府和学术界在国家和城市层面，开展了一系列以解决资源环境问题为侧重的可持续发展理论和实践探索，取得了巨大成就。应对气候变化问题的加入，虽然使我国的可持续发展任务更加艰巨，但也使发展思路更加丰富，使我国的工业化和城镇化进程更有能力朝着经济社会发展与资源环境损耗脱钩的方向优化转型。归纳起来，这些探索大体上可分为四个发展阶段。

2.3.1　初始起步阶段（1972—1991 年）

1972 年 6 月，联合国首届人类环境会议召开。会议通过了《联合国人类环境会议宣言》，呼吁各国政府为维护和改善人类环境、造福全体人民、造福子孙后代而共同努力。全球以环境保护为起点的可持续发展探索由此拉开序幕。我国以工业废水、废气和废渣治理为主的环境保护工作也正式启动。虽然可持续发展理念尚未出现在国家发展战略中，但围绕环境保护开展的诸多工作和取得的成绩，已经体现了经济、社会和资源环境持续发展的一些基本要求，并特别关注到城市的生态保护与规划建设问题。国家应对气候变化行动和学术领域的气候变化研究也在悄然起步。

1. 国家战略

1972 年 7 月，北京市和河北省分别成立官厅水库保护办公室和三废处理办公室，共同研究处理河北省沙城农药厂对官厅水库的污染问题。同年，国务院批转的《国家计委、国家建委关于官厅水库污染情况和解决意见的报告》首次提出了"工厂建设和三废利用工程要同时设计、同时施工、同时投产"的"三同时"要求。

1973—1989 年，我国先后召开了三次全国环境保护会议，部署开展环保工作。1973 年 8 月，第一次全国环境保护会议召开，会议审议通过"全面规划、合理布局、综合利用、化害为利、依靠群众、大家动手、保护环境、造福人民"的环保工作 32 字方针。其中，预防为主、资源充分利用和全民参与的基本思想，直到今天仍在环保工作中发挥着重要的指导作用。1983 年末，第二次全国环境保护会议召开。这次会议确立环境保护为基本国策，同时提出了"三同步、三统一"的环保工作原则，即"经济建设、城乡建设、环境建设，同步规划、同步实施、同步发展，实现经济效益、社会效益和环境效益相统一"。1989 年 4 月，第三次全国环境保护会议召开。会议在总结第二次全国环境保护会议以来的环境管理经验基础上，提出了结合国情"开拓有中国特色的环境保护道路"的环保发展思想，以及"坚持预防为主、谁污染谁治理、强化环境管理"的三大环境政策。

在三废治理之外，我国政府对其他环境问题，特别是一些新的污染源和污染物，也及时予以关注。首先进入管理视野的是城市生态环境问题。1978 年，资源生态系统研究被正式列入全国科技发展规划纲要。1988 年 7 月，国务院环境保护委员会发布《关于城市环境综合整治定量考核的决定》，把大气总悬浮微粒年日平均值、二氧化硫年日平均值、工艺尾气达标率、汽车尾气达标率等指标列入定量考核范围。大气环境问题被视为整个环境问题的一个重要组成部分。1990 年，我国政府在当时的国务院环境保护委员会下设立国家气候变化协调小组，并于同年组织参加《联合国气候变化框架公约》谈判。

2. 城市研究与实践

随着环保工作的逐步开展，学术界也开始了相关的基础理论研究。城市作为人工与自然共同构成的复合生态系统受到特别关注，并且出现了生态学与城市科学、经济学结合的两个重要研究方向——城市生态学（1980）[42] 和生态经济学（1980）[43]。1982 年 12 月，在城乡建设环境保护部的大力支持下，我国第一次讨论城市在国家发展中战略地位的大型学术会议——"全国城市发展战略思想学术讨论会"召开。吴良镛先生在会上提出了"重视城市问题，发展城市科学"的主张。1984 年《生态学报》第一期上，马世骏和王如松两位学者共同提出了"社会-经济-自然复合生态系统"的概念，从整体观出发定义城市生态系统的、内涵、外延和特征。同时，城市生态和环境问题也开始成为城市规划与建设研究的热点。这其中既有对环境保护、城市生态系统与城市规划关系的探讨[44-45]，也有对城市空间发展战略与规划的思考[46-47]，并出现了以城市生态系统为对象的新的规划形式——城市生态规划[48]。1984 年底，首届"全国城市生态科学讨论会"在上海举行。来自生态、社会、地理、环保、经济、城市规划等领域的 80 多位专家学者，共同讨论城市生态学的研究内容与方法，特别是我国各类城市在规划、建设和管理中存在的主要生态问题及其解决之道。这次会议对加强城市生态研究、生态经济研究与规划建设之间的联系，起到了重要推动作用。同年，中国生态学会城市生态专业委员会成立，城市化与城市病、生态环境与人居环境关系等问题走入越来越多的城市规划和建设工作者的视野。

以曲格平先生的系列文章《人类在生物圈内生存》（1987）[49] 为起点，可持续发展理念开始进入研究领域。人们对环境问题的认识开始从个别领域的末端治理逐步向系统发展转变，为国家可持续发展战略的制定和实施奠定了认识论基础。同时兴起的还有气候变化研究。相关研究文献早在 20 世纪 70 年代就已出现。1986 年《中国科学院院刊》第二期上，叶笃正院士撰文系统介绍了人类活动引起的全球性气候变化及其对我国自然、生态、经济和社会发展的可能影响[50]。之后，温室效应、全球气候变暖、人类活动与气候变化的关系、我国气候变化趋势与影响等逐渐成为研究重点[51]。

早在 1973 年 8 月第一次全国环境保护会议上，国家就确定了北京、上海等 18 个环保工作重点城市。1986 年，江西省宜春市提出了建设生态城市的发展目标，并于 1988 年初启动试点工作。宜春市的规划建设强调环境科学知识、生态工程方法和系统工程手段的综合运用，以及市域范围内自然-经济-社会复合生态系统的整体调控。这是我国生态城市建设的首次具体尝试。

2.3.2 活跃探索阶段（1992—2004 年）

1992 年 6 月，联合国环境与发展大会（简称"里约环发大会"）召开，世界各国领导人共商可持续发展的全球路径。会议明确提出可持续发展战略，并特别强调，不可持续的经济社会发展模式是资源环境问题的主要来源，人类对生存环境的保护应从传统的环境治理转向对发展系统的整体思考和探索。会议最后通过了《里约环境与发展宣言》、《21 世纪议程》等多项重要文件。同时，影响全球应对气候变化进程的国际公约——《联合国气候变化框架公约》也在这次会议期间开放签署。由此，全球可持续发展和应对气候变化探索开始从理论研究和个别实践走向世界主要国家共同参与的主渠道行动。结合国内日益显现的资源环境问题，我国政府也迅速行动。以人与自然的和谐共生为侧重，可持续发展成为国家经济社会发展战略的重要主题。各层面、各领域的理论与实践探索丰富活跃。国家应对气候变化行动也迅速推进，虽然城市层面的应对工作尚未大规模展开，但学术界对气候变化问题的探讨已从气候变化的事实向人为归因和应对策略转变，行动指导作用不断加强。

1. 国家战略

里约环发大会后，我国政府陆续发表《中国环境保护与发展十大对策》（1992）和《中国 21 世纪议程——中国 21 世纪人口、环境与发展白皮书》（1994），阐述我国走可持续发展道路的决心、总体战略、主要对策和行动方案。可持续发展正式上升为国家战略，并开始纳入我国经济和社会发展中长期规划。2002 年 8 月，我国政府发表了《中华人民共和国可持续发展国家报告》，全面介绍我国在社会经济发展、生态建设、环境保护、资源管理、地方 21 世纪议程、公众参与等方面的行动和成就，阐述了我国实施可持续发展战略的部署和政策措施。2003 年 10 月，中国共产党第十六届中央委员会第三次全体会议通过的《中共中央关于完善社会主义市场经济体制若干问题的决定》进一步将可持续发展作为科学发展观的基本要求，"坚持以人为本，树立全面、协调、可持续的发展观，促进经济社会和人的全面发展"。2004 年 9 月，中国共产党第十六届中央委员会第四次全体会议提出了构建和谐社会的战略目标和任务。作为新的价值取向，和谐社会也包含了人与自然的和谐问题。

保护生态环境、发展循环经济、走新型工业化道路是这一时期国家实施可持续发展战略的几项重要举措。2000 年 11 月，国务院发布《全国生态环境保护纲要》，要求加大生态环境保护工作力度，扭转生态环境恶化趋势。这份文件首次将维护国家生态环境安全作为生态环境保护的工作目标，并提出了以生态功能保护区、自然保护区和重点资源区建设为重点的工作思路。2002 年 10 月，在全球环境基金第二届成员国大会上，我国政府首次在官方文件中引入循环经济理念，并指出，"只有走以最有效利用资源和保护环境为基础的循环经济之路，可持续发展才能得到实现"。2002 年 11 月，中国共产党第十六次全国代表大会首次就工业化与可持续发展之间的关系做了阐述。会议指出，我国必须要对传统工业化进行扬弃，重视资源和环境问题，走出一条"科技含量高、经济效益好、资源消耗低、环境污染少、人力资源优势得到充分发挥"的新型工业化道路，这是我国实现工业化的必由之路。

1992 年 11 月，全国人民代表大会常务委员会批准《联合国气候变化框架公约》，我国正式成为该公约的缔约方。1998 年 5 月我国政府签署并于 2002 年 9 月核准了该公约的重要补充条款——《京都议定书》，国家应对气候变化行动进入加速期。把气候变化与可持续发展始终作为一个整体去认识，是我国应对气候变化工作的重要特点。2003 年 4 月，我国领导人在气候变化国际科学讨论会开幕式上指出，"气候变化是当今全球共同面临的重大课题，事关国民经济和社会发展的方方面面，事关生态与环境保护、能源与水资源、食物安全和人类健康，事关人类社会的可持续发展"，"人类活动和发展在一定程度上造成了气候变化，气候变化又影响了人类活动和发展。适应和减缓气候变化，也需要通过人与自然的和谐发展来实现"。2004 年 11 月，《中华人民共和国气候变化初始国家信息通报》发布。

2. 城市研究与实践

随着《里约环境与发展宣言》的诞生，可持续发展逐渐成为全球研究热点。我国学者也对其理论内涵、发展特征、实现途径、评价方法，以及中国可持续发展道路等问题展开了广泛讨论，成果众多。可持续发展是人们对环境问题在认识上的飞跃。它包含两条相互交织的思想主线，一是寻求人与自然关系的和谐，二是寻求人与人（包括代际）关系的和谐。前一个"和谐"是后一个"和谐"的基础，后一个"和谐"是前一个"和谐"的延伸和根本目的。与传统发展观相比，可持续发展要求正确解决眼前利益与长远利益、局部利益与整体利益的关系，将环境与经济社会问题视作整体，在经济社会发展过程中求得环境问题的根本解决[52-54]。对我国来说，这是发展制度和基本国情的共同选择，其中又以解决好人与自然关系的和谐问题更为紧迫和艰巨。经济和城市是我国可持续发展的两个关键领域。对于前者，循环经济理论的引入为其实践路径探索提供了重要选项；对于后者，城市环境与可持续发展的关系、城市可持续发展的基本问题、城市规划在可持续发展中的作用、城市可持续发展评价等众多研究视角的展开，使人们对城市可持续发展路径有了更清晰、更丰富的认识。

城市规划与建设研究者对城市可持续发展模式、学科发展与重点建设领域等问题也展开了许多重要思考。1990 年钱学森先生针对城市建设中的生态失衡问题提出了"山水城市"思想①。他认为人离开自然又要返回自然，21 世纪的中国城市发展模式应发扬中国园林建筑的特色与长处，由规划师和建筑师共同探索[55]。之后，吴良镛等学者提出了"以整体观念，寻找事物相互联系"的人居环境科学理论构想，探索建立和发展以环境与人的生产、生活活动为基点，以建筑、园林和城市规划为核心的跨学科的新型学科体系，为可持续人居环境的规划建设找到科学规律与方法。在持续的探索中，人居环境科学的定义、理论框架和研究方法不断丰富，并在区域发展、城市规划、城市设计等方面形成了许多重要的理论和实践成果。"京津冀北（大北京地区）城乡空间发展规划研究"提出的核心城市有机疏散、双核心/多中心都市圈战略、"交通轴+葡萄串+生态绿地"发展模式、区域统筹管理等思想，直到今天，仍是解决京津冀区域发展问题的有效的解决办法[14]。这一时期，生态城市理论也进入我国。它的出现为城市可持续发展探索找到了重要的实践形式。不同于以往以掠夺外界资源促进自身繁荣的城市发展方式，生态城市是非掠夺性的，它既能供养人类，又能"供养"自然。建立引导城市"生态化"的规划设计方法体系，是走向生态城市的重要基础性工作[56-57]。除了发展模式探究外，空间规划、景观规划、水资源与水环境、能源供应、交通、城市卫生、建筑等众多城市建设领域的相关研究也在逐步展开。

在气候变化领域，气候变化的现状及影响、温室气体的源与汇、温室气体排放类型与部门、温室气体减排对策与机制、气候变化与可持续发展的关系等研究发展迅速[58-62]。人们逐渐认识到，气候变化是影响自然生态环境、威胁人类生存基础的重大全球性问题，是全球可持续发展面临的巨大挑战的一部分。只有当气候政策始终如一地纳入到更加广泛的国家和区域可持续发展战略中时，气候政策的效果才能得到加强。因此，走可持续发展道路是解决气候变化问题的根本途径。如何结合自

---

① "山水城市"正式见诸文字出现在钱学森先生 1990 年 7 月 31 日给吴良镛院士的信中。1993 年山水城市座谈会在京召开，钱先生的书面发言奠定了"山水城市"的理论基础。

身发展条件，合理并有效地减缓气候变化，始终是各国气候变化研究的一个重点。低碳经济（low-carbon economy）的出现为研究和实践提供了崭新思路。在英国政府提出的低碳经济理念中，"经济"一词涵盖了国民经济的方方面面；"碳"主要指化石燃料燃烧产生的 CO_2，在广义上包括《京都议定书》规定的全部 6 种主要人为温室气体；"低"是以更低的能耗和温室气体排放强度支撑经济社会高速发展的新经济发展方式。发展低碳经济，可以在支持全球能源可持续利用的同时，开拓新市场、创造新机会，为国家和地区的经济发展注入新活力。

这一阶段的城市实践离不开各类示范活动的推动。1992 年，建设部启动了"国家园林城市"创建评选活动，以加强城市生态环境和基础设施建设，促进城市可持续发展。截至 2016 年底，全国约半数城市获得了该称号。为解决城乡发展中的产业生态化和环境保护问题，从 1995 年开始，国家环境保护局先后启动全国生态示范区（1995）、环境保护模范城市（1997）、循环经济试点省（2002），以及生态县、生态市、生态省（2003）等一系列示范创建活动，同样获得了各地区的广泛响应。截至 2012 年，全国共 95 个城市获得"国家环境保护模范城市"称号。2004 年，全国绿化委员会和国家林业局联合启动"国家森林城市"评定活动。同年，建设部、国家发改委下发《关于全面开展创建节水型城市活动的通知》，以合理配置、开发、利用水资源，满足人民生活需要，保障城市经济和建设可持续发展。截至 2015 年，共有 72 个城市入选。此外，广东省开展的花园城市建设（1992）、中国社会科学院发起的"中国最具竞争力城市"排名（2004）、中央电视台为推动中国城市化进程组织的"中国十大魅力城市"评选（2004）等活动，都从不同角度和不同层面推动着人们对城市发展模式的思考和认识。

2.3.3 转型发展阶段（2005—2011 年）

2005 年 2 月《京都议定书》正式生效，全球应对气候变化进入了一个以减排为重点，更受瞩目、更具力度的快速发展期。而此时我国开始成为全球最大的温室气体排放国，在国际气候谈判中面临的压力进一步增加。同时，尽管我国的可持续发展战略实施取得了重要进展，但粗放型经济增长积累的资源环境问题依然日趋严峻，并已成为阻碍经济发展的瓶颈约束。"转变经济增长方式"作为解决我国资源环境问题的根本途径，得到越来越清晰的认识和阐述，顶层设计不断丰富，理论研究和城市实践也向着系统化的方向不断推进。我国可持续发展与应对气候变化进程进入了一个以转型为中心，探求解决环境与发展矛盾治本之策的新阶段[①]。

1. 国家战略

2005 年 3 月，中央人口资源环境工作座谈会提出了"全方位、多层次推广适应建立资源节约型、环境友好型社会要求的生产生活方式"的重要主张并指出，"严峻

---

① "回顾我国城市可持续发展的探索历程，我们对可持续发展关键问题的认识经历了一个从资源保护、环境治理、循环经济到低碳经济的逐步补充完善过程，主要观点也由'外部条件调节'向'内部模式转换'的内向演变。而今天的可持续发展问题已经内化为社会、经济内在变革推动力因素，展开有关城市可持续发展系统模式和具体策略探索的时机已近成熟"。引自：栗德祥，邹涛，王富平，等.循环型低碳发展模式规划的探索与实践——以大连獐子岛生态规划项目为例［C］.2009 中国可持续发展论坛暨中国可持续发展研究会学术年会论文集（上册），2009：1-6.

的环境形势迫切要求转变经济增长方式，这是解决环境与发展矛盾的治本之策"。同年10月召开的中国共产党第十六届中央委员会第五次全体会议上，建设资源节约型和环境友好型社会被确定为国民经济与社会发展的一项中长期战略任务。2006年3月审议通过的"十一五"规划纲要，将"单位GDP能耗下降20%"和"主要污染物排放总量减少10%"两项资源环境要求纳入约束性指标，加强转型发展的引导和考核。2007年10月，中国共产党第十七次全国代表大会报告（以下简称"十七大报告"）在谈到国家发展面临的困难和问题时，把"经济增长的资源环境代价过大"列为首位。十七大报告明确提出了"建设生态文明"的新要求，并将"到2020年成为生态环境良好的国家"作为全面建设小康社会的重要任务之一。2010年4月，我国领导人在博鳌亚洲论坛年会上发表了题为《携手推进亚洲绿色发展和可持续发展》的主旨演讲。演讲指出，绿色发展和可持续发展是当今世界的时代潮流。我国要适应经济全球化发展的新形势，用科学的理念、开放的战略、统筹的方法、共赢的途径去实现生产发展、生活富裕、生态良好的发展目标。这是"绿色发展"首次出现在我国领导人的公开讲话中。接下来的"十二五"规划纲要不仅提出要"坚持把建设资源节约型、环境友好型社会作为加快转变经济发展方式的重要着力点"，还首次将"绿色发展"作为独立篇章的主题。篇章内容较以往的五年规划纲要更为系统，并把"积极应对气候变化"和"加强资源节约和管理"放在了突出位置。

为适应经济发展的新形势，2006年1月，我国领导人在全国科学技术大会讲话中首次提出"创新型国家"理念。讲话指出，当今时代，人类社会步入了一个科技创新不断涌现和经济结构加快调整的重要时期。科技竞争成为国际综合国力竞争的焦点。从我国发展的战略全局来看，走新型工业化道路、调整经济结构、转变经济增长方式、缓解能源资源和环境的瓶颈制约、加快产业优化升级、促进人口健康和保障公共安全、维护国家安全和战略利益，都迫切地需要坚实的科学基础和有力的技术支撑。增强自主创新能力，推动我国经济增长从资源依赖型转向创新驱动型，是摆在我们面前的一项刻不容缓的重大使命。为落实创新型国家战略，大会同时发布《国家中长期科学和技术发展规划纲要（2006—2020）》。之后十七大报告对创新型国家建设做了更具体的表述，强调要促进经济增长由主要依靠增加物质资源消耗向主要依靠科技进步、劳动者素质提高和管理创新转变。

"气候变化既是环境问题，也是发展问题，归根到底是发展问题"。2005年7月，基于广大发展中国家的基本诉求和我国的独特国情，我国领导人在英格兰举行的八国集团同发展中国家领导人对话会上，对气候变化问题做了以上精辟阐述。2006年12月和2007年6月，我国先后发布《气候变化国家评估报告》和《中国应对气候变化国家方案》，全面评估我国应对气候变化的条件与需求，阐述国家应对气候变化的阶段性部署。后者是发展中国家在该领域的首部国家方案。在2007年9月的亚太经济合作与发展组织（Organisation for Economic Co-operation and Development, OECD）会议上，我国领导人提出了发展低碳经济、研发和推广低碳能源技术、增加碳汇、促进碳吸收技术发展等一系列减缓气候变化主张。科学技术部、国家发改委等14个国家部委联合发布《中国应对气候变化科技专项行动》，重点部署我国应对气候变化的科技发展措施。从2008年开始，我国政府持续发布年度报告

《中国应对气候变化的政策与行动》，介绍各年度国家应对气候变化的主要工作进展。2008 年的报告指出，中国将"把应对气候变化与实施可持续发展战略，加快建设资源节约型、环境友好型社会，建设创新型国家结合起来，以发展经济为核心，以节约能源、优化能源结构、加强生态保护和建设为重点，以科技进步为支撑，努力控制和减缓温室气体排放，不断提高适应气候变化能力"。2009 年 8 月，第十一届全国人民代表大会常务委员会第十次会议审议通过了国务院《关于应对气候变化工作情况的报告》，并通过了关于积极应对气候变化的重要决议。决议认为，要加快重点领域的低碳发展，创造以低碳排放为特征的新的经济增长点，促进经济发展模式向高能效、低能耗、低排放模式转型，为实现我国经济社会可持续发展提供新的不竭动力。2009 年 12 月，我国政府在哥本哈根气候变化大会上正式提出了到 2020 年单位国内生产总值 CO_2 排放量比 2005 年下降 40%～45% 的国家承诺。相关约束性指标随后纳入国家"十二五"规划纲要。2011 年，国家发改委开始启动碳排放交易试点。

2. 城市研究与实践

"低碳"是这一时期最活跃的可持续发展和应对气候变化理念。继低碳经济之后，低碳社会（low-carbon society）、低碳发展（low-carbon development）、低碳城市（low-carbon city）等概念相继产生。全面变革能源消费方式、经济发展方式和人类生活方式，为应对气候变化找到一条与地区发展共赢的合理路径，是这些概念的共同指向。与低碳经济和低碳社会相比，低碳发展更侧重探讨不同发展阶段下，国家和地区的经济社会发展道路与模式问题。走中国特色的低碳发展道路，是我国一项既紧迫而又需要长期坚持的艰巨任务，核心是要逐渐将高排放的资源依赖型发展模式转变为低碳的技术创新型发展模式[63]。在快速城镇化背景下，能否从产业结构、空间形态、消费模式和日常运行等多角度建设低碳城市，是我国抓住低碳发展机遇、应对气候变化挑战的一个重要途径。从问题的复杂性来看，我国的低碳城市建设应是全面、均衡、有层次、有特色的。它应充分借鉴我国传统生态思路，走发展和减碳结合，经济与社会并行，政-企-民共治的中国特色路径[64-67]。作为城市应对气候变化的"优先行动领域"，众多学者围绕低碳城市的空间规划展开深入研究[68-72]。空间发展战略、规划编制方法、规划实施管理办法等丰富成果，为有效发挥城市规划在低碳城市建设中的引领作用搭建了行动框架。

除低碳城市外，这一时期还涌现出许多新的城市可持续发展建设概念，如宜居城市、智慧城市等，进一步丰富了我们对城市可持续发展内容和方式方法的认识。同时，有关生态城市、循环经济等问题的研究也在持续深入，角度更加新颖、内容更加具体，与城市规划建设的结合更加紧密[73-74]。随着对发展认识的不断拓展，如何利用已有成果和学科整合，优势互补，综合解决本国问题成为许多学者的思考方向。"低碳生态城市"[75-76]、"循环型低碳发展模式"[77]、"智慧生态城市"、"智慧低碳城市"、"绿色智慧城市"、"绿色低碳城市"等复合概念纷纷出现。

与理论研究的持续丰富相呼应，生态型城市建设探索也呈现爆发式增长趋势。截至 2012 年 4 月，地级（含）以上城市中提出"生态城市"、"低碳城市"等生态型城市建设目标的达 280 个，占比 97.6%[78]。这些探索中既有由国家部委、地区主管部门和国际组织自上而下推动的试点示范项目，也有区县管理部门、企业自下而上主导的项目探索；既有针对全市域的整体性发展，也有以局部城区为单位的中观尺度开发，还有以住区或园区为单位的微观尺度建设；既有新城的开发建设，也有既有城区的更新改造；既有以新策略和新技术运用为侧重的先锋探索型项目，也有以适宜技术集成为重点的适用推广型项目；既有以居住为重点的生态宜居型项目，也有突出产业功能的生态经济型项目，还有以自然生态保护和修复为特色的生态修复型项目。形式和内容十分丰富。作为生态型城市建设的重要方面，循环经济的试点示范工作持续推进。2005年和2007年，国家发改委等6部委先后开展了两批国家循环经济试点示范工作，范围涉及重点行业（企业）、产业园区、重点领域、省市等。2012年开始，国家发改委、财政部等部门又组织开展了"城市矿产"示范基地、餐厨垃圾资源化利用和无害化处理试点、园区循环化改造等试点示范工作，探索各领域、各层面的循环经济发展路径和模式。2008年底，环境保护部开始启动全国生态文明建设试点，探索建立梯次递进的生态文明建设格局。

2.3.4 纵深推进阶段（2012年至今）

2012年6月，在里约环发大会召开20年后，全球最高规格的环境会议——联合国可持续发展大会（简称"里约+20峰会"）再次在里约热内卢召开。全球130多个国家的元首和政府首脑共商可持续发展的全球制度框架，基于经济增长模式转变的绿色经济与合作治理成为两个新的基本共识。2015年下半年，纽约联合国可持续发展峰会和巴黎气候变化大会相继召开，引领全球可持续发展和应对气候变化的两大纲领性文件——《2030年可持续发展议程》与《巴黎协定》先后通过，全球可持续发展与应对气候变化进入了一个更加紧迫、坚定、系统和高度关联的行动新阶段。在国内，资源约束趋紧、生态环境恶化趋势持续。2012年底至2013年初，波及大半个中国的严重雾霾灾害引起了全国乃至全球的广泛关注。短短数月时间，雾霾灾害由局部环境问题转变为社会焦点，进而成为从中央到各级地方政府高度重视的政治问题，为新的资源环境政策的制定和已有政策的执行创造了前所未有的条件[79]。而随着经济发展进入新常态，解决资源环境问题已不仅仅是环境恶化趋势下的被动应对，更是破解发展难题，更快、更有效地转变发展方式的一种主动选择，行动力度之大、推进速度之快前所未有。可持续发展和应对气候变化正在以更深刻的方式融入国家发展的历史进程中，并不断地被赋予新使命。

1. 国家战略

2012年11月，中国共产党第十八次全国代表大会报告（以下简称"十八大报告"）首次将"生态文明建设"放在与经济、政治、文化、社会四大建设并列的高度，提出了新的中国特色社会主义事业"五位一体"总体布局。生态文明从一段时期的环境保护战略转变为更长时期国家经济社会发展的行动指南。十八大报告认为，面对资源约束趋紧、环境污染严重、生态系统退化的严峻形势，必须树立生态文明理念，把生态文明建设融入经济建设、政治建设、文化建设、社会建设各方面和全过程，实现中华民族永续发展。十八大报告还首次将绿色发展、循环发展与低碳发展统筹到生态文明建设中来，通过三种发展的相互结合、着力推进，从源头上扭转生态环境恶化趋势。在这之后的五年间，国家陆续发布实施了大气、水、土壤污染防治三大行动计划，审议通过了40余项生态文明和生态环境保护具体改革方案，多部相关法律完成修订。2015 年 10 月，中国共产党第十八届中央委员会第五次全体会议将绿色发展确立为我国"十三五"时期必须牢固树立并切实贯彻的五大发展理念之一，绿色发展由此进入国家战略和发展政策的主流，可操作性大大提高。在 2016 年 3 月发布的"十三五"规划纲要中，"绿色"对发展的引领作用有了较为全面的体现。相关发展要求和部署不再局限于纲要中的某一篇章，而是广泛延伸，在培育发展新动力、拓展发展新空间、推进农业现代化、构建产业新体系、推动区域和城乡协调发展等内容中得到全面体现。"生态环境质量总体改善"取代"资源节约环境保护成效显著"成为"十三五"发展的主要目标之一。2016 年 9 月，我国政府率先发布《中国落实 2030 可持续发展议程国别方案》，阐述中国落实议程的总体路径和主要方案。2017 年 10 月，中国共产党第十九次全国代表大会报告（以下简称"十九大报告"）又提出了一系列针对生态文明建设和生态环境保护的新思想、新要求和新部署，并明确提出"到 2035 年，生态环境根本好转，美丽中国基本实现"的发展目标。在 2018 年 3 月通过的《中华人民共和国宪法修正案》中，生态文明历史性地写入宪法，成为国家意志。

供给侧结构性改革和创新驱动是破解发展难题，推动中国经济健康发展的两项重大举措。2015 年 11 月，中央财经领导小组第十一次会议首次研究经济结构性改革和城市工作。会议要求"在适度扩大总需求的同时，着力加强供给侧结构性改革，着力提高供给体系质量和效率，增强经济持续增长动力"。新常态下中国经济的结构性问题最突出，如高消耗、高污染、高排放产业比重偏高，过度依赖一般性生产要素投入，废水、废气、废渣、CO_2 排放比重偏高，等等。这些问题很难单纯依靠需求侧改革去解决，必须同时改善供给结构，使劳动力、土地、资本、制度创造、创新等要素实现最优配置，提升经济增长的质量和数量。十九大报告以党的决议形式肯定了这一要求，并强调"创新是引领发展的第一动力，是建设现代化经济体系的战略支撑"。创新驱动要破除思想和制度障碍，使市场在资源配置中起决定性作用和更好地发挥政府作用，激发全社会的创新活力和创造潜能，提升劳动、信息、知识、技术、管理、资本的效率和效益，增强科技进步对经济发展的贡献度。在这之前发布的"十三五"规划纲要也将"坚持创新发展"摆在战略部署的篇首，体现了"创新"在五大发展理念中的核心地位。正如《国家创新驱动发展战略纲要》（2016 年 5 月）所指出的，创新是国家命运所系、世界大势所趋、发展形势所迫。作为"立足全局、面向全球、聚焦关键、带动整体"的国家重大发展战略，实现创新驱动是一个系统性变革，要坚持"双轮驱动"，使科技创新和体制机制创新同步发力，构建新的发展动力系统。

城镇化是拉动我国经济发展的重要引擎，也是诸多资源环境问题的产生源头。2014 年 3 月，引导城镇化健康发展的重要文件《国家新型城镇化规划（2014—2020 年）》发布。规划要求"全面提高城镇化质量，加快转变城镇化发展方式"，"走以人为本、四化同步、优化布局、生态文明、文化传承的中国特色新型城镇化道路"。规划同时要求"把生态文明理念全面融入城镇化进程，着力推进绿色发展、循环发展、低碳发展，节约集约利用土地、水、能源等资源，强化环境保护和生态修复，减少对自然的干扰和损害，推动形成绿色低碳的生产生活方式和城市建设运行模式"，并提出了"绿色城市"、"智慧城市"和"人文城市"的新型城市建设主张。

2015 年 12 月，中共中央在时隔 37 年后再次召开中央城市工作会议，把脉城市工作重大问题，搭建城市工作顶层设计，提高城市发展的持续性和宜居性。作为会议的配套文件，2016 年 2 月，新出台的《中共中央　国务院关于进一步加强城市规划建设管理工作的若干意见》勾画了"十三五"乃至更长时间中国城市发展的路线图。《国家创新驱动发展战略纲要》也将新型城镇化列为科技创新的 9 个重点领域方向之一。

随着气候异常和严重雾霾灾害的发生，以及巴黎气候变化大会的召开，我国的减缓气候变化行动开始进入总量和达峰的"双控"阶段，顶层设计不断完善。能源问题是减缓气候变化和大气污染防治的重点。十八大报告对能源发展战略有两处重要调整，分别是将"十二五"规划纲要提出的"合理控制能源消费总量"调整为"控制能源消费总量"，将"推动能源生产和利用方式变革"调整为"推动能源生产和消费革命"。两处调整把解决能源问题的重要性和紧迫性提升到了前所未有的高度，倒逼经济发展方式转变。之后，《国家适应气候变化战略》（2013 年 9 月）和《国家应对气候变化规划（2014—2020 年）》（2014 年 9 月）发布，具体部署一段时期内国家减缓和适应气候变化的总体要求、重点任务、区域格局和保障措施。工业、建筑、环保等领域的行动方案和政策文件也陆续出台。为落实我国政府在巴黎气候变化大会上提出的自主贡献承诺，2016 年 11 月，国务院印发了《"十三五"控制温室气体排放工作方案》。方案要把低碳发展作为我国经济社会发展的重大战略和生态文明建设的重要途径，采取积极措施，有效控制温室气体排放。方案同时要求加强碳排放和大气污染物排放的协同控制，强化低碳引领，推动能源和产业革命，推动供给侧结构性改革和消费端转型，推动区域协调发展，为促进我国经济社会可持续发展和维护全球生态安全做出新贡献。为推动城镇化的低碳发展，方案提出要在城乡规划中落实低碳理念和要求，探索集约、智能、绿色、低碳的新型城镇化模式。2017 年末，作为未来全球最大的碳市场，我国的碳排放权交易体系正式启动。2018 年，应对气候变化和减排职能由国家发改委划转到新组建的生态环境部，为实现应对气候变化与环境污染治理的协同增效提供了体制机制保障。

2. 城市研究与实践

随着国家战略的纵深推进，"生态文明"和"绿色发展"成为理论研究热点。众多学者对两者的理论内涵、实施路径和评价标准等展开了讨论。他们认为，生态文明是以资源环境承载力为基础、以遵循自然规律为准则、以可持续的社会经济政策为手段、以人与自然和谐发展为目的的文明形态。这是人类对工业文明的否定之否定，其核心是要重新审视和正确处理人与自然的关系。实现生态文明要求做到两个脱钩，一是经济增长与自然消耗的脱钩，二是生活质量与经济增长的脱钩。对于不同发展水平的国家，生态文明有不同的要求。中国的生态文明建设要全面渗透到社会发展的物质、制度和精神层面，落实到工业化、城市化和现代化进程中，通过对建设层次性和阶段性的把握，走出具有自己特点的生态化工业文明道路。在我国的"五位一体"总体布局中，生态文明建设就如同一条"红线"，把经济建设、政治建设、文化建设和社会建设联系成一个更紧密的有机整体，体现了人类文明的系统性和自然对人类生存发展的基础性作用[80-82]。建设生态文明需要遵循自然规律，推进绿色发展。1989 年，英国经济学家首次提出绿色经济理念，是对工业文明下以大量消耗资源、破坏环境为代价的"褐色经济"的反思。里约+20峰会上再次提出的绿色经济主张，抓住了可持续发展战略中如何扭转传统发展模式的核心问题，为世界各国实施可持续发展战略，共同应对气候变化等全球性挑战，指出了实践方向。与传统以效率为导向的经济模式相比，绿色经济增加了生态规模和社会公平两个新维度。以绿色经济为核心，绿色发展要通过"绿色增长"（经济系统），积累"绿色财富"（自然系统），为当代人和后代人谋求"绿色福利"（社会系统）。我国的绿色发展包括上、中、下三个发展层次：上层是实现经济社会进步与资源环境消耗脱钩，实现金山银山与绿水青山双赢的总体观念；中层是从资源流入和环境输出两大方面，针对性落实绿色发展的低碳发展和循环发展理念；下层是工业化、城镇化、消费方式等主要行动领域。低碳发展和循环发展是实现绿色发展过程中承上启下的重要途径和行动抓手。绿色发展要通过两者在主要行动领域的运用来实现整体上的绿色转型[83-84]。

从根本上解决资源环境问题，不仅需要转变经济发展方式，也需要转变城市发展模式。仅仅依靠转变经济发展方式，并不足以从根本上扭转生态环境的恶化趋势，还需要种种城市发展措施的补充。而不从源头遏制对城市扩张和 GDP 增长的片面追求，经济发展方式也难以彻底转变。或者可以说从根本上解决资源环境问题必须坚持"两个转变"的双轮驱动，协同推进。对此，许多从事可持续发展、应对气候变化和新型城镇化研究的学者都有过精彩论述。2016 年 10 月，联合国近年在人居环境发展领域规模最大、规格最高的全球会议——"人居三"大会召开。会议正式审议通过了引领未来 20 年全球可持续城镇化的纲领性文件《新城市议程》。我国多位城市科学学者和规划专家参与了议程的起草及磋商。中国积极推动健康城镇化的经验，成为探讨全球可持续城镇化的重要参考。不同于以往联合国基于要素层面的城市问题讨论，《新城市议程》首次把城市化和城市发展作为系统问题看待，注重城市要素之间的关联性，同时把城市问题放到当今全球面临的共同挑战的大框架下，从转型发展入手，提出解决问题、实现城市可持续发展的系统思路，即：从社会、经济和环境这三个可持续发展的基本维度切入，转变城市规划、融资、开发、治理和管理方式，通过政府、企业和社会的合作与互动，综合运用立法、体制机制、金融等杠杆，对国家政策到规划与设计，再到规划实施的全过程进行创新与协同。受世界资源与市场格局的制约，我国的快速城镇化显然无法继续走发达国家走过的路子，转型发展是一种自觉选择[85]。

在试点示范工作的带动下，"智慧城市"、"海绵城市"、"特色小镇"等生态型城市/城镇建设成为近年来国内实践中最具热度的新面孔。2012—2015 年，由科学技术部、住建部、工业和信息化部、国家发改委等组织的智慧城市试点达 8 大类 686 个项目。规模最大的是由住建部和科学技术部联合组织的"国家智慧城市"试点。为适应创新 2.0 时代的到来，试点城市以智慧管理为核心，重点开展相关顶层设计、基础设施和发展协调机制建设，提升城市管理能力和服务水平。2014 年 7 月，国家发改委联合国家五部委启动"生态文明先行示范区"建设，加快推进生态文明制度建设。同年 12 月，财政部、住建部和水利部联合开展海绵城市建设试点工作，提高城市防洪排涝减灾能力。到 2016 年，共有两批 30 个城市成为海绵城市试点单位。2015 年 10 月，国务院办公厅印发了《关于推进海绵城市建设的指导意见》。2016年7月，住建部、国家发改委、财政部联合发布了《关于开展特色小镇培育工作的通知》，计划到2020年，培育1000个左右各具特色、富有活力的特色小镇，引领提高小城镇建设水平和发展质量，促进新型城镇化和经济社会转型发展。同时，园区循环化改造、"城市矿产"示范基地、餐厨垃圾资源化利用、循环经济示范城市（县）等多种形式的循环经济试点示范工作也在持续推进。

受国情和世情的共同影响，气候变化研究的重点开始由减缓气候变化向减缓与适应并重转移，向应对气候变化与环境污染治理的协同增效转移。城市应对气候变化行动也在国家部委试点示范工作的带动下，沿着"低碳城市"试点和"低碳生态城市"/"绿色生态示范城区"两个方向深入展开，自上而下与自下而上结合。前者以完成我国碳排放峰值目标和控制碳排放总量目标为着眼点，以低碳与地区发展双赢的气候治理模式探索为核心；后者以城市空间规划及其实施管理为平台，着重探索包含低碳理念在内的集成化生态型城市建设方案。两个方向各有侧重，相互补充，使我国城市的应对气候变化行动迅速从零散、局部的自发性探索向集约化、规模化的系统探索扩展。仅以绿色生态城区试点示范建设为例。2008—2015年，江苏省共设立地方性绿色生态城区类示范项目58个，总计将开工建设绿色建筑超过1亿m²，预计建成后年累计节能161.2万tce[86]。通过网络检索关键词来看，截至2016年，全国大小各异的绿色生态城区项目已达139个[78]。这些项目为如何提高城市应对气候变化行动的质量和效率，提供了多样化思路。2017年3月，国家发改委与住建部联合启动了气候适应型城市建设试点。适应气候变化问题明确提上城市行动日程。

回顾我国解决资源环境问题的持续探索，如图2-12所示，从以环境与生态保护为主题的初始起步阶段，到面向可持续发展的活跃探索阶段，再到以转变发展方式为指向的转型发展阶段，及至以"五位一体"总体布局为标志的纵深推进阶段，发展认识不断深化，发展理念、发展战略和发展路径持续丰富，靶向效应显著。同时，我国应对气候变化行动也从传统的温室气体排放增率控制向排放总量和达峰"双控"，从低碳发展向绿色发展、低碳发展与循环发展相结合，从单一的应对气候变化向应对气候变化与环境污染协同治理的方向快速推进。应对气候变化在促进解决资源环境问题，引领高质量发展中的作用不断增强，行动质量和效率明显提高。城市是解决资源环境问题的主战场。"生态城市"、"循环经济"、"低碳城市"、"智慧城市"、"海绵城市"、"气候适应型城市"等生态型城市建设理念的涌现和实践，极大地拓宽了我们的行动视野。但这些理念各有侧重，也各有局限。仅仅就其中某一两个理念展开行动，无法动摇既定发展模式这一阻碍资源环境问题解决的根本壁垒，同时还易产生重复建设、管理混乱等矛盾，浪费发展资源，削弱各理念的行动优势。要从根本上解决资源环境问题，实现资源环境保护与经济社会发展的共赢，就必须抓住其中的关键挑战作为突破口，在可持续发展的整体框架下，以人与自然和谐共生为指向，探索城市绿色低碳转型的可行模式。新模式要以各发展理念、发展目标、发展要素和发展成果的广泛协同来凝聚合力，以观念、制度、科技、文化等各领域和各部门的系统创新来激发动力，进而以尽可能低的行动成本高质高效地完成转型发展任务。因此可以说，"绿色低碳转型"与"协同创新"是当下解决我国资源环境问题的两个行动关键词。

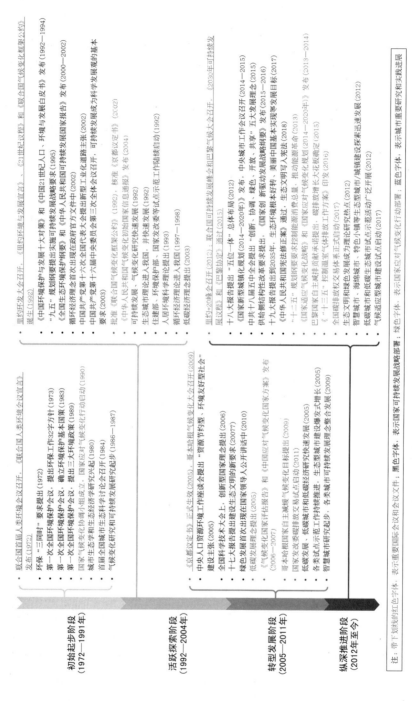

图 2-12 我国解决资源环境可持续问题的重要行动节点

初始起步阶段
(1972—1991年)

- 联合国首届人类环境会议召开、《联合国人类环境会议宣言》发布 (1972)
- 环保 "三同时" 要求提出 (1972)
- 第一次全国环境保护会议、提出环保工作32字方针 (1973)
- 第一次全国环境保护会议、确立环境保护基本国策 (1983)
- 国家气候变化协调小组成立、国家应对气候变化行动启动 (1990)
- 城市生态学和生态经济学兴起 (1980)
- 首届全国城市生态科学讨论会召开 (1984)
- 气候变化和可持续发展研究起步 (1986—1987)

活跃探索阶段
(1992—2004年)

- 《京都议定书》正式生效 (2005)、基本确根气候变化大会召开 (2009)、资源节约型、环境友好型社会建设提出 (2007)
- 全国科学技术大会上、创新型国家理念提出 (2006)
- 十七大报告提出建设生态文明的新要求 (2010)
- 绿色发展首次出现在国家领导人公开讲话中 (2005)
- 低碳经济理念提出 (2005)

转型发展阶段
(2005—2011年)

- 《中国应对气候变化国家方案》发布 (2006—2007)
- 哥本哈根国家自主减碳 《中国碳变化目标提出》 (2009)
- 国家低碳发展目标提出 (2011)
- 低碳发展、低碳城市和低碳经济快速发展 (2005)
- 各类试点示范工作持续推进、生态城市可持续发展理念整合发展 (2009)
- 智慧城市研究起步、各类示范城市建设启动

纵深推进阶段
(2012年至今)

- 里约热内卢大会召开、《里约环境与发展宣言》、《21世纪议程》和《联合国气候变化框架要公约》诞生 (1992)
- 中国《环境保护与发展十大对策》和《中国21世纪人口、环境与发展白皮书》发布 (1992—1994)
- "九五" 规划纲要提出实施可持续发展战略要求 (1995)
- 《全国生态环境保护纲要》和《中华人民共和国可持续发展国家战略》发布 (2000—2002)
- 循环经济首次出现在政府官方文件中 (2002)
- 中国共产党第十六次全国代表大会提出新型工业化道路主张 (2002)
- 中国共产党第十六届中央委员会第三次全体会议可持续发展成为科学发展观的基本要求 (2003)
- 批准《联合国气候变化框架公约》 (1992)、核准《京都议定书》 (2002)、核查气候变化初始的国家信息通报 (1992)
- 可持续发展、气候变化进入我国、并快速发展 (1992)
- 住建部、环境保护部、国家发改委启动示范工作陆续启动 (1992)
- 人居环境科学理念提出 (1993)
- 循环经济理念进入我国 (1997—1998)
- 低碳经济理念提出 (2003)

- 里约+20峰会召开、《联合国可持续发展峰会和巴黎气候大会召开、《2030年可持续发展议程》和《巴黎协定》通过 (2015)
- 十八大报告提出 "五位一体" 总体布局 (2012)
- 国家新型城镇化规划 (2014—2020年) 发布、中央城市工作会议召开 (2014—2015)
- 中共十八届五中全会提出 "创新、协调、绿色、开放、共享" 五大发展理念 (2015—2016)
- 供给侧结构性改革要求 《国家创新驱动发展战略纲要》、美丽中国基本实现等发展 (2017)
- 十九大报告提出到2035年、生态环境根本好转、生态文明写入宪法 (2018)
- 《中华人民共和国宪法修正案》通过、生态文明要求控制能源消费总量、推动能源革命 (2013)
- "十二五" 规划划控要求控制能源消费总量、碳排放增长总长大幅度确定 (2014—2020年)、发布《中国基本实现发展目标》 (2013—2014)
- 巴黎协定要求自主减排贡献承诺提出、碳排放国家体制建设工作启动 (2015)
- "十三五" 控制温室气体排放工作方案》印发 (2016)
- 全国碳排放权交易体系正式启动 (2017)
- 生态文明和绿色发展热点 (2012)
- 智慧城市、海绵城市、特色小镇等生态型城市/城镇建设探素迅速发展 (2012)
- 低碳适应型城市建设试点启动 (2017)

注：带下划线的红色字体、表示重要国际会议文件；黑色字体、表示国家可持续发展战略部署；绿色字体、表示国家应对气候变化行动部署；蓝色字体、表示城市重要研究和实践进展。

第3章 协同创新型低碳生态城市发展模式及其规划研究框架

推动我国城市的绿色低碳转型，不仅要了解其中的主要挑战、已有成果和行动关键，还要结合城市系统生成演化的固有规律，进一步认识问题产生的根源和行动特征，辨识并整合已有行动路径，在此基础上，从合力与动力两方面，找到优化城市发展模式的基本思路，高质高效地引导转型发展。转型发展也需要城市规划编制和实施管理路径的相应转变，充分发挥城市规划的引领作用，提高转型发展的可操作性，避免锁定效应。

3.1 复杂性科学与可持续发展

城市是一类由众多子系统（自然、经济、人口等）高度嵌套耦合形成的独特复杂系统。这些子系统各有其特定的生态位，相互依存、相互制约，共同推动系统的自组织演化。它们中的任何一个都不能孤立、片面地发展。只有各司其职，在统筹全局、兼顾各方的基础上协同进化，才能产生新的、更强大的城市功能[87]。这是复杂系统生成演化规律使然。城市可持续发展与绿色低碳转型问题的深层次"诊断"与解决方案探寻，都离不开对这些规律的把握。

3.1.1 复杂性科学及其相关理论

复杂性科学不是一门学科，而是复杂性视野下的理论群体。这些理论从不同侧面丰富和完善着复杂系统研究。其中与城市生成演化关系最密切的，主要是围绕复杂系统自组织演化机制展开的耗散结构理论、协同学理论、超循环理论、分形理论、混沌理论、复杂适应系统理论和开放的复杂巨系统理论。它们分别从复杂系统自组织演化条件、演化机制、演化图景和特殊复杂系统自组织研究方法等方面，科学阐释了城市生成演化的基本规律，并形成了许多新的城市概念，如耗散城市（dissipate-tie cities）、自组织城市（self-organization cities）、协同城市（sinner-gothic cities）、混沌城市（chaotic cities）、分形城市（fractal cities）等，成为城市研究的重要理论工具，如图3-1所示。

1.复杂系统自组织演化条件

对于一般系统，我们按照系统内的个体数目及其相互作用强度将其分为简单系统、无组织的复杂系统和有组织的复杂系统。有组织的复杂系统（以下简称"复杂系统"）作为复杂性科学的研究对象，子系统数目较多、结构复杂，子系统之间存在着强烈的耦合作用。自组织是复杂系统演化的基本方式。如果一个系统在获得空间、时间或功能的结构过程中，没有外界的特定干涉，我们就说该系统是自组织的。

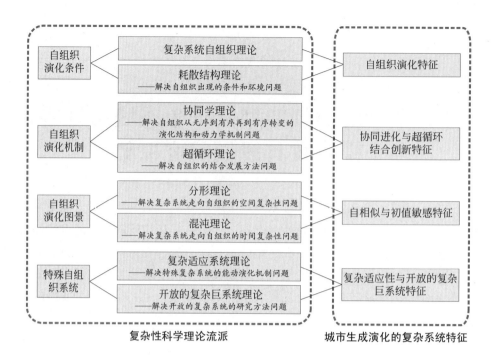

图 3-1
复杂性科学
与城市生成
演化的理论
联系示意图

复杂性科学理论流派　　　　　城市生成演化的复杂系统特征

反之，如果一个系统依靠外部指令（外界的特定干涉）形成组织，就是他组织。通过自组织，复杂系统的整体属性由子系统之间的非线性作用产生，而系统又能通过反馈作用或增加新的限制条件来影响子系统之间相互作用的进一步发展。自组织现象在自然界和人类社会中都普遍存在，如生命系统、社会系统等。它最终在整体上表现出不同于以往的新特性，即涌现。涌现是"1+1＞2"的组织效应和结构效应，具有整体性、多层次性、非还原性和动态性特征。一个系统的自组织能力越强，涌现能力就越强，越能够产生和维持新特性。在一定意义上，自组织就是在不断涌现的创新过程中实现有序的，没有创新就没有系统的自组织演化。

根据耗散结构理论，复杂系统自组织演化应具备以下几个基本条件[88]：

（1）开放系统。复杂系统自组织必然伴随着能量的耗散和对外界信息的感知与反馈。所以复杂系统必须不断与环境进行物质、能量和信息交换，使系统的组成要素之间、系统与环境之间保持相互作用，使系统能够不断调整，适应环境。这样才有产生和维持稳定有序结构的可能。

（2）远离平衡态。平衡态是子系统在物质、能量或信息分布上的均匀、无差异状态。处于这样状态的系统是孤立、无序、无活力的死结构。复杂系统只有远离平衡态才可能使原有状态失稳，进而生成新的有序结构。非平衡是有序之源。

（3）非线性作用。子系统之间的耦合作用不是简单的因果关系或线性依赖关系，而是可以相互增强或限制的非线性关系。正是有了非线性作用，子系统之间才能协同动作，系统中某些随机的小涨落才可能被迅速放大，成为巨涨落，使系统由无序状态跃迁到有序状态，涌现新特性。非线性作用是复杂系统无限多样性、不可预测性和差异性的根本原因，是复杂性的主要根源。

2. 复杂系统自组织演化机制

"协同"是复杂系统内各子系统通过相互协调和影响形成拉动效应，共同推动系统演化的相干能力，是系统有序演化的内驱力。任何复杂系统内部都同时存在两种对立统一的非线性作用：竞争和协同。竞争加剧子系统之间的差异，使系统趋于非平衡；协同使系统中某些涨落联合并被放大，形成序参量，支配系统的有序演化。序参量不是系统中某个占支配地位的子系统，而是在竞争中形成并通过协同加强，进而支配各子系统，主宰系统整体演化的巨涨落。因此，序参量是子系统之间合作效应的表征，也是描述系统整体行为的宏观参量，具有层次性特征。协同学研究的关键就是寻找各种类型复杂系统自组织演化的序参量。协同作用广泛存在于物质世界和社会领域中。在自然界，协同进化[①]是与竞争进化相对的另一种重要的生物进化机制。它能够使生物以最小的代价实现自身的生存繁衍。因为有了协同进化，自然界才能够做到高等生物与低等生物并存，简单与复杂共生，精彩纷呈。

与西方哲学相比，中国传统哲学蕴含的朴素的整体观、协调和协作思想，与现代自组织和协同学理论有许多共通之处。中国传统哲学认为，世界是由"道"孕育的、普遍关联的有序整体。其间的万事万物都不是孤立存在的。它们相生相克、不断变化和调整，共同维持世界和自身发展的有序。这是万物生生不息的内在法则。故而，"道生一，一生二，二生三，三生万物"，"一阴一阳谓之道"，"人法地，地法天，天法道，道法自然"。这种哲学观渗透到传统文化的方方面面。在中医理论中，人同样是由"道"孕育的，各种器官、组织相生相克形成的耦合体。其中任何一个子系统与其他子系统之间都存在"生我"或"我生"、"克我"或"我克"的复杂关联。顺应法则，子系统各司其职，"相生"并协同共生，人就表现为整体有序的健康状态；违背法则，一个子系统的功能失常往往会影响到其他一个或若干个子系统的运行状态，由"相克"至"相乘相侮"，进而破坏系统的整体有序，引起疾病[②]。由于关联复杂，同一病症可能由不同病因引起，同一病因也可能产生不同病症。因此，中医治疗始终强调要避免"头痛医头、脚痛医脚"的孤立治疗方式，要从整体出发，以人体系统重回顺应法则、协同共生的整体有序状态为目标，辨证论治、综合调控、扶正祛邪，治"已病"更治"未病"。普里高津认为，当代演化发展的难题是如何从整体的角度来理解世界的多样性发展。西方科学家习惯从分解角度和个体关系来研究现实，而中国传统哲学恰恰是着重研究整体性和自发性，研究协调与协同。后者在解答当代发展演化问题时独具优势。

结合是自组织演化的核心问题。超循环理论是建立在生命系统演化基础上的自组织理论。理论创始人艾根认为，生命系统在化学进化和生物进化之间，还存在着一个大分子集团借助超循环（循环之循环）形式，形成稳定结构并进化变异的过渡阶段。艾根将这一阶段以三个不同等级的循环网络来表达：反应循环、催化循环和催化超循环，如图3-2所示。反应循环（新陈代谢）是一种简单的耗散系统，由酶催化底物转变为产物，继而参加新反应。催化循环（自复制）将反应循环的产物作为催化剂，使多个反应循环之间形成循环催化作用。在超循环（突变）结构中，催

---

① 协同进化是指一个物种的某一特性由于回应另一物种的某一特性而进化，而后者的该特性也同样由于回应前者的特性而进化。处于协同进化状态的物种之间就构成了独特的协同适应关系。

② "上古之人，其知道者，法于阴阳，和于术数，食饮有节，起居有常，不妄作劳，故能形与神俱，而尽终其天年，度百岁乃去"，语出《黄帝内经·素问》上古天真论篇。这是《黄帝内经》的养生总原则。

化循环除了内部自催化外，还产生作为其他催化循环催化剂的副产物。通过这些催化剂，超循环形成相互催化和循环催化的超催化循环网络。因此，超循环系统不是物理学讨论的可逆循环，而是不断创生、涌现的螺旋式生长系统，能够稳定相干、自我优化地进化。以超循环形式利用物质、能量和信息，既能获得最大产出比，又能使事物之间更紧密地结合，是自组织系统结合发展的高级方式。自然界和人类社会普遍存在着超循环演化方式，如生态循环、碳循环、水循环、人类思想的发展演化、生产要素的重组创新、思想火花的碰撞激发，等等。在生态系统中，生产者、消费者、分解者和环境中的养分，共同构成了一个复杂的多级循环。生物的竞争和协同就是在这个多级舞台上展开的。

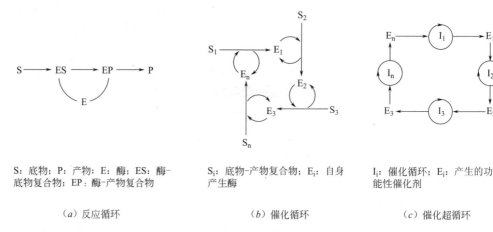

S：底物；P：产物；E：酶；ES：酶-底物复合物；EP：酶-产物复合物

S_i：底物-产物复合物；E_i：自身产生酶

I_i：催化循环；E_i：产生的功能性催化剂

（a）反应循环　　　（b）催化循环　　　（c）催化超循环

图 3-2　超循环系统组织示意图

资料来源：李建华. 超循环：一个完整的自组织原理 [J]. 系统辩证学学报，1995，3（1）：82-87. 作者根据文献中插图绘制.

3. 复杂系统自组织演化图景

分形和混沌都是非线性作用的结果。分形是空间上的混沌，混沌是时间上的分形。两者分别研究复杂系统走向自组织的空间复杂性和时间复杂性问题。

分形形体不是任意复杂和粗糙的形体或形态（几何混沌），而是具有不规则、破碎形状的，部分与整体具有自相似性的，维数不必为整数的几何体或演化形态。自相似性是指某种结构或过程特征从不同空间或时间尺度来看都是相似的，如连绵的山川、飘浮的云朵、粒子的布朗运动、树冠、大脑皮层等。序参量对系统演化的统治及其作用的层次性和时间绵延性，既决定了生成系统整体的不可分性，又决定了整体中各部分的分形性，即部分携带整体信息，各部分与整体具有形态、信息、功能、能量上的自相似性。这种质的相似性，而非同层次上量的守恒性，是信息稳定性与持续进化的反映。它也保证了生成过程中世界的统一性与多样性。在一定程度上，这与中国传统哲学中对"道"的认识是一致的。分形理论使我们对复杂系统的复杂性有了新的认识。我们原先理解的复杂性表现为一种非线性过程的对称性破缺，但在分形中，复杂性也表现为某种新意义上的对称性的无限或有限的自我嵌套。因此，复杂性是非自相似性与自相似性不同层次的统一。

混沌是发生在复杂系统中的内在随机运动。非线性作用不断增强，复杂系统一般就会出现混沌现象，从有序走向无序。处于混沌状态的系统具有初值敏感性、有限可预测性和系统内部有序性的特点。系统的运动轨迹敏感地依赖初始条件，初值的某一微小改变在运动中由于非线性作用不断放大，导致长期轨道的巨大偏差，即"蝴蝶效应"。由于初值敏感性，系统的长期行为不可预测。但由于奇怪吸引子的支配作用及其分形结构，系统由简入繁，从有序到无序的短期行为是可预测的。同时，系统的内部结构仍是有序的，具有不同层次和不同尺度上的分形特征。秩序和混沌是系统演化的两个极端点。在这两极之间还存在着一个被称为"混沌边缘"的相变阶段。该阶段的子系统既未完全锁定在一处，又未解体到骚乱的程度。这样的系统既稳定到足以储存信息，又能快速传递信息，是最具创造性的。生物的进化没有任何经验可循，也没有方向。一代代物种就是通过突变和两性基因的随机重组，换言之，就是通过不断试错和改进，来探索未来的可能性。日常生活也是如此：一个稍微杂乱的办公室是有效率的，欢闹的家庭是幸福的，经济状况在不足的情况下才有活力。因此，我们有时也需要建设混沌。这正是混沌理论的一个重要意义。它打破了传统科学中把"确定性"与"不确定性"截然分割的思想禁锢，并用大量事实和实验证明，正是由于确定性和不确定性的相互联系与转化，才构成了丰富多彩的现实世界[88]。

4. 特殊复杂系统自组织研究方法

复杂适应系统（complex adaptive systems，CAS）是指能够在适应环境的过程中实现自身结构和行为方式从简单到复杂演化的一类特殊复杂系统。它代表了生物、生态、经济、社会等一大批复杂系统的能动的演化机制。CAS 理论的基本思想是——适应性造就复杂性。CAS 中的适应性主体能够主动且能动地与环境及其他主体交流，在不断的交流过程中学习、积累经验，改变自身结构和行为方式，适应环境变化。整个系统的宏观演变都是在这个基础上产生的。由于主体的适应性，CAS比普通自组织系统具有更强的涌现和进化能力。CAS 理论包含了两个重要的演化机制模型：一个是描述适应性主体在与环境交流中不断学习的"刺激-反应"模型，另一个是描述主体演化与系统涌现关系的"回声"（ECHO）模型。在"刺激-反应"过程中，不同主体因为适应能力和作用对象的差异逐渐分化，形成多样的主体类型，主体之间也会由于非线性作用形成聚集体，共同行动。"回声"模型由"刺激-反应"模型与资源和位置概念结合而成。资源包括环境向主体提供的物质、能量和信息，位置是容纳若干主体活动的容器。各种资源流在不同位置之间传递转换，主体在不同位置之间选择、移动，谋求更好的发展。生态学将这个位置称为生态位①，各种资源在不同生态位之间的运动即生态流。

1990 年，我国学者钱学森等在文章《一个新的科学领域——开放的复杂巨系统及其方法论》中首次提出了"开放的复杂巨系统"概念和处理相关问题的方法论：定性定量相结合的综合集成法（以下简称"综合集成法"）[89]。开放的复杂巨系统

---

① 生态位指自然生态系统一个种群在时间、空间和营养关系方面所占的地位。在生态系统中，所有的生境因子被称为生态因子，具有一定生态学结构和功能的生物组织层次单元被称为生态元。生态元是否处于适宜生态位，关键是看二者的关系是处于多维对位状态还是错位状态。"对位了就会充分保持其功能效益和稳定性，可持续发展；错位了就会走向衰败或被淘汰。人们所说的垃圾是放错了时间和地方的资源，就是这个道理"。引自：栗德祥. 应用生态位理论分析建筑现象 [J]. 世界建筑，2007（4）：132-134.

是指组成要素或子系统种类繁多、有层次结构、子系统之间关联复杂的开放复杂系统，如人体、社会、生态、星系等。与一般的复杂系统相比，开放的复杂巨系统结构、功能、行为和演化机制更加复杂，涌现性更突出，研究难度更大，因此对研究方法的要求更高。综合集成法要将专家群体、数据、各种信息与计算机技术有机结合，充分发挥集体智慧。改进后的综合集成法称为"从定性到定量的综合集成法"，包括三个相互衔接的研究阶段，如图3-3所示：由不同领域的专家共同研究，相互激发，形成对系统的定性判断或经验性假设的"定性综合集成"阶段；通过专家体系和计算机系统，将上一阶段的定性判断转化为系统整体定量描述的"定性定量相结合的综合集成"阶段；通过专家体系的严谨论证，再次综合集成，形成现阶段科学认识的"从定性到定量的综合集成"阶段。1992年，钱学森先生在综合集成法的基础上，进一步提出了人机结合、以人为主的思维新工具——从定性到定量的综合集成研讨厅体系（以下简称"研讨厅体系"）。不同的研讨厅按照分布式交互网络和层次结构进行组织，就成为一种具有纵深层次、横向分布、交互作用的矩阵式研讨厅体系，为解决开放的复杂巨系统问题提供了规范化和结构化方式。

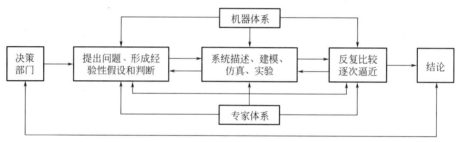

图3-3 综合集成法研究步骤框图

资料来源：于景元，周晓纪. 从定性到定量综合集成方法的实现和应用［J］. 系统工程理论与实践，2002，10（10）：26-32. 作者根据文献中插图绘制.

3.1.2 城市可持续发展的复杂系统特征

结合复杂性科学相关理论来看，城市是一类典型的复杂适应系统和复杂巨系统。城市可持续发展是一个以人与自然、人与人的和谐共生为指向，以人的能动创造性为根本，系统不断打破樊篱、凝聚合力、激发创造力，从低级有序状态向高级有序状态高质量、高效率跃迁的自组织创新发展过程，具有自相似性和初值敏感性特点。这一过程需要系统不断优化自组织演化条件、演化结构和演化机制，以协同进化与超循环结合创新的方式提高发展合力和动力，最大限度降低发展成本，提高发展质量和效率。绿色低碳转型作为城市可持续发展战略的一部分，其复杂系统特征亦然。

1. 自组织演化与特殊复杂系统特征

城市可持续发展是一个以人为中心的自组织演化过程。从大的时间和空间尺度来看，城市的生成演化是自组织的。它是城市区位特征、自然条件、资源禀赋、经济基础、科技水平、文化信仰、外部形势等现实条件合力作用的结果，是自主、自发、自然的过程。人类关于城市发展的各种主观臆断或愿景，最终总是会被现实条件消解，无法决定城市演化的长期轨迹。无论是城市功能体的起源与蜕变历史，还是具体城市的兴衰，无不如此。丝绸之路上、京杭大运河沿岸，多少城镇因这些商贸大动脉和区域生态环境的变迁而兴起或衰落，非人的意愿能够左右。但城市发展又无时无刻不受到人的他组织作用影响。人是具有自我意识的能动个体。他们必然要以或个体，或群体，或直接，或间接的方式来改造环境，满足自身发展诉求。管理决策是人影响城市发展最主要的他组织形式。这其中有经验也有教训。经验者如深圳经济特区的诞生和发展，教训者如空城、卧城等新城开发问题和各种城市病的出现。尊重城市发展条件和客观规律，理性、积极并创造性地显化优势、转化劣势、激发潜力，加速城市发展，这是成功的管理决策的共同特点。以目标替代客观条件，以他组织指令替代自组织规律，使城市发展脱离现实轨迹，导致城市衰败，这是各种管理决策教训的共性问题。因此，如何善用人的他组织作用，通过成功的管理决策来引导和推动城市发展，是城市高质量、高效率自组织演化的一个关键。特别是在竞争激烈的现代社会，如果不能够善用人的他组织作用，没有成功的管理决策来引导和推动，城市全然以自发的节奏缓慢发展，也极易失去发展机遇和竞争力，导致落后。城市可持续发展尤为如此。它更需要通过客观、积极、创造性的他组织活动来应对复杂、紧迫的发展挑战，提高发展质量和效率。

保持合理的开放性、远离平衡态和非线性作用，是城市自组织演化的基本条件。可持续发展需要城市最大限度打破樊篱，加强系统与环境之间、系统内部各子系统之间的资源流动与共享，结合差异化发展，提高各子系统的资源利用能力、发展意愿和相互影响，使其能够快速响应环境变化，勇于创新。但另一方面，系统的开放性不能是无限度的。过度开放会造成系统对外部发展资源的过度依赖，增加资源利用的过程损耗和发展风险，这也是一种不可持续。可持续发展要在开放的同时，以城市内部的资源高效利用和创新能力培育为着眼点，增强系统发展韧性。同样，远离平衡态固然能激发系统活力，但也要避免长期和过度不平衡造成的发展失衡。发展失衡正是我国许多地区资源环境问题产生的重要原因。无论是城市、地区还是国家，可持续发展最终追求的都是长期的、整体的可持续，而不是短期的、局部的可持续。所以它要不断在平衡中制造不平衡，在不平衡中警惕失衡，使系统发展保持动态平衡。此外，远离平衡态的目的在于激发创新，促进自组织，所以要促进那些能够激发创新和自组织的有效不平衡，避免无效不平衡。

从组织层次来看，城市既是其内部子系统通过耦合作用形成的复杂整体，也是地区和国家作为复杂系统自组织演化的基本细胞。这些发展层次之间相互依存、相互制约。上一层次的发展要求和发展水平作为下一层次的发展环境，制约着下一层次的发展过程和发展效果；下一层次的发展成果和发展能力作为上一层次的发展基础，也制约着上一层次发展目标的实现。因此，系统中任何一个发展层次受到干预或破坏，都会同时对该层次和上下层次产生影响。进一步说，系统中任何一个发展层次自组织演化机制的失灵，都会在不同程度上破坏系统整体的自组织演化能力。这就如同健康的体魄需要丰富、顺畅的血液循环一样。人体任何一处器官的血液循环出现问题，都会不同程度地导致整体的功能障碍。可持续发展要建立城市内部各子系统、城市、地区与国家共同参与的、层层涌现、双向互动的自组织发展体系，将自组织演化机制落实到每个发展层次和发展环节。体系中上一层次提出的发展目标和战略，应符合下一层次的自组织演化能力，避免脱离实际的行政指令；下一层次也应以自组织的方式落实上一层次的发展目标和战略，避免脱离自身条件的生搬硬套,并及时向上一层次反馈落实中出现的问题,促进发展目标和战略的调整。除自组织演化规律外,城市可持续发展所遵循的生态规律、经济规律和社会规律也应贯穿自组织发展体系的各个层次和各个环节。由于人工与自然的双重属性,这三种规律相互制约,不可分割。不顾生态规律的经济社会发展必然会带来资源环境问题,不顾经济和社会规律的极端生态保护也有悖于可持续发展宗旨。

城市可持续发展本质上是一种创新发展。它源于可持续发展突破旧模式的变革性要求和复杂系统自组织演化的基本方式。所以这种创新不是个别或局部创新,也不是子系统创新成果的简单叠加,而是系统不断通过非线性作用涌现的新特性和新功能,是一种组织效应和结构效应。科技创新及其成果的转化、扩散始终是创新发展的核心问题。科技创新能迅速而深刻地改变我们的生产生活方式,是解决资源环境问题的利器。近年来,诸如智能手机、移动支付、共享单车等闯入我们生活的诸多新科技,无不使我们感受到这种变革的力量。但这种力量从无到有再到产生广泛影响的过程不是孤立的。它是城市体制机制、商业模式、社会文化等不断创新、全面进步的结果,是以往科技创新成果不断积累、演化的结果。这些非科技领域的创新之间,以及科技创新的发展过程之间都是相互联系的,其中任何一个环节的缺失都会影响到彼此的进步,影响到更高水平科技创新成果的产生和扩散。因此,科技创新成果能够诞生并充分发挥价值,都是城市发展全面进步的表现。另一方面,即使是在微观层面资源环境效益突出的科技创新成果,如果不对其发展规模和方式进行规范、引导,也不一定能在宏观层面获得理想的绿色效果。例如,相对于燃油汽车,尽管使用电动汽车可以节约大量能耗,减少温室气体排放,但如果政府不对汽车保有量和出行模式加以约束,反而进一步鼓励个人购买小汽车,鼓励电动汽车出行,其结果必然会导致更大规模的交通拥堵和停车场地占用,以及汽车从生产到废弃的全生命周期物耗、能耗和环境负荷。需要规范、引导的不只是科技创新成果的使用,商业模式创新同样如此,如电子商务发展带来的过度消费、非必要性物流增长、包装材料大量废弃,以及由此产生的资源浪费和环境负荷加剧等问题。此外,城市的体制机制、商业模式、社会文化等非科技领域的创新,不仅是科技创新的发展支撑,其本身也有巨大的绿色价值。例如,以更少投入生产同样或同价值产品的产品创新,能够提高5倍的生态效率,而实现产品经济到功能经济转换的系统创新,则可以产生倍数20的生态效率,如图3-4所示。因此,可持续发展必须着眼于城市整体的大系统创新,建立比传统发展模式更全面、更深入的创新发展结构和机制,支撑系统更高质量、更高效率的涌现。

城市因人而产生和繁荣,也因人而产生各种资源环境问题。人的能动创造性是城市创新发展的动力源泉。所以了解人、善用人、塑造人,是城市自组织、创新和可持续发展的根本。从复杂性科学的角度来看,人是"一元两面多维多层次"[90]的独特复杂系统。物质与精神的相生相克,构成了人之为人的本质特性,同时也影响着所有与人相关的复杂系统的生成演化。任何自组织、创新和可持续发展战略的制定与实施,都要依靠人来完成。就如同"现代人"之于"现代化"的意义一样,如果制定和实施这些战略的人,自身没有从心理、思想、态度和行为方式上都经历一个向自组织、创新和可持续发展的转变,那么他们就不具备赋予这些发展战略以真实生命力的能力。尽管科技创新是解决资源环境问题的利器,但如果没有人的精

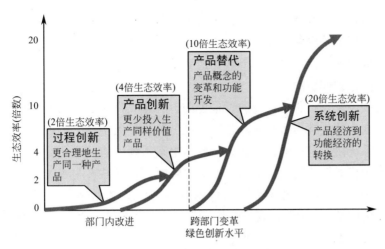

图 3-4　绿色创新的不同水平比较

资料来源：诸大建.基于 PSR 方法的中国城市绿色转型研究［J］.同济大学学报（社会科学版），2011，22（4）：37-47.作者根据文献中插图绘制.

神世界的同步发展，科技创新就失去了它赖以生存和持续壮大的土壤。很多学者对著名的"李约瑟难题"做过研究。尽管观点见仁见智，但文化始终是答案的一个关键指向。缺乏否定精神与形式逻辑的思维方式，重文轻技、实用为主的科技态度以及只为少数人服务的教育观念，都拖延了近代中国科学和经济社会进步的步伐。可持续发展更需要注重人的塑造，不仅是提高人的能动创造性，更要将自组织、创新和可持续发展理念全面内化到人的价值观和行为方式中，塑造与之相适应的城市人。只有这样，自组织、创新和可持续发展机制才能真正落实到每个发展层次和发展环节中，系统才能真正进入高质高效的自组织演化轨道。

2. 协同进化与超循环结合创新特征

从"协调"到"协同"，可持续发展理论创立至今，一直在不断调整对经济、社会和环境三大子系统发展关系的认识以及"可持续"的发展基调。"协调"是配合得当，是描述经济、社会和环境三个子系统发展关系时最常采用的形容词。协调发展是一种均衡但较为松散的发展关系。在保证发展整体性的前提下，三个子系统之间的相互作用可以是相互促进，也可以是互不干扰，可以是有所为，也可以是不作为，没有反映出发展的质量和效率要求。与"协调"相比，"协同"不仅强调发展的整体性，更强调子系统之间相互适应、彼此促进、共同解决问题的积极、紧密的发展联系，进而产生 1+1>2 的发展效果。协同发展能在协调发展的基础上，进一步提高可持续发展的质量和效率。而对发展质量和效率的追求也正是可持续发展与传统发展模式的重要区别之一。因此，无论是追求人与自然关系的和谐，还是追求人与人关系的和谐，从根本上说都是追求"和而不同"的协同进化问题。也可以说，可持续发展"就是在每一个历史阶段中，社会、经济、环境的协同发展问题"[91]。

如同生物进化要面对自然选择一样，城市发展也要面对日益激烈的发展竞争。不能在竞争中胜出，就要被时代淘汰。建立城市内部各子系统之间、城市与区域之间广泛的协同进化关系，整合资源、通力合作、共同降低发展成本、提高发展质量和效率，是城市提高竞争力和可持续发展能力的必然选择。协同进化关系越是广泛、深入、紧密，城市越有能力认识和解决复杂问题。协同进化的关键是找到支配城市走向自组织发展，特别是创新发展的关键序参量，建立序参量支配系统自组织和创新发展的有效模式。换言之，是要找到适宜的发展结构和机制，激发相关方的合作意愿、创造合作条件、扩大合作成果价值。从"囚徒困境"和"纳什均衡"来理解，合作必须以尊重相关方的发展诉求为前提，建立良好的竞争与合作机制，以公平的竞争、合理的优胜劣汰来激发合作意愿、检验发展实力。调控的人工性是城市与自然生态系统协同进化的重要差异。自然生态系统的协同进化是生物与环境在漫长进化过程中形成的被动适应关系，城市的协同进化是城市为谋求更好发展的主动选择。充分利用人的能动创造性，顺应时代趋势，变被动的"协同适应"和封闭式、精英式的内部组织创新为积极的、开放式、网络式、大众式的"协同创新"，是知识社会形态下可持续发展的重要特征。

万事万物起于结合，结合才能产生创新。在知识社会形态下，协同创新不仅需要广泛的合作创新，更需要跨领域、跨层次的超循环结合创新，使创新质量、效率和发展稳定性最大化。循环经济理论的创新之处正是如此。从以企业为单位的资源利用小循环圈，到产业之间的资源利用中循环圈，再到覆盖整个社会的资源利用大循环圈，循环经济理论最终构建的正是这样一个跨领域、跨层次的物质和能量资源超循环利用结构，使两种资源的利用效率最大化。与这两种资源的超循环利用相比，信息资源的超循环利用对可持续发展更具特殊意义。创新的本质就是一个信息资源的超循环利用过程。它不是无中生有，而是要在不断回顾历史、检视现实的基础上，通过不同思想的碰撞和激发，形成解决问题的新方案、新办法。越是跨领域的信息共享与思想碰撞，越能够产生突破性的新思维。从头脑风暴法到三螺旋创新模式的诞生，创新理论的发展无不如此，如图3-5所示。尽管美国宣布退出《巴黎协定》，但却是最早开展全球变化研究的国家。美国全球变化研究计划（U. S. Global Change Research Plan，USGCRP）是迄今为止规模最大、范围最广、人员众多的协作型研究计划之一。我国提出的"五位一体"总体布局也是一项跨领域、跨层次交叉催化的

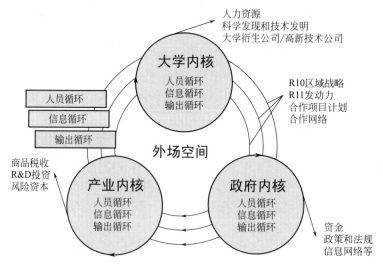

图3-5 三螺旋创新模式的横向循环结构

资料来源：周春彦，［美］亨利·埃茨科威兹.三螺旋创新模式的理论探讨［J］.东北大学学报（社会科学版），2008，10（4）：300-304. 作者根据文献中插图绘制.

理论创新成果。生态文明建设要求的加入，不仅是对布局内容的完善，更是要通过新要求在经济、政治、文化和社会四个现实运行系统中的全面内化及催化，带动四个系统的绿色转型和提质增效。

3. 自相似性与初值敏感特征

城市的自组织演化具有典型的空间分形特征。城市的每次突破都被继承下来，经过迭代放大，形成不同尺度和层次的自相似结构，如微观层次的城市建筑分形，中观层次的城市边界、景观、土地利用、经济、交通网络结构分形，宏观层次的城市等级规模、空间作用、中心地体系分形等。一座一定规模的建筑或街区在某种程度上就是一座微缩城市。这些自相似性反映了城市自组织演化的非线性作用和层次性特征，同时也为把握城市可持续发展的空间规律性提供了许多新启发。例如一座建筑、一个街区和一个城市在生态基础设施建设和生态平衡维持方面就存在着明显的自相似性。三者在分布式能源利用、低冲击开发、废弃物资源化利用、景观生态安全格局等诸多方面的规划设计原则和基本思路都是相通的。另一方面，随着空间尺度的增大，系统组成要素的复杂性增加，各子系统之间的非线性作用增强，系统自组织演化的难度也在增加。因此，建筑或街区尺度的规划设计特征只能被城市选择性继承。

城市的自组织演化也具有一定程度的初值敏感特征。由于初值敏感性，城市发展中出现的小涨落也可以产生大效果。许多环境灾害事件都是由一些小疏忽引起的。例如，几个普通工作人员的操作失误，就能导致切尔诺贝利核电站的重大事故，并引发了大范围的生态灾难。而诸多改变世界的重大技术革命也是由一些小发明、小创造开始的。城市可持续发展既要防微杜渐，警惕任何有可能带来发展隐患的小问题、小事故，又要创造条件，给发展要素足够的自由度和成长空间，鼓励各种创新成果的产生和扩散。初值敏感性是造成发展不确定性的重要原因。近几十年来，科技进步步伐的加快，公众发展诉求的提高，以及各种新的发展挑战的出现，都使城市发展的不确定性进一步增加。因此，我们对城市问题及其解决之道的认识也需要及时地调整转变。今天的可持续发展理论与20世纪80年代首次提出时相比已经有了长足进步，今天科学界对气候变化问题的认识和全球应对气候变化行动与联合国气候变化公约确立之初相比更是有了质的飞跃。另一方面，尽管城市发展的长期轨迹越来越难以预测，但短期轨迹和基本方向仍是清晰的，可以通过一定的规划和管理方式加以控制、引导。与传统的基于确定性的、静态的规划和管理方式相比，新方式应是基于不确定性的、动态的。它既要避免混沌，也要建设混沌，使系统能够高效传递和利用资源、高效竞争与协同，保持最佳的活力和创造性。在某种程度上，正如普里高津所说，我们进入了一个确定性腐朽的时代，必须重视把自然和创造性都囊括在内的新的自然法则。

3.1.3 可持续性范式与理论模型的演进[①]

理论模型是阐述理论观念，指导方案设计的重要工具。人们对可持续发展对象

---

① 本节内容已有学者展开过精彩论述，详见：［1］诸大建，刘淑妍.可持续发展的生态限制模型及对中国转型发展的政策意义［J］.中国科学院院刊，2014，29（4）：416-428.［2］邹涛.生态城市视野下的协同减熵动态模型与增维规划方法［D］.北京：清华大学，2009.

和关系的认识，经历了一个从弱可持续性（weak sustainability）到强可持续性（strong sustainability）的范式转变过程。围绕两种发展范式，学者们提出了许多代表不同可持续发展理念和路径选择的理论模型，支撑各国和各地区的实践探索。

1. 从弱可持续性到强可持续性

人类社会的发展是否存在极限？这是可持续发展研究争论已久的基本命题。弱可持续性范式（可替代范式）认为，通过技术进步和各种新方法的出现，自然资本最终是可以被替代的，自然资本的枯竭不会对人类社会发展构成根本约束，可持续发展的主要任务是保证当代人转移给后代人的资本总存量（包括人造资本和自然资本）不变。所以只要经济和社会发展产生足够的人造资本作为替代，自然资本就可以安全地减少。相反，强可持续性范式（不可替代范式）认为，一些基本的自然资本没有真正的替代品，如森林的砍伐、河流的枯竭等。它们是人类赖以生存的根本，物质或其他类型资本的积累无法弥补那些自然资本的严重损耗。这些自然资本不仅不能与其他形式的资本相互替代，自然资本内部的各种形式之间也不能完全替代。因此，在这些自然资本基础上产生的人类文明也必然是有极限的。可持续发展既要为子孙后代保留不变的资本总存量，也要保留自然资本（至少是关键自然资本）存量在极限水平之上，避免触及增长天花板。

弱可持续性范式与强可持续性范式的根本不同不仅在于自然资本能否被替代，更在于两种范式对发展不确定性的态度。可持续发展的不确定性主要来自两个方面，一是生态系统适应极限的不确定性，二是技术变革的不确定性。弱可持续性范式意味着我们一定能在资源和环境极限被打破之前找到抵消破坏的办法。这是一种技术乐观主义，将发展的不确定性留给了未来。而强可持续性范式意味着我们不确定能否及时找到抵消破坏的办法，必须尽快行动，把不确定性留在当下，因为"及时的模糊的正确要比太晚的完全的正确好得多"[92]。因此，弱可持续性范式更适合讨论那些短期的、局部的、复杂性和风险较低的可持续发展问题，而强可持续性范式更适合探讨那些长期的、整体的、复杂性和风险较高的可持续发展问题。对于后一类问题，必须从整体性和复杂性出发寻求解决之道。近40年来，资源环境危机的持续加深表明，我们的发展正在接近极限，如图3-6所示。强可持续性范式也因此获得了越来越多的理论和实践支持。里约+20峰会达成的绿色经济发展共识，代表的正是这样一种生态限制下的深绿色政策变革。从"三同步、三统一"的环保工作原则，到全面协调可持续发展战略的提出，再到"资源节约型、环境友好型社会"建设主张的提出，及至"五位一体"总体布局的形成，我国的可持续发展探索也是沿着这样一条由"弱"及"强"的轨迹推进的。作为强可持续性导向的明确信号，资源环境约束性指标在我国"十一五""十二五""十三五"规划纲要中从无到有，指标数量和比重持续递增。

气候变化问题是两种范式争论的一个典型例子。20世纪90年代，很多学者认为，全球气候变暖将影响后代，但大体上不影响这一代，所以减少温室气体排放的好处主要由后代享用，而代价则要由这一代承担。基于这种认识，1994年，诺德豪斯针对全球气候变暖的预期后果，提出了一个著名的成本-效益分析。分析认为，来自全球气候变暖的未来损失（比如环境舒适性方面的损失）可以通过增加消费来补偿，所以控制人为温室气体排放不需要在基准排放量基础上做任何削减，只需要

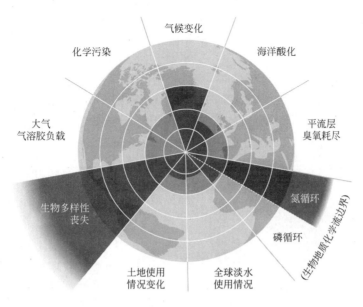

图3-6 地球边界和人类活动的安全空间

资料来源：斯德哥尔摩环境恢复研究中心，2009. 转引自世界自然基金会. 地球生命力报告·中国2015：发展、物种与生态文明 [EB/OL]. (2015). http：//www. wwfchina. org/content/press/publication/2015. pdf.

保证排放量的增长率略小于非受控温室气体的排放增长率即可。诺德豪斯的研究产生了很大的政策影响。美国政府以此为政策依据，在1992年里约环发大会上拒绝签署任何实质性全球气候条约。诺德豪斯对全球气候变暖利益和成本不加区别的计算方式也引起了较大争议。而时至今日，全球气候变暖复杂、紧迫和不可逆的危害性，以及它对当代人广泛的生存影响，都证明了这种计算方式存在的问题。取而代之的是以全球气候资源承载力为前提，更审慎、更有力度的全球治理行动。"关于气候变化问题的争论，凸显了不确定性对人类发展的重大影响"，我们减少温室气体排放，"不仅是为了减轻已知的温室气体积累所导致的后果，也是为了保护我们免受未来不确定的最糟情况的伤害"[93]。

2. 理论模型的演进与问题

可持续发展理论模型的构建也是沿着由"弱"及"强"的轨迹不断演进的。

并列关系模型是最早出现的一类弱可持续性模型，如图3-7所示。它强调经济、社会和环境三个子系统共同发展对可持续发展的支撑意义。其中任何一个子系统出现发展短板或异军突起，都不是可持续的，这其中也包括极端的生态主义。并列关系模型对发展问题的思考，虽然从经济的一维层面或经济-社会的二维层面进入到了经济-社会-环境的三维层面，强调发展的协调性，但并没有就三个子系统之间的互动关系做深入阐述，因此容易导致"可持续发展就是简单加和"的片面认识，难以从根本上消除唯经济

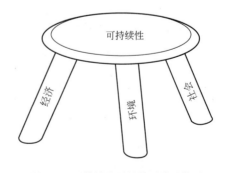

图3-7 可持续发展的并列关系模型

资料来源：诸大建，刘淑妍. 可持续发展的生态限制模型及对中国转型发展的政策意义 [J]. 中国科学院院刊，2014，29（4）：416-428.

增长的发展倾向。例如，将可持续发展等同于粗放的经济增长加上高成本末端环境治理的发展模式，或者当子系统发展产生冲突时，使社会和环境子系统的发展让位于经济子系统的发展。

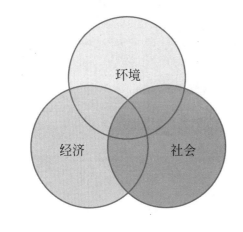

图 3-8
可持续发展的交错关系模型

交错关系模型也被一些学者称为弱可持续性模型。根据交错关系模型，可持续发展不是经济、社会和环境子系统发展成果的简单加和，而是三者之间两两叠加的部分，如图 3-8 所示。其中，经济与环境子系统的叠加部分是生态效率问题，即经济增长的物质规模和自然资本投入的经济效率问题；社会与环境子系统的叠加部分是生态足迹问题，即如何满足社会发展和生态占用的公平性问题；经济与社会子系统的叠加部分是经济增长的公平分配和社会投入的效率问题。这种融合发展认识对于从源头发展资源节约型和环境友好型经济社会模式具有重要的政策意义。但它仍止步于可持续发展的规模要求（即资本总存量保持不变），没有更深入地反映子系统之间的限制关系。在保持资本总存量不变的前提下，子系统之间某一叠加部分的损失或外部性可以通过其他叠加部分的收益来补偿，某些自然资本的损失会被低估，经济发展的作用被放大，部分可持续发展行动的紧迫性被忽视。

强可持续性范式的兴起带动了理论模型的演进。突出资源环境承载力对人类经济社会发展制约性的包含关系模型由此产生，如图 3-9 所示。包含关系模型主要包括两类，一类将经济子系统置于社会子系统内，如图 3-9（a）所示；另一类将社会子系统置于经济子系统内，如图 3-9（b）所示。两类模型在发展理念上并无根本差异，但侧重点稍有不同。则前一类模型突出的是社会伦理和进步对经济效率的制约性，后一类模型强调的是社会发展在解决资源环境问题中的靶向作用。在后一类模型中，经济活动是利用和改造环境的直接活动，社会活动通过调控和引导经济活动而间接作用于环境。这种作用虽然是间接的，但也是关键的。因为只有调控和引导方式转变，经济活动方式才能转变，资源环境问题才能得到根本解决。相对来说，后一类模型对子系统发展关系的描述更符合认知和管理习惯。因此，如果在称谓上

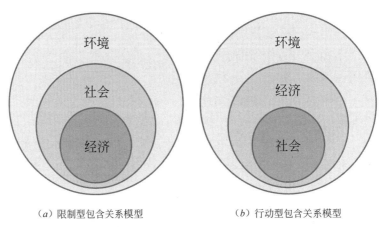

图 3-9
可持续发展的包含关系模型

（a）限制型包含关系模型　　　　　　　　（b）行动型包含关系模型

加以区别，则前一类模型可以称为限制型包含关系模型，后一类模型可以称为行动型包含关系模型。但无论是哪类模型，相对于有限的资源环境承载力，当生态系统从一个经济资本"空的世界"变为经济资本"满的世界"，经济发展都必须从规模型向质量型转变。

由于政策导向性强，行动型包含关系模型应用广泛。瑞典国际开发合作署（Swedish International Developent Cooperation Agency，SIDA）提出的共生城市（SymbioCity）概念模型和我国学者提出的社会-经济-自然复合生态系统（SENCE）模型，都体现了这一构建逻辑，如图3-10和图3-11所示。共生城市概念模型实际上是一个倒叙结构的行动型包含关系模型。SymbioCity一词中，"Symbio-"即共生、协同，"City"是实现协同作用的系统单位，可以是一座城市、一个社区、一座建筑或一个行业。模型着重表达了城市可持续发展目标、关键资源环境挑战（环境因素）、主要建设活动（子系统）与制度保障（机构因素）之间的协同行动关系。模型还以"切蛋糕"的方式围绕关键资源环境挑战的解决，形成了若干组具体指导协同行动的分模型，如以解决气候变化、空气污染和水土保持问题为目标的能源-水资源-废弃物-景观子系统协同行动分模型，能源-水资源-废弃物多层次循环利用分模型等[94-95]。SENCE模型以中国传统的五行学说为基础，对行动型包含关系模型中各子系统的发展内容和发展关系做了独特阐述。根据模型，城市是一类以环境为体、经济为用、生态为纲、文化为常的社会-经济-自然复合生态系统。城市可持续发展的关键是辨识与综合自然、经济、社会三个子系统在时间、空间、过程、结构和功能层面的耦合关系，并将其反映到综合规划和生态管理工作中。

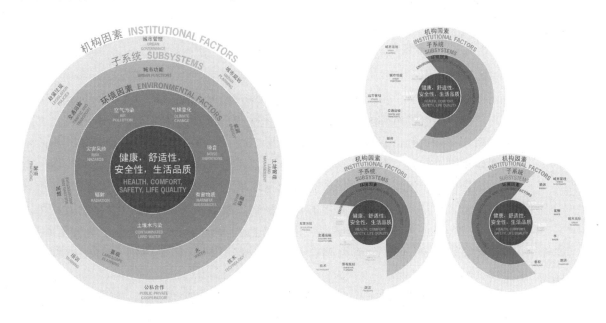

（a）综合概念模型　　　　　　　　　　（b）协同关系分模型

图3-10　SIDA共生城市概念模型

资料来源：Ulf Ranhagen，Karin Billing，Hans Lundberg，et al. 共生城市SymbioCity分析方法［R］. 斯德哥尔摩：瑞典政府办公室，SIDA，2010.

图 3-11
SENCE 模型示意图
资料来源：王如松，欧阳志云.社会-经济-自然复合生态系统与可持续发展［J］.中国科学院院刊，2012，27（3）：337-345.

从以上理论模型的演进来看，随着发展范式的转变，理论模型的构建也在从简单的对象视角向行动视角拓展，模型内容更丰富、结构更复杂、政策导向性更强。同时，模型对可持续发展问题的剖析也越来越符合城市的自组织演化规律，"协同"已成为一些模型构建的重要理论基点。但就中国城市的可持续发展与绿色低碳转型而言，其突出的复杂系统特征和转型发展要求，以及由此产生的路径特色，都还可以更鲜明、充分、细致地反映到模型的构建中，提高模型的行动指导作用。

3.2 城市可持续发展的耦合结构与协同路径

作为复杂系统，城市可持续发展与绿色低碳转型的规律性，不仅来自于系统发展要素和发展关系的复杂性，还与系统独特的耦合结构有关。后者是系统自组织演化的功能基础。结合这一结构，我们才能更清晰地认识城市资源环境问题的本质和已有发展路径的差异，进一步优化发展思路，提高发展质量和效率。

3.2.1 城市自组织演化的耦合结构与影响

1. 耦合结构

城市可以从多个角度划分。它既是典型的复杂适应系统和复杂巨系统，也是人工与自然结合的特殊生态系统。但尽管特殊，它与自然生态系统一样，也必须通过物质、能量和信息资源在系统与环境之间、系统内部各个子系统之间不断地代谢运动来维持其生存发展。不论在空间上还是时间上，三种资源流的代谢运动都是耦合作用、不可分割的。这是系统与环境之间、系统内部各子系统之间耦合关系的由来，是系统自组织演化的功能基础。城市系统的自组织演化也因此可以概括为一个以自然环境为基底层、以经济活动为作用层、以社会发展为驱动层、以三种资源流的代谢运动为耦合纽带，层层驱动与反馈的耦合发展结构，如图 3-12 所示。其中：

（1）自然环境是城市生存发展的基础，它为城市提供各种自然资源和废弃物消纳场所。城市发展对自然环境的索取和扰动必须在后者的承载力范围内，才能保证发展的可持续。

（2）经济活动是城市利用和改造自然的直接行动。人们利用自然资源进行生产和消费，排放废弃物，在满足自身生存发展的同时也改变着自然环境，造成资源枯竭、环境污染、生态退化等资源环境问题。因此，资源环境问题首先是经济发展问题。但尽管如此，经济发展仍是城市摆脱贫困、维持稳定、实现社会进步的前提和保障。没有经济繁荣，就没有城市繁荣。

（3）社会发展是城市利用和改造自然的间接行动。它始于人类在不断的经济活动中精神世界的持续丰富，同时又反过来通过文化塑造、教育培训、科技研发、制度建设、管理决策等活动，调控和引导经济活动，实现对自然的干预。没有科学的调控和引导，就没有可持续的经济活动。因此，

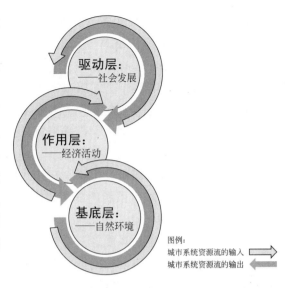

图3-12
城市自组织
演化耦合结
构示意图

资源环境问题反映的不仅是工业生产过程中的内部成本与外部性问题，更是社会进步问题。只有文化、教育、科技、制度等社会领域的全面进步，才能完成经济活动的转型升级，从根本上解决资源环境问题。而社会领域也需要不断了解经济活动需求，才能更好地把握进步方向，有效调控和引导经济活动。

（4）作为耦合纽带，三种资源流在三个子系统之间和三个子系统内部不断地进行代谢运动，实现了自然环境对经济活动的支撑与制约、经济活动对自然环境的利用和改造、社会发展对经济活动的调控和引导以及经济活动对社会发展的孕育和滋养。三种资源流的代谢运动既构成了各自在空间和时间上的链状运行结构，又相互耦合成各层次上的网状运行结构和跨层次的立体网络结构，进而将城市的生产与生活、经济与环境、物质与文化、时间与空间、结构与功能等，以人为中心耦合在一起，形成具有高度开放性、整体性、层次性和动态性的复合生态系统和复杂系统[96]。没有这些资源流在运动过程、结构和功能上的完整、合理与协调，就没有城市系统高质高效的自组织演化和可持续发展。

2.三种资源流

自然生态系统中的物质流运动是维持生命活动的营养元素在食物链的各营养级中传递、转换和分解的循环利用过程。城市的物质流运动是各项原料、产品、人口等在城市各领域、部门之间以及城市内外的代谢过程，主要包括自然流、货物流和废弃物流。循环链条中部分环节的缺失是城市物质流运动的主要问题。在自然生态系统中，分解者的分解作用使物质能够在系统中反复利用。而城市生产生活产生的废弃物数量巨大且缺乏分解者，加之又人为制造了大量在自然环境中无法降解的物质，所以物质循环比例小，资源利用效率低，环境污染严重[97]。循环经济、生态循环模式等都是完善城市物质循环的人工方法。

土地和人口是城市系统中两种特殊的物质流。土地不能在空间上流动。但在时间上，土地同样具有不同的资源利用形态，如自然形态（农田、林地等）、产品形态（各类建设用地）和废弃物形态（棕地等），同样需要以循环理念，通过生态修复、既有建设用地再利用等措施完善利用链条，提高利用效率。人口是城市物质流中唯一的能动要素，因此也常常被置于物质流之外独立认识。人口流包括空间范围

内的移动流（市内流动、城乡流动和城市间的流动）和时间范围内的变动流（人口出生、迁入迁出、家庭结构变动等）。这些人口流有的可控，有的不可控，有的是城市发展所必需的，有的是非必需的，有宏观人口流，也有微观人口流，有脉冲型爆发流，也有常规型连续流。但不管哪一种人口流，同样都存在完善利用链条，提高利用效率的问题。由于能动创造性，人口流动与其他城市资源流的代谢运动均关系密切。它既会为城市带来活力、创造财富，也会产生一系列城市问题，如交通拥堵、住房紧张、能源紧缺、环境污染等。

能量流动是自然生态系统中生物与环境之间、生物与生物之间能量的传递、转换、利用和耗散过程。城市系统的能量流动主要是能源在满足城市功能的过程中，在城市系统内外的代谢运动。城市能源形式多样，既包括来自太阳辐射的生物能、煤、石油、天然气、水能、风能等，也包括来自地球内部的地热能、核能，还包括来自天体引力的潮汐能。人们根据不同标准将能源形式进一步细分，如一次能源和二次能源、清洁能源和非清洁能源、可再生能源和不可再生能源。城市的能量传递主要通过人工渠道完成，如输电线路、输油和供气管网等，并因此使能量流动和转化成为两个相对独立的阶段。与自然生态系统类似，城市的能量流动也是单向、不可逆的，在流动过程中逐级损耗。一部分能量在物质加工和转换过程中转化为其他形式的能量储存在产品中，另一部分随"三废"或直接以废热的形式排入环境，伴随这一过程的是各种气候和大气污染物的排放。以废热形式排入环境中的能量并非真正的垃圾，而是仍可利用的低品位能量。这部分能量的再利用，就是城市的能量循环。

物质流和能量流在运动过程中不断产生信息，这些信息以各种形式在系统内外传递、转换，引导和控制物质流与能量流的运动变化。因此，信息流是任何系统维持正常、目的性运动的基本条件。系统中的信息流动是双向的，既有输入，也有输出。正是因为这种信息反馈机制，自然生态系统才有自主调节功能。生物对信息的获取和利用能力越强，或者说是适应性主体的"学习"能力越强，系统适应和改造环境的能力越强。城市从诞生之日起，就在不断地依靠人的能动活动去获取、加工、储存和传递信息，引导城市活动。城市的经济活动、社会发展，包括各种创新活动都是一个信息处理和利用过程。政策制定、规划设计、科技研发、文化教育、金融投资，乃至可持续发展战略的提出，无一不是信息处理的成果。与自然生态系统的信息流相比，城市信息流总量巨大、构成复杂、传播迅速。自进入21世纪以来，信息通信技术的发展不断消融信息分享的壁垒，城市的人口、经济、政治、金融等也都因此以"流"的形式被重塑。信息作为一种宝贵、独立的战略资源价值也越来越为人们所熟知。如何利用这种发展趋势加速城市经济、社会和创新水平提高，是城市可持续发展应把握的重要时代特征。

货币是一种特殊的信息流，其中凝聚着各生产部门之间、生产领域与消费领域之间物质、能量流动的大量信息，反映了产品的价值和需求程度。工业革命带来的商品社会发展，使利润、税收和收入逐渐成为企业、政府及个人活动的追逐目标。忽视产品中凝聚的自然"劳动"或生态价值，以及不公平开发利用带来的消极影响的不断加剧，都在助长全球资源枯竭和生态环境恶化。在市场经济条件下，如何形成一套包括劳动价值、生态价值和社会价值在内的绿色价值体系，如何利用价格机制和金融工具促进资源的优化配置，使货币成为促进城市可持续发展的积极推力，也是生态经济和可持续发展研究的一个重要课题。

3. 资源流代谢运动的耦合关系与影响

城市系统的物质流、能量流和信息流代谢运动始终是耦合的。物质是能量流和信息流运动的载体，没有物质流就没有能量流和信息流的存在；能量是物质流和信息流运动的动力，能量的充足与否决定了生物物质和信息获取的数量和质量；信息通过自身的反馈机制调节能量流和物质流的运动方向与状态，没有信息，物质和能量既无从认识，也毫无用处。而不同的物质流、能量流和信息流代谢运动之间也是相互影响的，其影响会因为非线性作用而放大或衰减。因此，解决城市资源环境问题不能就事论事，必须从时间、空间、数量、结构、功能、过程等方面整体认识和处理。同时，三种资源流的代谢运动不是盲目的。它们始终受驱动合力（"势"）和阻力合力（"阻"）的共同作用，由"势"高处向"势"低处运动。提高"势"而降低"阻"是提高资源流通性的基本思路。

生物往往是无意识的、自组织地利用资源流，而城市在很大程度上是由人以他组织的方式有意识地配置资源。这种配置有合规律的、也有背离规律的，有高效的、也有低效的，城市的资源环境问题由此产生。因此，从根本上说，城市发展的不可持续就是不合理的他组织作用导致的资源配置的不合理，以及由此对系统自组织演化功能的破坏。这种配置的不合理既包括物质资源配置的不合理，如土地的蔓延式开发、水资源的浪费、废弃物的随意处理处置、人才的浪费，也包括能源资源配置的不合理，如化石能源的过度消耗、低品位能源的浪费，还包括信息资源配置的不合理，如资金短缺、信息封锁、知识壁垒等。三种资源配置的不合理相互影响，加剧发展的不可持续。而可持续发展，就是要利用城市自组织演化独特的结构特性和基本规律，整体优化经济和社会领域的资源配置，使三种资源流的代谢过程完整、结构合理、功能协调，使系统重回高质高效的自组织演化轨道。从这个角度来看，城市的各种可持续发展探索，无论是绿色发展、低碳发展还是循环发展，无论是生态城市建设、低碳城市建设还是智慧城市建设，实质上都是一种物质、能量和信息资源的优化配置探索。这些资源流的代谢运动是相互耦合的，它们的优化配置方法也应该是协同作用、不可分割的。

3.2.2 基于耦合结构的可持续发展路径协同

（1）以绿色发展为总揽，确立城市资源环境问题综合解决的行动方式。

中国是一个人均资源和环境承载力都极为有限的国家。如何实现资源环境保护与发展的共赢，是当下中国最亟待解决的发展挑战之一。而随着城镇化进入成熟期，以及人口老龄化的纵深发展，未来中国的资源环境保护形势将更加复杂、严峻。因此，绿色发展是发展模式的必选项，也是"中国道路"的重要体现[84]。它要根据自然生态系统恢复力和人类福祉，综合管理水、能源、土地、生物多样性等自然资源的使用，要把保护资源环境作为经济社会发展的内在要素，融入经济、政治、文化、社会建设各方面和全过程，结合创新发展，转变发展方式，探索资源环境问题的根本解决途径，同时也要把保护资源环境作为创新发展、倒逼发展方式转变的重要切入点，为经济发展注入新活力，推进和带动全面发展。因此，绿色发展是具有变革意义的全局性"深绿"发展，不是局部、片段、修补式的"浅绿"发展，更不是高投入、难维持或破坏性的"伪绿"发展。无论是低碳发展、循环发展还是生态城市建设等，都是绿色发展的方式方法之一。在中国共产党第十八届中央委员会第五次全体会议提出的"创新、协调、绿色、开放、共享"五大发展理念中，"创新"强调的是发展动力问题，"协调"和"开放"强调的是发展结构与关系问题，"共享"强调的是成果分配问题，只有"绿色"强调的是发展对象和内容问题，可以说，"创新"与"绿色"在五大发展理念中占据着中心地位。它们是国家破解发展难题、转变发展方式的最重要抓手。

以绿色发展为总揽，就是要从尊重自然、顺应自然和保护自然的基本观念出发，以探索资源环境保护与发展共赢的城市发展新模式为着眼点，以创新为引领，整合"低碳"、"循环"、"生态"、"智慧"等发展路径，全面转变城市发展的价值判断、生产方式、生活方式、建设方式、管理模式和社会文化，协同优化关键发展资源配置，提高发展质量和效率，最终解决好人与自然的和谐共生问题，促进全面协调可持续发展。如何创新体制机制，建立利益相关者共同参与、利益与共的发展共同体，是绿色发展的一个核心问题。另一方面，不管是低碳发展、循环发展、生态城市建设还是智慧城市建设，它们之所以能够在可持续发展中占据一席之地，都有其不可忽视的独特意义和行动优势。绿色发展既要整合和总揽，协调不同发展路径之间的冲突，也要引导和优化，发挥不同路径在转变发展方式、优化资源配置中的优势，使各种路径之间协同作用，进一步提高行动质量和效率。

（2）以生态城市理论为基础，把握城市资源环境问题综合解决的基本原理与行动平台。

20世纪70年代，面对全球日益严峻的城市问题，联合国教科文组织在"人与生物圈"计划中提出了生态城市的概念，旨在用生态学原理和方法指导城市发展建设。在各类城市可持续发展路径中，生态城市探索起步早、综合性强、成果丰富，与城市物质空间建设联系紧密，是其中"最广为认可的一种发展模式"[98]。它为城市资源环境问题的综合解决做出了许多重要的理论和实践积累。

目前国内外对生态城市仍有许多不同定义，但一般认为，生态城市是社会、经济、自然协调发展，物质、能量、信息高效利用，基础设施完善，布局合理，生态良性循环的人类聚居地，或者说，是全球或区域生态系统中公平分享其承载能力份额的可持续子系统，具有和谐性、整体性、高效性、多样性和动态性特征。生态城市运动创始人理查德·雷吉斯特认为，生态城市在某种程度上就是一种意识到城市生态极限的城市类型。从这个基本观点出发，人与自然的整体和谐始终是生态城市追求的根本目标。生态城市理论的一个突出贡献是在解决问题的逻辑方法上，转变了以往孤立、静止、线性的认识视角，把城市作为特殊的生态系统纳入全球生物圈，以生态系统有序演化的内在结构、基本功能和主要原理来整体认识城市发展与资源环境问题，在两者的耦合关系中寻求综合解决之道。因此有学者认为，生态城市理论的核心在于"系统"而非"生态"。但与其他复杂系统相比，城市复杂系统生成演化的独特性之一恰恰在于它的生态学属性。生态城市理论抓住了城市生成演化种种复杂表现背后最基本的耦合关系和耦合规律。它提供的不仅是认识和解决城市资源环境问题的基本逻辑，也是认识和解决城市可持续发展问题的基本逻辑。

长期以来，全球生态城市建设探索积累了大量实践经验，无论是项目数量上、质量上还是类型的多样性上，都远超其他发展路径。这些经验因地制宜、内容丰富，既是对生态城市理论的检验，也是对不同城市发展条件的忠实反映，如哥本哈根、弗莱堡的土地利用政策，巴黎、库里蒂巴的绿色交通体系建设，伦敦、斯德哥尔摩的生态住区建设，东京、伯克利的生态修复与绿化系统建设，东京、库里蒂巴的固体废弃物分类收集与资源化利用，新加坡、荷兰的水资源综合利用，瑞典哈马碧滨水新城和马尔默的生态循环模式，埃朗根、弗莱堡的生态城市治理政策与公众计划，等等。而作为全球生态城市建设探索开展力度最大的国家，我国城市在吸收国际经验的基础上又开展了许多独特的本土化尝试，建设内容和项目类型更丰富，系统性更突出，国情和地域特色鲜明。这些国内外经验是城市绿色发展有力的行动支撑。

　　另一方面，由于缺乏对发展模式问题和对环境与发展关系问题的深刻认识，生态城市理论始终有所局限。建设手段以生态技术运用居多，系统的转型行动较少，总体上是一种侧重末端治理的建设补充，而非标本兼治的发展方案。这种局限性在解决复杂发展背景下大规模、复杂的资源环境问题时就会比较明显地暴露出来。这也是我国生态城市建设进入瓶颈期，城市环境局部改善但总体恶化的重要原因。解决我国城市资源环境问题，不仅需要建设方式的局部探索，更需要发展方式的整体转变，需要相关理念与经济社会发展的深度融合。这是我国在持续探索中逐渐形成的重要共识。但是也要看到，生态城市理论也在不断进化。"循环"、"低碳"、"智慧"等新理念地融入，使生态城市建设产生了许多新形式，如循环型生态城市、低碳生态城市、智慧生态城市，生态城市建设解决复杂发展问题的能力在不断提高。

　　（3）以低碳发展为抓手，梳理城市资源环境问题综合解决的行动脉络。

　　解决复杂问题往往需要一个有力的抓手，快速切入问题核心，建立解决问题的基本秩序，合理配置资源，提高行动质量和效率。我国城市资源环境问题的综合解决也需要这样一个抓手。这个抓手应紧扣环境与发展矛盾的主要方面，并具有较强的战略发展意义和辐射带动能力。

　　与其他资源环境问题相比，气候变化是世界各国共同面对的长期发展挑战，应对意义毋庸置疑。作为自然界分布最广的基础元素之一，碳元素的生物地化循环与水、气循环和能量传递都高度耦合，相互影响。所以减缓和适应气候变化能够产生广泛的协同效应，除节约能源、防治大气污染外，还能把城市的节地、节水、节材、固体废弃物综合利用、植被保护等代表性资源环境保护行动都带动起来，特别是把经济系统的绿色转型带动起来，并通过碳指标建立统一的量化评价体系，使发展更可考核、比较和管理。这些优势是其他资源环境问题所不具备的。同时，减缓气候变化所包含的保障能源安全和大气污染防治的内在含义，也使其成为与国家发展安全和科技创新联系最紧密的环境议题。各种减缓技术的研发，如清洁和可再生能源技术、节能和提高能效技术、碳捕捉技术等，无不蕴含着巨大的环境和商业价值，是世界各国科技创新的重要竞争点。此外，我国也是全球最易受气候变化影响的国家之一，建设气候适应型城市同样是紧迫的现实问题。与减缓气候变化相比，城市适应气候变化行动的辐射带动能力相对较低，但也能把城市主要的环境风险应对措施都纳入进来，建立统一、高效的应对体系。而这些风险之间也是相关联的，本身也需要统一规划和应对行动，综合提高城市发展韧性。因此，抓应对气候变化问题，实际上就是在抓城市主要资源环境问题的综合解决，也就是城市能、水、土、矿、生物等关键自然资源的协同优化配置问题。

以低碳发展为抓手，就是将应对气候变化、保障能源安全与大气污染防治结合起来，作为综合解决城市资源环境问题的切入点，建立以碳指标为核心的量化评价体系，把能、水、土、气、固体废弃物、植被保护等代表性资源环境问题的治理绩效评价整合到一起，形成城市绿色发展的基本要求和考核依据，倒逼发展模式转型。我国幅员辽阔，各地区发展条件差异显著，绿色发展各有侧重。以低碳为抓手，并不是要建立一套固化的发展标准，而是要形成一套具有普遍适应性且科学、高效的基本发展方法。在这个基础上，各城市应强调自身的发展特色，进而形成多样统一的绿色发展格局。以低碳为抓手，不等于仅仅抓减缓气候变化问题。减缓气候变化与适应气候变化、保障能源安全、大气污染防治在我国是紧密耦合的。它们应作为整体对待，在行动中寻求四者之间的协同效应，使应对气候变化行动更好地为绿色发展服务。因此，"低碳"不仅代表了更低的温室气体排放，也代表了更绿色、安全的能源供应体系，更清新、健康的大气环境质量和更好的城市发展韧性。

（4）"循环"与"低碳"并举，探索资源优化配置的高效与创新办法。

循环经济是以资源的高效和循环利用为核心，以"减量化、再利用、资源化"为原则（3R原则），以低消耗、低排放、高效率为特征的生态型经济增长模式。它要按照自然生态系统的物质循环和能量流动规律重构经济系统，优化其中的自然资源配置，提高资源利用效率。作为"放错地方的资源"，城市固体废弃物中蕴藏的环境和经济价值极为可观。每利用1t废钢铁可炼制850kg钢，相当于节省成品铁矿石2t，节约标煤0.4t；每利用1t废纸可生产800kg纸浆，相当于节约木材3m³；从1t废弃的电子芯片中可提取60g黄金，而在天然金矿中，1t矿石中含有1~2g黄金就具有开采价值。与许多绿色技术相比，发展循环经济的技术相对成熟、投资少、投资回收期短、收益高。著名的杜邦化学公司循环经济模式，每年可减少25%的塑料废弃物排放和70%的空气污染物排放。丹麦卡伦堡生态工业园的循环经济产业链，每年可为园区带来超过1500万美元的利润，平均投资回收期5~6年，每年节约地下水190万m³、湖泊水100万m³、石油2万t、天然石膏20万t。我国城市固体废弃物每年的产生量巨大，发展循环经济是解决其环境问题的基本途径之一。

循环经济与低碳经济是两个既有区别又有联系的概念。两者都源于发达国家对传统工业化阶段资源利用和经济增长方式的系统反思，也是国际社会转变生产和生活方式的重要战略选择。它们追求的不是单纯的资源环境保护，而是保护与发展的共赢。两者的发展都符合著名的3R原则和低消耗、低排放、高效率的基本特征。但由于要解决的主要问题不同，两者在发展原则和内容上各有侧重。循环经济侧重资源的循环利用和"吃干榨净"，发展循环经济可以广泛提高包括能源在内的多种资源利用效率，减少包括温室气体在内的诸多废弃物排放。低碳经济则侧重温室气体的更低排放，资源循环利用是温室气体减排的基本途径之一，但非唯一途径。发展低碳经济也有广泛的资源环境效益。与低碳经济相比，循环经济的一个发展劣势在于它的作用对象相对宽泛，难以建立较为统一的量化评价体系，难以形成有力的转型发展倒逼机制。所以，循环经济和低碳经济在发展目标、途径、成果和影响等方面是互有交叉、相辅相成的。由于技术和成本优势，我国政府将发展循环经济作为减缓气候变化的重点行动领域之一，"高度重视发展循环经济，积极推进资源利用减量化、再利用、资源化、从源头和生产过程减少温室气体排放"[99]。

城市绿色发展不仅要优化配置能、水、土等关键自然资源，也要优化配置人才、资金、知识等社会资源。后者的配置同样存在着少用、高效用、再开发等"循环"利用诉求。所以在绿色发展中，"循环"具有三个层次的含义，一是以自然资源高效和循环利用为侧重的狭义循环经济，二是将社会资源的高效和循环利用问题一并考虑在内的广义循环发展，三是"超循环结合创新"的引申含义。"循环"与"低碳"并举，不仅是要将循环经济与低碳经济结合起来，更是要将循环发展与低碳发展结合起来，把关键自然资源和社会资源的优化配置统一起来，以低碳发展作为抓手，以循环发展作为资源优化配置的创新手段，从行动方向和方法两方面，使资源环境问题的综合解决更具质量和效率。

（5）以智慧城市建设为加速器，进一步提高资源配置效率和城市创新活力。

智慧城市是将新一代信息技术充分运用到各行各业之中的城市信息化高级形态。新一代信息技术和创新 2.0 是智慧城市的两大基因。智慧城市建设一方面要通过物联网、云计算等新一代信息技术的应用，实现城市运行系统各项关键信息的全面感测、分析与整合，提高城市运行和管理效率；另一方面要通过维基、社交网络、Fab Lab、Living Lab、综合集成法等新工具和新方法的应用，构建面向用户创新、开放创新、大众创新和协同创新的城市创新新模式。因此，智慧城市实质上是信息资源的高效利用模式。它通过全面物联、充分整合、激励创新和协同运作来广泛监督和优化城市资源配置，使城市整体的资源流代谢更完整、协调、高效。这就好像给城市装上了一个加速运行的神经网络，使之成为快速反应、协调运作的"系统之系统"，全面提高系统协同进化和可持续发展能力。

智慧城市建设对于城市可持续发展具有广泛的"加速"作用。它可以提高城市交通、能源、水资源、建筑、环境保护等诸多领域的资源利用效率，减少运行过程中的温室气体和污染物排放。例如，斯德哥尔摩的智慧交通建设把车辆自动识别系统与拥堵税结合，使市中心交通拥堵率下降 25%，道路交通废气排放量减少 8%～14%，温室气体排放量下降 40%。华盛顿水务部门的智慧水务建设将客户电话报修率减少 36%，每年为水务局节省 180 万美元的管理费用和 20% 的燃油成本。同时，智慧城市建设能够极大地改变人们的行为方式，提高公共服务资源利用效率。例如，通过智慧医疗、智慧教育和智慧社区等建设，居民足不出户就能得到快捷、优质的公共服务，从而缓解公共服务资源有限、分配不平衡、人口老龄化等诸多难题。而智慧商务不仅可以改变人们的购物方式，减少实体购物场所的建设和运营投入，还能通过社区协作、流程优化和分析，加速企业业务模式转型和创新。智慧城市建设也能为政府管理建立全面快捷的信息基础，提高管理部门的响应能力，如大伦敦市政府的"通话伦敦社区"（Talk London Community）网络平台建设。通过这个平台，伦敦人广泛参与政策对话，政府及时征询市民意见，政策反应迅速、有效并能引起社区共鸣[100]。此外，智慧城市建设也非常有利于打破信息不对称状况，为城市的协同和创新发展提供新维度。云计算等技术还可以对采集的海量信息进行深加工，产生新知识，培育新技术，创造新的商业模式，刺激新的消费需求，使信息价值最大化。

但智慧城市建设并不是城市绿色发展的必要条件。智慧城市设施建设投入大，所带来的发展效益却并不一定比低成本的绿色技术更好，更不能替代那些重要的结构性发展措施和社会进步。例如，智慧交通系统建设在缓解交通拥堵、减少交通污染物排放方面的效果，就无法与合理的土地利用模式、路网规划和绿色交通体系建设相比，更无法替代公众对绿色出行的积极响应；智能建筑的节能效益也并不一定比被动式建筑节能技术的使用更好，更无法替代公众良好的节能习惯；而再开放、丰富的数据库建设和新兴信息技术的强大数据处理能力，也无法替代人的创新热情。所以，智慧城市的智慧根本在人。建设要以系统的结构优化和社会进步为前提。此外，智慧城市建设也可能带来较大的信息安全风险，需要在规划建设中充分考虑。智慧城市像一把双刃剑，能使城市发展更智慧，也能使城市发展更脆弱。

3.2.3 规划建设案例启示

1. 基于共生城市理念的生态城区规划

哈马碧滨水新城（Hammarby Sjöstad）是应用瑞典共生城市理念的著名生态城区规划建设项目。项目位于斯德哥尔摩市东部，原为城市边缘处的工业区和码头，总规划面积 1.8km²，规划居住人口 2.5 万人，工作人口 1 万人。项目规划着重突破传统的空间规划方法，以构建生态循环模式为核心，引导规划区的资源高效利用和可持续发展，如图 3-13 所示。生态循环模式由当地的热电、水务和废弃物管理机构联合设计。它把规划区的能源、水资源和废弃物资源利用整合到了一起，通过技术协同和三种资源的超循环利用，使其中的能源和水资源需求最小化、废弃物产生量最小化、各项资源的再生利用最大化。实际运行表明，该项目的综合环境压力可以

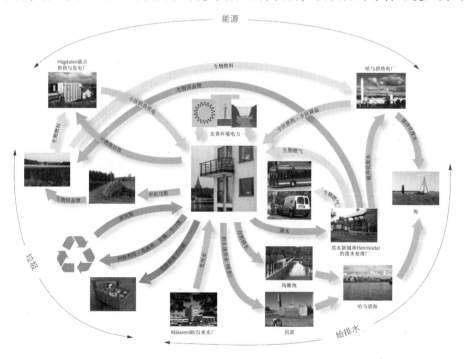

图 3-13 "哈马碧模式"的生态循环系统图

资料来源：Hammarby Sjöstad, Fortum, Stockholms Stad, et al. 哈马碧滨水新城——绿水环绕、聚焦环境的城市新区 [EB/OL]. (2007). http://www.hammarbysjostad.se.

比当地 20 世纪 90 年代建成区减少 40%，水环境的富营养化程度降低 50%，地面臭氧带减少 45%，水资源消耗减少 40%。作为瑞典共生城市理念应用的核心手段，生态循环模式也为后来众多生态型城市（区）规划建设所采用[101]。

在能源综合利用方面，项目的可持续能源利用系统由垃圾发电（热）、污水热量提取和太阳能利用组成。热电厂以分类处理的可燃废弃物做燃料为湖区供热并生产电力。供热厂从污水处理厂处理后的污水中提取热量，提取热量后的废水作为"余冷"为社区冷却网循环水降温。项目同时采用光伏发电、太阳能热水器、燃料电池等多种绿色能源技术为居民生活和工作服务。在水资源综合利用方面，建筑物和庭院产生的雨水并不进入市政管网，而是自然下渗补充地下水，或作为生态补水，通过排水沟、排水渠和排水台阶汇入哈马碧湖。雨水在排入哈马碧湖之前，通过密闭或露天的沉淀池将其中的污染物剥离，避免污染湖水。屋顶雨水通过屋顶绿化收集、沉淀和自然蒸发，为建筑降温。进入污水处理厂的污水只来自于湖区住宅，不包含雨水和工业用水，以保证污水中的污染物含量最低，并可作为再生水用于农田灌溉。同时，污水处理厂通过高效运行的化学、物理和生物工艺处理污水，进一步减少再生水中的化学物质含量和水处理过程的电耗。污水处理后的剩余污泥用来提取沼气和生物质肥料。沼气主要作为汽车燃料，部分供住宅炊事使用。处理后的污泥富含磷等营养物质，可作为农田高效肥料使用，也可作为宕口整治的填充材料。在固体废弃物综合利用方面，湖区固体废弃物实行建筑物、街区和地区的三级源头分类管理制度，经废弃物自动抽吸系统收集和回收。废弃物再生利用途径包括可燃废弃物的焚烧发电、有机垃圾堆肥、生产生物质能、废旧物资回收再利用等。

曹妃甸国际生态城（现为"曹妃甸新城"）的概念性规划是共生城市理念和生态循环模式在我国运用的代表案例。规划区位于唐山市南部沿海，是曹妃甸工业区的配套城区，距唐山市区 80km，规划面积 74.3km²，规划人口 80 万人，其中起步区规划面积 12km²。与哈马碧滨水新城相比，曹妃甸国际生态城项目规模大、规划条件复杂、资源环境挑战突出，并在环境友好的基础上增加了"气候中性"的新规划目标。因此，尽管思路相近，但后者的规划内容更全面、技术策略更先进，各规划系统和发展资源之间的协同作用更突出，参与规划的学科团队和专家众多。在构建生态循环模式之前，项目侧重从当地发展条件出发，通过自然生态环境保护、土地持续利用和绿色交通系统规划，搭建规划区持续发展的绿色空间架构，如保障规划区免受海水侵蚀、海啸和风暴困扰的沿海堤坝规划；为规划区提供绿色屏障的溯河生态修复规划；促进规划区资源循环利用和城乡共生的生态农业区规划；以 TOD模式和位置策略为基础，不同交通模式的优化整合规划等。建立生态循环模式是规划区实现气候中性目标的重要途径，如图 3-14 所示。在建筑和交通系统节能的基础上，规划利用当地条件发展以风能、太阳能和地热能为主的可再生能源系统，并通过垃圾焚烧发电、沼气制取、污水处理和工业余热利用，实现资源循环利用对能源供应的支持。规划区的水资源综合利用着重通过生活污水的回收处理、雨水收集和海水利用来节约淡水资源，并设置生态湿地收集雨洪，为水渠和河道提供生态补水，同时还利用黑水和灰水的源分离技术处理生活污水，生产沼气用作汽车燃料。规划区有机垃圾和污水处理后的富营养灰水，分别作为城市农业区肥料和灌溉用水使用，以实现城区与乡村之间的生态循环。规划区的可回收垃圾收集后运往资源管理中心进行无害化和资源化处理。资源管理中心由材料回收设施、热电联供厂、污水处理厂、沼气处理厂和水处理厂等组成，是规划区多种资源综合利用的"心脏"。农业生产所需的有机肥、灌溉用水和部分电力也由这里输出。

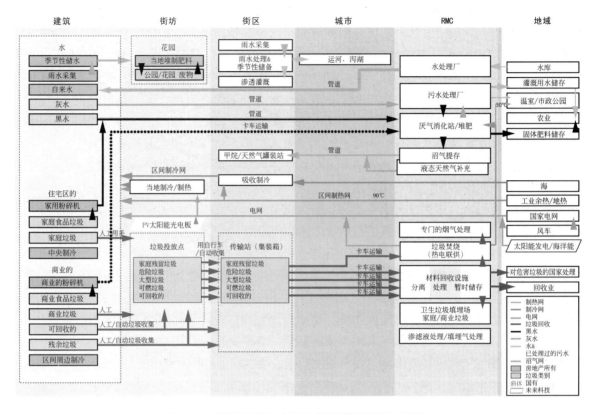

图 3-14 曹妃甸国际生态城生态循环模型详图（局部）

资料来源：谭英，戴安娜·米勒-达雪，彼得·乌尔曼. 曹妃甸生态城的生态循环模型——能源、水和垃圾[J]. 世界建筑，2009（6）：66-75. 作者根据文献中插图绘制.

就方案而言，曹妃甸国际生态城的概念性规划在其职能范围内，从当地自然条件出发，对规划区的资源综合利用和空间布局做了非常充分、细致的安排。但作为一个配套新城，生态城的开发建设不仅与自身的规划方案相关，更要受曹妃甸工业区的建设进度影响。由于全球经济形势变化、国民经济需求结构转变、区域的同质化竞争以及传统的投资拉动式开发模式等原因，工业区的产业战略规划未能如期实施，也因此难以为生态城提供有力的产业支撑。产业支撑不足带来了人口、资金等一系列关键发展问题，加之远离市区造成的区位劣势，生态城的开发建设因此放缓。这也说明，作为更大区域复杂系统的组成部分，城市/城区发展受内外部发展条件和发展方式的共同作用。在很多情况下，城市/城区自身的发展意愿和努力并不能全然决定它的发展命运。无论国内还是国外，这也是困扰新城开发，特别是大规模、非资源型新城开发的一个共性问题，如著名的"零碳城"马斯达尔。受全球经济形势影响，马斯达尔的实际开发进度与规划初衷相比也有很大差距。而一些既有城市/城区的更新改造项目，依托成熟的产业和基础设施条件，以及规模控制，更易取得成功，如哈马滨水新城项目、德国的生态城市埃朗根和绿色之都弗莱堡等。另一方面，系统发展始终是一个不断调整的动态过程。通过优化产业结构、引进优势产业项目、加强产城融合、促进区域协同等措施，系统发展能力会不断提高，并最终回到自组织演化的合理轨道上。但这种调整是以牺牲发展效率为代价的。

2. 经济、社会与环境系统协同作用的既有城市绿色发展

弗莱堡市位于德国西南边陲，总面积153km²，人口约20万人，是德国最古老的城市之一，也是著名的太阳能之城和绿色之都。作为既有城市绿色发展的代表，弗莱堡的规划建设与新城项目相比，内容更复杂、难度更大。经济、社会与环境系统协同作用，全面细致的规划编制与实施，是弗莱堡绿色发展的关键所在。

以优越的太阳能资源和环境科技研发为依托的产业集群建设，为弗莱堡的绿色发展奠定了坚实基础。弗莱堡很早就着手开展增强本地吸引力的"科学之城"建设，不断提高路德维希大学自然科学和应用科学实力，同时大量吸引环境技术研究机构和相关组织前来落户，其中包括全球最大规模的太阳能研究院——德国弗劳恩霍夫太阳能技术研究院和国际太阳能机构总部。在环境技术发展的带动下，一个以环境和太阳能产业为主，具有高度创新性和经济增长能力的产业集群逐渐形成。这个集群由弗莱堡地区的2000多家企业组成，每年经济效益达6.5亿欧元，并为弗莱堡1.2万人提供就业岗位。在产业集群之外，由相关工业企业、工程师事务所、咨询中心、代理处和行业协会等组成的密集服务网络也逐渐形成。由于环境研究和环境经济的出色表现，弗莱堡成为国际环境及太阳能行业的聚集地。"弗莱堡太阳能峰会"、"建筑-能源-技术展（GET）"、"国际太阳能技术博览会"等国际学术、展览和交流活动使弗莱堡市的国际声誉不断扩大。弗莱堡由此成为巴登·符腾堡州工作岗位和人口数量增长最快的城市[102]。

弗莱堡针对资源环境保护所做的大量工作和取得的成绩，也是其成为绿色之都的重要原因。核能曾经是德国能源发展的重要战略，但安全性一直受到公众质疑。1986年4月，切尔诺贝利核灾难后的第二天，弗莱堡市通过决议，放弃核能，转而通过节能、提高能效和可再生能源的使用，建立新的、更加安全的能源体系。之后，弗莱堡的能源战略又加入了全球气候保护的新目标，并规划到2030年，通过新的能源体系，使该市 CO_2 排放量比1992年减少40%以上。为此，弗莱堡制定了面向广大企业、协会、金融机构和公众的全面行动方案，见表3-1。弗莱堡也是一座森林城市，自然风光迷人。为保护森林，弗莱堡将城市森林总面积的90%作为景观保护区，严格规范公众活动，避免对森林生态系统的破坏，并通过"弗莱堡森林协定"发展整体可持续的森林经济。其中部分森林经营获得了国际森林管理理事会德国标准的认证。为避免开发建设对自然环境的侵占，弗莱堡将节约土地作为城市开发的最高宗旨，组织编制《土地现状报告》和存量土地开发潜力地图，逐步修复受污染土地，优先使用存量土地。20世纪80年代以来，弗莱堡约50%的开发项目利用存量土地。弗莱堡还通过严格限制开采、水源地保护、雨水下渗专用区、限制化肥农药使用、引导公众正确处理废弃药品等一系列措施保护地下水。为应对地表水患，政府结合土地利用规划编制洪水威胁区域地图，采用近自然的水系规划恢复水域生态功能。为保护空气质量，弗莱堡采用以短途公交和慢行交通为导向的交通规划，升级改造机动车，划分环保分区，并在交通繁忙地段设立监测站，推动"保持空气清洁计划/行动计划"。这些措施与能源战略和气候运动相呼应，进一步加强了弗莱堡减缓和适应气候变化的能力。

领域	行动名称	行动主体	效果
建筑节能	"节能改造"促进项目	政府	建筑物平均节约 38% 的供暖能耗
	地区能源事务所	政府、协会	—
	新建建筑能耗标准	政府、公众、银行	—
可再生能源	太阳能屋顶计划	政府、公众	共安装太阳能集热器 1.5 万 m^2，光伏发电设备 1000 多套，总功率 15MW
	购电方案	政府、公众	学校和幼儿园全部使用该方案
提高能效	"高能效城市弗莱堡"总体规划	政府、企业	—
	专门的行业方案	政府、企业	太阳能工厂、辉瑞项目等
	合同能源管理	企业	四个楼宇吸引投资 840 万欧元，年减少 CO_2 排放量 2530t
气候运动	"CO_2 蜂鸟"气候运动	政府、公众	2009 年开展"二氧化碳分子之舞"、2010 年开展"为了气候-主场比赛"等活动
	节电检查	政府、协会、低收入家庭	14 名长期失业者为 143 户低收入家庭服务，每户年节约电费 74 欧元
	巴登诺瓦水源与大气保护创新基金会	企业	带动企业机构在相关领域共投资 7700 多万欧元
公共政策	气候保护预算	政府	全市年气候保护资金增加 120 万欧元
	碳审计	政府	德国少数可测 CO_2 排放的城市之一

资料来源：贝恩特·达勒曼，陈炼.绿色之都德国弗莱堡——项城市可持续发展的范例［M］.北京：中国建筑工业出版社，2013.作者根据该书整理.

政策连续性和广泛的社会动员是弗莱堡可持续发展的根本保障。弗莱堡的绿色之都建设始于 2002 年市长迪亚特·撒鲁蒙执政之初。在其十余年的执政生涯中，可持续发展始终是政府的重要发展宗旨。他认为，"全世界的官员都应该肩负义务，重新评估城市的有限资源和生态压力，制定对后代负责任的环境政策"[103]。可持续发展"只有在整个城市建立一个涵盖从市民到商业，从大学到工业的广泛合作网络，才能获得成功"。弗莱堡的可持续发展政策注重自上而下的引导与自下而上的发动结合。政府牵头设立由社会各界杰出人士、专家和市民组成的顾问机构——弗莱堡可持续发展理事会，负责对城市可持续发展建言献策，协助制定城市可持续发展行动目标和内容，监督行动开展。公众认知和公众权利在这些目标中占了相当比重，因为"人们往往只会去保护他们所认识的事物"。结合城市发展目标，弗莱堡开展了全方位的环境教育行动，如"科学网"门户网站、多媒体教学和竞赛、健康饮食等校园环境教育项目，自然体验和教育森林小径、天文馆展览和论坛、"在弗莱堡学习和体验：LEIF"地区教育管理体系、"小溪监护人"等全民环境教育和行动项目。弗莱堡市民也积极组织各种形式的资助会、邻里行动组和兴趣团体，参与城市发展项目。

3. 绿色行动与创新发展相结合的智慧城市建设

荷兰阿姆斯特丹是欧洲智慧城市建设的探路者之一。由于饱受环境污染、能源和发展动力枯竭等问题的困扰，阿姆斯特丹市于 2008 年开始启动"智慧阿姆斯特丹"（Amsterdam Smart City，ASC）计划，旨在通过城市多元治理主体共同参与的智慧城市建设，将阿姆斯特丹建设成为更加高效、更加绿色和更具吸引力的新型城市。经过10余年的持续推进，ASC计划逐渐形成了包括基础设施与技术、资源创新利用、循环城市、治理与教育、市民生活、智慧城市学院6大行动主题，覆盖城市生产、生活和运营管理各个方面的系统行动框架，展示了新一代信息技术在促进资源整合与优化配置方面的独特优势。

广泛节约能源资源、减少污染、改善城市环境，是ASC计划的一个重要特点。6大行动主题中，资源创新利用、循环城市、基础设施与技术的行动内容都与它密切相关。新西区的"City-zen"城市能源转型方案内容丰富，是资源创新利用主题的典型代表。方案包括通过远程控制为关键地区提供多种电量的"智能电网"项目，通过余热利用、日光收集等措施供热的"区域可持续供热"项目，为700~900户居民提供节能和自主能源管理的"Energiebesparing Voor Bewoners"智能能源管理项目，引导居民绿色生活的"生活测试实验室"（Test Living Lab）项目等。这些项目预计能为新西区带来2.9万 tCO_2/年的减排量，相当于3000个家庭的年能耗。循环城市主题行动计划开展20个循环经济产品链或材料链建设，预计每年为城市创造8500万欧元的经济价值，节省材料90万t，增加就业岗位1900个。为促进阿姆斯特丹市《2040年能源战略》的实施，循环城市主题安排了许多与 CO_2 减排相关的行动，如通过蓝藻碳捕捉生产生物燃料、食品添加剂和医药的"污染物即资源"（Your Pollutant is Our Resource!）项目、将 CO_2 视为循环经济重要资产的 CO_2 智能网络（CO_2 Smart Grid）探索、利用厨余垃圾生产生物质能的家庭供电（Power Your Household on Lst-nights）计划等。作为基础设施与技术主题的行动重点，阿姆斯特丹市的智慧交通建设难度大，但成效显著。建设主要集中在三个方面，一是从政府管理层面提高道路交通利用效率，如通过数据共享来协调道路管理冲突、优化道路交通流量的"智慧道路交通管理"（Smart Traffic Management）项目；二是从用户角度提高出行便捷性，促进绿色交通发展，如共享骑行平台"Toogether"和共享电动滑板车"Felyx E-scooter Sharing"项目；三是促进绿色能源的使用，如零排放城市物流发展（Towards Zero Emission City Logistics in 2025）计划、船舶绿色电力使用（Ship to Grid）计划、清洁能源和电动汽车联合发展（SEEV4-City）计划等。城市物流、居民出行和城市旅游均被纳入其中。

ASC计划的另一个重要特点是广泛调动社会力量，为城市的创新发展和更加智慧服务。治理与教育主题侧重通过智慧平台建设，发掘初创企业和高素质居民的创新潜力，优化城市决策，促进经济发展，如支持跨城市知识共享、协同创新的城市议定书（City Protocol）项目，帮助初创企业加速发展的Start up boot camp Smart City & IoT项目，与城市相关方共建城市创新生态系统的智慧企业实验室（Smart Entre-preneurial Lab）项目。市民生活主题侧重通过社区活动提高城市宜居品质。城市协同发展在线平台Transformcity和智慧市民实验室（Amsterdam Smart Citizens Lab）是其中的两个代表项目。前者旨在培育更可持续和包容的本地社区，促进社区建筑、公共空间、能源、交通工具等城市资产的高效利用，促进社区各利益群体的自组织发展；后者通过硬件工具使用和在线平台建设，使市民、科学家和设计师共同解决诸如空气质量下降、噪声污染等社区环境和生活问题。此外还有旨在改善社区老人居住环境的老龄友好的阿姆斯特丹项目、鼓励社区生物多样性发展的 Anna's Tuin en Ruigte 实验室项目等，内容和形式多样。智慧城市学院主题是一个以提供智慧城市项目信息和项目帮助为主的信息平台。访问者可以在这里更深入地了解智慧城市，并在阿姆斯特丹应用科技大学师生的帮助下进行智慧城市项目开发和管理，促进项目开展。

从以上几个规划建设案例来看，一座可持续发展的城市必然是协同进化的城市，如图 3-15 所示。它源于复杂系统物质、能量和信息流耦合运动带来的独特结构，以及在此基础上产生的自组织演化规律。三种资源流的耦合运动带来了城市经济、社会和环境子系统相生相克的发展关系，产生了能源、水资源、物资（固体废弃物）、土地、人才、信息等关键发展资源协同优化的配置要求，并由此延伸出"绿色"、"生态"、"低碳"、"循环"、"智慧"等不同可持续发展路径之间，产业经济、土地利用、交通、建筑、资源利用、环境保护等不同发展部门之间，空间规划、环境治理、地理信息等不同技术手段之间，街区、局部城区、城乡复合体、城市群等不同空间发展层次之间，以及政府、企业、公众、科研机构和高校、社会组织等不同相关方之间的协同发展要求。它们的相互适应与相互促进，才能最大限度凝聚合力、激发创造力，带动城市发展的绿色低碳转型。

3.3 协同创新型低碳生态城市发展模式

如果用人体复杂系统来类比，城市发展的绿色低碳转型既要如中医问诊一样，从系统与环境的关系上、从系统发展功能上、从系统发展要素的构成与彼此关联上认识"疾病"来源，又要如中医的方剂配伍一样，筛选和构建与其系统特征和"病症"相适应的、"君臣佐使"各就各（生态）位的自组织创新发展结构，求得转型发展的模式优化办法。

3.3.1 理论模型

根据前文的分析，我国城市的可持续发展和绿色低碳转型，应在统筹复杂发展挑战和已有成果的基础上，着力构建一个以物质与精神共同繁荣的绿色美好家园建设为目标，以绿色发展为总揽，以生态城市建设为基础，以低碳发展为抓手，以智

图 3-15
城市可持续
发展的协同
进化关系示
意图

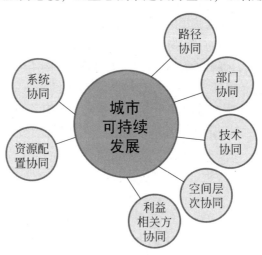

慧城市建设为加速器，以协同发展和创新发展来凝聚合力、激发动力，以超循环结合发展进一步提升发展质量和效率，关键发展资源配置整体最优的，面向知识社会的新型城市发展模式，即协同创新型低碳生态城市发展模式（以下简称"协同创新发展模式"），综合解决资源环境问题，探索人与自然和谐共生的中国式答案。在理论模型方面，协同创新发展模式表现为一个由"城市资源环境承载力"、"关键资源的优化配置"、"经济活动"和"协同创新体系建设"组成各圈层，以信息基础设施和智慧城市建设为驱动网络的同心圆结构，如图3-16所示。其中：

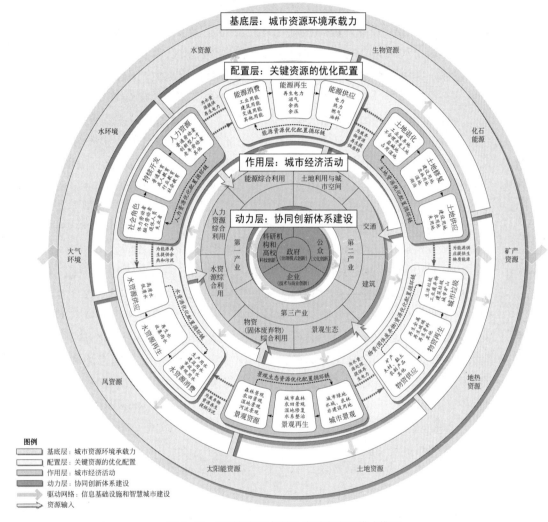

图3-16 协同创新型低碳生态城市发展模式模型

注：该模型由作者在已有工作成果基础上发展而来。成果详见：栗德祥，邹涛，王富平，等. 循环型低碳发展模式规划的探索与实践——以大连獐子岛生态规划项目为例 [J]. 中国人口·资源与环境，2009，19（专刊）：1-6.

（1）基底层。城市资源环境承载力，包括城市的资源承载力、环境容量和弹性力。作为同心圆结构的最外圈层，它是城市生存发展的"资源库"，为城市提供水、气、土、矿、生物等自然资源，同时也是城市各种固体、液体和气体废弃物的消纳场所，对城市发展起到孕育、促进、稳定和抑制作用。城市发展对自然环境的索取和扰动必须在其承载力范围内，才能安全、健康、可持续地进行。

（2）配置层。关键资源的优化配置，是对城市经济和创新活动中7种关键自然与社会资源（土、能、水、固体废弃物、景观生态、人、信息）的使用和安排优化。作为同心圆结构的次外圈层，它们的协同优化配置是人与自然和谐共生的保证和表征。协同优化配置是系统在满足资源环境承载力的前提下，通过协同作用和超循环结合发展实现的最优配置，是城市创新发展成果的集中体现。信息资源在7种资源的配置关系中地位特殊。它是其余6种资源优化配置的调控中枢，没有它的优化配置，就没有资源配置的整体最优。城市系统的创新发展，无论是治理模式创新、科技创新、商业模式创新还是文化创新，实际上都是信息资源的优化配置成果。

（3）作用层。资源环境问题首先是经济问题。作为同心圆结构的次内圈层，经济活动是城市利用和改造自然的直接行动，也是城市创新发展成果加载、实施、检验的载体。经济活动中一些重要的发展建设活动，如土地利用、交通、建筑、水资源利用、能源利用等，与关键资源优化配置关系密切，对城市资源环境承载力影响大，具有相当的公共物品或准公共物品属性，特别需要通过公共政策去规划、引导。在模型中，这类活动独立于第一、二、三产业发展之外，给予特殊强调。

（4）动力层。城市可持续发展和绿色低碳转型的根本动力是系统的协同创新，即政府、企业、公众、相关公共事业组织（主要是科研机构和高校），在社会组织等的配合下，通过协同和超循环结合创新形成的最大创新合力。这是突破传统发展模式，实现资源配置整体最优，解决城市资源环境与发展矛盾的根本。作为创新的领导者，政府的治理模式创新是其他主体充分发挥创新潜力的前提。

（5）驱动网络。协同创新发展需要系统通过广泛的信息感知、传递、储存、分析、反馈和共享网络建设，及时、准确地了解各圈层发展状况和需求，支撑创新活动，输出创新成果，驱动各圈层的协同作用。在传统发展模式下，这一网络主要通过政府职能部门和市场完成，信息覆盖范围有限，传递效率低，储存、分析和反馈能力差。在信息时代和知识社会形态下，这一网络通过信息基础设施和智慧城市建设来加速，具有深度感知、广泛互联、高效传递、开放共享的时代特色。

3.3.2 协同进化总体目标、状态判断与序参量

1. 总体目标

建设物质与精神共同繁荣的绿色美好家园是协同创新发展模式的目标指向。它包括"生态平衡"、"安居乐业"和"家园建设"三个方面的基本含义。

生态平衡（包括碳平衡）是城市资源环境承载力与所受的人为压力的动态平衡，也是生态系统安全健康与城市经济社会发展之间的动态平衡，是人与自然和谐共生的基本条件。生态系统的安全健康对城市发展的影响既包括物质层面的，如充足的自然资源、良好的生态环境为经济发展和居民健康提供的基本保障以及由此带来的人才吸引力；也包括精神层面的，如对居民心理和城市文化塑造的影响。在环境心理学中，气候、温度、海拔高度、土地密度、自然景观的完整性等环境条件，都是影响人的行为心理和文化塑造的重要因素。清新舒爽、明媚多姿的自然风光使人开朗愉悦，空气污浊、不见绿色的钢铁丛林使人焦虑抑郁；肥沃富饶、气候温和的冲积平原孕育祥和的农耕文明，资源贫乏、气候多变的山地高原则会产生善战的游牧文化。那些至今仍充满生机的历史文化名城和旅游胜地，

如苏州、雅典、威尼斯等，它们的诞生和繁荣（包括经济的繁荣和文化的繁荣），无不与当地的自然条件紧密相连。如果没有江南的秀丽风光和富饶物产、地中海的蔚蓝海水和热烈阳光、亚得里亚海的环抱与蜿蜒水巷，这些城市失去的不仅是旅游魅力，还包括文化的根基。因为那些璀璨的文化形象和文化含意是无法从沙化的土地、干涸的水道、污浊的海水和淹没的城市中想象的。可以说，没有生态系统多样性的完整与健康，就没有世界文化的多元共生。而随着城市问题的加剧，生态环境的保护和修复越来越成为城市保障居民福祉、推动文化进步、提升发展竞争力的重要手段。

安居乐业是人民群众的根本诉求，是城市发展建设的根本任务。城市中的所有居民，无论其身份和年龄，都有权安定、健康、自由、幸福的生活，衣、食、住、行、游、购、娱、学等各方面的物质和精神需求得到充分满足，有适宜的工作岗位和足够的经济收入，公平享有发展机会和发展成果，充分实现自我价值[①]。可持续发展是"人"与"物"的协调发展。它不仅要保证生态系统的健康和收支平衡，还要在此基础上，比传统发展模式更全面、细致地满足以上人民群众对美好生活的向往。脱离这一目标，再繁荣的经济、再先进的绿色技术、再健康优美的人居环境，也不是真正的可持续发展的城市。

"家园"是中国传统文化的一个重要概念。"天下之本在国，国之本在家"，没有家园就没有中国人的精神归宿。在中国人的文化观念里，家园是历史传承下，安全、优美、自由、幸福、熟悉的生活所在，是物质世界与精神世界组成的复合概念。没有繁荣的物质家园就没有繁荣的精神家园，"仓廪实而知礼节"，长久的物质匮乏很难带来文化上的认同和自信。在历史上，中国文化的鼎盛期无不与经济发展的繁荣期相联系。没有繁荣的精神家园也不会有物质家园的长久繁荣，一个社会的坍塌根本上是文化的坍塌。所以家园建设不仅要建设良好的物质环境，还要建设人的精神世界。近年来，以物为本的拜金、奢靡的价值取向，恶化的生态环境，千城一面的城市面貌，传统文化的丢失以及人与人关系的疏离等，都在不断损害着中国人的精神家园。站在历史与时代的交叉点上，重塑中国人的精神家园，也成为中国社会一个重要的发展命题。协同创新发展模式要建设的也必须是物质与精神共同繁荣的绿色美好家园，满足人与自然共同的生存和全面发展要求。它包括一系列协同、创新可持续的发展方式创造的经济繁荣，健康优美、全龄友好的人居环境，公平、高效的城市管理和保障体系，传统文化的广泛保护和弘扬，特别是新的教育理念塑造的具有可持续和自组织创新发展价值观及行为方式，勤奋自律、理智坚定、勇于创新、乐观包容、文化自信的城市人。

---

① "'安居乐业'和'魅力活力'是城镇低碳发展的两个人文目标。'安居乐业'是低碳城镇建设的根本目的，也是广大人民群众根本需求的愿景。安居是指城镇的低碳发展满足了市民在衣、食、住、行、游、购、娱、学诸方面的物质和心理需求，使市民感到安全、舒心、幸福。乐业就是市民在这个城市可以找到合适的工作岗位，获得足够的经济收入，能够发挥自己的才能，实现自我价值。'魅力活力'是城镇持续发展的标志。城镇魅力主要体现在它的特色风貌：总体布局上的秩序感，空间尺度上的亲切感，历史遗存受到保护，地方文化得到弘扬，以及各项低碳发展措施对居民生活工作环境和文化氛围的塑造与提升。城镇活力主要体现在繁荣的商业活动、文化活动、休闲娱乐活动等消费层面。"引自：栗德祥，雷李蔚，王富平. 城镇低碳发展关键词释义［C］. 2013 第八届城市发展与规划大会论文集，2013：1-10.

2. 状态判断

协同进化是一个朝着目标指向不断调整的动态发展过程。判断城市系统是否处于这一动态过程的标准是"效益最优"[①]。效益最优在这里指在不损害、不超出资源环境承载力的前提下，系统生态效益（以减碳效益为代表）、经济效益和社会效益的整体最优，即在生态限制前提下以最小发展成本达到的最大整体效益。这种最优是经济、社会和环境子系统相生相克达到的综合平衡状态，是关键资源最优配置的结果，如图3-17所示。充分认识基本国情和发展成本，将经济、社会与环境之间的整体关系置于综合平衡之中，实现系统整体效益的最大化，正是我国可持续发展道路选择的一个重要着眼点。我国按此决断规划了发展战略、具体行动和一系列的体制保证，使中国在可持续发展能力建设方面取得了巨大成就。

在图3-17中，图（a）、图（b）和图（c）分别是对经济、社会与环境子系统两两之间协同发展状态的描述。这些状态可以概括为三类：协同、亚协同和不协同。协同状态下，子系统的发展相互适应性强，彼此促进，都能获得较高的发展效益；亚协同状态下，子系统的发展有一定适应性，其中一个能够获得较高的发展效益，

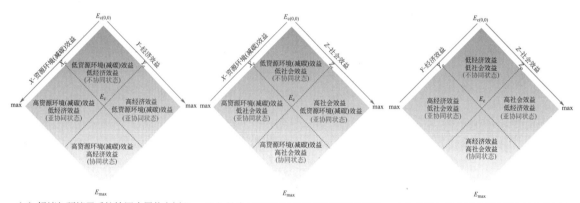

（a）经济与环境子系统协同发展状态划分　（b）社会与环境子系统协同发展状态划分　（c）经济与社会子系统协同发展状态划分

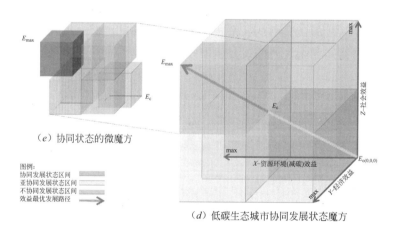

（e）协同状态的微魔方

图例：
协同发展状态区间
亚协同发展状态区间
不协同发展状态区间
效益最优发展路径

（d）低碳生态城市协同发展状态魔方

图3-17 低碳生态城市协同发展状态划分

---

① 效益最优也称帕累托最优。在经济学上，它是资源分配的一种理想状态，即假定固有的一群人和可分配的资源从一种分配状态到另一种分配状态的变化中，在没有使任何人境况变坏的前提下，使得至少一个人变得更好。人们追求效益最优的过程，也就是以最小成本创造最大效率和效益的管理决策过程。如何达到稀缺资源的最优配置，是国民经济运行机制的关键问题之一。

但另一个发展效益较差；不协同状态下，子系统的互适性差，发展效益都很低。图（d）是图（a）、图（b）和图（c）的综合。三个子系统整体的协同状态形成了一个以"资源环境（减碳）效益"为 X 轴，以"经济效益"为 Y 轴，以"社会效益"为 Z 轴的立方体空间结构，即低碳生态城市协同发展的状态魔方（以下简称"协同状态魔方"）。在协同状态魔方中，绿色立方体代表三个子系统整体均有较高发展效益的协同发展状态；黄色立方体代表三个子系统部分发展效益较高、部分发展效益较低的亚协同发展状态；灰色立方体代表三个子系统均难获得较高发展效益或出现发展倒退的不协同发展状态。E_c 是三个子系统进入协同发展状态的临界点，E_{max} 是三个子系统协同发展的效益最优点，E_c 和 E_{max} 之间的连线即系统的协同发展路径。作为一个动态发展过程，当三个子系统中的某一个发生变化时，另外两个发展策略也应相应调整，以达到新的效益最优。协同状态魔方中的各发展状态还可以进一步细化分解，形成微魔方（见图（e）），以便深入分析和评判发展状态。由于发展的动态性和决策信息的有限性，所谓最优并不是完全符合三个子系统发展条件的绝对最优，而是基于有限理性的合理发展决策，是现实和动态最优。随着科技和社会进步，人们所掌握的决策信息越来越丰富、准确，现实最优也就越来越接近绝对最优。

3. 隐喻序参量

协同进化的关键是找到支配城市从低级有序走向高级有序的隐喻序参量[①]。与自然生态系统类似，支配城市协同进化的主要因素是不断增加的发展压力。当可持续发展和绿色低碳转型压力较小，且不会对自身发展造成较大冲击时，城市内各发展部门、行业或城市之间通常会分别采取常规措施解决问题。部门、行业或城市之间的协同与创新发展意愿较小。当行动压力不断增加，各自为政的行动方式和常规措施难以取得满意效果或行动代价较大时，通过协同和创新来降低行动成本、提高行动质量和效率，就成为一种重要选择。行动压力越大、行动成本越高，部门、行业或城市之间的协同与创新意愿越强，参与协同和创新的部门、行业或城市越多。当行动成本超过一定阈值时，覆盖城市或区域整体的协同与创新发展就成为必然。这种趋势就可以表述为发展效率或"成本-效益"问题。它是支配城市走向协同进化的隐喻序参量，也是表征城市协同进化有序状态的宏观变量。其数学表达式为：

$$u_i(e_{ik}) = \begin{cases} (e_{ik} - EI_{ik})/(EM_{ik} - EI_{ik}), k \in \Omega_{i1} \\ (EM_{ik} - e_{ik})/(EM_{ik} - EI_{ik}), k \in \Omega_{i2} \end{cases} \quad (3-1)$$

公式（3-1）中，e_{ik} 为协同进化中子系统 $S_i(i = 1, 2, \cdots, n)$ 的协同创新发展效率（序参量分量），$EI_i \leq e_{ik} \leq EM_{ik}$（$k = 1, 2, \cdots, n$）；$EI_i$ 和 EM_i 分别为 e_i 的上限值和下限值；Ω_{i1} 为子系统 S_i 的发展效益指标集，包括经济效益、社会效益和资源环境效益；Ω_{i2} 为子系统 S_i 的发展成本指标集，包括经济成本、社会成本和资源环境成本。对于 e_{ik}，若 $k \in \Omega_{i1}$，则 e_{ik} 值越大，子系统 S_i 有序度越高，e_{ik} 值越小，子系统 S_i 有序度越低；若 $k \in \Omega_{i2}$，则 e_{ik} 值越小，子系统 S_i 有序度越高，e_{ik} 值越大，子系统 S_i 有序度越低。$u_i(e_{ik}) \in [0, 1]$，且 $u_i(e_{ik})$ 越大，协同创新发展绩效

---

① 隐喻序参量指诸如生物、生态、经济、社会、管理、科学等难以采用数学方法定量研究序参量的领域，直观观察、描述、比较、分析系统变量或运动模式来辨析的，具有隐喻意义的序参量。

e_{ik} 对子系统有序性贡献越大。从广义上讲，协同创新发展效率是城市经济、社会和资源环境发展效率的集合；从狭义上讲，协同创新发展效率是经济效率问题。这是城市作为经济体和各种利益诉求集合体的性质体现。但无论是广义还是狭义的发展效率，都必须保证城市资源环境承载力的下限不被触及。

IPCC 指出，成本-效益问题是应对气候变化行动方案设计的前提。其中，降低成本是关键。应对气候变化行动涉及的主要成本类型包括：与项目或计划相关的行政成本，气候变化负面影响对生态、经济和人造成的损失成本，落实政策产生的实施成本，个人、公司或其他私营实体开展行动所承担的私人成本，由环境和整个社会支出组成的外部成本，以及私人成本与外部成本之和——社会成本。行动成本也可表示为总成本、平均（单位、具体量）成本、边际成本或增量成本。在决策和实施层面，行动成本可分为全球、地区、行业、技术水平等多种测算尺度。提高效益也是清除成本障碍的重要工具，如在项目直接效益之外，对社会产生的间接效益（外部效益），针对某个目标（如减缓气候变化）的各项政策产生的积极的附属效益，由于各种原因同时实施各项政策所产生的共生效益等。

3.3.3 协同创新发展特征与原则

1. 协同创新发展特征

（1）内生式发展。一个系统的发展着眼点无外乎诉诸外和诉诸内两个方向。外延式发展通常以适应外部需求为主，侧重系统的数量增长、规模扩张和空间拓展，是一种"量"的粗放型发展。内生式发展从满足内部需求出发，侧重系统内部的结构优化、质量提高和实力增强，是一种"质"的集约型发展。两者相比，无疑后者的资源利用效率和发展稳定性更高，环境压力更小。协同创新发展模式是一种内生式发展。它要转变依靠资源和资本投入驱动的粗放型发展方式，优先利用内部资源，不断改善内部发展环境，提高公众对城市可持续发展和绿色低碳转型的认识，培育基于本地政府、市场和社会的创新驱动力。但内生式发展不等于封闭式发展，它仍是一种开放式发展，需要积极借助区域发展资源，加速城市内生发展能力的提高。

（2）协同发展。形成城市内部各子系统之间、城市与区域之间广泛的协同进化关系，整合资源、通力合作、共同降低发展成本、提高发展质量和效率，是协同创新发展模式的一个基本特征。它重点包括城市经济、社会和环境子系统之间发展关系的协同，能源、水资源、物资（固体废弃物）、土地、人才、信息等关键发展资源优化配置的协同，"绿色"、"生态"、"低碳"、"循环"、"智慧"等可持续发展路径的协同，产业经济、土地利用、交通、建筑、资源利用、环境保护等发展部门的协同，政府、企业、公众、科研机构和高校等驱动主体的协同，街区、局部城区、城乡复合体、城市群等空间发展层次的协同。

（3）创新发展。形成覆盖各层次和各环节，层层涌现的创新发展结构和发展机制，支撑系统的高效跃迁，是协同创新发展模式的又一基本特征。在知识社会形态下，它是政府、企业、公众、科研机构和高校等共同参与的，开放式、网络式、大众式的协同创新，是以科技创新及其成果的转化、扩散为核心，城市制度环境、科研环境、商业环境、文化环境等全面进步的结果。

（4）超循环结合发展。以超循环结合发展来进一步提高资源利用效率和发展稳定性，促进效益最优，是协同创新发展模式的重要特色。在资源优化配置方面，它要在不同尺度上最大限度延长资源利用链条，将单一资源利用的自循环链建设和不同资源利用之间的交叉循环链建设结合，使资源利用效率最大；在创新发展方面，它要在信息充分共享的基础上，强化跨领域、跨层次的创新合作与融合发展，使彼此的发展要素内化，创新合力最大化。

（5）人本发展。人是城市可持续发展和绿色低碳转型的根本。协同创新发展模式既要不断通过人的塑造，培育城市协同和创新发展的土壤，又要通过广泛、公平的成果和机会共享，使城市的可持续发展和绿色低碳转型进一步由"他人的事情"变为"自己的事情"，更充分地发挥人的能动创造性。

2. 协同创新发展原则

（1）自组织与他组织统一原则。城市可持续发展和绿色低碳转型难以形成固定标准。不同城市只有因地制宜，不断寻求地域条件与现代方式的结合，才能形成适合自身的发展路径。但是无论是何种路径，其形成路径的基本理念是相通的，有共同的内在规律和科学方法，所谓"一法得道，变化万千"。这些发展路径都要尊重城市自组织演化的结构特性和基本规律，协调好自组织和他组织的关系，避免以他组织替代自组织，使城市发展脱离现实轨迹。同时，它也要充分把握人的因素，通过客观、积极、创造性的他组织活动，转化劣势，显化优势，激发潜力，提高发展质量和效率。

（2）多样化与协调性统一原则。协同创新发展应给发展要素足够的自由度和成长空间，鼓励多样化发展，适当增加差异化发展水平，激发系统活力；同时全面完善发展环境，使发展要素能够高效传递、利用和共享资源，为协同创新发展创造条件。城市各种发展要素都具有自身的发展目标与趋势，有无限制地满足自身需要而不顾其他个体的发展潜势。协同创新发展还要从整体出发，既不偏重某些发展要素也不偏废某些发展要素，综合调整发展的方向、节奏和侧重，避免发展失衡。

（3）宏观与微观统一原则。协同创新发展不是简单的"宏大叙事"，而是"大处着眼"与"细微处落笔"的结合，重布局也重实施，重整体也重个体。它既要从大局出发，客观把握发展方向，制定发展战略与方案，也要在空间、时间、个体等细微处对发展方案充分分解落实，总结提炼，及时反馈；既要防微杜渐，警惕任何有可能带来发展隐患的小问题、小事故，又要创造条件，鼓励各种创新成果的产生和扩散。对于我国这样一个发展基础薄弱的国家来说，许多简单、廉价、微小的发展措施与创新，都具有星火燎原的巨大价值。

（4）层次性与两个"优先"原则。协同创新发展要建立城市内部各子系统、城市与区域共同参与的，层层涌现、双向互动的协同和创新发展体系，将协同和创新发展机制落实到每个发展层次和发展环节。体系中上一层次提出的发展目标和战略，应符合下一层次的自组织演化能力，避免脱离实际的行政指令；下一层次也应以自组织的方式落实上一层次提出的发展目标和战略，避免脱离自身条件的生搬硬套，并及时向上一层次反馈落实中出现的问题，促进发展目标和战略的调整。无论在哪个发展层次上，以区域资源环境承载能力为前提，优先保护和修复自然生态系统，优先节约资源，都是协同创新发展的基本原则。没有自然生态系统的安全与健康，就没有城市的经济社会发展；而在当前的技术条件下，如果不以资源的全面节约为前提，再多的科技创新也无法抵消过度消费在浪费资源、增加环境负荷方面巨大的规模效应。

（5）双轮驱动与协同治理原则。科技创新是解决资源环境与发展矛盾的利器，但它不仅要通过节约优先的生产和消费理念来引导，更要以体制机制、社会文化等人的精神世界的全面进步为土壤。因此，协同创新发展是科技与人文创新的"双轮驱动"[1]，是人的物质与精神世界的协同发展。同时，从战略意义、问题紧迫性和辐射带动能力出发，协同创新发展要将应对气候变化、保障能源安全与大气污染防治结合起来，作为综合解决城市资源环境问题的切入点，建立行动脉络和绩效评价体系，倒逼发展模式转型。减缓与适应气候变化并重，在减缓气候变化行动中，优先考虑保障能源安全与大气污染防治的相关策略与措施，在适应气候变化行动中，兼顾气候变化对能源安全与大气质量的影响。

3.3.4 协同优化结构

协同创新发展模式包括横向和纵向两个维度的基本发展结构。在纵向上，它包括关键资源的优化配置结构、经济活动结构和驱动主体结构，三种结构均在理论模型中有直观反映。在横向上，它主要指空间发展结构。无论是关键资源的优化配置、经济活动还是协同创新活动，都需要在特定空间尺度内规划、实施和管理。不同空间尺度下，它们的发展侧重点和方式方法均有不同。

1. 关键资源的优化配置结构

协同创新发展模式主要涉及 7 种关键资源的优化配置，分别为：土地、能源、水、固体废弃物、景观生态、人力和信息。优化配置重点是完善各种资源在城市系统中和城市内外的代谢运动链，挖掘资源供应、消费和再生三个环节的利用潜力，并通过自循环和交叉循环的链条组织，使资源利用效率最大化，减少污染排放。其中，供应环节通过"开源"措施，丰富资源供应类型，优化供应结构，提高供应质量；消费环节通过"节流"措施，减少资源需求，提高利用效率；再生环节通过"适拓"（适应生态位拓展）措施，将消费环节产生的无用资源和废弃物最大限度转化为有用资源，重新输送到本资源或其他资源的供应环节中，建立自循环和交叉循环利用关系。提高资源利用效率同时还要通过布局和技术优化，最大限度减少资源在各环节之间的输送损耗。在 7 种关键资源中，能源、水资源和固体废弃物资源的优化配置通过延长代谢运动链，既能构成自循环，又能与彼此组成交叉循环；土地资源、景观生态资源和人力资源的优化配置以组织自循环链为主；信息资源的代谢运动既能形成自循环，也能通过不断的干预与反馈，与其他 6 种资源分别形成交叉循环关系，加强对各类资源优化配置的调控，如图 3-18 所示。

---

① "唯有规划师以紧凑发展的理念，主导科技减碳与人文增效双轮驱动，才能事半功倍地打造真正的低碳生态城，实现安居乐业美丽持续的目标"。栗德祥，2017. 引自：未来生态新城怎么建［N］. 经济日报，2017-07-05. http://paper.ce.cn/jjrb/html/2017-07/05/content_ 338102. htm.

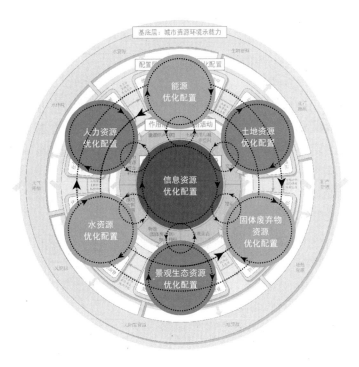

图 3-18
超循环结合
的关键资源
优化配置关
系图

　　土地资源优化配置循环链，如图 3-19 所示。土地利用方式是城市产业、交通、房屋建设等一系列发展建设活动，以及人口、能源、水资源、景观生态等多种资源配置行动的宏观布局和微观利用模式，与城市各类资源环境问题的解决均关系密切。土地资源本身不具有流动性，但不同利用形态之间存在着循环转换关系。城市土地利用类型主要包括农用地、建设用地和未利用地。不合理的开发建设造成了建设用地蔓延，农用地减少，土地退化加剧，水域、湿地等生态用地面积不断萎缩等土地利用问题。土地资源的循环转换，一方面要通过合理布局、集约节约利用、存量优先等措施

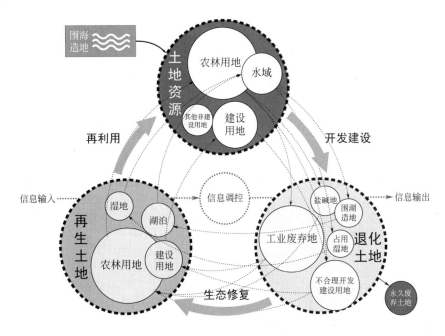

图 3-19 土地资源优化配置循环链

提高建设用地利用效率，限制用地扩张；另一方面要通过规范农用地、退耕还林还牧、用养结合等措施，扩大农用地规模，提高用地生态质量；同时还要通过退圩还湖、湿地生态修复、滩涂生态修复、工矿废弃地生态修复、盐碱地生态修复等措施，提高生态用地规模和服务功能。这些措施也为提高城市基础设施利用效率、降低相关建设量和城市运行能耗、提高城市景观生态资源碳汇能力等奠定了基础。

能源优化配置循环链，如图3-20所示。减少城市发展对化石能源的依赖，减少温室气体和大气污染物排放，是城市减缓气候变化、保证能源安全、大气污染防治的行动重点。在自循环链组织上，能源供应环节重点通过新能源形式的加入和清洁能源利用比例的提高，优化供应结构，减少化石能源使用；能源消费环节重点通过工业、建筑、交通等领域的节能和能效提升措施，以及公众的行为节能措施，减少需求；能源再生环节对能源和其他资源消费中产生的废物、废水、废热、废气等进行再加工，制取再生电力、沼气、余热和余压，补充供应。在三个环节之间，通过分布式能源利用、智能电网等技术，以及科学的供应和再生设施布局，减少能源损耗，使利用效率进一步提高。在跨资源的交叉循环方面，能源的优化配置既接受固体废弃物和污水废水作为再生能源生产原料，也向固体废弃物的循环再生提供加工原料。如火电厂电力生产产生的废渣可以作为生产水泥、砖和耐火材料等的原材料进入固体废弃物资源的循环再生等。这些自循环和交叉循环措施同时将极大地降低相关温室气体和大气污染物排放。

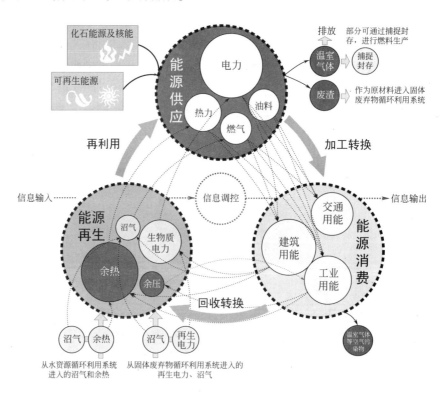

图 3-20　能源优化配置循环链

注：作者在黄一翔工作成果基础上调整绘制，成果详见：栗德祥，邹涛，王富平，等. 循环型低碳发展模式规划的探索与实践——以大连獐子岛生态规划项目为例［J］. 中国人口·资源与环境，2009，19（专刊）：1-6.

水资源优化配置循环链，如图 3-21 所示。水资源节约和水环境保护是城市的关键资源环境挑战之一。在自循环链组织上，水资源供应环节主要通过再生水利用、雨水收集利用、海水淡化等措施扩大供水来源，减少城市发展对地下水资源的依赖；水资源消费环节主要通过节水器具和设备的使用、分质用水、行为节水等措施，减少饮用水、生产用水和各种杂用水需求；水资源再生环节主要通过工业废水和生活污水的再生处理，以及工业冷却用水的回用，补充城市水源，同时通过各种雨洪利用措施涵养地下水，提高地下水供应能力，增加河流生态补水。在三个环节之间，通过供水管网改造、供水管网漏损监测等措施降低供水管网漏损率，进一步节约城市水资源。在跨资源的交叉循环方面，污水资源化处理产生的污泥可以进入固体废弃物资源的循环再生系统，生产生物质能和有机肥料；产生的余热可作为城市热源，进入能源循环利用系统，参与城市供暖或制冷。这些自循环和交叉循环措施同时将大大减少相关点源和面源污染，保护城市水环境和生态环境，解决城市干旱和雨洪问题，提高城市气候适应性。此外，城市节水即节能。以上各环节中的节水措施都将节约相应的水资源处理能耗，为城市节能减排做出一定贡献。

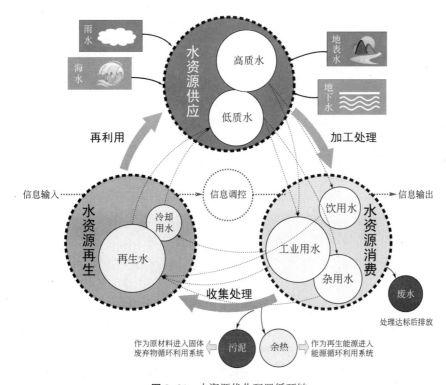

图 3-21 水资源优化配置循环链

注：作者在黄一翔工作成果基础上调整绘制，成果详见：栗德祥，邹涛，王富平，等. 循环型低碳发展模式规划的探索与实践——以大连獐子岛生态规划项目为例 [J]. 中国人口·资源与环境，2009, 19（专刊）：1-6.

固体废弃物资源优化配置循环链，如图 3-22 所示。固体废弃物资源的科学利用是节约资源、保护环境的主要措施之一。在自循环链组织上，物资供应环节以矿产、木材、农副产品等自然资源和自然生态产品形态为各类加工制造业提供原材料。消费环节将这些原材料加工转换成为满足城市生产和生活所需的各类产品，并在随后的消费活动中，产生各类城市废弃物。城市生产和生活都可以通过活动方式的改

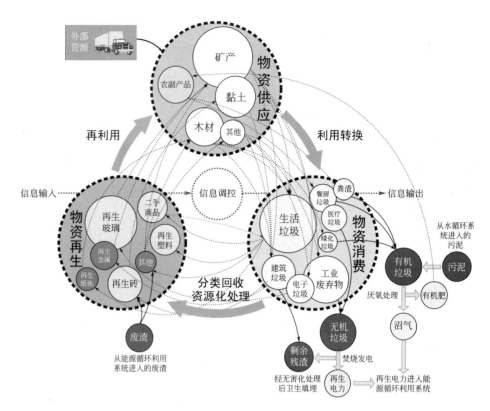

图 3-22　固体废弃物资源优化配置循环链

注：作者在黄一翔工作成果基础上调整绘制，成果详见：栗德祥，邹涛，王富平，等.循环型低碳发展模式规划的探索与实践——以大连獐子岛生态规划项目为例 [J].中国人口·资源与环境，2009，19（专刊）：1-6.

变，减少材料和产品消耗，延长其使用寿命，减少废弃物的产生。在资源再生环节，无机废弃物经分类回收和资源化处理，成为再生金属、再生玻璃、再生砖、再生纸等再生物资，重新进入物资供应环节；部分使用功能和形态良好的无机废弃物作为二手产品直接进入消费环节；有机废弃物进入跨资源交叉循环利用中。该环节资源再生利用率的提高和污染物排放水平的降低，都依赖于分类收集、资源化处理、无害化等垃圾处理处置技术的进步。固体废弃物资源的跨资源交叉循环利用形式较多，无机废弃物中无法作为原材料进行产品加工的，可通过垃圾焚烧生产再生电力进入能源利用循环链；有机垃圾经过资源化处理，可转化为肥料、沼气和再生电力，分别进入景观生态资源和能源利用循环链。另一方面，化石燃料燃烧产生的煤渣、水资源循环利用产生的污泥，都可以作为再生原料，参与到固体废弃物资源的循环利用过程中。从全寿命周期来看，节材与节能也是密不可分的，各类固体废弃物的循环利用措施，也是促进低碳发展的重要措施。

景观生态资源优化配置循环链，如图 3-23 所示。景观生态资源是保证城市生态服务功能、维护生物多样性的基础，也直接关系到城市的自然碳汇能力。城市景观生态资源主要包括森林、草地、农田、湿地和河流。每一种资源代表着一种独特的生态系统。它们相互依存，共同构成区域景观生态安全格局。随着城市的开发建设，这些资源中的部分转变为建设用地，部分以农用地和水域等利用形式保留。在城市建设用地中，除少量作为城市绿地、城市水系和城市湿地，部分保留生态服务功能外，大部分作为住宅、商服、工矿仓储和交通用地，生态安全服务功能基本丧失。区域景观生态安全格局也因此遭到不同程度的破坏，生物多样性退化。景观生态资源优化配置循环链的建立，一是要通过土地资源的优化配置，减少建设用地对景观生态资源的侵占，提高生态用地比例和质量；二是通过科学布局，重建区域景观生态安全格局，提高景观异质性，提高各类资源的斑块与廊道数量、规模和质量，支撑区域生物多样性发展；三是通过水系整治、湿地修复、宕口整治、山体修复、退建还田、建设城市森林、立体绿化、复层植被等措施，提高景观生态质量，实现景观生态功能的再生。

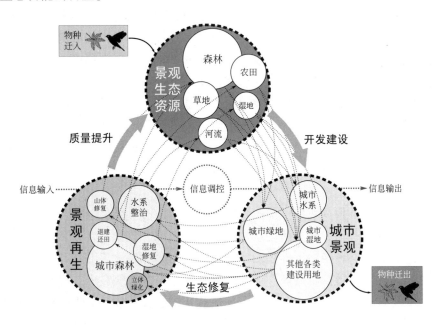

图 3-23
景观生态资
源优化配置
循环链

人力资源优化配置循环链，如图 3-24 所示。人力资源是地区人口中具有劳动能力的部分，包括适龄劳动者、未成年劳动者、老年劳动者和其他人员。其中具有较高素质的群体称为人才资源（包括一般性人才资源和创新型高端人才资源）。就

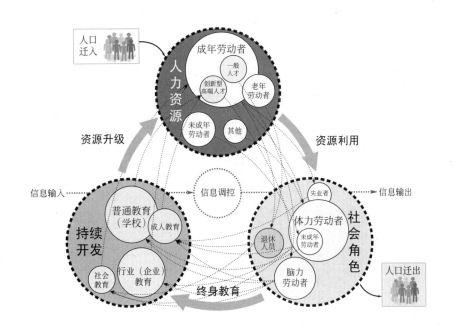

图 3-24
人力资源优
化配置循环
链

业是民生之本。人力资源的优化配置重点是要实现人力资源的充分就业和持续开发，使人尽其才，同时也应从人本角度出发，为全体居民的安居乐业提供优质环境。人力资源的优化配置与城市产业经济的成功转型和创新发展密切相关。结合我国转轨就业、青年就业和农村转移就业等实际和人力资源的可再生性，协同创新发展应通过科学的功能定位和产业规划，拓宽就业渠道，满足不同层次劳动者的就业需要；通过普通教育、成人教育、行业教育、社会教育等终身教育体系的构建和大众媒体、互联网、社区等新型教育载体，广泛提高人口素质，培育先进文化，为人力资源的持续开发和升级创造条件；同时还应结合人口老龄化趋势，为"银发人才"再次参与社会工作创造条件，并通过老年社区、适老公共服务设施、适老产业等建设，提高老年人的生活品质和生活尊严。少年儿童作为潜在人力资源的教育培养，也是人力资源优化配置的重要内容。协同创新发展应通过丰富的教育形式和优质的教育设施布局，提高义务教育质量，培养与新发展理念相适应的城市未来"主人"。对于老年人和少年儿童生活教育问题的解决，不仅是这两类人群的自身需要，也是针对我国家庭结构特点，减轻作为家庭支柱的中青年劳动者生活负担，解放他们精力、体力和创造力的重要措施。此外，协同创新发展还应通过完善的基础设施、城市环境、公共服务体系等硬件和软件建设，为吸引人才，特别是创新型高端人才就业定居提供条件。

信息资源优化配置循环链，如图3-25所示。没有信息就没有资源的优化配置。信息资源的优化配置需要建立广泛、高效的信息感知、收集、转换和反馈系统。通过该系统，处于信息转换中枢的驱动主体能够及时、全面地了解各种资源的配置状态和需求，进行信息转换和反馈。信息资源也在这一过程中完成一次基本的自循环利用。为促进协同和创新，信息转换中枢应建立统一、开放、有强大数据处理能力的信息管理平台，及时汇集、储存、分析和扩散资源配置信息，支持驱动主体的信息转换活动。利用这一平台，驱动主体可以更好地分享、交流与协同，通过各类信息不断地交叉催化，提高信息转换的创新水平。信息转换成果以规划方案、法律法

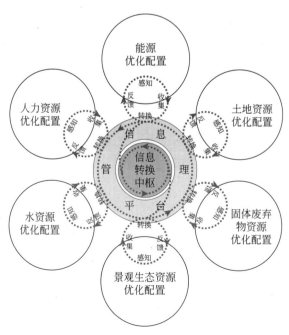

图3-25
信息资源优化配置循环链

规、政策措施、商业模式、新技术、新文化等形式反馈，引导和调控资源的优化配置和经济社会活动。智慧城市技术的发展，使信息资源的这一自循环和交叉循环利用过程更加广泛、深入、科学、高效。

2. 经济活动结构

协同创新发展模式的经济活动主要包括 9 个行动领域，分别为：产业经济、土地利用与城市空间、景观生态、绿色交通、能源综合利用、水资源综合利用、固体废弃物资源综合利用、绿色建筑和智慧城市。它们也是城市应对气候变化和大气污染防治的主要领域，如图 3-26 所示。

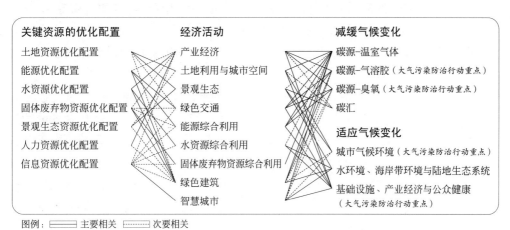

图例：══ 主要相关 ┈┈ 次要相关

图 3-26
关键资源的优化配置、经济活动与应对气候变化、大气污染防治的行动关系

（1）产业经济。重点解决城市产业功能定位、结构、规模、内容、布局和实施等问题。它是城市人力资源和信息资源优化配置成果的主要应用部门，同时也与城市土地资源、能源、水资源和固体废弃物资源的优化配置密切相关。在我国，它是城市各类气候污染物减排和大气污染防治的关键领域，其中的部分部门也具有增强城市碳汇能力、适应气候变化不利影响等应对任务。同时，科学的产业发展也是实现经济繁荣、保证居民安居乐业、提升城市活力的根本。

（2）土地利用与城市空间。重点解决城市土地和空间发展的用途、规模、密度、布局、形态等问题。它是城市土地资源优化配置成果的主要应用部门，同时也与其他各项关键资源的优化配置密切相关。由于锁定效应，它是城市各类气候污染物减排和大气污染防治的重点行动领域之一，也是城市适应气候变化的关键领域之一。城市土地利用与空间形态合理与否，也直接关系到人口安置、人才吸引、绿色生活方式引导和城市文化的塑造，是城市魅力建设的关键环节。

（3）景观生态。重点解决城市景观生态安全格局的结构、内容、规模与实施等问题，是景观生态资源优化配置成果的主要应用部门。景观生态建设是增加城市碳汇功能的最主要手段，也是改善城市气候环境、提高陆地生态系统的气候变化适应能力的主要措施。

（4）绿色交通。重点解决城市绿色交通体系的构成、内容、规模、布局、方式与实施等问题。绿色交通体系建设与城市土地资源和能源的优化配置均密切相关。它也是各类气候污染物减排和大气污染防治的一个重点行动领域，同时也要应对气候变化给城市基础设施带来的不利影响。

（5）能源综合利用。重点解决城市能源供应结构、规模、方式、布局与实施问题，是能源优化配置成果的主要应用部门。能源综合利用是各类气候污染物减排和大气污染防治的又一重点行动领域，也是战略性新兴产业发展的重要内容。能源基础设施建设同时也要考虑对气候变化不利影响的适应。

（6）水资源综合利用。重点解决城市水资源供应来源、规模、布局、方式与实施等问题，是水资源优化配置成果的主要应用领域。水资源综合利用是城市适应气候变化的重点行动领域之一。水的提取、运输以及净化处理都需要消耗大量能源，所以节水也是节能，有利于减缓气候变化。

（7）固体废弃物资源综合利用。重点解决城市固体废弃物分类、来源、规模，收运、减量化、资源化和无害化处理方式与布局，以及实施机制等问题。它是固体废弃物资源优化配置成果的主要应用部门，与减缓气候污染物和大气污染防治有许多直接和间接的联系。

（8）绿色建筑。重点解决城市绿色建筑发展的规模、布局、规划建设技术体系、施工与运营管理等问题。各类民用和工业建筑是城市关键资源优化配置的综合应用部门之一，是城市节约资源、保护环境、转变建设模式的关键领域，也是改善民生、拉动战略性新兴产业的重要机遇。

（9）智慧城市。重点解决智慧城市发展的内容、布局、建设和运营等问题。智慧城市建设是全面提高城市资源配置效率、增强城市应对气候变化和大气污染防治能力的加速器，也是拉动战略性新兴产业发展的一个重要着力点。

以上领域的行动策略在减缓与适应气候变化之间、在减缓气候变化与大气污染防治之间、在应对气候变化与可持续发展之间都存在不同程度的协同效应。这些协同效应有环境效应，也有非环境效应；有正效应，也有负效应。例如，以作物秸秆生产生物质能源，尽管可以避免秸秆燃烧造成的空气污染但也会减少碳还田量，进而引起土壤肥力下降；反之，如果通过密集种植多年生作物来生产生物质能源，由于多年生作物丰富的地上和地下生物量，土壤肥力则会得到极好的补充，同时种植在周边的其他作物（如粮食）产量也会因此得到提高。协同创新发展需要辨识这些协同效应，避免负效应，提高正效应。在应对气候变化与可持续发展之间，越是资源利用效率低于先进发展水平的城市活动或行业，通过采取"三赢"政策（即：能够解放资源和支持增长的政策，既能实现其他可持续发展目标，与基线相比又能减少温室气体排放），越易获得协同效应；越是接近生产边限的活动或行业，越需要权衡取舍。但如果把产生协同效应作为决策的一个主要标准，那么无协同效应的关键行动也许会被忽略。因此，协同效应还需要不同尺度上的权衡判断，区域和行业层面可以通过行动政策的项目影响与碳排放的社会成本来判断，局部地区和个人行为层面可以通过应对政策与气候影响综合评估。

3. 驱动主体结构

协同创新发展模式是由政府、企业、公众、相关公共事业组织、社会组织等共同驱动的。政府、企业、公众以及公共事业组织中的科研机构和高校构成了驱动的骨干力量，而行业协会、公益类社会团体、基金会、网络社团等社会组织[1]以及以社区居民委员会为代表的群众性自治组织、各类智库[2]机构等也在其中有着不可忽视的推动作用（见图3-27）。这些组织、机构和个人，既要从城市可持续发展和绿色低碳转型的角度出发，转变自身发展定位和行为方式，又要参与具体的协同创新活动，使系统发展合力和动力最大。

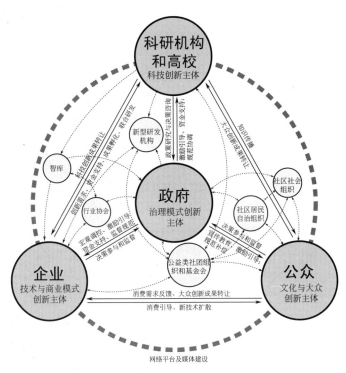

图3-27 城市协同创新发展的组织关系网络

政府是协同创新发展的掌舵人。作为掌舵人，政府应加快转变管理职能，转变公共事务领域传统的单一主体管理模式，引进市场和社会机制，建立政府主导，企业、公众、相关公共事业组织、社会组织等共同参与、协同创新的多元治理模式，充分发挥多元主体潜力，克服政府失灵和市场失灵问题，促进资源的最优配置，引领城市的绿色低碳转型。如何针对不同主体的利益诉求，结合资源的稀缺性和有限性，构建相关利益的分配和协调机制，实现多元主体的利益共赢，是多元治理的一个核心问题，也是协同创新发展和绿色低碳转型的一个核心问题。没有利益共同体，就没有发展共同体。在此过程中，政府应加快自身的体制机制创新，协调好行政、市场和社会机制在资源配置中的作用，避免"强迫得到期望结果"和"放手不管"两个极端，同时改变以往条块分割的管理格局和后果导向的资源环境管理思路，持续塑造与可持续发展和自组织创新发展相适应的城市人。加强智库建设是政府提高治理能力的重要方式。与城市可持续发展和绿色低碳转型相关的公共政策往往是新

---

① 与社会组织相近的概念还有非营利组织、非政府组织等，较难清晰定义和分类。本书采用狭义的社会组织概念，包括社会团体、基金会、民办非企业单位和涉外社会组织。

② 从组织形式和机构属性上看，我国的智库可以是有政府背景的公共研究机构，也可以是没有政府背景或有准政府背景的私营研究机构；可以是营利性机构，也可以是非营利性机构。

生事物，探索性、专业性和学科交叉特点突出，较难通过传统的政策研究形成满意成果。智库则可以发挥自身的专家集聚和对外交流优势，为政府提供高水平的政策研究、决策咨询和评估服务，提高政府决策的科学性和管理专业化水平。同样，智库也是企业，特别是研发能力不足的中小型企业科学决策和创新发展不可或缺的"外脑"。在此基础上，政府应着力构建以自身为纽带，多元主体广泛参与、开放共享、高质高效的协同创新伙伴关系，不断优化创新环境，培育创新文化，特别是加强对跨领域、跨层次的协同创新活动的引导，为城市可持续发展和绿色低碳转型提供持续动力。

企业是城市发展建设的主要承担者和资源的重要消耗者，也是利用市场机制优化资源配置的主体。城市可持续发展和绿色低碳转型涉及大量公共物品和服务的供给。在传统的政企合一模式下，投资渠道单一、财政负担重、权责不明、供给专业化水平低、创新动力不足等问题突出。解决这些问题，就必须引导更多企业特别是私营企业进入供给领域，利用市场的资源配置优势，带动资金、技术、人才等重要资源的流入，提高供给质量，减轻政府负担[104]。企业是技术创新和商业模式创新的主体，也是科研机构和高校所提供的知识及前沿技术创新成果的转化者、扩散者，是保证创新服务于发展、服务于市场的主导力量。在协同创新伙伴关系中，企业要与政府相互配合，引导绿色消费，培育绿色市场；与科研机构和高校衔接互动，联合开展技术创新，并通过自身的商业模式创新促进创新成果扩散；同时还要与消费者广泛沟通，了解市场需求，提高产品和服务质量，把握创新方向。其中，构建以企业为主体的产学研联盟，发挥企业作为投入主体、研发主体、受益主体和风险承担主体的作用，整合产学研的力量，加快技术创新成果的产业化，这是推进协同创新的重要组织形式。行业协会是引导、协助企业绿色低碳转型、参与多元治理和协同创新的重要力量。它向政府传递行业诉求，协助政府制定和实施相关行业发展规划、产业政策、行规行约、产品标准，引导和规范行业产品与服务发展，还能够结合国内外发展趋势，为地区和行业发展提供信息共享、学习交流、咨询等服务，使行业发展更加规范、高效。此外，各类公益组织（包括公益类社会团体和基金会）也在促进企业绿色低碳转型、参与多元治理和协同创新中起到了重要作用。

公众是城市多元治理的基础细胞。公众能够通过提高认识、拥护和监督来推动政策改革，平衡政府的政绩偏好和市场失灵对生态环境的负面影响。一些小规模的公共物品如社区中的辅路、绿化等，也可以由公众来参与提供。公众也是协同创新的重要基础性力量，是文化和大众创新的主体。他们代表了市场需求。没有市场需求，就没有新技术和新服务的使用与扩散，各类创新主体特别是企业，就失去了持续的创新动力，创新发展也就无从谈起。在知识社会形态下，借助信息技术和开放的协同创新伙伴关系，公众可以通过使用体验与改进建议，参与到企业、科研机构和高校的创新过程中，也可以直接将自己的智慧转化为新技术与新服务，在企业、科研机构和高校的帮助下，进一步优化升级，推向市场。公益组织和社区居民委员会是加强公众参与多元治理和协同创新的两个重要力量。公益组织能够围绕特定发展目标或发展领域问题，如资源节约、环境保护、老龄化社会建设等，针对性开展工作，类型丰富、专业优势和问题导向性突出，是推动全球可持续发展和气候治理的重要力量。社区居民委员是我国特有的基层群众性自治组织，覆盖范围广，具有强大的动员和组织能力。两者相互配合，借助网络平台，进一步发展社区社会组织和社区工作专业人才，通过社区治理，能够很好地解决公众参与的专业性、凝聚力和行动效率问题，解决公众与政府、企业、科研机构和高校的沟通及协同问题，打通政策实施和创新成果扩散的路径终端。

科研机构和高校是城市多元治理的重要智力资源，是高端智库建设的重要依托。2015年，全国有25家机构入选首批国家高端智库建设试点单位，其中近一半是依托科研机构和高校形成的。而科研机构和高校也可以通过参与城市的多元治理，更好地把握现实导向，使科研工作与经济社会发展深度融合，避免科研工作"自说自话"的问题。在协同创新伙伴关系中，科研机构和高校是科技创新的骨干力量。科研机构和高校创新与企业创新的差异在于，前者侧重知识和前沿技术创新，后者侧重应用技术和商业模式创新；前者往往更具高端人才和研发优势，后者是前者科技创新成果的转化者和扩散者。在政府和公众创新的支持下，科研机构和高校与企业密切配合，共同完成科技创新的价值转化，使创新发展得到前瞻性与商业性的统一。近年来，面向市场的新型研发机构在我国逐渐成为不可忽视的科技产业力量。新型研发机构可以由科研机构、高校、科研人员等与政府、企业合作成立，以产业需求为导向，实行多元化投资、多样化模式和市场化运作，是一种能够有效贯通基础应用研究、技术产品开发、工程化和产业化的科技研发创新组织。与传统研发机构相比，新型研发机构因其创新性的体制机制，在孵化诞生源头科技、促进成果转化上独具优势。与企业类似，各类公益组织也是促进科研机构和高校参与多元治理、协同创新的重要工具。

4. 空间发展结构

协同创新发展模式包括四个主要的空间层次：街区（微观）、局部城区（中观）、城乡复合体（中宏观）、城市群（宏观）。各层次上的资源优化配置和经济活动组织有一定的自相似性，但发展建设优势和要解决的主要问题不同。

街区是空间发展结构的基本细胞，用地规模多在几公顷到几十公顷之间。作为城市的分形结构，街区虽然规模较小，但同样能够完整地组织居住、工作、消费娱乐等城市功能，形成资源利用的内部"微循环"[105]，并通过"细胞"复制的规模效应，缓解城市大规模基础设施和公共服务设施建设压力，提高资源利用效率和城市活力。街区系统的"微循环"内容丰富。它通过增加形式多样的公共服务设施、商业功能和公共空间，促进居民的"微就业"、"微休闲"和"微交往"，减少出行需求，提高生活效率，增进邻里关系；通过既有建筑和设施的"微更新"改造，延长建筑和设施的使用寿命和利用率；通过街区空间形态的"微气候"优化和口袋公园、立体绿化等"微绿化"建设，改善街区风、热环境和空气品质，提高生物多样性保护能力和空间魅力；通过街区道路交通系统的"微交通"建设，改善城市交通环境和绿色出行能力；通过能源站、分布式能源、智能微网等"微电力"措施，以及非传统水源利用和分散的"低冲击"开发，节约用能和用水，提高海绵城市建设水平；通过二手商品交易平台等"微物资"利用措施、有机堆肥等"微降解"措施，提高固体废弃物资源化利用水平；通过智慧社区、智能建筑等"微智慧"系统建设，以及政府、居民和企业共同参与的"微管理"模式，提高街区管理效率和协同创新水平。但是也要看到，虽然协同创新发展可以在街区尺度组织丰富的微循环资源利用措施，但过度分散也会造成基础设施建设成本高、管理效率低、设备稳定性差等问题，是另一种资源浪费。因此，集中与分散需要相互结合。

局部城区用地规模可以从几平方千米到几十平方千米，是目前我国生态型城市规划建设的主要尺度。与街区尺度的项目相比，局部城区作为城中之城，发展建设投资大、周期长、内容复杂，但也更易开展产业筛选和布局优化，优化土地利用和空间布局，促进职住平衡，改善区域生态安全格局，开展交通、能源综合利用等较大型基础设施和公共设施建设，开展相关的管理探索。而与更大尺度的城乡复合体相比，局部城区的发展建设更易掌控。所以，这一尺度的发展建设具有承上启下的重要作用。它一方面要将街区尺度的规划建设成果整合起来，进一步组织中观尺度的资源优化配置循环链，通过集中建设，如再生水处理设施、垃圾资源化处理设施、热电厂等，解决街区尺度分散建设的效率和功能问题；另一方面要通过适度分散，促进城市整体绿色低碳发展要求的落实。如何引进产业、促进产城融合与职住平衡，是该尺度增量开发项目普遍面临的主要问题；如何建立合理的融资和开发模式、协调不同利益诉求，是该尺度存量更新项目面临的共同矛盾。但不论是增量开发还是存量更新，在当下的探索阶段，这一尺度的发展建设都应加强规模控制，多一些"小而美"的精品项目。

城市与乡村的发展不可分割。乡村为城市输送农副产品、林木、劳动力等自然和社会资源，是城市物质流输入的重要源头。乡村也为城市承担着水源涵养、防风固沙、生物多样性保护、废弃物和污染物吸纳降解、温室气体清除等诸多生态服务功能，是城市环境承载力的主要承担者。随着生活节奏的加快和生活压力的增大，乡村质朴、舒缓、优美的自然风光和生活方式，也日益成为城市居民不可或缺的精神家园。乡村还为城市的经济发展提供了广阔市场。2017年，居住在乡村的人口占我国人口总数的50.32%。他们的衣食住行和消费升级需求，是拉动城市经济增长的巨大动力。另一方面，落后的生产方式和发展能力，使乡村经济多处于低效率、低附加值、低收益和不稳定状态。这既是对农业资源的浪费，也无益于提高乡村居民的生活水平，同时还成为温室气体排放、环境污染和生态环境破坏的重要源头。因此，乡村发展也必须依靠城市先进的产业、技术、文化和资金输入来带动。没有这些输入，乡村发展在很大程度上会停滞不前。千百年来，中国小农经济的缓慢发展正是如此。所以，在城市的协同创新发展中，特别是在资源的优化配置上，城市与乡村必须协同作用。城乡复合体有时不仅仅是城市和乡村的组合，也包括两者之间的小城镇建设，形成城市-小城镇-乡村的三级结构。小城镇是吸纳农村过剩人口、疏散城市过剩产业、实现城乡协同发展的纽带。

城市发展不仅需要从乡村环境中继承养息生命的功能，有时还要以更大范围的区域腹地作为活力源泉[106]。与城乡复合体相比，通过城市群的协同与创新来优化资源配置，共同解决区域经济发展和资源环境问题，是提高城市可持续发展能力的重要途径。例如，长三角城市群（2014年）用占全国2.2%的国土面积，贡献了全国18.5%的GDP，同时还为全国11%的人口提供了较好的生活品质，极大提高了以土地为代表的资源综合利用效率。京津冀地区协同发展战略的提出和实施也是这种发展探索的代表。复杂的城市功能和长期的扩张式发展，使北京人口膨胀、建设用地紧张、资源紧缺、环境质量持续下降。尽管政府做出了大量努力，但局限于北京地区的传统解决方案仍难以大幅扭转局面，北京的大城市病依然突出。而且由于缺乏区域整体的发展规划和协调机制，相邻地区河北省的经济发展和环境问题也长期没有得到较好解决，逐渐影响到区域发展。京津冀地区的协同发展战略逐渐形成，并最终以一系列发展与环境问题的加深为契机，提上行动日程。战略侧重通过区域整体的功能定位和空间布局调整，基础设施、公共服务和要素市场的一体联动，互为补充的产业对接协作，生态环境的跨区域治理等措施，有序疏解北京的非首都功能，实现京津冀三地整体的发展转型。通过协同发展，京津冀地区将成为能够与长三角、珠三角相呼应的我国又一重要经济增长极，同时也为区域发展和资源环境问题的整体解决探索可行路径。与城乡复合体的协同发展相比，区域协同发展内容复杂，难度更大，但协同效益更突出。如何进行顶层设计、建立健全主体协调机制、完善区域基础设施建设，是实现区域协同的几个关键问题。

3.3.5 协同创新机制

协同创新机制建设，需要政府从把握系统协同进化的关键序参量入手，以企业、科研机构和高校、公众的利益诉求及创新活动特点为侧重，通过法律、行政、市场、社会等手段的综合运用，培育协同创新需求，聚集协同创新要素，搭建协同创新平台，提高协同创新能力，规范协同创新行为，促进协同创新成果转化，使创新向最有价值和效率的方向发展。

1. 培育机制

培育协同创新需求首先要发挥市场在资源配置中的决定性作用，实现生态资源的有偿使用，使价格客观反映资源的生态服务价值，形成要素价格倒逼机制，解决生态资源的外部性问题。政府应在完善生态资源价值评估体系和所有权的基础上，通过减少不良补贴，完善使用费、税制等形式，建立健全生态资源的有偿使用制度，促使企业自觉转变生产方式，从依靠过度消耗能源资源和低性能低成本的竞争，向依靠创新、差别化竞争转变，促使公众自觉转变生活方式和消费理念，积极选择绿色产品和服务，为各类绿色新技术的成果转化和扩散奠定市场基础，同时带动科研机构和高校对解决资源环境问题，开展绿色科技创新的重视。这也是城市资源环境保护和协同创新的重要资金来源。《国务院关于全民所有自然资源资产有偿使用制度改革的指导意见》（国发〔2016〕82号）将自然资源资产有偿使用制度作为生态文明制度体系的一项核心制度。未来我国将逐步建立国有土地资源、水资源、矿产资源、国有森林资源等全民所有自然资源的有偿使用制度，确保国家所有者权益得到充分有效维护。

培育协同创新需求其次要营造公平开放、绿色导向的行业创新环境。为畅通创新资源和要素的有效汇聚，政府应推进垄断性行业改革，建立鼓励创新的统一、透明、有序、规范的市场环境，加强反垄断执法，为中小企业创新发展拓宽空间，打破地方保护，纠正地方政府不当补贴或利用行政权力限制、排除竞争的行为，探索实施公平竞争审查制度。营造公平开放的行业创新环境需要政府加强创新成果的保护，降低侵权行为追责门槛，调整损害赔偿标准，实施惩罚性赔偿制度。明确商业秘密和侵权行为界定，研究制定相应保护措施，研究商业模式等新形式创新成果的知识产权保护办法，改进新技术、新产品、新商业模式的准入管理，制定和实施产业准入负面清单，对未纳入负面清单管理的行业、领域、业务等，各类市场主体皆可依法平等进入。为加强产业发展的绿色导向，政府应借助行业协会等中介组织，系统地完善行业标准化和认证制度，以强制或引导形式，规范生产者的生产技术、原料、产品、排放和售后服务，推动企业绿色转型和创新发展，如我国绿色建筑评价标准的制定和实施，欧盟、日本、新加坡等国的环境标志制度等。由瑞典开始的扩大生产者责任制也是国际上促进企业绿色转型和技术创新的一个有效办法。它通过行政、经济和信息等手段，将传统上由消费者和政府承担的废弃物管理责任转移给产品生产者，由企业负责产品的回收、再利用和最终处置，以此来激励企业清洁生产，开发具有良好环境绩效的产品，加强材料回收利用和填埋最小化。

培育协同创新需求还需要不断提高公众的绿色创新意识，培育创新成果市场。除了自然资源资产有偿使用制度外，政府还应通过广泛的宣传教育和税收优惠、政府补贴、经济奖励等激励措施以及多种形式的规范和限制措施进一步引导公众转变生活方式和消费理念，培育创新成果市场，加快创新成果扩散，同时也降低公众参与创新活动的成本损耗，激发公众创新热情。例如，弗莱堡市的住宅每减少 $1tCO_2$ 的排放可得到 50 欧元的生态补助，土地的私人购买者在建造房屋时必须达到弗莱堡市规定的建筑节能标准，部分社区着力发展共享汽车和其他便捷交通工具，不设私人停车位。我国在鼓励居民购买新能源汽车方面出台的大量政策措施，如购车补贴、不受汽车牌照申请限制、不受工作日高峰时段出行限制、废旧电池回收支持等，对培育新能源汽车市场也起到了显著作用。

2. 运行机制

协同创新系统的运行首先要搭建多层次、高水平的协同创新平台。面对激烈的国际科技与经济竞争，世界主要发达国家都将建设一流的科技创新平台作为支撑创新活动的优先选择和促进经济发展的战略举措。我国也将不同层次的科技创新平台建设作为培育和发展高新技术产业的重要载体和加速器。在区域和地方层面，如北京、上海等城市具有人才、科技、装备、资本、市场等资源优势，要建设科技研发中心和原始创新策源地，开展重大基础和前沿科学研究，在创新驱动发展中发挥核心支撑和先发引领作用。各地区要根据资源禀赋、产业特征、区位优势、发展水平等基础条件，突出优势特色，形成若干具有强大带动力的区域创新中心，辐射带动周边区域创新发展。在大众创新创业空间的营造上，各级城市可以依托龙头企业、中小微企业、科研院所、高校、创客等多方协同，建设产学研用紧密结合的众创空间，吸引更多的科技人员投身于科技型创新创业，促进人才、技术、资本等各类创新要素的高效配置和有效集成，提供低成本、全方位、专业化服务，推进产业链与创新链深度融合，不断提升服务创新创业的能力和水平。

协同创新系统的运行其次要充分发挥产、学、研在协同创新中的主体作用。企业是创新体系最重要的创新主体。其中，大型企业具有较强的经济实力、通畅的融资能力以及大量高素质技术创新人才和先进装备，在技术创新方面优势明显。政府应引导这样的企业制定创新发展战略和发展方向，加大研发投入，进一步延伸产业链条，提高产品的技术含量和附加值，培育有较强影响力的创新型领军企业。而科技型中小微企业的创新发展往往受困于平台、要素和人才的缺乏。政府可以通过发展基金、税收优惠等扶持政策和股权投资等专业服务，促进这些企业的技术创新和改造升级，培育掌握行业"专精特新"技术的"小巨人"。科研机构和高校作为科技创新骨干，要进一步深化改革，完善法人治理结构，实行章程管理，不断提升创新决策能力、需求识别能力、政府发展战略理解能力和创新环境资源整合能力。科技创新既要面向经济社会发展中的关键科学问题、国际科学研究发展前沿领域以及未来可能产生变革性技术的基础科学，也要聚焦国家重大需求和国民经济主战场，为创新驱动发展提供源头供给。此外，政府应采取措施，大力推动产学研联盟、新型研发机构等组织形式创新，提高企业、科研机构和高校的协同创新能力。

协同创新系统的运行还离不开创新型人才队伍的培养。政府应发挥投入引导作用，鼓励企业、科研机构和高校、社会组织、个人等有序参与人才培养和人才资源开发，通过专业教育与创新创业教育有机结合，完善产学研用结合的协同育人模式，同时也应尊重市场规律，破除障碍，开放人才流动，优化人力资本配置，使人尽其才。还应改进人才评价考核方式和收入分配制度，突出能力和业绩评价，健全与岗位职责、工作业绩、实际贡献紧密联系和鼓励创新创造的分配激励机制。依法赋予创新领军人才更大的人财物支配权、技术路线决定权，实行以增加知识价值为导向的激励机制，积极推行社会化、市场化选人用人。

3. 保障机制

保障协同创新活动首先需要政府顺应创新主体多元、活动多样、路径多变的特点，建立现代科技创新治理结构和治理格局。政府应进一步明确自身和市场分工，优化服务改革，推动政府职能从研发管理向创新服务转变；完善科技创新决策机制，就重大科技创新问题充分听取专家学者意见；改革完善资源配置机制，引导社会资源向创新集聚，形成政府引导与市场决定有机结合的创新驱动制度安排；完善科研项目和资金管理，建立符合科研规律、高效规范的管理制度，让经费为人的创造性活动服务。政府也应研究起草规范和管理政府科研机构、科技类民办非企业单位等的法规，合理调整和规范科技创新领域各类主体的权利义务关系；推动科技资源共享立法，研究起草科学数据保护与共享等法规，强化财政资助形成的科技资源开放共享义务；研究制定规范和管理科研活动的法规制度，完善科学共同体、企业、社会公众等共同参与科技创新管理的规范。

保障协同创新活动其次要建立科学的科技成果评价和转移转化机制。一方面，政府应根据不同创新活动的规律和特点，建立以科技创新质量、贡献、绩效为导向的分类评价体系，正确评价科技创新成果的科学价值、技术价值、经济价值、环境价值和社会价值；推行第三方评价，探索建立政府、社会组织、公众等多方参与的评价机制，拓展社会化、专业化、国际化评价渠道；完善国民经济核算体系，逐步探索将反映创新活动的研发支出纳入 GDP 核算，反映无形资产的经济贡献，突出创新活动的投入和成效。另一方面，政府应完善区域技术交易服务平台，突出区域和产业发展特色，统筹区域技术交易服务平台资源；推动科研机构和高校建立健全技术转移工作体系和机制，加强专业化科技成果转化队伍建设，优化科技成果转化流程；建立科研机构和高校科技成果与市场对接转化渠道，推动科技成果与产业、企业技术创新需求有效对接；支持企业与科研院所、高校联合设立研发机构或技术转移机构，共同开展研究开发、成果应用与推广、标准研究与制定等活动；以"互联网+"科技成果转移转化为核心，以需求为导向，建设线上与线下相结合的技术交易网络平台。

保障协同创新活动还需要加强相关的金融财税支持。政府应鼓励发展天使投资、产业投资，壮大创业投资和政府创业投资引导基金规模，强化对种子期和初创期创业企业的直接融资支持；支持创新创业企业进入资本市场融资，健全适合创新型、成长型企业发展的制度安排，扩大服务实体经济覆盖面；打通各类资本市场，加强不同层次资本市场在促进创新融资上的有机衔接，开发符合创新需求的金融服务，推进高收益债券及股债相结合的融资方式；坚持结构性减税方向，逐步将国家对企业技术创新的投入方式转变为以普惠性财税政策为主；加大研发费用加计扣除、高新技术企业税收优惠、固定资产加速折旧等政策的落实力度，推动设备更新和新技术利用；研究扩大促进创业投资企业发展的税收优惠政策，适当放宽创业投资企业投资高新技术企业的条件限制。

3.4 城市规划研究框架

与我国城市可持续发展和绿色低碳转型相关的规划领域较多，其中既有经济社会发展、土地利用、城市、环境保护等综合性规划，也有产业经济、资源利用、基础设施建设等专业专项规划。它们彼此独立，又相互联系，共同搭建了城市转型发展的行动框架与基本路径。在这些规划领域中，城市规划具有承上启下的独特作用。它是新发展要求从愿景走向现实过程中最主要的成果整合、行动协调和实施管理平台。协同创新发展模式中许多关键发展资源的优化配置、主要经济活动的协同组织与安排、创新驱动网络中的智慧城市建设等行动，都需要通过这一平台进入城市发展建设的"主干道"，得到系统、高效、规范、持续的落实。

3.4.1 规划方法

发挥城市规划的引领作用，需要转变传统城市规划理念、规划编制方法和实施管理办法，以协同规划的方式打破樊篱，使城市规划与其他相关规划领域之间、城市规划体系内部各类规划活动之间更好地彼此协调、相互促进，提高城市规划对新发展要求的适应能力。这也是城市系统协同创新的一个重要方面。

1. 外部协同

协同规划首先要在城市规划与其他相关规划领域之间，进一步实现利益格局、规划编制与实施管理的协同。

协同规划是技术问题，更是利益问题，特别是政府事权之间和多元治理主体之间的利益协调问题。我国规划类型、层级和职能较多。由于主管部门的权力与责任不对等、财权与事权不匹配、部门利益优先等原因，各类规划之间内容重叠、结论冲突、政出多门、公共政策效力削弱等问题较为突出，难以适应城市可持续发展和绿色低碳转型的复杂性要求。在政府内部，协同规划要通过建立规划委员会等组织协调平台，形成发规、土规、城规、环规和基础设施、公共服务等各类专业专项规划主管部门共同参与的决策与执行机制，理顺职能关系，明确权责，互通有无。在政府外部，协同规划应从协同创新发展的多元治理结构出发，使规划编制和实施办法从单一的政府管制转向政府、市场和社会的共同决策，协调好三者的利益关系，发挥好三套机制的治理作用。

在规划编制方面，协同规划要在不同规划领域之间统一规划基础、价值取向、发展战略、技术方法和主要结论，建立上下联动、横向互动、共同推进的规划编制机制，使规划之间更好地衔接。统一规划基础，重点是统一基础数据、坐标系、规划期限、编制依据、技术标准等规划信息，形成统一的规划起点。统一价值取向和发展战略，重点是从转型要求出发，以物质和精神共同繁荣的绿色美好家园建设为指向，把握"绿色"、"生态"、"低碳"、"循环"、"智慧"等不同发展理念的行动关系与关键行动要素，把握科技创新与人文进步的协同发展关系，确立相关长期发展战略、资源消耗上限和环境质量下限。统一技术方法和主要结论，重点是加强城乡和区域协同发展研究，促进各类规划编制技术和评估方法的借鉴与融合，使空间管制范围、布局、措施、指标等主要结论相互呼应。为促进这些方面的"统一"，协同规划应建立共同的规划信息管理平台，实现各层级、各类型的规划数据、规划成果和业务管理安排的互通共享。同时，协同规划也应通过适当的工作机制设计，发挥好不同规划领域的专业优势，如经济社会发展规划的目标设定、任务制定和经济导向优势，土地利用规划的土地用途和建设用地空间管制优势，城市规划的成果整合、实施管理和近远期行动协调优势，环境保护规划的生态底图和环境风险防控优势等，使各规划领域之间优势互补、相互支撑。

在规划实施管理方面，协同规划要在利益格局和规划编制协调的基础上，进一步建立部门联动的规划实施管理、监督和评价协调机制，协调部门任务和政策，结合规划信息管理平台的运用，实现不同领域规划的协同实施。同时，各部门均应转变认识，发挥好政府、市场和社会三套机制在规划实施管理、监督和评价中的作用，提高规划实施效果。

2. 内部协同

在外部协同的同时，协同规划要在城市规划体系内部，不断加强多学科、多领域、多主体共同参与的规划编制方法和工作机制创新，扩展知识储备、完善规划逻辑、统一规划编制与实施过程，如图 3-28 所示，科学求解适合新要求的发展建设方案，并将其完整地落实到空间规划成果特别是法定规划成果中，落实到规划实施管理工作中，使新要求真正进入城市发展建设的"主干道"。城市规划体系内部的协同规划开展问题是本书接下来探讨的重点。

中国的城镇化进程，包括了从区域开发、城市建设到建筑活动、园林建设，再到市政工程等包罗万象的大规模建设实践。而近几十年来学科分解越来越细，建设问题却越来越交叉、复杂，解决难度不断增加[14]。解决复杂的城市问题就需要不断拓展知识储备，创造不同学科之间的碰撞。"交叉点越多、交叉面越广，我们越能从不同侧面切入，对城市的认识越全面。在各种思想的结合点上，容易产生新思想，创造性地解决问题"。在知识维上，协同规划应在常规规划知识基础上从纵、横两

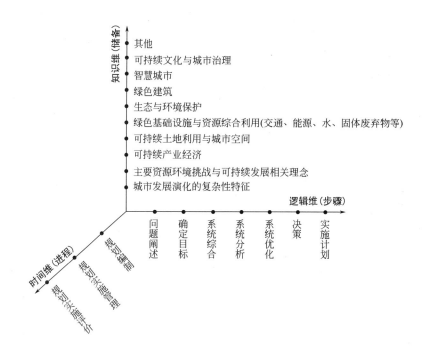

图 3-28
低碳生态城市协同规划的霍尔三维结构图

知识维（储备）
- 其他
- 可持续文化与城市治理
- 智慧城市
- 绿色建筑
- 生态与环境保护
- 绿色基础设施与资源综合利用(交通、能源、水、固体废弃物等)
- 可持续土地利用与城市空间
- 可持续产业经济
- 主要资源环境挑战与可持续发展相关理念
- 城市发展演化的复杂性特征

逻辑维（步骤）
问题阐述　确定目标　系统综合　系统分析　系统优化　决策　实施计划

时间维（进程）
规划编制　规划实施管理　规划实施评价

方面拓展知识储备，构建"科学与人文交汇"，"有机的、开放的、成长中的"[107]协同规划知识体系，提高决策水平。纵向知识储备包括对城市自组织演化的结构特性和基本规律、国际可持续发展和应对气候变化的理论与实践动态、我国城市绿色低碳转型的成果与挑战等问题的清晰认识。横向知识储备主要指对城市可持续发展和绿色低碳转型相关行动领域（产业经济、绿色交通、绿色建筑、景观生态、资源综合利用、智慧城市、生态文化等）技术措施的系统了解。随着科技进步和人们对资源环境问题认识的深入，知识储备会不断扩展、更新，这是规划创新的重要来源。

在逻辑维上，协同规划应借鉴求解复杂巨系统生成演化问题的"综合集成法"和人居环境研究方法，从关键资源配置的整体最优出发，建立通过多学科交叉的"融贯的综合研究"来阐述问题、确定目标、综合决策、系统优化的规划研究路径[1]，同时建立由空间规划牵头，相关领域规划和研究人员以及多元治理主体共同参与的协同规划团队（科学共同体），规范协同规划决策系统、工作流程和技术步骤，使规划编制科学、有序。

在时间维上，协同规划应加强规划编制、实施管理和实施评价三个环节的统筹，形成环环紧扣、首尾呼应的反馈式工作机制。新发展要求为协同规划带来了许多新的规划内容。这些内容有些超出了传统空间规划的研究范围，但相互影响，只有统筹安排、协同实施才能获得较好的行动效果。所以在规划编制环节，协同规划不仅要建立科学的研究路径，还应通过规划编制体例的适当调整，使新内容能够更好地

---

① 适合中国人居环境建设方法论的理论指导是：重视从事人居环境科学的研究工作者的基本哲学修养，掌握系统思想和复杂性科学的基本概念，以各学科相互联系的方法，解决开放的巨系统中的复杂性问题。可以归纳为："以问题为导向"，"融贯的综合研究"，抓住关键、解剖问题、综合集成、螺旋上升的研究方法；创建人居环境科学的新的研究范式，建立"科学共同体"。引自：吴良镛.人居环境科学导论［M］.北京：中国建筑工业出版社，2011.

融入空间规划成果，指导规划实施。规划实施管理工作也应配合规划编制，创新实施机制，提高新规划内容的实施效果。规划实施评价是优化规划编制不可忽视的重要环节。协同规划应在传统城市规划实施评价方法的基础上，结合新内容实施特点调整评价工具，通过实施评价，及时总结经验、查找问题，进一步优化规划组织、编制和实施管理工作。

3.4.2 规划原则

1. 两个"优先"与总量控制

如果将城市资源环境承载力与发展需求分别定义为城市发展的供给侧和需求侧，那么现行城市规划在一定程度上是以经济建设为中心，"以需定供"的目标导向型规划。在承载力相对于发展需求"供大于求"的情况下，这种规划方式能够最大限度地保证发展速度。但在承载力持续下降，发展需求依然旺盛的"供不应求"情况下，这种规划方式很可能成为城市生态失衡的推手，加深资源环境问题。在规划视角上，协同规划应从生态优先的角度出发，加强关键资源环境承载力对城市发展建设的约束和引导，逐步变"需要多少"为"只能多少"，变加法规划为减法规划[108]，使规划真正成为推动生态平衡的有力抓手。与生态优先相联系的是节约优先。在现有技术条件下，城市的规划建设不仅要考虑资源的高效利用，更要考虑资源的全面节约，避免规模效应和锁定效应。

近年来，随着资源环境约束作用的增强，总量控制开始越来越多地出现在我国资源环境保护文件中。以往我国多采用强度控制方式制定资源环境保护目标。这种控制方式尽管起到了相当的作用，但难以从根本上遏制地方政府的粗放型发展冲动，所以常常会出现资源利用强度不断下降但消费总量持续上升的"剪刀差"现象，掩盖资源环境问题的严峻性。在减缓气候变化方面，我国政府提出的单位 GDP CO_2 强度控制排放目标也因此一度被国际社会质疑。与强度控制相比，总量控制实施难度大，但更符合我国紧迫的资源环境保护形势，也更有利于倒逼经济发展方式转变。围绕总量控制的规划探索在部分城市已经展开，并逐渐显示出其资源环境保护优势，如城市土地供应总量控制、能源利用总量控制以及基于生态承载力、水资源承载力的人口容量预测，等等。

2. 综合决策与精细规划

协同规划应在充分尊重城市可持续发展复杂系统特征和结构特性的基础上，开展综合决策，协调好系统发展的自组织与他组织关系，满足不同层次、不同领域、不同部门、不同主体的协同发展和超循环结合发展要求，避免为发展弃保护、为保护弃发展，重规模、轻质量，重速度、轻效率，重技术、轻人文，重蓝图、轻实施，重建设、轻管理，重行政、轻市场等片面规划倾向，使资源配置和规划效益向整体最优的状态靠拢。对于关键资源的利用，规划应转变以往仅仅依靠增加资源供给来满足需求增长的单向规划模式，通过资源综合规划法（Integrated Resource Planning，IRP），将削减资源需求和提高资源利用效率作为替代资源纳入规划范围，整体优化资源利用链条。

在综合决策的同时，协同规划应以更精细的规划编制方法，提高规划成果的科学性和可操作性。我国城市规划经过几十年的发展，形成了一套以国家规范和相关经验为基础的编制方法，由此确定总体规划指标和实施策略，再逐层分解实施。这种"自上而下"的规划编制方法针对的规划内容相对固定，规划成果刚性突出，但在应对多样化规划条件、城市发展不确定性和市场经济特点等方面灵活性不足。可持续发展和绿色低碳转型作为新的城市发展要求，行动的复杂性和不确定性突出，无成熟的解决经验可循，更无规范可依。因此，相关规划的编制既离不开"自上而下"的宏观布局，也需要"自下而上"的具体问题具体分析。它可以通过加强生态足迹、温室气体清单、计算机模拟等新型研究工具的运用，以定性与定量结合、量化与序化结合的方式，以更全面、更精细的考量，提高规划成果的科学性和可操作性。

3. 双轮驱动与协同治理

以人与自然和谐共生的绿色美好家园建设为目标指向，协同规划既应是"物"的规划也应是"人"的规划。因此，它需要科技与人文的"双轮驱动"，既重视新的产业经济理念、空间规划措施和绿色低碳技术带来的资源环境效益，也重视人的塑造、保障措施建设等对资源环境保护的影响，重视不同年龄和身份的城市居民的安居乐业要求，兼顾城市空间形态优化、历史文化保护等人居环境品质的提升要求。

协同规划同样可以以应对气候变化、保障能源安全和大气污染防治的协同治理为抓手，处理好"绿色"、"生态"、"低碳"、"循环"与"智慧"等可持续发展理念的关系，将城市资源环境问题的综合解决在规划层面整合起来，建立行动秩序。在此基础上，探索以碳指标为核心的规划效益核算总量控制目标体系，提高城市规划在城市可持续发展和绿色低碳转型中的引领作用。

3.4.3 规划路径

1. 决策系统

借鉴解决复杂巨系统问题的"综合集成法"和人居环境研究方法，协同规划决策系统（即"协同规划研讨厅体系"）由三个部分组成：协同规划团队、"厅"和信息库。其中：

（1）协同规划团队包括两部分成员，一是以空间规划为核心，由多领域规划与研究人员共同组成的规划编制团队；二是由相关政府部门、技术企业和公众/社会组织代表组成的辅助决策团队，如图3-29所示。辅助决策团队的成员均与规划实施密切相关，规划编制应充分了解他们的利益诉求和行为特点，提高规划成果的可操作性。根据规划任务复杂程度的不同，协同规划团队的组织可以是单一层次的（如低碳生态街区、绿色生态街区等几十公顷的生态型街区规划），也可以是多层次的（如低碳生态城区、绿色生态城区等若干平方千米的生态型城区规划，或低碳生态城市、绿色生态城市等更大规模的生态型城市规划）。在多层次的团队组织中，规划编制团队由多领域分项规划团队组成。每个分项规划团队的工作都应遵循共同的规划理念、原则和基本方法，并适当吸纳辅助决策团队，提高分项规划成果的可操作性。由于协同规划成果最终要以空间规划为平台整合、实施，所以协同规划决策系统的"主持人"（以下简称"主持人"）应由规划编制团队中的空间规划成员担任。"主持人"的知识储备、协调能力和创新意识，是影响协同规划成果质量的重要因素。

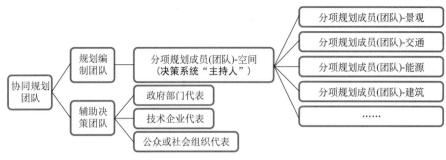

图3-29 协同规划决策系统构成示意图

（2）"厅"即协同工作平台，它可以是实体工作平台，也可以是由信息技术构建的虚拟工作平台。前者使协同规划团队在一定时间节点面对面沟通决策，后者帮助规划团队远程协同工作。协同工作平台也可以随着协同规划团队组织层次的增加而进一步划分。

（3）信息库主要由三类规划信息组成：一是背景信息，如规划区的地理条件、资源禀赋、生态环境、经济社会基础、政策形势、同类项目案例等；二是各领域技术策略信息，如绿色交通、绿色建筑、能源综合利用等方面的技术趋势等；三是成果信息，如规划指标、行动策略、街区和用地规划设计条件、实施进展等。信息库可以结合虚拟工作平台共同建设，形成一个兼有数据储存、处理与共享功能的综合服务平台。

2. 工作流程

从知识、逻辑和时间三个维度的协同内容来看，协同规划的开展可以概括为一个"整-分-合-再分-再合"的反馈式信息加工过程：

（1）"整"即搭建协同规划工作平台，建立信息库，结合所服务的空间规划管理作用和成果要求，系统梳理规划条件与挑战，理清关键问题与任务，确定规划区低碳生态规划建设总体思路。该阶段需要由"主持人"组织统筹，由规划编制团队和辅助决策团队共同完成。

（2）"分"即规划编制团队中的各分项规划成员（团队）在总体规划思路指导下分别开展工作，初步形成各分项规划方案。

（3）"合"即分项规划方案的协同优化与成果整合。该阶段需要由"主持人"组织分项规划方案的汇总和评估，从中发现问题，调整总体规划思路和分项规划方案，直到形成分项之间彼此协调、相互支撑、效益最优的综合规划方案。

（4）"再分"就是对综合规划方案进行任务分解，明确各项规划措施的实施主体、路径和考核要求，同时转换语言体系，把各项规划措施系统地融入所服务的空间规划成果中。其中，需要其他管理部门协同落实的规划措施，要进一步做好与相关管理部门的对接工作。该阶段的工作也应由"主持人"组织完成。

（5）"再合"是在综合规划方案分解实施并运行一段时间后，对协同规划组织、编制和实施的全过程进行评价。评价结论反馈给规划编制团队和各项规划措施的实施管理部门，指导相关工作的再优化。以上工作流程各阶段的工作特点可以概括为：整体把握、科学分解、协同优化、分项实施、综合评价和及时反馈。

3. 技术步骤

协同规划所服务的空间规划以中心城区总体规划（分区规划）和控制性详细规

划为主。空间规划的层级和类型不同，协同规划的研究范围、规划内容和深度也会有所不同。许多学者对此有过深入研究[109-110]，这里不再赘述。但不论服务于哪一类空间规划，协同规划的研究逻辑和技术步骤都应该是基本一致的。

结合 IPCC 以情景分析法为核心的气候变化影响和适应对策综合评价框架，以及本章对城市协同进化隐喻序参量的分析来看，协同规划主要包括 5 个技术步骤，如图 3-30 所示。

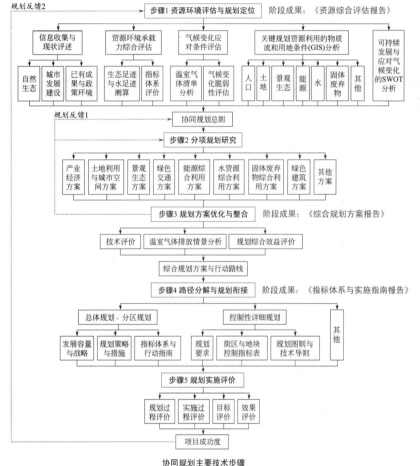

图 3-30　低碳生态城市协同规划主要技术步骤与工作流程

步骤 1，资源环境评估与规划定位。该步骤侧重在系统调研的基础上，综合多学科评估手段，以定性与定量结合的方式，开展规划区资源环境承载力和发展水平评估，认识规划区可持续发展与应对气候变化的优势、劣势、机遇和挑战，形成协同规划总则。

步骤 2，分项规划研究。该步骤以协同创新发展模式的经济活动构成为主要对象，在协同规划总则的指导下，从关键资源配置的协同优化和超循环结合发展出发，梳理分项规划目标、技术策略、建设时序和保障措施要求，形成系列分项规划方案。

步骤 3，规划方案的优化与整合。该步骤侧重利用技术评价、情景分析和综合效益评价等方法，协同优化分项规划方案，形成整体效益最优的综合规划方案。

步骤 4，路径分解与规划衔接。该步骤以指标体系与实施指南为抓手，围绕规划实施，对综合规划方案进行任务分解，完善协同规划成果，确保综合规划方案全面、系统地融入所服务的空间规划成果和规划实施管理工作中，融入其他实施部门的管理工作中。

步骤5，规划实施评价。构建协同规划实施评价工具，在协同规划成果分解实施并运行一段时间后，全面评价协同规划的筹备、组织、编制与实施情况，总结经验教训，指导以上环节的再优化。

对于大规模、复杂的生态型城区或城市规划，协同规划可以将规划区的绿色低碳发展内容从常规空间规划编制中暂时提取出来，以系列专项规划（或系列专题研究）的形式集中处理。系列专项规划由空间规划团队主持，与空间规划编制同步，规划成果纳入空间规划成果中统一实施、管理。由于我国城市较少在市域城镇体系规划、中心城区总体规划或分区规划层面开展系统的相关工作，上位规划指导性不足，所以系列专项规划可以从适当范围的区域绿色低碳发展研究入手，了解适宜的区域发展战略，在此基础上，为所服务的空间规划提供发展建设路径与技术支撑方案。为保证生态优先，系列专项规划可以先于所服务的空间规划启动，以保证前者中的一些重要结论和成果，如规划区绿色低碳发展目标与策略、景观生态安全格局分析、关键资源环境承载力测算等，能够及时指导规划区空间发展战略的形成。组织协调、规划思路把握和成果整合是系列专项规划"主持人"的工作重点。系列专项规划涉及专业领域较多，各编制团队之间在规划理念、工作方法、编制体例、工作进度等方面均会有所不同，需要不断互动、协同优化，才能相互匹配。系列专项规划中大量的非法定规划内容，难以从现行国家规范和规划经验中得到适宜结论，也需要各编制团队与辅助决策团队共同权衡、取舍。如果空间规划团队对绿色低碳发展内容并不十分熟悉，或需要从主持常规空间规划和系列专项规划的双重任务中解放出来，系列专项规划可以增加一个综合性的专项规划，如低碳生态专项规划或绿色生态专项规划，作为"代理主持人"。"代理主持人"负责各专项规划团队之间、专项团队与空间规划团队之间的统筹协调，最终为规划区的绿色低碳发展和所服务的空间规划，提供科学、完整、符合相关编制体例的综合成果。从规划的协同性来看，设置"代理主持人"仅是权宜之计，系列专项规划的主持任务最终还是应该回到空间规划团队手中，减少中间环节，提高工作效率，如图3-30所示。

第4章　资源环境评估与规划定位

《21世纪议程》指出，可持续发展战略的基础必须是准确评估地球负载能力和对人类活动的恢复能力。本章将结合大连市长海县獐子岛镇生态规划与城市设计项目，探讨如何在深入调研的基础上，综合运用生态足迹分析、水足迹分析、指标体系评价、碳审计、气候变化脆弱性评估、关键规划资源利用的物质流和用地条件分析[①]等诊断手段，科学认识规划区可持续发展和绿色低碳转型的优势、劣势、机遇与威胁，规划愿景与目标。规划以獐子岛镇行政区范围作为镇域发展规划范围，以镇区（主岛獐子岛）陆域范围作为重点建设规划范围，规划年限近期为2010—2015年，远期为2015—2020年，同时考虑远景发展[②]。

4.1　信息收集与现状评述

协同规划需要收集宏观、中观和微观三个层次的相关信息。宏观信息主要包括国家或地区的法律法规、政策文件和上位规划，它们是协同规划开展的根本依据；中观信息主要包括规划区自然生态、经济发展、社会文化、城市建设、资源利用、环境保护等方面的条件与现状，它们是规划区可持续发展和绿色低碳转型的行动基础；微观信息由中观信息延伸而来的各类信息细节组成，如主要企事业单位资源利用现状、居民生活方式和消费习惯等，它们是中观信息的补充，是规划自下而上开展的前提[③]。

4.1.1　自然生态概况

1. 自然条件

獐子岛镇位于辽东半岛东南侧的黄海北部海域，长山列岛最南端，距大连市区52海里，距大连市重要的综合性口岸普兰店市皮口镇33海里，距长海县其他主要岛群19海里。獐子岛镇由獐子岛、大耗岛、小耗岛、褡裢岛等13个岛屿和11处礁石组成。镇域陆地面积14.95km²，海域面积991.4km²，海岸线长57.7km。其中，主岛獐子岛面积8.94km²，东西长6km，南北宽1.47km，海岸线长25.8km。獐子岛镇海域平均水深35m，属深水岛类型，水质环境始终保持国家一类标准。由于生态环境得天独厚，原生态要素保育程度高，獐子岛镇各岛森林覆盖率均在70%左右。

---

① 关键规划资源利用的物质流和用地条件分析将在第5章中结合各分项规划任务具体介绍。

② 本项目完成于2010年初，部分信息较为陈旧，特别是资源环境评估与现状调研中提出的问题，不代表獐子岛镇发展现状。

③ 獐子岛镇的信息收集主要通过案头调研、现场调研、走访座谈和问卷发放4种方式完成。由于案头资料有限，现场调研、走访座谈和发放问卷在獐子岛镇的信息收集中起到了重要作用。规划团队先后4次上岛，广泛走访养殖区、企事业单位、公共项目和岛镇居民，获取第一手资料。

夏季，草木茂盛，风光秀丽。

獐子诸岛是长白山脉延伸部分，呈典型海蚀阶地地貌景观。岛屿多以侵蚀型低丘为主，低丘覆盖面积占陆地总面积的 64.6%。丘峰高程在 140m 以上的低丘有 8 座（主岛 2 座，大耗子岛 6 座），最高峰为大耗岛东山，海拔高度 162.1m。镇域除主岛的 2 座低丘贯穿全岛外，其余各岛均为露海孤丘。诸岛地质状况较为稳定，历史上未发生过破坏性地震，按地震烈度 7 度设防。獐子岛镇土壤基本为单一的棕壤土，土层不厚，极易发生水土流失。全镇无一、二级土壤，肥力有限，缺磷、少钾、氮不足。

獐子岛镇属温带亚热湿润季风气候区，四季分明，雨热同季，光照充足，季风明显。受欧亚大陆影响，气温年差达 27.8℃，又受海洋影响，气温日差较小，春来迟秋去晚。一年之中，最冷月份 1 月的平均气温在 -1.7～-8.4℃，最热月份 8 月的平均气温为 24.7℃。全镇多年平均降水量 616.1mm，降水主要集中在夏季，降水量占全年降水总量的 62.4%。獐子岛镇全年平均相对湿度 60%，月份间差异较大。全镇多年平均蒸发量在 1400～1500mm 之间，以 4—6 月、8—10 月蒸发量最多，冬季最少[111]。

2. 生态系统构成与脆弱性

獐子诸岛远离大陆，构成了一个独立的生态单元。生态系统由岛陆、潮间带和环岛近海三个子系统组成，兼具陆地、湿地和海洋生态系统特征。其中，岛屿海岸线以内区域划分为岛陆子系统，岛屿海岸线以外区域依次划分为潮间带子系统和环岛近海子系统。环岛近海子系统又进一步细分为湿地区域、较浅海域和较深海域，如图 4-1 所示。

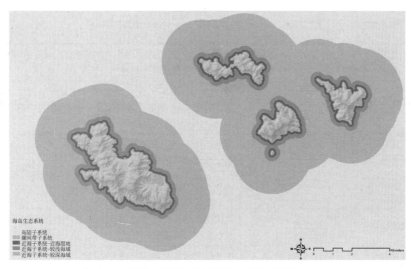

图 4-1 獐子岛镇海岛生态系统空间范围划分（GIS）

资料来源：獐子岛镇生态规划与城市设计项目组（邹涛等绘制）[①]，2009.

在漫长的进化过程中，獐子岛镇岛陆、潮间带和环岛近海子系统的物种之间、物种与环境之间形成了高度适应和依赖的生存关系。岛陆是海岛生态系统的核心和依托。它通过生物和物理作用，为潮间带和近海区域输送营养盐，同时也接受后两者输送的营养物质，维持自身的生态功能。岛陆也是海岛生产生活的主要区域，人

---

① 本书第 4～6 章引用的邹涛博士所绘图片，同时也引自：邹涛. 生态城市视野下的协同减熵动态模型与增维规划方法 [D]. 北京：清华大学，2009.

类活动干扰大，因此也是潮间带和环岛近海的重要污染源。由于面积较小，岛陆生物群落在长期进化过程中形成了独特的动植物区系斑块，生物多样性低、结构相对简单、稳定性差、恢复力弱。潮间带是岛陆与环岛近海相互连接的纽带和缓冲区，周期性处于干湿交替过程中。由于岛陆输送，潮间带矿物质和有机物等营养成分丰富，生物种类繁多，固碳能力强。潮间带也是重要的人类活动区域和部分陆源污染物的直接接纳地，生态状况易受岛陆排污、码头运输、旅游娱乐等人为活动影响。环岛近海为潮间带和岛陆子系统提供海洋生物资源，并调节后两者的温度和湿度。由于靠近岛陆，环岛近海的营养盐含量较为丰富，初级生产力高，是渔业发展的主要区域。其中的湿地区域，初级生产力更高，是岛陆生物的重要食物来源。由于与外海的海水交换，湿地区域具有一定的自净能力，对于岛陆子系统的保护和维持极为重要。

与陆地生态系统相比，海岛生态系统的脆弱性更加突出。在三个生态子系统中，潮间带子系统脆弱性最高，岛陆子系统次之，环岛近海子系统相对较好。海岛的生态脆弱性既有自身独特条件带来的固有脆弱性，也有系统干扰造成的特殊脆弱性。两种脆弱性长期相互作用，加剧了海岛整体的生态脆弱[112]。獐子岛镇的系统干扰一方面主要来自气象灾害、海洋灾害、地质灾害等自然扰动，另一方面主要来自城镇建设、海洋和海岸工程、旅游发展、养殖与捕捞、航运等人类经济活动。由于政府与居民的共同努力，这些干扰中的部分已经消除或大幅减弱，但仍需高度重视，防患于未然，见表4-1。

獐子岛镇生态系统干扰的分类及影响评价　　　　　　表4-1

一级干扰	二级干扰	干扰形式	干扰内容	影响程度①
自然扰动	气象灾害	大风、干旱、暴雨、寒潮等	改变地形地貌，侵蚀土壤，胁迫植物；破坏各类设施；制约海岛对外交通	较严重
	海洋灾害	风暴潮、灾害性海浪、海啸、赤潮等	毁坏农田、海堤、房屋等设施；引发海岸侵蚀、海水入侵；制约海岛对外交通；破坏渔业资源；威胁居民生命安全	严重
	地质灾害	滑坡、泥石流；海岸侵蚀、海水入侵	破坏地形地貌、植被和各类设施，导致海岸线后退，淡水水质恶化，土壤盐渍化	较弱
	其他自然扰动	生物入侵（病虫害）、林火等	威胁原生植物群落，破坏生物多样性	较弱
人为干扰	城镇建设	人口增长、土地开发、基础设施建设	生产性土地减少，生境破碎度增加，生态功能退化；多种污染物排放，近海水质下降	一般
	海洋和海岸工程	港口码头、海岸防护工程	改变岸线和海底地形，侵占生境，影响环岛近海水动力环境和泥沙冲淤环境；排放或泄漏污染物	一般
	农田开垦	耕地、菜地、园地等	改变地表形态，侵占生境，水土流失，农业污染	弱
	旅游发展	旅游设施建设、游客行为等	破坏生境，排放污染物；改变地表形态，生境破碎度增加	一般
	养殖与捕捞	围海养殖、开放式养殖、捕捞	侵占生境，排放污染物，影响环岛近海水动力环境和泥沙冲淤环境；改变环岛近海生物群落结构，减少海洋生物量	较弱
	其他人类干扰	航运、大陆经济社会活动等	排放污染物，生物入侵，改变水动力条件；间接促进海岛的开发建设	较弱

① 影响程度分为5个等级：严重、较严重、一般、较弱、弱。

4.1.2　城镇发展与建设

1. 经济、人口与社会发展

2007年獐子岛镇国内生产总值6.7亿元，人均纯收入1.55万元，居辽宁省乡镇首位，同时也是全国文明村镇创建工作先进村镇和全国小康建设明星乡镇。獐子岛镇经济有突出的海岛经济特点，三次产业结构比重为73∶14∶13，渔业总产值占第一产业总产值的70%以上。獐子岛镇渔业以集体所有制企业为主，渔业资源实行统一规划、利用和管理，对渔业资源保护起到了关键作用。依托珍稀的海珍品养殖资源，獐子岛镇渔业发展迅速，主导产品全部通过国家农业部有机食品和绿色食品认证，产品出口美国、澳大利亚、日本等10多个国家和地区。

2007年獐子岛镇总人口19045人，包括户籍人口14807人，暂住人口4238人。其中，户籍人口逐年下降，以从事捕捞和海珍品养殖为主的暂住人口逐年增多，人口增长总体较为平缓。根据第五次人口普查结果，獐子岛镇总体已进入老年型人口时期。由于人口老龄化和家庭主妇不外出工作的传统，全镇无业人员比重较高。

獐子岛镇社会与文化发展迅速。全镇拥有图书阅览室、文化馆、影剧院、文化宫、社区中心、村俱乐部等多种公共文化设施。群众文化开展广泛，海岛鱼乡的传统特色鲜明。同时，镇政府非常重视教育发展，先后投资建设全日制寄宿管理的高标准幼儿园和中小学，解决出海作业的渔民子女照顾和教育问题。獐子岛镇居民民风淳朴，环保意识突出，特别重视对海域生态环境的保护，如图4-2所示。

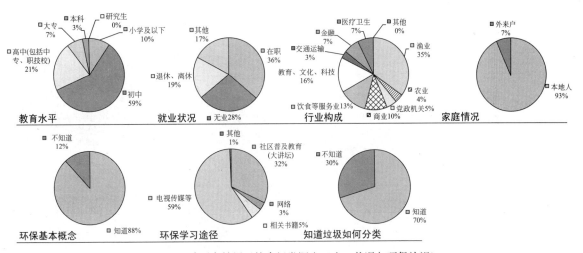

图4-2　獐子岛镇居民综合问卷调查（人口状况与环保认识）

资料来源：獐子岛镇生态规划与城市设计项目组，2009.

2. 开发建设

獐子岛镇陆地面积中60.5%为农林用地，25.3%为建设用地，14.2%为未利用地。全镇建设用地集中在主岛和外三岛（褡裢岛、大耗岛和小耗岛）上。各岛开发建设条件和水平差异较大，主岛最好，褡裢岛次之，大耗岛和小耗岛较差。

主岛獐子岛由沙包、东獐和西獐三个随山就势的社区组成，是獐子岛镇的行政、经济和文化中心，集中了全镇62%的建设用地和91%的人口，如图4-3

图 4-3 主岛居民社区构成现状图

所示。沙包社区位于主岛中部，地势平坦，是獐子岛镇最大的社区和行政服务中心，道路、给水排水、供暖等基础设施建设情况最好。东獐社区位于主岛东部，是獐子岛镇的主要工业区，以海珍品育苗、海产品加工和修造船业为主。职工部分居住在本社区，部分居住在沙包社区和西獐社区，依靠通勤上下班。由于地势较为陡峭，东獐社区基础设施建设难度大，建设量不足，环境治理问题相对突出。西獐社区位于主岛南部，面积大但人口少。由于人口外迁，居民以老年人为主，社区房屋空置率高，基础设施建设水平在三个社区中最差。为了更深入的了解规划区现状，规划团队对三个社区的土地利用、空间布局、公共设施、道路交通、城镇供水、雨污排放和处理、垃圾处理、镇区绿化和建筑品质等展开了详细的分片调研和评估，如图 4-4 和表 4-2 所示。褡裢岛距主岛 6 海里，是獐子岛镇面积最大、开发建设条件最好的外岛，海珍品资源量居全镇之首。岛上现有居民 1200 人，基本为海珍品养殖场职工和个体渔民。

图 4-4 沙包社区 C1 片区城镇空间建设现状

资料来源：獐子岛镇生态规划与城市设计项目组，2009.

主岛沙包社区 C1 片区调研情况总结（节选）　　表 4-2

评价内容	主要结论
片区概况	片区位于沙包社区最南端，靠近山丘，地形西高东低，建筑依山而建，以单层住宅和双层住宅为主；住宅多为独立院落，种植蔬菜瓜果，自给自足；社区建有社区广场；片区植被覆盖率相对较高，植被以乔木、草地为主，少灌木；片区存在一定过境交通，主要是来自东獐、西獐社区的摩托车和机动车，同时存在大量步行交通；步行道路宽度基本为2m左右，路宽依据地形有相应变化
整体评价	A 级
积极因素	建筑与山体结合好；独立院落，多有绿化；靠近山体的尽端式道路区域，场所感强
消极因素	建筑质量不高，院落较凌乱；部分房屋色彩较多，与总体环境不协调；社区广场周边用柏树绿化，氛围过于肃穆

资料来源：獐子岛镇生态规划与城市设计项目组，2009.

海运是獐子岛镇最主要的对外交通手段。全镇共有港口6处，码头8处。与大连市区之间过长的航运时间和频繁的天气影响一直是制约该镇经济社会发展的重要因素。獐子岛镇与大连市之间没有直达的客运航线，单程航运时间近3小时。考虑到雨雾天的航行安全，航线时有停运。为解决该问题，镇政府计划开通獐子岛镇到大连市的直通客船，将航程缩短至1.5小时，并在主岛修建直升机起降坪，保证獐子岛镇与大连市区的紧急交通联系。此外，主岛与外三岛之间的内部交通联系也需要依靠船只解决，往来时长在半个小时左右，易受天气影响。

獐子岛镇建筑以住宅为主，主要集中在主岛上。住宅占主岛总建筑面积的80%，大部分为单层和双层住宅（自建农家院），少部分为多层住宅，也有少量高层住宅。市政配套设施不完善、节能设计标准偏低、采暖方式落后、冬季室温低、热舒适性差是既有建筑的普遍问题。

3. 资源利用与环境保护

獐子岛镇生产生活所需能源全部由大陆供给。由于远离大陆，岛上油料价格比陆地城镇高20%左右，煤炭价格高30%左右，燃料消费成本高。电力是獐子岛镇主要终端用能形式。獐子岛镇与大连市之间现有35kV海底电缆回路一条，负责全镇低压线路和居民用电。海底电缆易被渔船作业损坏，维修频繁，供电稳定性较差，且供电容量已近饱和，难以再增加大型用电设施。但为解决海岛居民冬季采暖和淡水供应问题，海水源热泵和海水淡化等用电项目还须进一步扩大规模，供电形势不容乐观。獐子岛镇另有备用电缆一条，构成回路。但该电缆已远远超出供电半径，只能部分保证居民照明用电，对缓解海岛用电形势作用甚微。

獐子岛镇无深层地下水，淡水资源主要为降水和降水蓄积的浅层地下水，长期处于严重缺水状态。镇政府非常重视水源的开发和保护，但由于人口的逐年增长和产业发展的加快，镇用水量快速增长，干旱季节的水荒时有发生，需要外埠运水来解决饮用水问题。此外，镇污水处理站设计容量也已近饱和，处理技术较为传统，难以增加处理量，也不利于海域生态环境保护标准的进一步提高。

獐子岛镇有垃圾填埋场一处，日处理生产生活垃圾 $20m^3$，容量已近饱和。新的垃圾填埋场正在规划设计，但容量依然有限，预计能够为獐子岛镇服务5~10年时间。岛上土地资源宝贵，不利于垃圾填埋场进一步扩容。

獐子岛镇自20世纪80年代开始实施大规模植树造林和退耕、退建还林工作，成效显著。镇政府同时也禁止任何私人形式的挖土、采石、拾柴等破坏水土和生态环境的行为。随着全镇森林覆盖率的提高，水土流失现象已明显改善，但植被树种单一、纯林化、针叶化等现象仍较突出，植物群落自然演替能力不足。

潮间带和环岛近海是獐子岛镇海珍品养殖的主要场所。为保护养殖环境，镇政府采取了大量措施，禁止污染产业发展、农药使用和畜禽饲养，加强垃圾的卫生填埋和污水排放管理，加强船只废油的回收利用，取得了很好的效果。但近几十年来，由于人类活动的持续影响，潮间带和近海底质质量虽然仍能满足海珍品生长要求，但还是不可避免地受到一定程度的威胁。

4.1.3 主要上位规划

2009 年《辽宁沿海经济带发展规划（2006—2020）》获国务院批复通过，长海县以"大连长山群岛海洋生态经济区"的定位，成为辽宁沿海经济带 29 个重点发展和支持区域之一。规划对长海县的发展要求主要有两个：一是用 5~10 年时间，将长山群岛建设成为我国首个集会议、休闲、运动、养生、游乐、观光等功能于一体的国际级群岛休闲度假区和高端群岛旅游服务业基地。二是加速渔业产业产品结构调整，逐步向高产、优质、高效、生态、安全的生产经营方向转变，使长山群岛成为国内国际知名的现代化渔业生产、加工、观光基地，使海岛渔业成为大连乃至全国的海洋渔业旗舰。獐子岛镇是长海县 5 个起步发展区之一[①]。

为促进生态建设，大连市和长海县先后编制了《大连市生态市建设规划（2009—2020）》及《长海生态县建设规划》。在前一份规划文件中，大连市计划用 5~10 年时间，以生态格局、生态人居、生态经济、生态资源、生态环境、生态文化"六大体系"建设为载体，建设国际知名的生态宜居城市。根据该规划，獐子岛镇属于大连市的海岛生态防护区和海洋珍贵生物的自然保护区，将重点保护皱纹盘鲍、刺参等海珍品和温带岩礁生物群落。在后一份规划文件中，长海县将陆续投资建设国内首个生态环境示范群岛项目，采用垃圾压缩外运、海水水质实时动态监测、海水热能恒温供暖、海水淡化等一系列绿色技术，保护脆弱的海岛和海域生态环境。

《长海县獐子岛镇总体规划（2007—2020）》是指导本次规划的直接上位规划文件。这份总体规划编制内容完整，前瞻性和可操作性兼备。本次规划在尊重总体规划基本格局的前提下展开，并对其中的部分规划理念、指标、内容和管理要求，结合獐子岛镇可持续发展和应对气候变化的行动特点加以完善。

4.2 资源环境承载力综合评估

指标是城市可持续发展评价的基本工具。城市系统的各种构成要素都可以在数量上和质量上表现为有序指标。通过单个或多个指标的组合，我们就能够有效地量化考察城市各种资源流运动的状态、关系、效果和影响，进而认识和测度城市可持续发展水平。利用指标构建的可持续发展评价工具主要有两类：一类是基于资源环境理论建立的单一的综合型指标，如生态足迹指标、真实储蓄率指标等；另一类是众多指标组成的指标体系，如 UNCSD 的可持续发展指标体系、我国住建部制定的国

---

① 本段内容整理自邹涛工作成果。

家生态园林城市标准等。两类评价工具各有利弊。综合型指标评价概念简洁易懂，便于操作，适合对特定问题的重点考察，但评价的全面性有所不足；指标体系评价全面、系统、政策相关性强，更符合城市可持续发展的复杂性要求，但评价工作量大，且指标筛选和定权有一定主观性，难以统一标准。獐子岛镇规划同时采用两种评价工具，以综合型指标（生态足迹和水足迹测算）来考察规划区两种瓶颈资源的利用状态，以指标体系来判断规划区可持续发展和关键资源配置的整体水平。

4.2.1 生态足迹测算

1. 测算方法

生态足迹（Ecological Footprint，EF）是指维持区域人类生存或容纳其排放废物所占用的生态生产性土地面积。生态生产性土地包括耕地、牧草地、建设用地、水域（渔业用地）、林木产品生产所需的林地以及吸收海洋无法吸收的 CO_2 排放所需的林地（碳吸收用地）。与生态足迹相对应的是生态承载力，后者是指区域所能提供给人类的生态生产性土地的面积总和。当区域生态足迹超出区域生态承载力时，就会出现生态赤字。它意味着人类活动的不可持续性。反之则是生态盈余。测算公式为：

$$EF_{生态赤字(盈余)} = EF_{生态足迹} - EF_{生态承载力} \qquad (4-1)$$

根据世界自然基金会（World Wide Fund For Nature，WWF）的研究，我国人均资源占有量极为有限，2010 年人均生态承载力仅为 1.0ghm²，不到全球平均水平的 60%。同年，我国人均生态足迹达到 2.2ghm²，尽管仍低于 2.6ghm² 的全球平均水平，但已是自身生态承载力的 2 倍有余，生态过载现象严重。森林锐减、干旱、淡水不足、土壤侵蚀、生物多样性损失、大气中 CO_2 增多等过载表现日益明显。自 20 世纪 90 年代开始，由于经济高速增长和粗放式发展，碳足迹成为我国生态足迹中规模最大、增长最快的部分。2010 年，碳足迹占我国总生态足迹的 51%，全国只有 6 个省份处于生态盈余状态，其余省份和直辖市均为生态赤字。在出现生态赤字的省份中，四大直辖市、广东省、江苏省和浙江省同时面临碳吸收用地和膳食资源生产用地的双重不足，其他生态赤字省份以碳吸收用地不足为主[113]。

生态足迹分析法除了具有综合型指标评价的普遍优势外，还有另外两个独特优势：一是分析内容包含了 CO_2 的排放与吸收，有助于在目标层面协调可持续发展与减缓气候变化的关系；二是理论基点从土地利用出发，评价结论与空间规划联系较为紧密。但是，生态足迹分析法的计算理论并不完善。过多的前提假设、以人类活动为中心的理论视角、生态足迹和生态承载力的简化认知等都在一定程度上影响了评价结论的全面性和合理性。以土地为核心的理论基点既是生态足迹分析法的优势，也是它的局限所在。一些重要的资源环境问题，如废弃物的处理处置、淡水资源的可持续利用、景观生态安全格局的构建等，都难以折算成土地面积纳入评价框架。规划也难以通过评价结论把各种关键资源的优化利用问题整合起来。

2. 测算账户及结论

獐子岛镇的生态足迹测算由两类账户组成：生物资源消费（农林产品）足迹账户和能源消费足迹账户，见表 4-3。生物资源消费足迹账户包括粮食、禽肉、水产品等 12 项内容，根据各项消费内容对应的土地类型，折算汇总成耕地、林地、牧草地和水域 4 种生态生产性土地的消费足迹；能源消费足迹账户包括煤炭、电力等 5 种化石能源，根据能源形成特征，折算汇总成碳吸收用地和建设用地。经测算，2007 年獐子岛镇生态足迹为 2.1516ghm²/人，其中，生物资源消费生态足迹 1.3487ghm²/人，能源消费生态足迹 0.8029ghm²/人。化石能源用地、耕地和水域是獐子岛镇生态足迹占用的主要土地类型。

獐子岛镇生态足迹需求与供给平衡表   表 4-3

生态足迹				生态承载力				生态盈余或赤字（ghm²/人）
土地类型	总面积（ghm²/人）[①]	均衡因子	均衡面积（ghm²/人）	土地类型	实际土地面积（ghm²/人）	产量因子	均衡面积（ghm²/人）	
耕地	0.3151	2.21	0.6963	耕地	0.0010	1.66	0.0035	-0.6928
牧草地	0.1351	0.49	0.0662	牧草地	0.0111	0.19	0.0010	-0.0652
林地	0.0021	1.34	0.0028	林地	0.0549	0.91	0.0669	0.0641
建筑用地	0.0069	2.21	0.0153	建筑用地	0.0162	1.66	0.0593	0.0439
水域	1.6206	0.36	0.5834	水域	0.1657	1.00	0.0597	-0.5238
碳吸收用地	0.5878	1.34	0.7876	碳吸收用地	0.0000	0.00	0.0000	-0.6211
人均生态足迹	—		2.1516	人均生态承载力	—		0.1904	
				扣除生物多样性 12%	—		0.1675	-1.9840

① 生态生产性面积计算的折算系数、均衡因子和产量因子均采用《Ecological Footprint Standards 2006》中的相关数据；基础数据主要来自《长海县统计年鉴》和《獐子岛镇志》。

生态承载力测算针对獐子岛镇实际拥有的 6 类生态生产性土地。经测算，獐子岛镇 2007 年可利用的生态承载力（扣除 12% 的生物多样性保护面积）为 0.1675ghm²/人，是生态足迹的 1/12。海岛复合生态系统总体处于"生态过载"状态，如图 4-5 所示。在 6 类土地类型中，只有林地和建筑用地存在少量生态盈余，

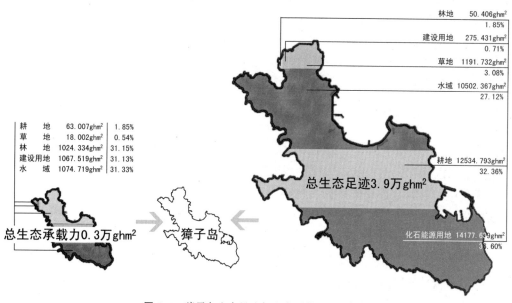

图 4-5 獐子岛生态足迹与生态承载力状态比较

碳吸收用地、水域和耕地均存在大幅生态赤字，是生态过载的主要表现。过低的生态承载力是海岛地区发展的普遍问题。作为一个小城镇，獐子岛镇的人均生态足迹已超过我国部分大中型城市水平，人均生态足迹较大，但自然资源的经济利用效率较好，万元 GDP 生态足迹仅为全国平均水平的 1/3。这得益于獐子岛镇得天独厚的渔业资源。

3. 生态过载原因及趋势分析

獐子岛镇的生态过载问题及其解决之道，应从三个方面来看：（1）资源消费方面，獐子岛镇生物资源消费生态足迹所占比重较大，占总生态足迹的 60%，基本由食品消费承担。2007 年獐子岛镇人均食品消费的生态足迹接近我国居民食品消费推荐值（中华营养协会膳食标准）的折算量（约 1.1894ghm²/人），消费水平相对合理，对改善海岛生态过载状态贡献不大。为保护海域环境，獐子岛镇禁止规模化的粮食种植、果蔬种植和畜禽养殖，海岛居民的膳食结构相对单一，除水产品外全部依赖镇外输入。通过绿色种植和养殖来提高食品的本地化供应水平，丰富膳食结构，是可以考虑的改善方式，如图 4-6 所示。獐子岛镇化石能源消费生态足迹在总生态足迹中的比重虽然小于生物资源消费生态足迹，但改善空间远大于后者。不断提高能源利用效率，充分利用可再生能源，是岛镇大幅削减化石能源消费生态足迹，改善海岛生态过载状态的重要途径。（2）自然资源供给方面，2007 年獐子岛镇人均生态承载力仅为全国平均水平的 1/5，各类生态生产性土地均有不足，特别是耕地和牧草地严重匮乏，如图 4-7 所示。虽然提高建设用地利用效率和退建还耕可以获得一定规模的种植用地，但总体上对提高该镇人均生态承载力作用有限。（3）人口容量方面，獐子岛镇 2007 年总生态承载力为 3427.2ghm²，以我国人均生态承载力（2003 年）0.8ghm² 为标准衡量，理论上全镇可承载人口 4284 人，现有人口是理论人口的 4.2 倍，人口过载现象明显。因此，疏解人口也是解决獐子岛镇生态过载问

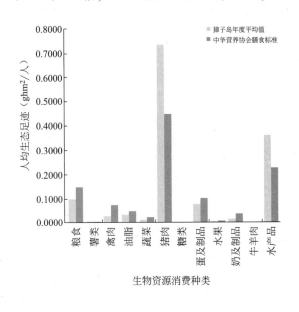

图 4-6　人均生物资源消费生态足迹与推荐标准值比较

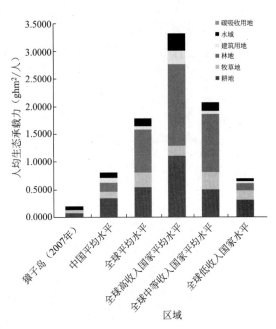

图 4-7　不同发展水平生态承载力比较

题的一个重要途径。

如果按照总体规划提出的近、远期人口和经济发展目标，预计到2020年，獐子岛镇人均生态足迹和生态承载力均会增长，但前者涨幅远大于后者，见表4-4。届时，镇人均生态足迹将达到4.307ghm^2，接近全球高收入国家平均水平，是同期人均生态承载力的25倍，生态过载趋势加剧。造成这一趋势的根源在于传统经济的高碳发展方式。在全球能源价格波动较大和碳排放贸易壁垒抬头的背景下，以及海岛本身无化石能源产出的被动局面下，这种发展方式会在很大程度上增加獐子岛镇经济社会的发展成本和风险。

既有模式下獐子岛镇生态足迹发展预测 表4-4

项目	指标		基期（2007年）		近期（2010年）		远期（2020年）	
测算参数	总人口（人）		19002		17000		17000	
	总生态承载力（ghm^2）		3015.335		3015.335		3015.335	
测算结果	人均生态承载力（ghm^2/人）（扣除12%生物多样性面积）		0.168		0.177		0.175	
	人均生物资源足迹（ghm^2/人）	人均能源足迹（ghm^2/人）	1.349	0.803	1.189	1.098	1.189	3.118
	人均生态足迹（ghm^2/人）		2.152		2.287		4.307	
	人均生态赤字（ghm^2/人）		-1.985		-2.110		-4.132	

注：设定规划年限内镇总生态承载力保持不变，居民生活方式有所改善，人均生物资源消费保持我国居民食品消费推荐值的生态足迹水平，能源技术水平有所提高。

4.2.2 水足迹测算

1. 测算方法

水是海岛城镇发展的重要资源约束。水足迹（water footprint）分析作为生态足迹分析的补充，用以衡量产品生产和服务中消耗的总水量（含虚拟水）。它可以真实描述不同时空属性上人类生产和消费对水资源产生的需求及影响。水足迹测算由三部分组成：绿水足迹、蓝水足迹和灰水足迹。绿水足迹主要指存在于土壤中并被农作物生长利用的自然降水量；蓝水足迹指在产品生产过程中消耗的地表和地下水资源总量，分为地表水足迹和地下水足迹；灰水足迹是以现有水环境水质标准为基准，消纳污染物负荷所需要的淡水水量。计算公式为：

$$WFP = \sum(WFP_i) = IWFP + EWFP \qquad (4-2)$$

公式（4-2）中，WFP 为总水足迹（所有水资源的总需求量）；WFP_i 为第 i 种生产或服务的水需求量；$IWFP$ 为生产和服务所消耗的本地水资源量（内部水足迹），$EWFP$ 为从外部引进的水资源量（外部水足迹）。

水资源压力是区域生产生活所消耗的地表或地下水资源量与该地区可更新水资源总量的比值，可分为无压力状态（<5%）、轻度压力状态（5%~20%）、中度压力状态（20%~40%）、高度压力状态（40%~100%）和重度压力状态（>100%）。中国水资源分布极不平衡，水土资源与国民经济发展在空间上不完全匹配，空间分布差异显著，总体不容乐观。2010—2012年，除东北地区外，华北、华中等北方地区全部处于高度、重度压力状态。其中，北京、天津和山西三个省市的水资源压力已有所改善，由重度压力状态降为高度压力状态，经济发展方式的转变初见成效[113]。

2. 测算账户及结论

獐子岛镇水足迹测算的设定条件如下：

（1）以獐子岛镇镇域为测算范围，包括陆地和所辖海域；

（2）假设海水的供应和污染物消纳能力无限，测算只针对獐子岛镇淡水资源供给量和水足迹，不考虑海产品养殖和消费的海水水足迹；

（3）淡水资源可供给量以该镇淡水资源可持续极限供给量为准（只针对镇域地表径流和地下水，不包括海水淡化）。

獐子岛镇水足迹测算包括农业生产、工业生产、城镇生活等 5 个需水账户，账户构成及参数设定见表 4-5。

獐子岛镇水足迹测算账户构成及参数设定　　　　　　　　　　表 4-5

账户	主要内容与参数设定
农业生产	为保护环境，獐子岛镇所有农作物和畜禽食品消费均依赖镇外输入；农业生产主要为海产品养殖和捕捞业，除海珍品育苗外均不占用淡水资源；海珍品育苗所消耗的淡水为实体水消费
工业生产	獐子岛镇只有少量加工制造业，淡水主要为水产品加工业使用，为实体水消费
城镇生活	獐子岛镇生活用水包括居民用水和公共用水（含建筑业用水、第三产业用水），为实体水消费
生态环境	由于獐子岛镇无公园湖泊和观赏河道，污水稀释由近海完成，所以该镇生态用水主要指绿化园林建设用水，由城市园林绿化用水定额计算
虚拟水贸易	包括进口虚拟水量和出口虚拟水量；獐子岛镇出口贸易基本为海产品，产品加工过程中使用的淡水已在工业生产中计算；镇生产生活用品除海产品外，全部依赖镇外输入；进口农作物虚拟水量以农作物生长期间的蒸发蒸腾量估算，标准参考面作物需水量采用标准彭曼公式计算；进口动物产品虚拟水量计算采用 Chapagain 和 Hoekstra（2004）有关中国动物产品虚拟水量的计算结果；其他工业进口产品虚拟水量根据大连市万元工业产值用水量计算

獐子岛镇水资源可供给总量采用《獐子岛镇可持续水环境规划》的分析结论，取该镇可持续水资源供给极限值 116.1 万 m^3/年。其中，地下水供给极限 32 万 m^3/年，地表水供给极限 84.1 万 m^3/年。经测算，2007 年獐子岛镇淡水资源需求总量为 695.54 万 m^3，淡水资源可供给总量为 116.1 万 m^3，水资源压力为 5.99，属重度压力状态，见表 4-6。

獐子岛镇淡水资源需求与供给平衡表　　　　　　　　　　表 4-6

水资源的需求（水足迹）			水资源的供给		
账户类型	总需求量（万 m^3）	人均需求量 [m^3/（人·年）]	账户类型	可供给总量（万 m^3）	人均可供给量 [m^3/（人·年）]
内部水足迹　农业生产	0	0	本地径流可利用量	84.1	44.26
工业生产	2.15	1.13			
城镇生活	15.27	8.03	地下水可利用量	32.0	16.84
生态环境	3.00	1.58			

水资源的需求（水足迹）			水资源的供给		
账户类型		总需求量 （万 m³）	人均需求量 [m³/（人·年）]	账户类型	可供给总量 （万 m³）	人均可供给量 [m³/（人·年）]

水资源的需求（水足迹）				水资源的供给		
账户类型		总需求量 （万 m³）	人均需求量 [m³/（人·年）]	账户类型	可供给总量 （万 m³）	人均可供给量 [m³/（人·年）]
外部水 足迹	虚拟水 贸易	675.12	355.33	水资源总 可供给量	116.1	61.10
水资源总需求量		695.54	366.07			
水资源压力				5.99		

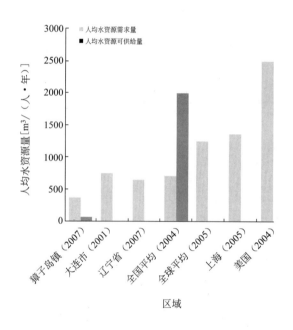

图 4-8
不同尺度人均水足迹和水资源可供给量比较

3. 水资源压力状况与趋势分析

受产业结构和居民生活水平影响，獐子岛镇人均水资源需求量为 366.07 m³/年，仅为大连市和全国平均水平的 1/2，上海等发达地区和全球平均水平的 1/3，如图 4-8 所示。预计随着城镇化建设进程的加快和居民生活水平的提高，獐子岛镇居民综合生活用水量将从现在的 30L/（人·d）逐步上升到近期的 60L/（人·d）和远期的 80L/（人·d）左右。同时，獐子岛镇人均水资源可持续极限供给量为 61.11m³/年，仅为我国人均占有量的 3%，全球平均水平的 1%。

由此可见，獐子岛镇水资源严重匮乏的主要原因在于过低的淡水供应能力。未来，随着獐子岛镇经济社会的进一步发展和水资源需求量的增加，水资源匮乏局面还将加剧。

在水资源需求结构方面，2007 年獐子岛镇内部水足迹为 20.42 万 m³，占水足迹总量的 2.9%，外部水足迹为 675.12 万 m³，占水足迹总量的 97.1%。这是海岛物质流外部输入特征的直接反映。獐子岛镇的内部水足迹主要为第三产业和居民生活的实体水消费，两者共占内部水足迹的 74.8%，水产品加工和生态环境用水分别占内部水足迹的 10.5% 和 14.7%。外部水足迹全部来自生活消费产生的虚拟水贸易。这是海岛物质流外部输入的特殊性反映。

从水资源供应情况看，獐子岛镇现状水资源供给量为 36.2 万 m³/年（不包括海水淡化），仅是极限供给能力的 1/3，还有很大开发利用潜力。同时，獐子岛镇的淡水资源（包括地下水）全部为当年降水，水资源供给能力受气候因素影响较大，稳定性差。因此，进一步拓宽淡水资源供给渠道，提高供给能力是獐子岛镇改善水资源匮乏局面的重点。此外，在调研中规划团队发现，该镇在节水器具使用、水资源循环利用和居民节水意识培养等方面仍有较大提升空间。

4.2.3 指标体系评价

1. 评价方法

指标体系是城市可持续发展评价的主流工具，国内外研究成果众多。这些指标体系基于不同的评价模型设计，评价指标和权重选择也各有不同，尚无统一标准。

联合国可持续发展委员会（United Nations Commission on Sustainable Development, UNCSD）的"可持续发展指标体系"（1996）和 UN-Habitat 的"城市指标"（1988）是其中最早提出也是最有影响力的两个指标体系。前者采用 DSR（Driving force-State-Response，驱动力-状态-响应）模型设计，共包括社会、经济、环境和制度四个评价主题，134 项指标。DSR 模型侧重回答"发生了什么"、"为什么发生"和"如何解决"三个可持续发展中的基本问题，逻辑清晰，内容全面，利于问题诊断，为后来众多的可持续发展指标体系构建所采用。后者为监测城市人居环境建设而设计，采用范围法模型，由住房状况、社会发展和消除贫困、环境管理、经济发展、政府管理五大主题共 42 项指标组成。范围法模型侧重政策和目标的相关性，评价的综合性强。难以把指标直接与可持续发展目标挂钩是该模型的主要问题。

在近年来的国际研究中，世界银行的"全球城市指标"（City Indicators）和西门子资助开展的"绿色城市指数"（Green City Index）评价影响较为广泛。前者旨在制定统一标准，全面评估和监测城市可持续发展绩效与生活质量，后者尝试对全球城市环境绩效表现进行打分。"绿色城市指数"采用的部门法评价模型，与政府各职能部门挂钩，更利于明确权责、指导行动，因此应用渐广，见表 4-7。我国的北京、广州、南京、上海和武汉共 5 个城市参加了该评价。该评价的一个重要特色在于以指数的方式进行数据处理，使评价结论更加简单直观，评价的可比性突出。哥伦比亚大学、清华大学和麦肯锡咨询公司联合制定的城市可持续性指数，中国城

西门子亚洲绿色城市指数 表 4-7

大类	指标	权重	大类	指标	权重
能源供应和 CO_2 排放	人均 CO_2 排放量	25%	垃圾	实际和适当进行处理的垃圾比例	25%
	单位 GDP 能耗水平	25%		人均垃圾生成量	25%
	清洁能源政策	25%		垃圾收集与处理政策	25%
	气候变化行动计划	25%		垃圾回收与再利用政策	25%
建筑和土地使用	人均绿地面积	25%	水资源	人均耗水量	25%
	人口密度	25%		供水系统漏水率	25%
	生态建筑政策	25%		水质政策	25%
	土地使用政策	25%		水资源可持续政策	25%
交通	先进交通网络	33%	卫生	能享受到先进卫生服务的人口比例	33%
	城市公共交通政策	33%		处理的废水的比例	33%
	治堵政策	33%		卫生政策	33%

资料来源：Economist Intelligence Unit. Asian Green City Index［EB/OL］.（2011）. www.siemens.com/presse/greencityindex.

市科学研究会提出的低碳生态城市指标体系等，都采用了这种数据处理方式。

我国的可持续发展指标体系研究也异常活跃，研究成果的国情适应性和政策相关性突出。这其中既有研究机构和学者们的努力，也有政府部门的有力组织和推动，见表4-8。随着实践项目的增多，指标体系的构建也开始从理论分析向建设导向转变，全面、系统与专而精相结合，与部门职能的结合也更加紧密。

低碳生态城市指标体系   表4-8

类别	核心指标	扩展指标	引领指标
资源节约	再生水利用率、单位GDP能耗、人均建设用地面积、绿色建筑比例	工业用水重复利用率	非化石能源占一次能源消费比重、单位GDP二氧化碳排放量
环境友好	空气质量优良天数、集中式饮用水水源地水质达标率、环境噪声达标区覆盖率、公园绿地500m服务半径覆盖率、生物多样性	城市水环境功能区水质达标率、工业固体废弃物综合利用率、环境噪声达标区覆盖率	PM$_{2.5}$日均浓度达标天数、生活垃圾资源化利用率
经济持续	城镇登记失业率	第三产业增加值占GDP比重、R&D经费支出占GDP比重、恩格尔系数	—
社会和谐	住房价格收入比、绿色交通出行分担率、社会保障覆盖率	保障性住房覆盖率、基尼系数、城乡收入比、人均社会公共服务设施用地面积、平均通勤时间、城市防灾水平、社会治安满意度	城乡收入比

评价结论：在数据标准化和赋权处理基础上，进一步形成"低碳生态度"指标，开展城市比较，引导城市朝着正确的生态化方向发展

资料来源：仇保兴.兼顾理想与现实——中国低碳生态城市指标体系构建与实践示范初探［M］.北京：中国建筑工业出版社，2012.作者根据该书整理.

2. 现状评价

为体现《辽宁生态省建设规划纲要（2006—2025）》和《大连市生态市建设规划（2009—2020）》精神，提高评价的可比性，獐子岛镇规划采用国家环境保护总局颁布的《生态县、生态市、生态省建设指标（修订稿）》（环发［2007］195号）作为现状评价工具。《生态县、生态市、生态省建设指标（修订稿）》是一个典型的基于目标法模型构建的指标体系，其中生态县建设指标共包含22项评价指标。獐子岛镇能够取得数据进行评价的有效指标有14项，其中9项指标数据达到了评价标准值，有效指标达标率为64.3%，见表4-9。4项经济发展指标中，3项指标有效且数据全部达标，有效指标达标率100%；16项生态环境保护指标中，11项指标有效，其中5项指标数据达标，有效指标达标率45%；2项社会进步指标中，1项指标有效且数据达标，有效指标达标率100%。

3. 建设水平解析

指标体系评价显示，獐子岛镇生态建设的优势与短板并存。经济发展方面，得益于优越的渔业资源，獐子岛镇经济水平与资源利用效率表现突出，相关指标值均远优于标准值。良好的经济基础为该镇的可持续发展和应对气候变化提供了重要保障。环境保护与污染治理方面，獐子岛镇达标指标主要集中在空气、水、绿化等自然环境质量方面，这是该镇长期努力的成果。不达标指标共6项，分别反映了海岛

獐子岛镇生态建设水平评价表　　　　　表4-9

类别	序号	名称		单位	标准值	獐子岛镇指标值	评价
经济发展	1	农民年人均纯收入		元/人	—	15514	达标
		县（经济发达地区）		元/人	≥6000		
	2	单位GDP能耗		tce/万元	≤0.9	0.38	达标
	3	单位工业增加值新鲜水耗		m³/万元	≤20	缺数据	缺
		农业灌溉水有效利用系数		—	≥0.55		
	4	主要农产品中有机、绿色及无公害产品种植面积的比重		%	≥60	100	达标
生态环境保护	5	森林覆盖率	山区	%	≥75	71.43	达标
			丘陵区	%	≥45		
			平原地区	%	≥18		
			高寒区或草原区林草覆盖率	%	≥90	—	
	6	受保护地区占国土面积比例	山区及丘陵区	%	≥20	66	达标
			平原地区	%	≥15		
	7	空气环境质量		—	达到功能区标准	国家一级	达标
	8	水环境质量		—	达到功能区标准，且省控以上断面过境河流水质不降低	II类	达标
		近岸海域水环境质量		—		国家一类	
	9	噪声环境质量		—	达到功能区标准	居住区60	达标
	10	主要污染物排放强度	化学需氧量（COD）	kg/万元（GDP）	<3.5 且不超过国家总量控制指标	缺数据	缺
			二氧化硫（SO_2）		<4.5	缺数据	
	11	城镇污水集中处理率		%	≥80	83	达标
		工业用水重复率		%	≥80	0	—
	12	城镇生活垃圾无害化处理率		%	≥90	60	否
		工业固体废物处置利用率		%	≥90，且无危险废物排放	贝壳1%，煤渣1%	否
	13	城镇人均公共绿地面积		m²	≥12	9	否
	14	农村生活用能中清洁能源所占比例		%	≥50	缺数据	否
	15	秸秆综合利用率		%	≥95		
	16	规模化畜禽养殖场粪便综合利用率		%	≥95		
	17	化肥施用强度（折纯）		kg/hm²	<250		
	18	集中式饮用水源水质达标率		%	100	80	否
		村镇饮用水卫生合格率		%	100	缺数据	缺
	19	农村卫生厕所普及率		%	≥95	0	否
	20	环境保护投资占GDP的比重		%	≥3.5	2.2	否
社会进步	21	人口自然增长率		‰	符合国家或当地政策	1.6	达标
	22	公众对环境的满意率		%	>95	缺数据	缺

在相关基础设施建设和环保投入方面的一些不足。基础设施建设中，生活垃圾的处理处置问题尤其要引起重视。环境保护投资比重作为生态环境保护工作开展效果的

决定性因素之一，也需给予更多关注。社会进步方面，由于劳动力持续外流和人口老龄化，獐子岛镇的人口自然增长率始终较低。虽然相关指标值优于标准值，但其背后隐藏的发展隐患应引起重视。此外，从评价来看，獐子岛镇在应对气候变化方面有两项重要优势：一是以渔业为主的产业结构带来的减缓气候变化优势，该镇的单位 GDP 能耗值远优于全国城镇标准；二是良好的植被覆盖率带来的较强的自然碳汇能力。

4.3 气候变化应对条件评估

气候变化应对条件评估包括温室气体清单分析和气候变化脆弱性评估。通过它们，协同规划得以在资源环境承载力综合评估的基础上，进一步了解规划区减缓和适应气候变化的条件及行动方向。结合海岛生态系统独特的封闭性，獐子岛镇规划不仅编制了温室气体清单，还通过城镇系统的碳平衡分析来加强对减缓气候变化重点问题的认识。但受数据条件限制，规划不对其短寿命气候污染物排放问题做深入讨论。

4.3.1 温室气体清单分析

1. 分析工具

编制温室气体清单是了解区域温室气体排放水平、明确减排方向、建立减排基准的重要基础性工作。它的产生源于《联合国气候变化框架公约》规定的"可测量、可报告、可核实"的温室气体减排责任和报告原则。《IPCC 国家温室气体清单指南（2006）》为世界各国的温室气体核算提供了规范的清单编制框架。但由于核算区域尺度不同带来的一系列差异，这部指南不适合直接用于城市核算。2014 年 12 月，世界资源研究所（The World Resources Institute，WRI）、ICLEI 和 C40 联合发布了首个城市温室气体排放核算和报告通用标准——《城市温室气体核算国际标准》（Global Protocol for Community-Scale Greenhouse Gas Emission Inventories，GPC）。GPC 遵循《IPCC 国家温室气体清单指南（2006）》的基本核算框架，但对核算范围、核算部门和核算方法都做了相应调整。调整后的核算标准更符合城市内外的资源流运动和经济活动特点。

由于建制和统计口径的差异，我国城市的温室气体核算并不适合直接使用国际通用清单，还需要在此基础上进一步本土化。2011 年末，国家发改委气候司组织编写了《省级温室气体清单编制指南（试行）》，推动和规范各省、市的温室气体核算与低碳发展规划编制。2013 年 9 月，WRI 与国内研究机构联合发布了针对中国城市的《城市温室气体核算工具（测试版 1.0）》，2015 年 4 月进一步发布了《城市温室气体核算工具 2.0》（以下简称《工具 2.0》）。《工具 2.0》无论是在核算部门划分还是核算报告输出形式上，都较好地考虑了中国城市的建制特点和核算成果用途，如图 4-9 所示。同时，《工具 2.0》以 EXCEL 软件为载体为用户提供便捷的在线服务。借助嵌入式计算公式和默认排放因子，用户只需要收集和输入活动水平数据，即可由软件自动生成核算报告，极大地减少了用户工作量。城乡规划是温室气体清单应用的一个重要领域。该领域的清单编制要使温室气体核算类别的划分与其政策职能较好地对接，特别是要加强对城乡空间发展的反映，为政府主导下的土地开发管控和引导提供量化的决策支持工具。同时，温室气体的核算范围也应从城市治理的角度出发，以终端需求产生的温室气体为度量对象，重视全寿命周期和间接排放的核算。

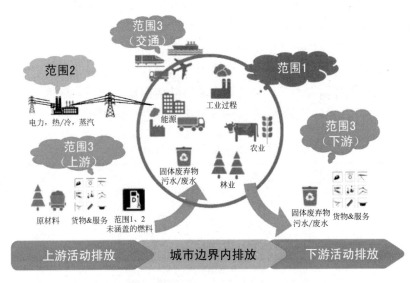

图 4-9 温室气体排放范围与排放源关系图

资料来源：WRI. Greenhouse Gas Accounting Tool for Chinese Cities（Pilot Version 1.0）［EB/OL］.（2013）. http：//www. wri. org. cn/files/wri/GHG%20Accounting%20Tool%20for%20Chinese%20Cities. pdf.

2. 基于协同规划的清单编制框架

协同规划的清单编制主要参考《省级温室气体清单编制指南（试行）》（2011）和《城市温室气体核算工具 2.0 更新说明》（WRI，2015）的编制要求，结合国内学者研究成果[114-116]和协同规划特点，建立规划减排基准，梳理分项规划任务。

温室气体核算以 CO_2、CH_4、N_2O 为主要对象，兼顾部分气溶胶和臭氧前体物排放。根据我国城市建制特点，核算边界可分为两类：（1）城市行政区划范围，包括建成区、乡镇和农村；（2）城市建成区。两类范围各有其核算价值。前者的核算内容更加全面，但也会由于农村和乡镇地区与城市建成区人口的能源消耗差异，使最终的人均和地均核算结果偏小，削弱对城市排放问题的反映；后者的核算更能突出城市问题，也更有利于国内外比较，但无法反映农村和乡镇的排放影响。

同时考虑供应侧与需求侧的能源消耗与排放，核算范围主要包括 3 个层次：范围 1，边界内的温室气体直接排放与吸收；范围 2，边界内活动消耗的调入电力和热力（包括热水和蒸汽）间接排放（包括终端消费量和损失量）；范围 3，范围 2 之外的其他间接排放（包括上游排放和下游排放）。上游排放包括原材料异地生产、跨边界交通以及购买的产品和服务产生的排放，下游排放包括跨边界交通、跨边界废弃物处理处置和产品使用产生的排放。考虑到数据的可得性，范围 3 的核算应至少包括跨边界交通（始于界内，不包括结束于界内的跨边界交通）和跨边界废弃物处理处置（只包括在界内产生且在界外处理的废弃物；不包括在界外产生且在界内处理的废弃物）产生的排放，并在可能的条件下，核算生产物资和生活物资异地生产和运输产生的排放。

核算账户包括基础账户和扩展账户，见表 4-10。（1）基础账户，包括范围 1 和范围 2 的全部核算内容，以及范围 3 中的跨边界废弃物处理处置产生的排放。这些内容是核算的必选项，清单应为各核算部门提供尽可能详细的核算方法。核算部门的划分与城市用地分类相对应。（2）扩展账户，包括城际交通和物资输入。城际交通指范围 3 中的跨边界交通，物资输入指范围 3 的异地生产生活物资输入。扩展账户的核算内容数据获取难度较大，只作为清单中的推荐核算内容。虽然协同规划对城际交通温室气体排放规模和结构的干预能力较弱，但城际交通的排放核算是全面评估城市交通部门温室气体排放的重要参数，所以应尽可能纳入核算范围；在城市生产生活物资的界外输入中，如钢铁、水泥等重要的城市建设物资和食品等基本生活物资的输入都与协同规划具有较强的相关性，也应在核算中给予体现。

基于协同规划的温室气体核算账户设计   表 4-10

核算部门①			核算范围②			气候变化人为强迫因子		对应IPCC核算部门	对应分项规划	对应用地分类
			1	2	3	温室气体	气溶胶和臭氧前体物③			
基础账户										
工业	能源工业（扣除本地使用量）（+）		√	—	—	CO_2、CH_4、N_2O	SO_2、NO_x、BC 等	能源活动	产业经济	M 工业用地
	其他工业	能源消费（+）	√	√	—					
		工业过程和产品使用（+）	√	—	—	CO_2、N_2O	SO_2	工业过程		
建筑	中心城区	住宅用能（+）	√	√	—	CO_2、CH_4、N_2O	SO_2、NO_x、BC 等	能源活动	绿色建筑	R 居住用地
		公共建筑用能（+）	√	√	—					A 公共管理和公共服务设施用地、B 商业服务业设施用地
	镇/乡	住宅用能（+）	√	√	—					H12/H13 镇/乡建设用地
		公共建筑用能（+）	√	√	—					
交通	城市客运	公共交通用能（+）	√	√	—	CO_2、CH_4、N_2O	SO_2、NO_x、BC 等	能源活动	空间布局、绿色交通	S 交通设施用地
		非公交机动车用能（+）	√	√	—					
	城市货运交通用能（+）		√	√	—					W 物流仓储用地
水资源利用	自来水生产与供应过程用能（+）		√	√	—	CO_2、CH_4、N_2O	SO_2、NO_x、BC 等	能源活动	水资源综合利用	U 公用设施用地（对应范围 1 排放）、G 绿地（对应范围 3 排放）
	污水收集与处理过程（+）	用能（+）	√	√	—					
		生化反应（+）	√	—	√	CH_4、N_2O	NH_4^+	废弃物处理		
固体废弃物处理	填埋（+）		√	—	√	CO_2、CH_4	NH_4^+	废弃物处理	固体废弃物绿色管理	U 公用设施用地（对应范围 1 和范围 2 排放）、G 绿地（对应范围 3 排放）
	生物处理（+）		√	—	√					
	燃烧（+）		√	—	√	CO_2、CH_4、N_2O	SO_2、NO_x、BC 等			

核算部门①			核算范围②			气候变化人为强迫因子		对应IPCC核算部门	对应分项规划	对应用地分类
			1	2	3	温室气体	气溶胶和臭氧前体物③			
农业	能源消费（+）		√	√	—	CO_2、CH_4、N_2O	SO_2、NO_x、BC 等	能源活动	产业经济	E2 农林地（仅指耕地和设施农用地）
	生物质生产	种植业（+/−）	√	—	—	CH_4、N_2O	NH_4^+	农业活动		
		养殖业（+）	√	—	—					
景观生态	城市绿地（−）		√	—	—	CO_2、CH_4、N_2O	沙尘	林业及其他土地利用	景观生态	G 绿地
	水域（−）		√	—	—					E1 水域
	林地（−）		√	—	—					E2 农林地（不包括耕地和设施农用地）
	其他（+/−）		√	—	—					H9 其他建设用地、E9 其他非建设用地
扩展账户										
城际交通	城际客运交通（公路/铁路/水运/空运）用能（+）		—	—	√	CO_2、CH_4、N_2O	SO_2、NO_x、BC 等	能源活动	绿色交通	H2 区域交通设施用地
	城际货运交通用能（+）		—	—	√					
物资输入	生产物资	钢铁、水泥、玻璃等（扣除本地生产量）（+）	—	—	√	CO_2、CH_4、N_2O	SO_2、NO_x、BC 等	能源活动	—	G 绿地
	生活物资	食品、家用电器、私人小汽车等（扣除本地生产量）（+）	—	—	√	CO_2、CH_4、N_2O	SO_2、NO_x、BC 等	能源活动		

①核算部门一栏，"（+）"表示温室气体源，"（−）"表示温室气体汇；②属于核算范围3的界外处理废弃物和界外输入的生产生活物资，在对应城市的用地分类中，统一归入"G 绿地"中，抵消部分碳汇；③气溶胶和臭氧前体物一栏的内容，目前还没有适合的参数进行核算。从同源性来看，温室气体核算在很大程度上也能够反映它们的排放水平。

　　城市温室气体核算方法一般有两类，一是基于能源表观消费量计算能源消费温室气体排放量的参考方法，也称"自上而下"法，是《IPCC 国家温室气体清单指南》（2006）中推荐的缺省方法。该方法数据权威、易于获取，但核算精度较低，核算结果难以分解到具体部门形成针对性措施建议。二是通过国民经济各门类或行业划分进行温室气体分类和计算的部门层次法，也称"自下而上"法。该方法数据翔实、核算精度高，但工作量大。核算优先采用部门层次法，必要时通过两种方法的交叉验算，提高核算结果的科学性，见表4-11。

　　排放因子是城市温室气体排放量化的关键数据。由于自然条件、经济技术发展水平和设备选择方面的差异，即使是同一种部门的活动，各城市的排放因子也不尽相同。综合考虑到排放因子的获取难度和准确性，协同规划优先选用区域排放因子

（省级或跨省）和国家排放因子。

不同活动核算方法汇总　　　　　　　表 4-11

核算活动	核算内容	主要核算方法	核算特点
固定源化石燃料燃烧	能源工业（公共电力、公共热力等）和能源终端利用过程（农业、工业、建筑、水资源利用和电力驱动交通工具）	IPCC 推荐计算公式	计算便捷，准确度低，需要完整的能源统计数据
		部门层次法	适合于能源统计数据不完整的规划区
移动源化石燃料燃烧	各类交通运输工具使用的化石燃料燃烧	IPCC 推荐计算公式（燃料消耗量数据通过销售数据法获取）	适用于对外交通量远小于区域内交通量的规划区
		IPCC 推荐计算公式（燃料消耗量数据通过行驶里程法获取）	适用于对外交通量较大的规划区
工业过程和产品使用	钢铁、水泥、石灰、玻璃、合成氨、石油化工、乙二酸生产	IPCC 推荐计算公式	—
污水处理与收集	生活污水在收集处理过程中的生化反应排放	IPCC 推荐计算公式	
垃圾填埋	填埋垃圾中可降解有机碳的降解排放	IPCC 推荐计算公式	根据中国垃圾成分、含水率、温度等特点，采用一阶衰减方法修正参数
垃圾燃烧	垃圾燃烧产生的 CO_2	IPCC 推荐计算公式	
农业活动	种植业和养殖业活动排放	IPCC 推荐计算公式	—
植被和土壤碳汇	—	基于 IPCC、国家或区域植被固碳潜力数据的参考方法	核算内容全面，排放因子通常来自参考文献，核算结果可能偏高
		基于地理信息系统的 Citygreen 数字化模型计算方法	核算结果贴近实际情况，但可能受卫星影像影响，出现核算偏差

3. 核算应用

獐子岛镇的温室气体核算包括两部分内容，一是通过清单，了解镇域人为温室气体排放规模和构成；二是基于所辖海域和产业结构的独特碳汇潜力，考察镇域碳平衡现状与"碳中和"途径。清单以 2007 年全镇 CO_2、CH_4 和 N_2O 的排放与吸收作为核算对象。

獐子岛镇的碳平衡模型由大气、陆地和所辖海域三部分组成，如图 4-10 所示。獐子岛镇的人类活动通过化石燃料使用、废弃物处理处置、林业及其他土地利用变化向大气排放 CO_2，同时通过贝藻养殖，使大气和海洋中溶解的部分碳元素以海产品的形式被移出海域。海产品经过加工处理后销往市区，剩余贝壳废弃物部分留在岛上，作为固体废弃物填埋处理，部分运往市区进行再利用。岛陆植物通过不断地光合作用、生长和枯荣，将大气中的碳固定到土壤中。土壤碳及其他营养物质，通过海岛生态系统的物质循环，输送至海洋。海洋中海-气界面的"物理泵"作用和海洋生物的"生物泵"作用，将这些碳和大气中的 CO_2 进一步转化并"泵送"至深海，沉积于海底。

由于数据获取的原因，獐子岛镇的核算只针对表 4-10 中的基础账户进行，合并部分账户内容。合并后的核算活动包括：固定源化石燃料燃烧，移动源化石燃料燃烧，工业生产过程和产品使用，废弃物处理处置，以及农业、林业及其他土地利用变化，见表4-12。核算优先选择地方政府年鉴中的相关数据。经核算，2007年獐子岛镇总计排放温室气体9.45万tCO_2e，其中自然生态系统和人工方法共吸收温室气体0.63万tCO_2e，净排放温室气体8.82万tCO_2e，见表4-13。如果要实现海岛复合生态系统的碳中和，所需的海域面积约为现有海域面积的20倍。

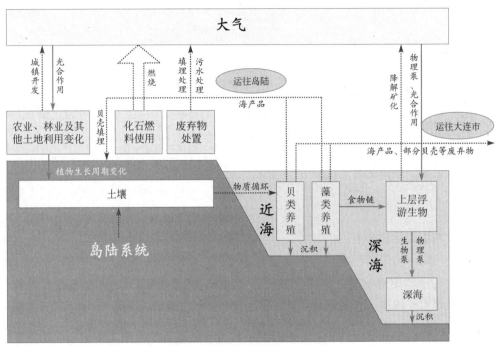

图4-10 獐子岛镇碳平衡研究模型

獐子岛镇温室气体核算内容及方法　　　　　　　　　　　　　　表4-12

核算活动	核算内容	核算方法	核算参数与数据获取
固定源化石燃料燃烧	电力、煤炭和液化石油气使用	采用IPCC推荐计算公式	碳排放因子采用IPCC缺省值，电力排放因子采用国家发改委2007年东北电网数据
移动源化石燃料燃烧	獐子岛镇货运和客运交通消耗的汽油及柴油	采用IPCC推荐计算公式	油料消耗量通过燃料销售数据法获得，燃料排放因子采用IPCC缺省值
工业生产过程和产品使用	獐子岛镇无相关排放	—	—
废弃物处理处置	固体废弃物填埋和污水处理（生活污水、工业废水）	均采用IPCC推荐计算公式	—
农业、林业及其他土地利用变化	陆地生态系统固碳（森林碳汇）、近海生态系统固碳（浮游植物的自然固碳和贝藻类养殖的人为固碳）	森林碳汇核算采用CITYgreen数字化模型[1]，近海生态系统固碳能力采用相关研究成果	—

①　规划分别采用CITYgreen数字化模型和标准数据测算獐子岛镇森林年碳汇能力。两种方法测算结果分别为742t CO_2/年和3029.4t CO_2/年。由于獐子岛镇土壤条件较差，两种方法相比，基于CITYgreen数字化模型的测算结果更贴近实际情况。CITYgreen测算由邹涛完成。

核算部门		温室气体排放量（tCO₂e/年）[1]			
		CO_2	NH_4	N_2O	小计
化石燃料燃烧	工业[2]	65023	0	0	90750
	建筑				
	交通运输	25362	28	337	
工业生产过程和产品使用	—	0	0	0	0
农业、林业及其他土地利用	牲畜/土地/其他	0	0	0	-6282
	森林	-742	0	0	
	浮游植物	-4500	0	0	
	贝藻养殖	-1040	0	0	
废弃物处理处置	垃圾填埋	0	2683	0	3778
	垃圾焚烧	0	0	0	
	污水处理	0	1095	0	
合计		84103	3806	337	88246

① "温室气体排放量"一栏中，正数值表示温室气体源排放，负数值表示温室气体汇吸收；②獐子岛镇人为的工业包括具备产业化特征的育苗业。

4. 减源增汇途径分析

獐子岛镇人为排放的温室气体以 CO_2 为主，CO_2 排放量占总排放量的 96%，全部来自化石燃料燃烧排放；NH_4 排放量占 3.6%，主要来自废弃物处理处置排放，少量来自化石燃料燃烧排放；化石燃料燃烧产生的 N_2O 排放量占 0.4%。在各类排放活动中，化石燃料燃烧排放占绝对比重，约为总排放量的 96%，剩余 4% 为废弃物处理处置排放。

2007 年獐子岛镇共消费化石燃料 3.37 万 tce，排放温室气体 9.07 万 tCO_2e，见表 4-14。在各类化石燃料消费活动中，排在首位的是煤炭消费，如图 4-11（a）、（b）所示。煤炭消费主要用于各类建筑的冬季采暖，少量为居民炊事用能。提高建筑保温性能、改变采暖方式，是降低獐子岛镇煤炭消费的重要手段。柴油消费及其温室气体排放量仅次于煤炭，消费量占比 35%，温室气体排放量占比 29%。柴油消费以各类渔船作业为主。渔船是獐子岛镇的基本生产作业工具，不能简单地限制使用，如不改变生产方式和渔船动力技术，则柴油消费量和温室气体排放量的削减空间不大。獐子岛镇电力消费及其温室气体排放量均在柴油之下，消费量占比 16%，温室气体排放量占比 17%。2007 年獐子岛镇用电量近 1500 万 kWh，照明和动力用电各占一半。企事业单位的照明和动力用电是消费的主力军。獐子岛镇的汽油消费及其温室气体排放水平较低，液化气消费亦然。前者主要作为机动车燃料，后者主要作为居民炊事用能。两者对削减獐子岛镇能源消费及其温室气体排放贡献不大。综合以上化石燃料消费表现来看，建筑是獐子岛镇最主要的化石燃料使用和温室气体排放部门，如图 4-11（c）所示。建筑部门燃料消费及其温室气体排放又以建筑采暖为主，另有部分建筑照明和炊事用能。建筑部门消费的化石燃料主要为煤炭，其次为电力。除建筑外，工业（包括育苗业）和交通运输是獐子岛镇另外两个主要的化石燃料消费和温室气体排放部门。工业消费排放量占总排放量的 26%，基本为动力用电。交通运输消费排放量占总排放量的23%，主要为渔船和货运交通的柴油消费排放，客运交通的汽油消费排放所占比例较低。

2007 年獐子岛镇化石燃料终端消费情况统计 　　　　　　表 4-14

社会部门		化石燃料种类	折算标煤量（tce/t）	温室气体排放量（tCO$_2$e/年）	温室气体排放合计（tCO$_2$e/年）
工业	动力	煤炭	1800	5540	13285
	动力	电力	1948	5665	
	备用发电	柴油	947	2080	
交通运输	客运交通	汽油	662	1362	25712
	渔船及货运交通	柴油	11074	24350	
建筑	采暖	煤炭	13230	40719	51764
		电力	638	1854	
	照明	电力	2727	7931	
	炊事用能	液化气	686	1260	
合计		—	33712	—	90761

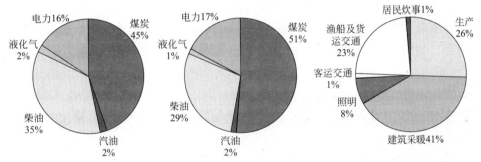

（a）燃料消费类型构成　　　（b）各消费类型的温室气体排放构成　　　（c）各消费部门的温室气体排放构成

图 4-11　獐子岛镇终端能源消费的燃料类型与温室气体排放构成

由于海、陆生态系统的共同作用，獐子岛镇的碳汇条件得天独厚。其中，岛陆生态系统固碳以森林为主，年固碳量占系统总碳汇量的 11.8%；所辖海域生态系统固碳以浮游植物的生物泵作用和贝藻养殖为主，浮游植物年固碳量占系统总碳汇量的 71.6%，贝藻养殖年固碳量占系统总碳汇量的 16.6%。因此，维护岛陆和所辖海域的生态系统健康是保持獐子岛镇碳汇能力的根本。从碳汇潜力来看，目前的固碳量已是獐子岛镇碳汇能力的极限，无论是林地面积还是贝藻养殖能力都已近饱和，难以进一步扩大规模。因此，未来改善獐子岛镇碳平衡的重点还是在于如何削减化石燃料消费的碳足迹，特别是对煤炭和电力消费碳足迹的削减，建筑是其中最具削减潜力的消费部门。此外，通过垃圾和污水的资源化利用减少废弃物处置的碳排放，对削减獐子岛镇碳足迹也会有一定贡献。

4.3.2　气候变化脆弱性评估

1. 评估方法

脆弱性评估源于自然灾害研究。2001 年 4 月《科学》杂志发表的"可持续性科学"一文，将"特殊地区的自然-社会系统的脆弱性或恢复力"研究列为可持续性科学的 7 个核心问题之一。气候变化脆弱性是自然-社会系统脆弱性的一部分。IPCC 将其定义为系统容易遭受来自气候变化（包括气候变率和极端天气事件）的持续危害范围或程度。2014 年，IPCC 第二工作组报告明确了气候变化脆弱性的三个结构要素——暴露性、敏感性和适应能力。它是气候变化引发的灾害和承灾系统共同作用的结果，是一个相对概念，而不是绝对的损害程度度量单位，具有系统性、时间标识和空间尺度特征[117]。

城市气候变化脆弱性评估是对城市资源、环境、经济、社会系统面对气候变化扰动的敏感性、易损性和应对能力的综合判断。敏感性越高，城市系统受到扰动时出现破坏的概率越大；易损性越高，城市系统的破坏程度越大；应对能力越强，城市系统越能够将扰动对它的损害降至最低。同样，城市气候变化脆弱性的评估结果也是一个相对值，只有在同一评价体系下进行横向或纵向比较才有意义。目前城市气候变化脆弱性评估总体沿着两个方向发展：一是单一系统评估，二是包括经济和社会发展在内的复合系统评估。单一系统评估起步早，多以地理信息系统和情景分析法为基础，评估方法相对成熟，精确性较高，如农业生态系统的脆弱性评估、森林生态系统的脆弱性评估、水资源与水环境的脆弱性评估、城市基础设施的脆弱性评估等。纽约市的雨洪风险问题评估就是其中的代表[118]。复合系统评估起步晚，评估内容复杂，评估方法还有待完善，将指标体系评价法与地理信息系统和情景分析法结合，是其中的有效处理方式，如"上海气候变化脆弱性指数（SHEVI）"评价[119]。

2. 现状评估

受技术条件和数据收集的限制，獐子岛镇规划没有开展系统的、量化的气候变化脆弱性评估。从文献来看，獐子岛镇的气候变化脆弱性主要来自两个方面，一是风暴、暴风雨和汛潮等极端天气事件的多发，二是降雨的不断减少和干旱天气的增加，见表 4-15。新中国成立至今，獐子岛镇有记载的重大风暴共 13 次，全镇居民住房、渔船、养殖设施和电力通信设施都曾遭受过重大损失。虽然没有资料显示这些极端天气事件的出现频率和强度有增加趋势，但现有频率和强度对獐子岛镇生产生活的威胁依然巨大。干旱使獐子岛镇本已紧张的淡水资源供应更加局促，在严重干扰獐子岛镇居民正常生活的同时，也使渔业和旅游业发展风险不断增加。这种困扰随着未来全球气候变暖的加深还会进一步加剧。

20 世纪 90 年代獐子岛镇主要极端天气事件 表 4-15

时间	关键词	极端天气事件
1995.8	暴雨	连续大雨，海水水质淡化，大量海洋生物和养殖扇贝死亡
1995.8	汛潮	受大汛潮海流冲击，1094 台养殖台筏毁坏，经济损失 14 万元
1997.8	风暴	强热带风暴袭击，平均风力 8 级，阵风达 10 级，降雨量 110mm。养殖台筏、电力、通信设施均遭受不同程度损坏
1999.4	风暴	辽长渔号翻沉，船上 8 人遇难

资料来源：獐子岛镇志编纂委员会.獐子岛镇志 [M].北京：中国社会出版社，2005.

作为海岛城镇[①]，獐子岛镇未来应综合考虑社会-经济-自然复合生态系统对极端天气事件、气候变暖和海平面上升等气候变化影响的适应。与文献记载的极端天气事件相比，气候变暖和海平面上升给獐子岛镇带来的影响可能更加深远和持久。獐子岛镇应进一步加强潮间带和岛陆生态系统保护，防止生物入侵和生物多样性退化；优化产业结构，减少产业发展对自然环境的依赖；丰富能源和水资源供应结构，保障供应安全；提升城镇道路和房屋建设品质，加强防灾减灾体系建设，防止工程地质灾害，如图 4-12 所示。

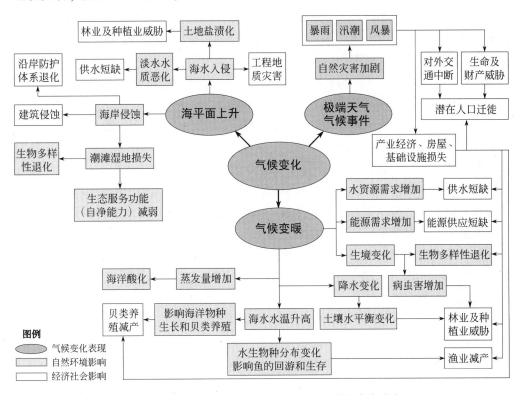

图 4-12　气候变化对獐子岛镇复合生态系统影响关系图

资料来源：王祥荣，王原. 全球气候变化与河口城市脆弱性评价——以上海为例［M］. 北京：科学出版社，2010. 作者结合该书绘制.

4.4　规划愿景与目标

4.4.1　规划区可持续发展和应对气候变化的 SWOT 分析

1. 优势（S）与机遇（O）

从以上资源环境评估结论中可以看出，得天独厚的自然环境、丰富多样的可再

---

① IPCC 的研究显示，小型岛屿面对全球变暖、海平面上升和极端天气气候事件的影响尤其脆弱（很高信度）。气候变化带来的海平面上升加剧中高纬度小型岛屿的洪水、风暴潮、侵蚀以及其他海岸带灾害，造成自然的沿岸防护体系退化，进而威胁那些支撑小岛屿社会经济和人民生活的关键性基础设施（很高信度）；夏季降水减少，岛屿水资源受到严重影响（很高信度）；由于海洋表面温度升高、浑浊度加大、养分荷载和化学污染加重等原因，威胁渔业发展（高信度）；气候变暖还使外来物种更易入侵海岛生态系统（高信度）。此外，海平面上升、洪水、海水侵入淡水透镜体、土壤盐碱化和供水减少很可能对沿海农业造成不利影响（高信度）。资料来源：IPCC. Climate Change and Water［M/OL］. Cambridge：Cambridge University Press, 2008. https://www.ipcc.ch/publications_ and_ data/publications_ and_ data_ technical_ papers.shtml.

生能源利用条件、良好的经济基础，以及镇政府和居民对环境问题的重视，构成了獐子岛镇可持续发展和应对气候变化的核心优势。同时，国内日益加快的消费结构转型升级和绿色低碳发展趋势，也为獐子岛镇更好地发挥自身优势、提高发展效益和效率、塑造发展特色提供了机遇。

自然环境孕育了獐子岛镇高品质的海珍品资源。它使獐子岛渔业成为全国海珍品养殖和加工的龙头品牌，并在国际海珍品市场上占有一席之地，也使这一品牌未来的产业链拓展和溢价能力拥有了更多发展空间。特别是在国内环境和食品安全意识不断提高、健康生活观念深入人心的消费趋势下，獐子岛镇绿色健康的自然环境和海珍品品质更显宝贵。保护这一资源是獐子岛镇持续发展的根本。

獐子岛镇的可再生能源利用条件优越，能源类型多样，品质较高，风、光、水、浅层地热和生物质能均可利用。这些可再生能源的充分利用，具有多重环境、社会和商业价值。它不仅能够使獐子岛镇摆脱用能瓶颈、减少相关污染和温室气体排放、实现系统碳平衡，还能平抑用能价格、改善建筑居住品质，并有助于塑造绿色健康的渔业品牌形象。

2. 劣势（W）与威胁（T）

作为海岛城镇，獐子岛镇的可持续发展和应对气候变化仍面临着多方面劣势。在全球气候变化、海洋生态环境日益脆弱和城镇发展竞争日趋激烈的外部形势下，这些发展劣势可能带来的负面影响不容忽视。

（1）自然生态系统脆弱性高、承载力低，人口超载。与陆地生态系统相比，獐子岛镇海岛生态系统脆弱性突出，易破坏，难修复，且土地面积小，产出能力低，生态承载力极为有限。多年来的人类活动已使獐子岛镇自然生态系统服务功能有所退化。过低的生态支撑能力和相对较高的人口规模，使海岛复合生态系统总体处于生态过载状态。人口过载给獐子岛镇带来了土地占用，能源、水、粮食等需求量增加，海运运输量增加，污水、固体废弃物排放量增长等一系列资源环境威胁。

（2）关键自然资源存量有限，利用效率低。獐子岛镇发展建设的关键自然资源，如土地、能源、水资源等，存量都极为有限，同时还都不同程度地存在着利用方式落后、利用效率低的问题，如人均建设用地指标偏高，土地利用效率较低；建筑技术落后，节能、节水水平低；生活污水、固体废弃物等处理方式先进性不足，资源化利用程度不高等。这些问题与人口过载结合，进一步加剧了海岛资源供应的紧张局面。

（3）生产生活资源与物资对外依存度高，供应风险大。由于本地供应能力较差，獐子岛镇生产生活所需资源和物资都不同程度地依赖岛外输入，供应风险较高。其中，能源全部依靠大陆供应，海底电缆易被船只破坏，供电稳定性欠佳；淡水资源的本地供应能力不足，遇持续干旱，需要岛外运输补给；除海产品外，獐子岛镇的食品供应全部依靠岛外运输解决，膳食结构较为单一，通航可靠性易受天气影响。同时，气候变化带来的天气异常和极端天气事件也在加剧各项资源和物资的外部供应风险，如气候变暖和干旱天气增加导致的淡水短缺加剧、极端天气事件对獐子岛镇航运和物资供应的影响等。

（4）产业发展与城镇建设韧性不足，经济系统气候变化脆弱性高。除自然生态系统外，獐子岛镇经济系统同样存在着不容忽视的气候变化脆弱性问题。与自然环境和天气密切相关的产业类型，刚性有余、灵活性不足的基础设施建设方式与资源利用模式，较为落后的建筑设计和建造水平，都使獐子岛镇的生产生活难以从容应对未来的气候变化扰动，敏感性高、易损性大。

（5）人口结构不合理，城镇发展活力低。人才流失和老龄化是獐子岛镇近年来两个重要的人口发展趋势。两者的相互影响极不利于獐子岛镇发展活力的保持和提升，同时也对獐子岛镇的公共服务设施建设提出了许多新的要求。

因此，獐子岛镇的可持续发展和应对气候变化行动，需要从转变岛镇生态过载状态和资源利用模式入手，通过系统的行动路径构建，把握机遇、显化优势、转化劣势，协调好保护与发展的关系，提高发展的安全性、质量和活力。

4.4.2 愿景与目标

综合以上分析，獐子岛镇可持续发展和应对气候变化的总体愿景包括：

（1）低足迹→自维持海岛。在适当控制人口规模的前提下，转变产业结构和发展方式，优化资源利用方式，提高利用效率，减少废弃物排放，逐步降低獐子岛镇发展的生态足迹、水足迹和碳足迹，提高能源、水资源和基本食品供应的自维持能力，增强发展韧性。

（2）低碳→碳中和海岛。开源节流，充分挖掘獐子岛镇优越的可再生能源利用条件，转变能源利用方式，改善利用技术，逐步实现獐子岛镇的"低碳"、"微碳"和"碳中和"发展，在可能条件下建设"正气候"海岛，助力獐子岛镇经济发展和绿色品牌建设。

（3）绿色→和谐海岛。通过海珍品养殖与加工、资源（能源、水、固体废弃物）综合利用、绿色交通、绿色建筑、信息化等新措施和新技术的运用，建设绿色科技海岛，提高獐子岛镇经济社会系统的抗风险能力和发展活力。同时扩大就业渠道，完善公共服务设施建设，提高獐子岛镇人居环境和公共服务水平，适应人口老龄化趋势，使不同年龄和收入水平的居民安居乐业，使绿色生活方式深入人心，使传统渔村文化去陈迎新，塑造獐子岛镇自然、经济和社会系统协同发展，人与自然和谐共生的独特魅力。

对于獐子岛镇可持续发展和应对气候变化的关键资源，规划确立的优化配置基本目标见表4-16。

獐子岛镇关键资源优化配置目标　　　　　　　　　　表4-16

资源类型	指标	现状值（%）	目标值（%）	
			2015年	2020年
土地	新增建设用地比例	—	0	0
能源	电力供应自给率	0	31	73
水资源	水资源（非海水淡化）供应自给率	77	88	100
固体废弃物	固体废弃物本地资源利用率	5	36	70
食品	食品（果蔬）供应自给率	0	30	90
劳动力	第三产业就业比重	12	45	50

4.4.3 空间发展层次

獐子岛镇可持续发展和应对气候变化行动主要包括三个空间协同层次：主岛、镇域和区域共同体（獐子岛镇与长海县、大连市）。关键发展资源通过在各层次内和不同层次之间的循环再生与协同优化趋向最优配置。镇域是獐子岛镇协同发展的主体。主岛和外岛之间通过功能布局、产业发展、资源综合利用和废弃物综合处理等措施，实现中观层次的资源优化配置。主岛是海岛生产生活最集中的区域，也是环境保护和协同发展的重点。主岛内各社区之间通过功能布局和资源利用的相互补充，实现微观层次的资源优化配置。獐子岛镇与长海县和大连市构成的区域共同体，是獐子岛镇发展活力的源泉，也是协同发展的突破点。它们通过产业联动、人才共享与输送、可再生能源生产与利用、废弃物综合利用等措施，实现宏观层次的资源优化配置。

第 5 章　分项规划研究

分项规划研究侧重根据协同规划总体愿景，结合关键规划资源利用的物质流与用地条件分析，明确各分项规划任务，形成分项规划方案。物质流分析法是研究区域或经济层次中经济系统与生态系统物质流动规律的量化方法，因其强烈的政策导向性而应用广泛。物质流分析法主要包括两类，一是基于通量的物质流分析，二是基于单一物质的物质流分析。獐子岛镇关键发展资源的物质流分析属于后者。受规划条件所限，獐子岛镇的分项规划方案主要集中在产业经济、土地利用与城市空间、景观生态等 8 个方面，不包括智慧海岛建设，也不将大气污染防治作为重点考虑。

5.1　产业经济

5.1.1　基本策略

1. 产业结构的优化升级

加速产业结构调整和升级，带动经济向绿色低碳转型，是发达国家绿色低碳发展的主要途径之一。为求得环境和发展的共赢，绿色经济通常有两个方面的发展措施。一是对原有经济系统进行绿色改造，削减资源消耗和污染物排放，并借此产生经济效益，如开发新的生产工艺、降低或替代有毒有害物质的使用、高效和循环利用原材料、降低污染物的产生量、对污染物进行净化治理等。现代工业已经在很大程度上做到了低排放甚至零排放，所以尽管很多产业是传统产业，但也属于绿色经济范畴。二是发展对环境影响小或有利于改善环境的"绿色产业"，如生态农业、生态旅游、有机食品、可再生能源、植树造林等。这些产业并不都是新兴产业。UNEP 倡导的绿色投资也要求把资金投入到那些既能增加就业、拉动消费又能减少排放的经济活动中去，包括清洁技术、可再生能源、生态系统或环境基础设施、基于生物多样性的商业（如有机农业）、废物及化学品管理、绿色城市、绿色建筑、绿色交通等。这与上述绿色产业在范围上也是基本一致的。同时，发展绿色经济要放在特定的背景下去理解，既不能要发展不要绿色，也不能只要绿色，置发展于不顾。

我国城市的可持续发展和绿色低碳转型应在传统基础上优化升级产业结构，建立立足国情，不同于发达国家的绿色、协调、高效的现代产业体系。作为人口大国，发展绿色、安全、高效的现代农业意义重大。它是解决我国 14 亿人口吃饭问题的头等大事，也是治理环境污染、维护区域生态安全、减缓和适应气候变化的重要途径，还是协调城乡发展格局、提高城市系统自维持能力的关键环节。从全球现代化发展历程看，工业化、城镇化和农业现代化是相辅相成的。没有农业现代化，工业化和城镇化的发展就会陷入停滞。我国的农业现代化建设明显滞后于工业化和城镇化，是现代化建设的瓶颈问题之一，但也具有广阔的发展空间。我国的工业化和城镇化尚未完成，工业仍是许多地区经济发展的重要选择，其作用是服务业无法替代的。预计到2035年，全球40%的工业制品将是中国制造。而在新一轮全球经济危机后，一些已经跨越工业化阶段的发达国家也重新将发展目光投向工业，以拓展经济增长点，减少发展风险，如美国"再工业化"战略的提出。我国产业结构的优化升级更不能简单地去工业化，而是应保持优势，着重解决工业大而不强和环境友好问题，利用好工业的正外部性效应。与农业和工业相比，服务业的就业吸纳和环境友好优势突出。根据世界银行的数据，2016年我国服务业增加值占GDP比重约51.6%，在有统计数据的168个国家中居第128位，比全球平均水平少近20个百分点。因此，从全球比较来看，我国服务业在产业结构中的比重仍有很大提升空间。但从技术进步对宏观经济的外部性影响和经济发展安全来看，我国在推进产业结构迈向中高端的过程中，仍应保持服务业和工业的均衡发展，促进两者的融合。同时，我国的服务业发展也存在着内部结构的优化问题，需要通过发展现代服务业，优化传统服务业，进一步提高服务业经济产出和环境友好水平。

2. 产业生态链的协同与延伸

产业生态链的协同与延伸主要有两方面的内容，一是产业的集群化发展，二是循环经济发展。

产业的集群化发展有利于降低企业制度成本，提高资源利用效率，在一定意义上也是产业结构的调整和优化升级。有别于作为全球价值链在地方片段化结果的外生型产业集群，城市可持续发展和绿色低碳转型更需要依托国内或地方市场，利用区域内各要素，发展内生型产业集群，提高区域内生发展能力和协同发展能力，避免发展的均质化。德国弗莱堡市的环境和太阳能经济就是这样一个典型的内生型产业集群案例。它在依靠本地要素的基础上，充分吸收外来资金、技术和管理经验，通过两种发展要素的不断融合，形成具有自我生长、自我创新能力的集群发展模式。本地要素不同于传统经济学中的土地、资本、一般劳动力等同质性要素。它是个性化的，被锁定在集群内，难以通过要素市场公开获得，因此也难以被模仿和替代。

构建循环型产业体系，发展循环经济是城市可持续发展和绿色低碳转型的应有之意。近年来，我国通过开展园区循环化改造示范、工农复合型循环经济示范区建设、国家"城市矿产"示范基地建设、各类低值废弃物资源化利用试点、工业资源综合利用产业基地建设等一系列措施，全面加大循环经济探索力度。不同城市应根据自身资源禀赋、环境问题、产业基础等条件，以减量化、再利用、资源化为原则，选择不同的循环经济发展方式。

3. "就业机器"与产城融合

城市可持续发展和绿色低碳转型不仅要优化产业结构、完善产业链条，还要充分考虑居民就业和创新发展需求，通过发展中小微企业①，促进人尽其才。2017年4月，联合国第74次全体会议鉴于中小微企业在实现可持续发展目标，特别是促进创新、创造力和人人享有体面工作方面的重要作用，将每年的6月27日设立为中小

---

① 不同国家对企业规模类型的划分标准不同，微型企业从业人数多在10人以下，小型企业从业人数多在50或100人以下，中型企业从业人数多在250或300人以下。

微企业日。中小微企业中又以小微企业的就业吸纳能力最强，更有利于解决人力资源金字塔底层劳动力的充分就业问题。他们是市场经济主体中数量最大、最具活力的企业群体。2011年，小微企业占OECD国家企业总数的99.1%，占就业总人数的54%，占GDP的47%，是经济增长的主要驱动力[120]。同时，多数国家中小企业的单项创新比例高于大型企业，创新灵活性高，是城市创新发展的重要种子。我国小微企业发展快、数量多，小微企业总数也已占到全国企业总数的99%以上，就业总人数过半。但我国的小微企业主要集中在劳动密集型、附加值低的制造行业和建筑业，服务业特别是科技服务业小微企业数量占比偏低，企业新陈代谢快，生存条件和创业环境较差，创新阻力较多。城市可持续发展和绿色低碳转型应同时从软、硬件建设出发，为小微企业的生存和创新发展开辟通道。城市的土地利用和空间布局，也应结合小微企业的发展需求，改变用地布局模式，提高孵化基地布局比例，提高混合用地比例，扩大以邻里中心为代表的公共服务设施职能和规模[121]。

城市可持续发展和绿色低碳转型离不开产、城的融合发展，要防止城市发展的"空心化"和"孤岛化"。城市产业集中度越高，就业机会越多，越能集聚人口，为城市带来活力。人口的集聚又为产业发展提供了丰富的劳动力和巨大的消费市场，进一步带动产业发展，促进城市繁荣。因此，城市发展要以产业发展为支撑，产业发展也要以城市建设为依托。产城融合首先是居住和就业的融合，保证产业结构符合城市发展定位。产业结构决定城市就业结构，就业结构和人口构成决定城市功能与空间结构、城市规模、居住模式、生活配套设施的供给等诸多关键问题。人口的职业构成决定居民工资收入水平，收入水平的差异又使消费结构呈现明显的层次性。其中，中等收入群体是保障城市健康、可持续发展的基础。他们对社会服务的需求是多方面的，可以带动相关行业大幅增长。但是，中等收入群体的聚集需要良好的城市硬件和软件环境。除了充足的就业岗位外，便利的出行条件、良好的生态环境、完善的配套服务设施等都是吸引人才居住和就业的必要条件。所以，产业培育离不开城市建设的支持。产城融合是业态（产业）、形态（城市空间与基础设施）、动态（内外交通）和生态（生态环境）的协同规划、建设与发展。

5.1.2 关键规划资源与任务分析

1. 分项资源评估

獐子岛镇产业可持续发展的核心资源是渔业资源和人才资源。两者的发展都不同程度地受到獐子岛镇发展容量的限制，同时也都在不断通过跨区域的资源整合获得更大的发展空间。獐子岛镇渔业以海洋捕捞、海水增养殖和海珍品育苗为主。镇远洋捕捞一直位于国内大洋渔业生产的前列，有全国最大的乡镇级远洋捕捞船队和3个国外生产基地。海水增养殖和海珍品育苗是獐子岛镇渔业的主要特色，但所辖海域养殖容量已近饱和，飞地发展成效显著。镇渔业集团（獐子岛集团股份有限公司）在全国范围内建立了4个稳固的原良种基地和南北方暂养基地，一并解决养殖容量、育苗周期和冬季育苗的高电耗问题。渔业集团还先后在山东省和大连市建立了2个水产品加工厂和1个国内最大的贝类交易中心，壮大水产品加工业，节约物流成本。此外，为解决区位条件短板对人才引进的制约，獐子岛集团股份有限公司在大连市成立了第一家乡镇级海水养殖研究所和海洋生物研发中心，为渔业发展提供技术支撑。

獐子岛镇第一产业除渔业外，原有少量种植和畜禽养殖业，但为保护水土和近海水质，后两者均已被禁止。禁止种植和畜禽养殖虽然保护了獐子岛镇生态环境，但也导致了较为单一的膳食结构。獐子岛镇第二产业包括修造船业、网绳加工业和水产品加工业，在产业结构中占比较低。修造船业和网绳加工业主要为本镇渔业服务，规模较小，水产品加工业则结合飞地策略获得了长足发展。獐子岛镇第三产业以旅游业为主。与长海县其他岛镇相比，獐子岛镇盛产优质海珍品，生态环境优势突出，风光秀丽。每年夏季都有游客慕名而来，游玩垂钓，品尝獐子岛海鲜。为加快旅游业发展，镇政府在相关设施建设方面做出了很大努力，但由于距离大连市区较远，海运交通便捷性差，旅游业发展迟缓，对经济总体贡献不大。同时，不够系统的设施规划和建设，以及不规范的旅游消费行为，都对獐子岛镇生态环境造成了一定干扰。

獐子岛镇就业岗位主要集中在第一产业，第二、三产业劳动力吸纳能力有限，三次产业的就业比重为70：18：12。第一产业的海洋捕捞和增养殖业都有季节性特点，冬季作业量少，从业人员"猫冬"情况普遍。同时，獐子岛镇有妇女不工作的旧习，妇女工作比例低。此外，由于就业渠道狭窄，教育程度较高的年轻人越来越多地前往岛外发展，人才层次较难提高。

2. 问题与规划任务

从以上情况来看，獐子岛镇经济可持续发展的主要需求有两个方面：一是如何挖掘潜力，优化产业结构，降低发展风险，解决居民的充分就业问题；二是如何优化各类产业的发展方式，进一步降低资源环境负荷，提高产出能力。渔业作为獐子岛镇支柱产业有其必然性，但獐子岛镇在继续做强渔业的同时，也要加大第二、三产业特别是第三产业的发展，均衡产业结构，同时解决家庭主妇、冬季休渔期渔民、渔业工人等劳动力的就业问题，在不扩大人口规模的前提下，提高劳动力资源利用效率。第一产业内部除了发展渔业外，也应适当发展绿色、安全的种植和畜禽养殖业，改善居民膳食结构。同时，各产业门类之间和内部也应进一步优化布局，加强产业链的延伸和协同，加强准入和运营管理，提高资源利用效率和单位产出能力，保持和提升獐子岛镇环境质量。

因此，未来獐子岛镇产业经济发展应在总体规划确定的"优一、飞二、进三"发展战略基础上，进一步突出"生态有机"、"区域协同"、"整零结合"三个关键词。"生态有机"是獐子岛镇经济社会持续发展的立足点和最重要的品牌特色，也是产业选择必须谨守的底线；"区域协同"是獐子岛镇弥补自身发展短板、提高发展能力必不可少的加速器；"整零结合"是指在充分发挥岛镇集体所有制经济优势的同时，兼顾小微私营经济吸纳就业、创造城镇活力之所长，实现人力资源的优化配置，如图5-1所示。

5.1.3　分项规划方案

1. 养殖业发展与飞地模式

根据总体规划的发展战略，为发挥渔业品牌优势，獐子岛镇养殖业未来将向"精养"方向发展，控制沿岸捕捞和近海浮筏养殖规模，逐步引导它们向其他门类

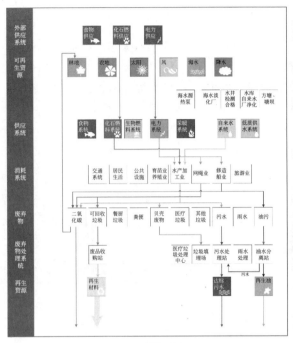

（a）现状分析

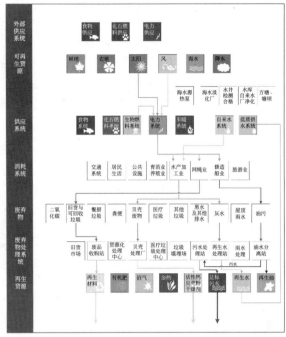

（b）规划预期分析

图5-1 獐子岛镇第二产业发展物质流分析

资料来源：獐子岛镇生态规划与城市设计项目组（黄一翔绘制），2009.

转变，调整优化养殖产业结构，全面启动深水浮筏养殖，大力发展海珍品底播增殖，淘汰低档海产品养殖，避免近海浮筏养殖对海水的污染。为避免海岛居民生活和旅游业发展对海珍品增养殖的干扰，养殖场将逐步从主岛向小耗岛转移，同时提高养殖的规模化、科学化和生态化水平。

獐子岛镇也将继续发挥飞地的平台作用，通过区域协同，为第一、二产业发展提供稀缺的土地、劳动力和技术资源，弥补其区位劣势。獐子岛镇的飞地模式包括"飞一"和"飞二"两方面。"飞一"即继续利用自身的育苗优势和养殖经验，发展跨区域的海珍品增养殖，提高养殖规模和效率；"飞二"即在区位、土地、技术和劳动力资源更具优势的大连市沿海地区以及山东等地发展水产品精加工业和渔业研发，扩大与大专院校、科研院所的合作，加大海洋生物制药、海洋保健品、绿色海洋食品等高技术含量、高附加值的海洋产品研发，带动产业升级。飞地发展既是獐子岛镇"优一"发展的关键支撑，也为獐子岛镇"进三"发展争取了宝贵空间。

2. 生态农业与生态旅游

生态农业和生态旅游是獐子岛镇产业发展的两个重要拓展领域。前者是"优一"发展的一部分，既能够为当地居民提供新鲜农产品，又能够为旅游发展提供新亮点。后者是獐子岛镇"进三"发展的重点，也是岛镇吸纳劳动力的重要途径。

褡裢岛生态农业园建设是獐子岛镇生态农业发展的重点，如图5-2所示。农业园规划占地15.2hm²，分为生态农业生产、农业展示观光和农业生产体验三个建设板块。园区以无废物、无污染的方式开展温室果蔬种植和畜禽养殖，为本地居民和旅游餐饮提供绿色和有机食品，同时为游客提供生态农业的观光体验。据测算，全镇居民每年蔬菜消费量的60%~70%可由农业园提供。作为生态农业园，园区的农业废弃物和禽畜粪便既可送往主岛的生态环境园，与全镇有机垃圾共同进行资源化处理，处理后所得有机肥料返还农业园使用，也可就地进行资源化处理，处理产生的沼气用作生活燃气。同时，农业园也是节水灌溉、雨水收集、风光互补发电等獐子岛镇重要的绿色技术展示示范载体[①]。

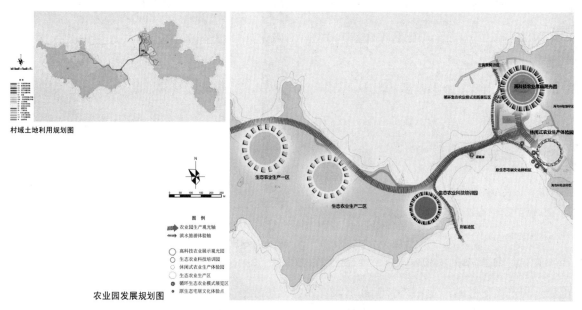

村城土地利用规划图

农业园发展规划图

图5-2 褡裢岛生态农业园产业发展规划图
资料来源：獐子岛镇生态规划与城市设计项目组（邹涛绘制），2009.

　　根据总体规划的要求，獐子岛镇的旅游业发展应着眼于现代都市人回归自然的心理需求，发挥岛屿原生态环境和"獐子岛"品牌优势，围绕海珍品养殖作业、海珍品餐饮和海钓活动，发展海洋渔业观光和休闲健康旅游。其中，主岛将以疗养和培训功能为主，部分设施新建，部分设施利用闲置民居改造，突出传统渔村文化特色；褡裢岛以生态农业观光体验和海珍品养殖观光为主，游客可以在生态农业园采摘绿色果蔬，参观和体验独特的海珍品养殖与捕捞作业；大耗岛将继续发挥海钓优势，举办各类垂钓活动，打造知名海钓品牌。以上旅游功能布局、设施规划和项目设计都应结合"低足迹→自维持海岛"、"低碳→碳中和海岛"和"绿色→和谐海岛"的可持续发展愿景，守住环境容量，结合信息技术等现代科技手段，开展科技与原生态结合的旅游服务，限制上岛人数，延长游客留岛时间，规范游客活动范围和活动方式，减少旅游消费足迹。针对区位劣势，獐子岛镇的旅游业发展也应与长海县其他岛镇的旅游发展进一步配合，形成各具特色的旅游海岛群，以距离大陆较近的岛屿为中转，以集群效应提高旅游吸引力。獐子岛镇地处我国北方地区，冬季寒冷，旅游业发展与渔业发展类似，季节性较强，需要考虑淡季从业人员的就业安置问题。

---

① 本段内容结合邹涛工作成果整理。

3. 庭院经济与社区经济[①]

庭院经济和社区经济尽管形式分散，但积少成多，对于拓宽獐子岛镇就业渠道、解决渔业和旅游业淡季的就业安置问题、增加居民收入、建设和谐海岛都有重要的补充作用，是獐子岛镇"进三"发展不可忽视的一部分。

实地调研发现，獐子岛镇民居院落普遍宽敞平坦，但利用率不高。庭院经济以不外出工作的家庭主妇为主要对象，利用她们自家院落和闲暇时间，开展果蔬种植、工艺品加工、乡土旅游服务等综合生产经营。獐子岛镇开展庭院经济应坚持两条原则，一是由社区统一组织，有序规划，持续管理；二是坚持生态优先，避免种植活动中的农药化肥使用，避免无序的畜禽养殖，避免对林地的破坏。经测算，生态农业园建设和庭院农业的同时发展，可基本实现岛镇果蔬供应的自给自足。

社区经济既能够吸纳就业，又能够促进商业、餐饮、文娱等一系列服务业发展，提高獐子岛镇居民生活品质。根据综合问卷调查结果和可持续发展愿景，獐子岛镇的社区经济发展有三个主要方向。一是发展面向全体社区居民的便民利民社区服务体系，如一般的家居服务、社区环境综合治理服务、社区医疗卫生服务、社区少儿服务、社区生活服务等。其中，垃圾分类收集监督管理、生活污水排放管理等环境综合治理服务，上下学接送、课外看管、假期托管等少儿服务，冬季的文化、体育、健身等生活服务，都是岛镇社会和环境发展所亟需的。二是发展面向特殊群体，带有社会福利性质的社区服务体系，如社区老年人服务、社区残疾人服务、社区优抚服务等。獐子岛镇正在步入老龄化社会，年轻人外出务工，大量老人留守，适老服务是社区经济发展的一个重要板块。三是面向社区居民和游客的餐饮、娱乐、零售等服务。獐子岛镇每年的旅游淡季时间较长，将旅游服务与社区居民服务相结合，能够有效地节约旅游服务设施占地，提高资源利用效率。以上社区经济的发展还应与庭院经济及旅游业发展、未来的智慧城镇建设以及社区公共服务设施规划相配合，以市场化方式运营，进一步提高资源利用效率。

"优一"发展势必会带来第一产业就业比重的下降。第二产业由于飞地发展，本镇就业比重将基本保持不变，或有所下降。随着旅游、社区等服务业的发展，第三产业从业人员比重将持续上升。根据总体规划的预测（不考虑庭院经济和社区经济发展），到规划期末，三次产业就业构成比例约为40∶15∶45。如果考虑庭院经济和社区经济发展，以及分项规划提供的各项资源环境建设项目建设，预计到规划期末，第三产业的就业比重可至少再增加5个百分点，并使渔业和旅游业淡季的劳动力资源得到更充分的利用。

5.2 土地利用与城市空间

5.2.1 基本策略

1. 总量控制与合理的高密度

规模控制是城市紧凑发展的前提。近年来，我国城市快速扩张，土地资源利用粗放浪费问题突出。城市蔓延大量侵占农田和生态用地，破坏区域景观生态安全格

---

① 本部分内容结合邹涛工作成果整理。

局。按照国际惯例，一个地区国土开发强度的警戒线是30%。在我国经济发达地区，许多城市的土地开发强度已经超出或正在接近这一警戒线。2015年，无锡市土地开发强度已超过国际警戒线，苏州、南京、常州接近国际警戒线，扬州、泰州、南通三市土地开发强度逼近20%的国际公认宜居开发限值。而人口规模更大、密度更高的香港地区，土地开发强度仅为19%。过大的城市规模加之过低的城市密度、产居分离的功能布局，使居民的出行需求数倍增长，基础设施建设投入大，利用率低，城市活力不足。根据《国家新型城镇化规划（2014—2020）》提出的发展目标，2014年9月，国土资源部发布《国土资源部关于推进土地节约集约利用的指导意见》（国土资发〔2014〕119号），要求实行城乡建设用地总量控制制度，减少新增建设用地规模，盘活存量建设用地。许多省市也开始不断加大"先存量，后增量"的用地政策力度。2016年，江苏省土地供应总量中超过49%来自存量用地，深圳市存量用地（除农转用外）供应占土地供应总量的77.9%。北京市则要求2017—2020年，全市年均减少城乡建设用地存量30km^2。

合理的高密度是城市紧凑发展的基本措施。高密度能够节约土地，减少各类基础设施和城市建设的资源投入，减少居民出行需求和交通能耗，促进绿色交通发展，也更有利于城市能源供应效率的提高。合理的高密度首先是合理的人口密度。城市人口密度增加1倍，相应的基础设施建设需求增长85%。2015年，我国城市建成区人均建设用地113m^2，比发达国家和发展中国家人均水平平均高出1/3以上，是香港地区人均水平的3.8倍。合理的人口密度包括居住密度也包括就业密度。就业密度对出行需求的影响往往超过居住密度。产业集聚，职住平衡条件下的高人口密度才能起到节约道路交通资源的目的。合理的高密度也包括较高的城市容积率，但城市容积率并非越高越好。从目前的人均建筑拥有量、人均住房面积等数据来看，我国城镇民用建筑发展的粗放浪费现象明显。很多用地的高容积率指标并没有起到引导土地和建筑资源高效利用的作用，反而为城市建筑规模的非理性扩张创造了条件。同时，我国工业用地的低效利用问题普遍。工业用地规模通常占到城市建设用地总规模的1/4甚至更高，平均容积率为0.3~0.6。用地比重比相同城市化水平的其他国家高出1倍多，但容积率仅为后者的1/2左右，且圈多建少、圈而不建等闲置浪费现象屡见不鲜，投入产出比重普遍较低。此外，合理的高密度也包括科学的城市公共服务设施密度。公共服务设施密度影响居民出行需求和城市宜居水平。提高土地混合利用水平是提高城市服务设施密度、促进职住平衡的一个有效方式。另一方面，高密度并不意味着均质化的高强度开发。过高的城市密度不仅会加大土地出让和管理难度，也会影响城市通风和大气污染物的扩散，加剧热岛效应和空气质量恶化，增加建筑物夏季制冷能耗，降低城市的物理和心理宜居性。因此，高密度是以高效率为导向、结构和形态合理、职住平衡、设施和资源高效利用的适度紧凑。

2. 分散化集中、土地混合利用与街区尺度控制

城市紧凑发展的方式有很多种。随着对城市发展模式可持续性的认识，紧凑城市的概念逐步从单核集中逐步向分散化集中拓展。1992年，Roy对美国和澳大利亚两个典型城市的研究发现，当城市分中心由6个增加到12个时，城市人均交通能耗可分别减少14.1%和16.4%。也有研究表明，仅从发展效率来看，单中心扩张是城区人口50万人左右的大中城市最高效紧凑的发展模式，但对特大城市来说，分散集中和组团结构比单中心高强度发展更具效率[122]。与密度策略一样，发挥多中心空间结构的紧凑效益，也离不开城市公共服务设施的合理布局和功能有效混合，否则将会大幅增加设施服务半径和交通出行量。除效率优势外，在许多情况下多中心结构比单中心结构更有利于区域景观生态安全格局的保护和城市的有机生长，例如荷兰的圩田城市阿尔梅勒。该市以农田、林地和灌溉水系为骨架，将建设用地分成6个发展片区。这些农田、林地和灌溉水系既是城市的农业发展空间，也是城市重要的生态保护空间、公共交通廊道和通风廊道。它们使城市居民与自然比邻而居，也为城市的滚动开发提供了条件，并有助于避免蔓延式发展带来的城市通风和热岛效应问题。

土地混合利用有促进职住平衡、减少出行需求、提升城区活力等重要作用。简·雅各布斯认为，创造一个健康城市的秘诀就在于"错综复杂又富有条理的多样化土地使用，使彼此间无论是在经济上还是在社会中都不断地相互扶持"。城市组团、居住社区和地块的土地混合利用水平与交通可达性，通常会比城市密度更大地影响城市内部居民机动车出行需求和实际发生量。从波特兰市和加利福尼亚州的实证研究来看，采用土地混合利用的城市形态发展，能够减少城市8%的机动车出行量、6%的氮氧化物排放量和3%的碳氧化物排放量，如果不以土地的混合利用为基础，TOD模式对机动车出行量的影响将大大降低。但不是所有的土地混合利用措施都能减少出行需求。只有能够减少长距离工作出行、增加短路径工作出行的土地混合利用才是有效混合。同时，土地的混合利用并非意味着对近现代城市规划中功能分区原则的否定。土地混合利用应以"大分区，小混合"为原则，具体甄别可混合的功能和情况，取代对功能分区的僵化理解和执行[123]。

合理的街区尺度对引导绿色交通发展、改善城市微气候和生态环境、提升城区活力也有着显著作用。我国学者对济南市4类街区居民出行能耗的研究表明，广泛采用的单一用地功能和全封闭管理的超大街区，居民出行能耗要远高于传统胡同式、密方格网式和单位邻里式街区。前者的户均年出行能耗约为后三者的2~5倍[124]。正是基于对街区与人居环境营造关系的再认识，传统欧洲城市的"窄路密网"街区模式再次引起了学术界的关注。新城市主义理论从公交导向的角度出发，主张将街区尺度控制在91.5m×183m、周长549m范围内。也有学者通过对国内外大城市中心区街区尺度比较研究认为，一般街区的最小单元（无明确社区中心）尺度应控制在70m×70m到100m×100m之间，基本单元（有明确社区中心）尺度应控制在200m×200m到400m×（400~600）m之间。在此区间内的街区尺度基本能够满足城市开发建设和居民在交通、活力、视觉、心理等方面的需要[125]。《城市居住区规划设计标准》GB 50180—2018提出，居住街坊的适宜尺度为150~250m，用地规模为2~4hm²。围合街坊的道路皆应为城市道路，并开放支路网系统，体现"小街区、密路网"的发展要求。

3. 空间形态优化与城市气候调控

城市气候与城市空间形态相互影响。城市气候是影响城市空间形态形成和发展的重要因素。城市空间形态也通过建筑、道路、开放空间、绿化、水体等组成要素及其格局形态，影响甚至决定局地（片区）和微观（街区）的风、热环境及空气龄[126]。大规模的建筑、马路和硬质广场改变了城市下垫面的热力性质，再加上大量的人为热排放，导致热岛效应，恶化城市热环境。而高密度及高大建筑物的存在，又会使城市空气流动受阻，郊区的自然风难以穿透城市，城市交通、建筑和工业生产排放到空气中的大量废热、气体和颗粒污染物难以扩散，加剧热岛效应，产生大气污染[127]。因此，虽然紧凑发展能够通过提高城市密度来减少居民出行需求和相关的交通排放，但也会使城市的皱折度和表面积增大、通风能力减弱，如果没有合理的空间形态，就有可能从另一方面加剧热岛效应和大气污染，增加建筑热工能耗。

优化建筑、街道、公共空间等空间构成要素的布局与形态，增加通风廊道，改善城市下垫面热力性质，是解决城市局地和微气候问题常用的规划设计策略。由于不断加剧的大气污染形势，城市弱风或静稳风环境下的通风廊道建设近年来备受关注。通风廊道结合盛行风向，通过城市开敞空间和绿地系统的网络化链接与形态塑造，引导季风、海陆风、地形风等各种风环流进入需要改善空气质量的城市纵深，形成高效的城市"呼吸"系统。因此，它需要将区域和城市的大尺度规划与街区和建筑单体的小尺度设计结合到一起，才能使城市弱风或静稳风环境下任何一点微小的风环流都能在改善城市风环境中发挥有效作用[128]。很多学者对风道的具体形态提出过设计建议。德国学者 Kress 认为，高效的通风廊道应保证地表粗糙度在 50cm以下，风道长度在 1000m 以上，风道宽度在 5m 以上，风道内障碍物宽度不超过风道宽度的 10%且高度不超过 10m，并尽量避免在风道内部兴建任何建筑物或栽种高大树木。

评估手段的进步，为更精细地优化城市空间形态、调控城市气候提供了保证。德国是最早借助气候气象数据、模型实验、数值模拟等量化手段，开展城市气候环境评估和规划应用的国家。曾经的雾都斯图加特市从 1978 年开始绘制城市环境气候图，并成立专门部门为规划设计和政策制定提供专业信息，如针对土地利用规划的《城市发展气候手册》（Climate Booklet for Urban Development：Indications for Urban Land-Use Planning）。经过长期的评估与严格管控，到 20 世纪 90 年代，昔日的雾都已成为拥有良好空气质量的疗养胜地。同样，作为饱受热岛效应和能源短缺困扰的大都市，东京都政府也利用新评估手段开展了一系列城市气候研究和规划管理工作，如分区指导城市更新建设的《热岛效应控制措施导则》（Guidelines for Heat Island-Control Measures，2005）、对城市规划和设计层面通风廊道建设的分级评定（2007）、"海之森"城市通风廊道规划（2008）等。香港也在持续研究的基础上，将相关的规划设计要求纳入《香港规划标准与准则》和《分区计划大纲图》，指导城市设计和法定规划，避免高密度可能带来的城市通风问题。目前借助 ENVI-MET、PHOENICS 等模拟软件，规划设计人员可以从城市、片区、街区、建筑等各个尺度对规划设计方案的风、热环境和污染物扩散影响进行量化评估和比选，提高方案的环境性能。

5.2.2 关键规划资源与任务分析

1. 土地生态适宜性评价[①]

獐子岛镇分项规划采用土地生态适宜性分析法，评价主岛用地在生态保护和开发建设方面的适宜性，统筹主岛建设空间与非建设空间发展。评价以地图叠加法和 GIS

---

① 本部分内容主要整理自邹涛工作成果。

为基础，共选择坡度、坡向、风暴潮风险、滑坡风险、流域盆地面积、植被生境质量等 10 项评价因子。评价同时以主岛土地的单因子适宜性评价为起始，再根据不同因子的影响权重，对单因子评价成果进行地图叠加，形成综合评价结论，如图 5-3 所示。

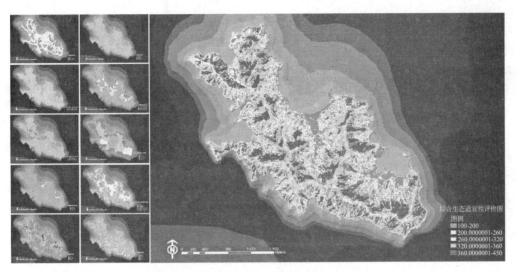

图 5-3 主岛土地生态适宜性评价图（GIS）

资料来源：獐子岛镇生态规划与城市设计项目组（邹涛分析绘制），2009.

通过评价，主岛用地划分为 5 个生态适宜性分区，分别为适宜建设区、较适宜建设区、一般适宜建设区、生态保育区和生态核心区，如图 5-4 所示。其中，生态核心区和生态保育区规模最大，分别占主岛陆地总面积的 29% 和 30%；其次为一般适宜建设区和较适宜建设区，分别占主岛陆地总面积的 18% 和 14%；最后为适宜建设区，占主岛陆地总面积的 9%。在未来的开发建设中，生态核心区和生态保育区作为主岛生态保护的关键用地应严格禁止开发建设，强化两个区域的生态修复，提高其生态服务功能。适宜建设区和较适宜建设区是獐子岛镇近、中期开发建设的重点用地，较适宜建设区的开发建设难度稍高，需要注意开发内容和方式；一般适宜建设区开发建设难度大、成本高，主要作为远期开发建设的预留用地，近期侧重通过适当的生态修复来加强岛陆系统的生态服务功能。对比评价结果，主岛现有建设用地 231hm²，规模已接近适宜建设区、较适宜建设区和一般适宜建设区的面积总和，并在一定程度上存在建设用地侵入非适宜建设区的情况。对总体规划确定的规划用地进行同样的对比分析，结论也基本相似。因此，主岛建设用地规模已不适合进一步扩张，并应在未来的规划建设中尽可能收缩、调整，提高土地利用效率。

2. 土地利用、公共服务设施与空间形态

主岛现状人均建设用地 139m²，以居住用地为主，其次为工业用地和公共服务设施用地，布局分散，如图 5-5 所示。与国家标准相比，主岛土地集约利用水平整体较低，居住用地和道路广场用地的用地比例及人均指标偏高，公共服务设施用地和公共绿地的用地比例及人均指标偏低。其中，居住用地和道路广场用地问题最为突出。前者占主岛建设用地总面积的 50.8%，是国家标准的 2 倍左右，人均居住用地面积高达 71m²，接近国家标准的 3 倍；后者占主岛建设用地总面积的 13.9%，接近国家标准的上限，人均面积 19 m²，也远超出 7~15m²/人的国家标准。

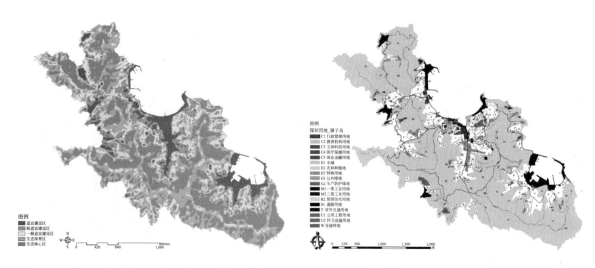

图 5-4　主岛用地综合生态适宜性分区图（GIS）　　　　　　　图 5-5　主岛用地现状图（GIS）

资料来源：獐子岛镇生态规划与城市设计项目组（邹涛分析绘制），2009.

獐子岛镇的公共服务设施分为镇级和社区级两级配置。绝大部分镇级公共服务设施集中在主岛沙包社区，配置较为完善。主岛三个社区的社区级公共服务设施指标基本满足要求，但设施建设水平不高，舒适性和便利性欠佳。从综合问卷调查来看，增加文化设施几乎是所有调研对象的共同愿望。在文化设施建设类型上，健身馆、青少年活动中心、老年活动中心、社区广场、社区教育学院、图书馆信息中心、社区网站的需求都占相当比例，如图 5-6 所示。

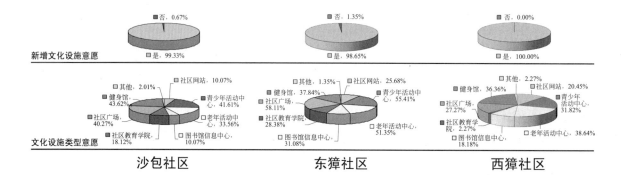

图 5-6　獐子岛镇居民综合问卷调查（主岛文化设施建设）

资料来源：獐子岛镇生态规划与城市设计项目组，2009.

从空间形态来看，主岛北部的沙包社区和东部的东獐社区空间组织秩序较差。两个社区的核心区域容积率和建筑密度过高，空间形态缺乏层次和节奏，失去了小型海岛城镇空间应有的尺度和气质，同时也不利于冬季西北向来风的阻挡和微气候营造，如图 5-7 所示。主岛西部的西獐社区以低层民居为主，用地容积率和建筑密度均较低，建筑布局随山就势，很好地保留了传统渔村和山地民居的布局特色，形态优美。受规划条件所限，规划没有对主岛微气候做进一步的模拟分析。

3. 问题与规划任务

以主岛为代表，目前獐子岛镇土地利用和空间布局存在的主要问题包括：（1）建设用地总规模已接近可利用土地上限，土地集约利用水平不高；（2）各社区职住分离情况较为突出，居民通勤流动性高，但为地形所阻，交通联系便捷性差，特别是西獐社区与沙包社区、东獐社区的交通联系；（3）社区级公共服务设施服务品质有待提高，适老和文化服务设施、冬季或雨季使用的室内活动场地不足，特别是西獐社区，老年居民多，公共服务设施的适老服务能力和社区活力较低；（4）城镇空间形态缺乏系统规划，部分区域的尺度、层次和节奏失控，冬季室外风环境较差。

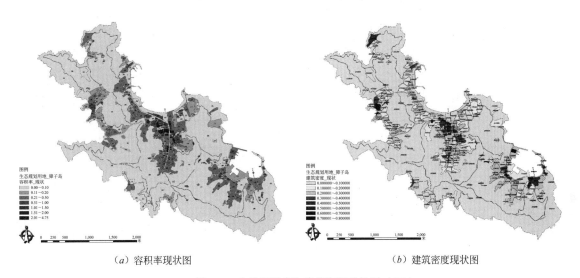

（a）容积率现状图　　　　　　　　　　　　（b）建筑密度现状图

图5-7　主岛容积率和建筑密度现状图（GIS）

资料来源：獐子岛镇生态规划与城市设计项目组（邹涛绘制），2009.

结合产业规划方案，獐子岛镇的土地利用与空间发展应着重开展以下几方面的工作：（1）优化各岛、各社区发展功能、用地性质和利用强度，通过总量控制、适当的高密度、土地混合利用等措施，提高土地利用效率，促进职住平衡；（2）完善公共服务设施布局和构成，特别是适老型公共服务设施建设，适应海岛人口老龄化趋势；（3）优化主岛空间形态，控制用地、街道和建筑尺度，塑造海岛城镇空间特色，改善城镇冬季微气候。

5.2.3　分项规划方案

1. 总体布局

根据总体规划发展战略，獐子岛镇域的空间发展将采取"一个中心，三个组团"的四岛联动模式，实现四个岛屿的功能互补和相互支撑。主岛是全镇的政治、经济、文化中心，同时也是旅游业发展中心；褡裢岛组团山丘较平坦，有一定土壤发育，未来将成为岛镇绿色食品生产基地和现代化生态农业园区，为全镇提供果蔬、特色食草家畜和花卉林木，同时也是獐子岛镇生态农业旅游基地和未来发展预留空间；大耗岛组团依托独特的自然优势和已有的海钓品牌影响力，未来将是獐子岛镇重要的旅游区域和大连市重要的海钓基地；小耗岛组团距主岛最远，未来将成为獐子岛镇育苗、养殖、捕捞和研发结合的海珍品生产和研发试验基地，兼具一定的观光旅游功能。同时，全镇人口将以"主岛建，外岛迁"的形式进一步向主岛集中，节约土地资源和基础设施建设成本，提高居民生活便捷性。全镇不再新增建设用地，开发建设以存量更新和功能置换为主，局部区域继续进行退建还林、生态修复，加强海岛生态安全格局建设。

2. 主岛规划方案

结合总体规划要求，主岛规划结构采取"三心两带"组团式布局模式，以西獐旅游服务组团、沙包综合服务组团和东獐生产生活组团为"三心"，以主岛北部的城镇发展带和南部的旅游景观发展带为"两带"。在三个组团中，西獐旅游服务组团由两个海湾和一座中心山体组成，依托现有西獐社区空间机理和尺度，发展民俗文化与生态住居结合的休闲度假、体验游乐等特色旅游项目；沙包综合服务组团未来将进一步提高人口密度，并将已有养殖和育苗设施迁往小耗岛组团集中布置；东獐生产生活组团用地相对平坦，开发建设难度低，未来也将进一步提高人口密度和产业聚集度，建设更加现代化的生态宜居社区，满足西獐和外三岛转移人口安置需要。在两个发展带中，城镇发展带依托主岛北部的滨海岸线和三个城镇功能中心展开，以城镇主干道规划为重点，形成各功能组团之间快速、便捷的交通联系；旅游景观发展带以主岛南部的滨海路为空间载体，促进南部旅游资源的开发。

从土地生态适宜性评价和现状调研出发，主岛未来应在不新增建设用地的前提下，进一步调整用地结构和布局，缩减居住用地规模，提高公共服务设施用地比例，调整居住用地、公共服务设施用地和工业用地布局，加强各类用地的集中布置。居住用地的调整结合用地容积率和建筑密度的调整，通过提高土地集约利用水平，科学安置外三岛迁入人口。公共服务设施用地的调整结合土地的混合利用，提高公共服务设施建设对海岛旅游业发展和改善居民生活品质的支撑作用。同时，全面调整建筑高度控制，减少中高层控制区比重，适当压缩低层控制区比重，提高多层控制区比重，使各组团空间形态更符合功能定位，更有利于城镇风环境的改善，尺度更加亲切宜人，避免岛镇空间发展的都市化倾向，避免个别建筑体量和高度对局地风环境的影响，塑造海岛空间特色，如图5-8所示。

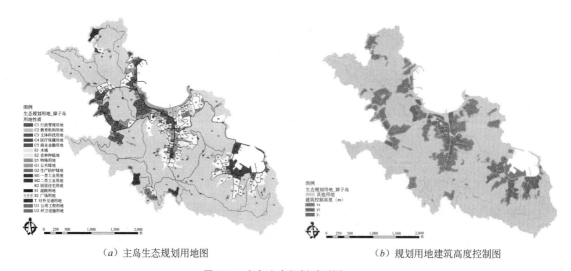

（a）主岛生态规划用地图　　　　　　　　　（b）规划用地建筑高度控制图

图5-8　主岛生态规划系列图

资料来源：獐子岛镇生态规划与城市设计项目组（邹涛绘制），2009.

城市设计是獐子岛镇生态规划与城市设计项目的一个重要板块。它侧重结合生态规划部分的各分项规划方案，具体探讨三个社区的功能布局、交通组织、微气候控制、资源可持续利用、环境保护、建筑风貌等问题的空间结合发展方式和要求。这既是对生态规划各分项规划成果的贯彻，也是检验。城市设计产生的新的空间规划要求，会进一步反馈给各规划分项，指导后者调整方案，如图 5-9 所示。本项目城市设计的基本生态原则包括[①]：

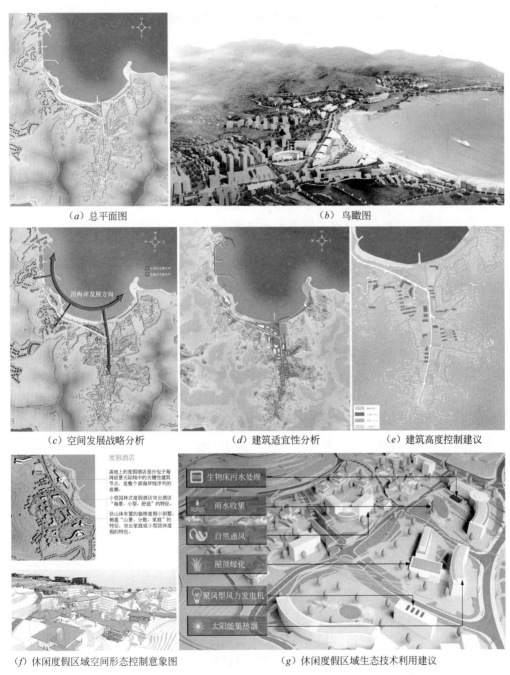

（a）总平面图　　　　　　　　　（b）鸟瞰图

（c）空间发展战略分析　　　（d）建筑适宜性分析　　　（e）建筑高度控制建议

（f）休闲度假区域空间形态控制意象图　　（g）休闲度假区域生态技术利用建议

图 5-9　沙包社区城市设计方案

资料来源：獐子岛镇生态规划与城市设计项目组（城市设计团队），2009.

---

① 基本生态原则引自獐子岛镇生态规划与城市设计项目组（城市设计团队）工作成果。

（1）以土地生态适宜性评价为基础，结合总体规划要求，提高规划结构合理性，使场地设计符合区域特点；

（2）清洁高效的机动交通系统，居民点均保证距公共站点 5min 步行路程，鼓励电动车交通；

（3）气候响应的布局设计，采用最有利于获取日照的朝向，加强防风设计；

（4）区域有机更新，适宜密度的紧凑式设计、步行社区、高效率的基础设施系统；

（5）系统整合：清洁、可再生能源+生态水系统+废弃物回收+再生材料应用，提高资源利用效率，减少废弃物排放。

5.3 景观生态

5.3.1 基本策略

1. 景观生态安全格局的构建

景观生态安全格局通常由斑块、廊道和基质组成，其规划建设是捍卫生物安全、维护生态过程的关键空间战略。城市生态斑块主要表现为各种类型的绿地和植物群落。小型斑块是动物迁移的"踏脚石"，大型斑块一般比小型斑块更有能力维持和保护基因的多样性。它们的形状、类型、边缘和数量对景观结构有重要意义。廊道是物种迁移的通道，也是物种和能量迁移的屏障，影响着斑块之间的物种、营养物质和能量交流，同时也起着防风固沙、引风等作用。河流、林带、道路等都是重要的城市廊道。不同宽度的廊道具有不同的生物保护功能，例如，3~12m 宽度的廊道仅能基本满足无脊椎动物的种群保护要求，与草本植物和鸟类物种多样性之间的相关性几乎为零；12~30m 宽度的廊道能够包含草本植物和鸟类的多数边缘种，也能满足鸟类迁移、保护无脊椎动物种群、鱼类和小型哺乳动物功能；30~60m 宽度的廊道可以包含较多草本植物和鸟类的边缘种，并基本满足动植物迁移、传播和生物多样性保护功能；100~200m 是保护鸟类、生物多样性较为合适的廊道宽度[129]。基质是景观中面积最大、连接度最高、决定景观属性和动态变化的组成部分。在城市中心地带，基质通常表现为建筑和道路等构成的人工下垫面；在城市外围，基质就是农田、森林、灌丛等可进行光合作用的自然或人工植被。通常认为，最优的景观生态安全格局由 4 大要素组成，即：一些大的自然斑块、主要河流廊道、连接大型斑块的廊道或踏脚石以及基质中不同种类的小型斑块。两个大型的自然斑块是保护某一物种所必需的最低斑块数目，4~5 个同类型斑块则对维护物种的长期健康与安全较为理想[130]。

景观生态安全格局是多层次、连续完整的复合网络，包括宏观尺度的国土生态安全格局、中观尺度的区域和城市生态安全格局以及微观尺度的街区和地块生态基础设施。其中，区域和城市生态安全格局与城市空间体系规划的关系最密切。它能够引导城市空间的发展、定义城市空间结构、指导周边土地利用，同时也能够延伸到城市结构内部，与海绵城市建设、休闲游憩、非机动车道路规划、遗产保护、环保教育等发展内容结合，提高资源利用效率。这个尺度上的生态安全格局边界更清晰，生态意义和生态功能更具体。街区和地块尺度的生态基础设施作为城市土地开发的限定条件和引导因素，是用地控制和管理的依据。它将景观生态安全格局落实到城市内部，让生态系统服务惠及每个城市居民[131]。

2. 绿地系统生态服务功能维护

城市绿地有固碳释氧、杀菌滞尘、降温增湿、防风固沙、涵养水源、保持水土、恢复退化生态系统、维护生物多样性、防灾减灾、休闲娱乐等多种生态服务功能。绿地面积越大、植物配置越合理，则综合生态效益越高。同等面积集中式公园绿地的综合生态效益要远高于若干分散式附属绿地。有研究认为，鸟类需要的最小公园绿地面积在 $10 \sim 35hm^2$ 之间，约 23% 的鸟类（主要是地面筑巢和典型的森林鸟类）会避开面积小于 $0.75hm^2$ 的公园。但从缓解热岛效应的角度来说，绿地的降温作用通常只在绿地周边 $200 \sim 400m$ 范围内比较明显，而均质散布在城市中的小块绿地，降温效果可能比同等面积的集中式绿地更显著。因此，在城市绿地的传统分类之外，广泛发展立体绿化，提高城市绿化覆盖率，对增加植物生态服务功能、改善城市微气候有很好的效果。例如，为应对气候变化引起的高温天气和热岛效应，伦敦规划建设了超过 700 处、总面积 17.5 万 m^2 的绿色屋顶。东京也将发展立体绿化作为应对城市高温的重要措施，纳入《热岛效应控制措施导则》（2005）。在我国，如果能够解决好物种选择和养护问题，结合城市热环境评估发展立体绿化，也会产生巨大的生态效益。除面积因素外，适当提高植物群落的物种数量、采用合理的种植密度和层级结构、加强生境的异质性和地带性植被的使用等，都是提高绿地生态效益的重要措施。

绿地的雨水吸纳、蓄渗和缓释等生态服务功能，在海绵城市建设中有着突出的价值。根据住建部发布的《海绵城市建设技术指南——低影响开发雨水系统构建（试行）》（2014）的要求，城市绿地系统规划应明确低影响开发控制目标，在满足绿地生态、景观、游憩和其他基本功能的前提下，合理预留或创造空间条件，采用下沉式绿地、生物滞留设施、雨水湿地、植草沟、植被缓冲带等措施，对绿地自身及周边硬化区域的径流进行渗透、调蓄、净化，并与城市雨水管渠系统、超标雨水径流排放系统相衔接。不同类型的城市绿地在海绵城市体系中可承担不同的功能。其中，附属绿地和公园绿地是建设的重点。前者在城市绿地规模中所占比重较大、建设形式灵活，适合作为海绵城市体系中的面状要素，处理分散、小范围的雨水径流；后者规模优势突出，适合作为海绵城市体系的关键点，处理绿地及周边区域雨水径流，控制雨水峰值流量。

绿道是城市绿地生态服务功能的延伸。它通常沿河滨、溪谷、山脊、风景道路等自然和人工廊道建设，内设可供行人和骑车者进入的景观游憩线路，连接城市主要公园、自然保护区、风景名胜区、历史古迹和城乡居住区。由众多区域绿道、城市绿道和社区绿道组成的多层次绿道网络，就将区域不同尺度的生态环境保护、历史文化保护、居民休闲和经济发展结合在了一起，经济效益和社会效益突出，如美国东海岸绿道系统建设、伦敦莱比利绿道系统建设、德国鲁尔区绿道系统建设、深圳市的"区域-城市-社区"三级绿道网络体系等。作为生态保护空间与人类活动空间的复合产物，绿道规划需要同时注重与城市总体规划、绿地系统规划、公共空间规划、慢行系统规划、公园景区规划等的有效衔接，契合城乡总体布局。同时，绿道的宽度设计、与居住中心的距离、与机动车道的交叉设计、路面和配套设施设计、人文关怀设计等细节处理，也对绿道规划的成功与否有着重要影响。

3. 水系生态服务功能维护

水与绿是维持生态平衡的两大自然要素。有水才能生绿，有绿才能保水。城市水系是城市范围内河流、湖库、湿地及其他水体共同构成的水域系统。它是城市重要的生态斑块和廊道，同时具有蓄洪涵水、降温增湿、促进城市通风、改善城市微气候等生态服务功能，还是城市的景观界面和生活界面。城市水系的规模、布局、形态、连通性、驳岸处理、沿河植被配置、水源补给和水质管理等共同影响着水系的生态服务功能。水面率越高，布局、形态和驳岸处理越自然，连通性越好，沿河绿带宽度和构成方式越科学，水源补给越允足，水质越好，水系的生态服务功能越强。

生态河道建设是恢复城市河流生态服务功能的重要方式。它要在保证防洪排涝安全的前提下，通过河道蓝线、纵横断面和护岸规划，用近自然的方式重塑稳定健康的河流生态系统，促进水系保护与发展的平衡。蓝线规划侧重在协调好与城市建设用地、道路、市政管线等关系的基础上，保护河流的自然地貌特征，避免过度裁弯取直等做法对河道平面形态的损害，同时也要从河流生态保护和海绵城市建设的角度合理划定陆域控制线和滨水绿地宽度，减少人为干扰，引导科学的绿地植物配置、植被缓冲带和湿地建设。研究表明，在合理的植物配置和地貌塑造前提下，滨水绿地宽度至少要达到15m以上才能起到污染物过滤作用；滨水绿地宽度大于30m时能有效起到降低温度、增加河流中生物食物的供应和过滤等作用；滨水绿地宽度大于80~100m时能较好地控制水土流失和河床沉积[129,132]。纵横断面规划应在满足防洪排水的前提下，在河床中形成缓急相间、宽窄不一、深浅错落的蛇形水流、急流和缓流，创造多样的河流水生态环境。河道岸坡是河流生态系统中重要的生物栖息地单元。护岸规划侧重通过生态护岸技术的使用，使工程结构对河流生态系统的冲击最小，同时大量创造动物栖息及植物生长所需的多样性生存空间。

湿地是地球之"肾"，也是我国城镇化过程中消失最快的生态系统类型。2003—2013年，全国湿地面积减少8.82%。大规模的无序开发也使许多湿地成为生态孤岛。部分湿地受水质污染影响，生态功能退化，物种种群数量明显减少。2016年底，国务院印发《湿地保护修复制度方案》，开始实行湿地面积总量管控制度。建设人工湿地和湿地公园可以有效扩大城市湿地规模。以位于伦敦市西南部的伦敦湿地公园为例。该湿地公园由泰晤士供水公司的废弃蓄水池改造而成，占地42.5hm²，距市中心5km，有树木2.7万株，湖泊、池塘、水塘和沼泽多处，是世界上第一个建在大都市中心的湿地公园。良好的生态环境使湿地公园成为野生生物的天堂，每年有超过170种鸟类、300种飞蛾和蝴蝶来此栖息，对改善伦敦市生态环境和生物多样性保护起到了极为重要的作用。在海绵城市建设中，湿地是重要的雨水生态滞留措施。除规模化的湿地保护和修复外，城市湿地系统规划也可以结合雨水管道入河口位置设置小型、分散化的人工湿地，使雨水径流经短期调蓄削减后再进入河道，缓解初期降雨径流带来的面源污染。

5.3.2 关键规划资源与任务分析

1. 岛陆景观生态格局与植被状态分析

以主岛为代表，獐子岛镇岛陆景观生态格局整体结构完整、状态较好，但质量还可以进一步提高，如图 5-10 所示。主岛生态斑块由植被和流域盆地组成。从 ND-VI 分析来看，植被斑块包括土地生态适宜性评价确定的生态核心区、生态保育区和建设总量较低的一般适宜建设区。它们呈带状沿山脊植被廊道展开，末端与潮间带相连，构成岛陆景观生态安全格局的斑块主体。这些斑块规模和连通性较好，但植被质量一般。其中，生态核心区和生态保育区森林植被质量远优于一般适宜建设区的园林绿化质量。流域盆地斑块包括水库、方塘等水利设施及其主要汇水区。汇水区生态品质直接影响主岛雨水汇集面积和水质。镇政府因此高度重视，保护效果较好，但部分保护方式还可以进一步改进。主岛生态廊道的构成主要考虑三种生态流的分布、流动和它们所依赖的廊道形式。一是岛陆动植物的栖息和迁移，主要通过植被斑块和植被廊道实现，特别是山脊植被廊道。现有植被廊道宽度和连通性较好，但植被质量存在与植被斑块相同的问题。二是岛陆营养盐从陆地向近海的输送，它们通常富集于植被斑块中，通过暴雨径流，沿冲沟廊道进入潮间带和近海。主岛冲沟廊道生态质量总体较好，但部分冲沟廊道植被覆盖较差，或被机动车道路截断，易携带面源污染物入海。三是人流聚集和移动的道路廊道。主岛的道路廊道对植被和冲沟廊道主要起着切割和破坏作用[①]。

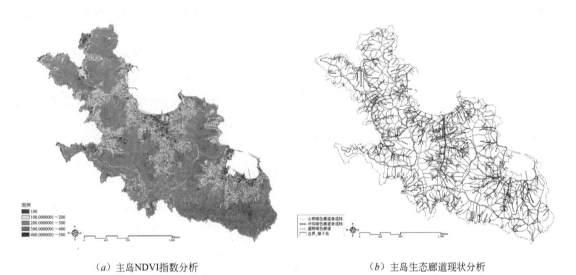

（a）主岛 NDVI 指数分析　　　　　　　　　　（b）主岛生态廊道现状分析

图 5-10　主岛 NDVI 指数和生态廊道分析

资料来源：獐子岛镇生态规划与城市设计项目组（邹涛分析绘制），2009.

　　獐子岛镇岛陆森林植被以海防林为主，全部为人工种植林，共有木本植物 16 科、25 属、40 余种。植被群落主要包括黑松林和刺槐林两大类，群落地带性特征不明显，组成有趋同性。实地调研表明，由于植被树种单一、纯林化、针叶化现象较为严重，群落稳定性差，易发生病虫害、物种入侵并引起火灾。同时由于乔木层发达，灌木层、草本层相对缺乏，森林群落的生态服务功能难以充分作用。特别是在黑松林中，黑松生长旺盛，郁闭度高，林下植物由于日照不足很难生长，灌木和草本植物稀少，难以招引鸟类和其他野生动物栖息，不利于生物群落多样性的保护[②]。

　　獐子岛镇园林绿化的植物种类较多。乔木主要有雪松、合欢、法桐、柿树、紫

---

① 本段内容主要整理自邹涛工作成果。

② 本段内容整理自獐子岛镇植物景观规划。

叶李、毛泡桐、白榆、圆柏、樱花、美人梅等。灌木主要有丁香、连翘、紫荆、木槿、紫叶小檗、金叶女贞、矮紫杉等。从调研情况来看，园林绿化存在的问题主要有三个方面。一是柏类植物为骨干树种，部分地段景观单调。柏类植物具有抗干旱、耐瘠薄及成活率高等优点，但应用过多，则不利于景观营造。二是植物配置结构简单，缺乏上层乔木。柏类植物的生长速度过慢，常常不能形成高大树冠，降温增湿作用不明显。街头游园和附属绿地多采用灌木与草坪结合的形式，复层结构更加缺乏，生态效益和景观效果均不理想。三是主岛主要公共空间和景观迎向冬季主导风向，但主岛北部的防护林种植滞后，缺少遮挡，冬季极易造成海风的长驱直入。夹带大量水汽和盐分的海风不仅影响居民户外活动，也使许多建筑立面受到侵蚀，部分建筑冬季室内采暖负荷增加①。

2. 潮间带和近海子系统现状及问题

主岛潮间带生态系统健康状况总体良好。目前的生态威胁主要来自两方面，一是暴雨径流带来的车辆尾气、风沙灰尘等面源污染；二是沿岸生活、生产设施建设和使用带来的点源污染。两者相比，点源污染的威胁性相对突出，如图5-11所示。主岛海岸线沿岸经济生物、旅游资源丰富，岸线利用形式主要包括港口码头、旅游、居住和水产养殖，布局总体合理，但部分区域功能混杂，利用活动过多。潮间带保护压力分析显示，沙包社区中心区和东獐社区中心区的利用活动最集中，是潮间带保护压力的两个重点区域。前者的岸线压力主要来自旅游服务设施建设对岸线形态的改变，不恰当旅游活动可能带来的垃圾处置影响，以及生活污水排放可能存在的污染影响。后者的岸线压力主要来自货运码头建设对岸线形态的改变，以及不恰当的船只停靠、生产活动和居民生活可能带来的废弃物处置与污水排放影响。此外，主岛南部的垃圾填埋场和西獐社区的生活污水排放如果管理不当，也可能成为潮间带生态系统的重要污染源，进而威胁近海水质。獐子岛镇近海海域广阔，资源丰富，是岛镇的发展根本。近年来，当地政府采取了多种保护措施，成效显著，但仍有需要进一步关注之处，如港口建设对海洋生物栖身环境的干扰、来往船只的废弃物和废机油管理等②。

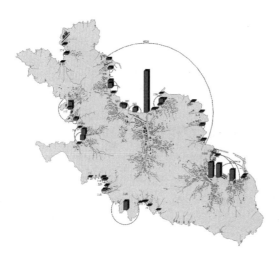

图5-11 主岛潮间带及近海海域潜在的
相对污染压力分析

资料来源：獐子岛镇生态规划与城市设计项目组（邹涛分析绘制），2009.

3. 规划任务

综合以上分析，獐子岛镇的景观生态规划应以提高海岛生态系统健康水平和服

---

① 本段内容整理自獐子岛镇植物景观规划。

② 本段内容部分整理自邹涛工作成果。

务功能为目标，重点开展以下四个方面的工作：（1）完善岛陆景观生态安全格局，畅通岛陆生态系统的物质循环和能量流动渠道；（2）改造和修复森林林相，完善镇区绿化，提高岛陆关键生态斑块的生态服务功能和固碳能力；（3）优化岸线资源利用，保护和修复潮间带子系统生态服务功能，促进近海子系统健康；（4）合理规划近海海域利用功能，避免短期行为和交叉作业给海洋环境带来的不利影响。对于生态系统中受人工干扰较小的组分，特别是关键组分，分项规划着重其保护，防患于未然，如岛陆森林和近海潮间带中生态功能较为完好的部分；对于生态系统中受人工干扰较大、退化严重的关键组分，分项规划着重其优化和修复，如部分退化较严重的岛陆森林和潮间带；对于生态系统中受人工破坏并已毁坏的关键组分，分项规划着重其重建和补偿，如镇区绿化。

5.3.3 分项规划方案

1.岛陆景观生态安全网络规划

主岛景观生态安全网络的构建以土地生态适宜性评价和景观生态安全格局分析为基础，提取其中的主要生态斑块和复合生态廊道，指导后续规划用地的选择和建设，如图5-12所示。土地生态适宜性评价确定的生态核心区、生态保育区和建设总量较低的一般适宜建设区，是岛陆生态系统中的生态"源"所在。它们构成了整个景观生态安全网络的斑块主体。由于建设过程中可能出现的地形改变，或因人工建设排水设施等对生态流的形态和过程的改变，生态廊道规划通过提供备选线的方式，仅为该类廊道提供定位参考线。其规划原则是：因地制宜，建设过程中尽量不改变原有地形，在减少土方量实现经济效益的同时，实现生态流的合理引导和调节[①]。

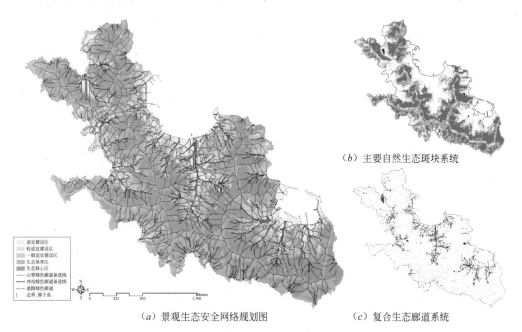

（a）景观生态安全网络规划图　　　（c）复合生态廊道系统

图5-12　主岛景观生态安全网络规划图

资料来源：獐子岛镇生态规划与城市设计项目组（邹涛分析绘制），2009.

---

① 本段内容整理自邹涛工作成果。

2. 岛陆植物景观规划[①]

岛陆森林植被改造以黑松林、刺槐林和无林地为主要对象，以生态优先性、植被地带性、景观多样性和实施分布性为主要原则，同时加强对栗山天牛的防治，见表5-1。黑松林改造侧重海岸带和核心地段两类区域。海岸带受海潮风影响，黑松生长情况较差，林下缺少灌木和草本，部分区域岩石裸露无植被。改造在保留原有黑松林的基础上，引入抗风、耐瘠、耐盐树种植物，特别是灌木和草本类植物，构建乔、灌、草复层结构的海岸带防护林体系。核心地段与海岸带相比，受海潮风影响相对较小，黑松生长旺盛，森林郁闭度较高，林下灌木、草本同样稀少，葛藤入侵较为严重。改造以建立松栎混交林为目标，采用间伐方式调控林木密度，保持每公顷1500~2500株左右的黑松数量。间伐后补植阔叶乔木和灌木，适当增加彩叶树种和观花树种，3~5年后根据林分组成适当撒播当地草种。主岛大部分刺槐林分布在山坡下部和居民区附近，易受人为破坏，物种丰富度不高。改造以形成典型地带性森林群落为目标，根据刺槐林的林分组成不同，补植刺槐疏林，间伐刺槐密林，并在林下补植地带性乔木、灌木，形成复层结构。主岛退耕还林地常作为苗圃生产苗木，但选用树种范围窄、植株矮小、裸土面积大，且多呈梯状布置，景观效果欠佳。未来，这些苗圃应适当缩减规模，所释放用地和其他一些无林地逐步实施植被恢复。恢复通过选择乡土树种、人工整地、混合密植等措施，在较短时间内建立适应海岛气候的、稳定的顶级植物群落。

獐子岛镇森林植被改造植物推荐表 　　　　　　　　　　　　　表 5-1

改造对象	乔木	灌木	草本
海岸带黑松林	—	紫穗槐、栓翅卫矛、孩儿拳头、胡枝子、花木蓝等	宽叶苔草等
核心地段黑松林	槲树、栓皮栎、麻栎、花曲柳、大叶朴、小叶朴、合欢、柿树、君迁子、元宝槭、山皂荚、黑桦等	胡枝子、花木蓝、孩儿拳头、酸枣、栓翅卫矛、迎红杜鹃等	—
刺槐林	槲树、槲栎、辽东栎、蒙古栎、麻栎、栓皮栎、花曲柳、大叶朴、小叶朴、合欢、山皂荚等	胡枝子、花木蓝、孩儿拳头、酸枣、栓翅卫矛、迎红杜鹃等	—
苗圃及无林地	赤松、麻栎、辽东栎、蒙古栎、栓皮栎、槲树、花曲柳、元宝槭、大叶朴、小叶朴、柿树、黑枣、合欢等	胡枝子、迎红杜鹃、李叶溲疏、孩儿拳头、花木蓝、叶底珠、金雀儿、酸枣等	—

资料来源: 獐子岛镇植物景观规划, 2009.

獐子岛镇园林绿地包括公共绿地、防护绿地和生产绿地。绿地系统规划以乔木、灌木、地被植物和攀缘植物有机结合，以乡土植物为主，速生树与慢生树、落叶树与常绿树相搭配为原则。紧邻山体等自然或半自然环境的公共绿地，植物选择以乡土植物为主，地被植物配置以自然式为主；中上层植物群落的构建可将周边自然或半自然植被纳入其中，以其为背景或衬托进行综合考虑，实现两者的良好过渡；地被层可采用缀花草坪或草花混播形式实现。人工环境中的公共绿地选用乡土植物为

---

① 本部分内容整理自獐子岛镇植物景观规划。

骨干树种，适当引进观赏价值较高并能够适应当地生长的外来植物；重视花灌木的有效应用，丰富景观效果；植物配置采用自然式或混合式，以体现当地特色为主。防护绿地通过植物的合理搭配，形成良好的生态防护林体系，发挥植物的减噪、净化空气、防护隔离等生态服务功能，特别加强攀爬植物的运用。生产绿地以退耕还林地形成的简易苗圃为主，丰富植物种类和品种，扩大苗木生产量，实现岛内苗木的自给自足，见表5-2。

獐子岛镇园林绿地植物推荐表   表5-2

绿地类型		乔木	小乔木、灌木	草本、藤本、地被
公共绿地	紧邻山体部分	柿树、合欢、臭椿等	丁香、连翘、红瑞木、迎红杜鹃、绣线菊等	蒲公英、紫花地丁等
	人工环境部分	侧柏、刺槐、黑松、元宝槭	紫荆、紫薇、棣棠、紫叶李、榆叶梅、石榴、绣线菊、丁香等	萱草、麦冬、早熟禾等
防护绿地		臭椿、旱柳、银杏、刺槐、桑树、水杉、侧柏、圆柏、合欢、白蜡等	木槿、紫薇、凤尾兰、石榴等	白车轴草、麦冬、红花酢浆草、美人蕉、爬山虎等
生产绿地		—	—	—

资料来源：獐子岛镇植物景观规划，2009.

3. 潮间带及近海子系统的保护与修复

潮间带子系统规划以岸线规划为依托，综合协调岸线的生产、生活和生态功能，实现多种功能的协调发展。岸线功能划分是主岛产业经济发展、土地利用布局与景观生态安全网络规划成果的综合反映。结合总体规划的要求，主岛岸线功能分为休闲旅游、生态旅游、生态绿化、港区景观和工业景观五类。休闲旅游岸线属于可适度开发的自然岸线，开发建设以不破坏岸线形态和生态服务功能为前提；生态旅游和生态绿化岸线多位于主岛植被廊道和斑块末端，采用自然岸线形式，最大限度保持岸线自然形态和生物群落结构，确保潮间带与生态斑块和廊道的衔接，并对已破坏的岸线进行生态修复，严禁任何有损生态环境的开发建设；港区景观和工业景观岸线均属人工岸线，也是岛陆向近海所排放污染物的富集区，是岸线污染治理的重点；此外，主岛尚有部分水产养殖岸线，远期随着水产养殖业向小耗岛组团转移，岸线功能向休闲旅游和生态绿化转变，见表5-3。

主岛岸线规划设计建议   表5-3

岸线功能	主要内容
港口	最大限度减少港口设施建设对岸线自然形态的破坏；防止停靠船只的废油和生活垃圾处理处置以及污水排放污染
旅游	适度开发，最大限度压缩旅游设施建设规模，鼓励采用架空建筑、架空栈道、架空平台等设计手法，减少设施建设对岸线自然形态的破坏；严格规范旅游线路和游客活动范围，减少旅游活动对海水、滩涂、林地等沿岸生态环境的干扰；严格开展旅游垃圾的分类收集管理；加强岸线生态修复
生产	最大限度减少工业设施建设对岸线自然形态的破坏；拆除不必要的设施，进行生态修复；防止修造船等生产活动可能造成的废弃机油随意处置、污水排放污染
生态	严禁开发建设；适当建设连续的慢行交通系统，严格规范慢行活动；全面开展岸线生态环境修复，确保潮间带与生态斑块和廊道的衔接，着重提高岸线自然净化和生物多样性保护功能

续表

岸线功能	主要内容
其他	严格开展沿岸生活污水和生产废水的排放管理，进一步提高污水集中处理和再生利用水平，避免污染问题的产生；严格进行垃圾填埋场的卫生填埋管理，避免二次污染；严禁采挖岸滩沙石，严禁生活垃圾和工业废弃物的随意处置

主岛岸线生态修复以休闲旅游岸线、生态旅游岸线和生态绿化岸线为重点。拆除破坏潮间带生境的构筑物，改善潮间带陆地植被、潮间带生态系统和周边水域环境。湿地修复是潮间带修复的重点。主岛应以休闲旅游岸线、工业景观岸线和港区景观岸线作为潮间带污染防治重点，禁止采挖岸滩沙石及在海域随意排放船舶废油和生活垃圾，禁止随意堆放贝壳废弃物。

根据总体规划的要求，规划全镇海域整体上保持一类海水水质标准，局部地区不应低于二类海水水质标准。为保证养殖作业区海水品质，严格控制规划航线两侧0~100m海域的利用方式。其中，0~50m区域作为一级控制区，禁止水产养殖和其他用途的开发利用；50~100m区域作为二级控制区，可适当放宽控制要求。同时，环岛旅游线路内部海域不允许进行浮筏养殖，留作旅游水域。此外，獐子岛镇可以借鉴广州南澳等海岛养殖经验，引进具有净化海区水质功能的龙须菜、紫菜、江蓠等藻类，通过自然生态方式提高近海水质。

5.4 绿色交通

5.4.1 基本策略

1. 交通与土地利用的协调发展

城市交通与城市用地发展是两个相互依赖、不可分割的经济过程。城市用地是城市交通产生的根源和设施建设载体。它通过规模、密度、功能布局、街区形态等作用因子，影响居民的交通行为和城市交通体系选择。不同的交通体系发展要求及其所带来的可达性和土地价值变化又引导着城市的用地发展。目前以绿色交通为导向的土地开发模式主要有三种，分别为：公共交通导向（TOD）模式、自行车导向（BOD）模式和步行导向（POD）模式。三种模式的运送能力、服务功能和服务特点不同，对城市空间发展的引导作用也不尽相同。

TOD模式是以公交系统为骨架形成"节点+走廊"的土地开发模式，在三种模式中受关注程度最高，对城市和区域空间形态影响最大。相比传统开发模式，TOD模式要将站点周边（通常在400~800m半径内）建成相对高密度、功能混合、适宜多元交通接驳，并具有高质量慢行交通环境和开放空间的城市节点，为居民的绿色出行和工作生活创造便利。TOD模式有许多著名的代表性案例。在香港的TOD模式中，城市商业中心、就业中心和居住区都围绕轨道交通枢纽站点展开，形成珠链状高密度的城市组团。组团内轨道交通站点周边500m范围内居住人口达45%，部分地区达65%。新界地区8个轨道交通站点周边共2.5%的建设用地集中了该地区78%的就业岗位[133]。同时，港岛商务中心内以公共交通枢纽为起点的步行系统四通八达。凡与步行系统相连的建筑，本身就是步行系统的组成部分。这些建筑的通道层和相邻楼层通常作为零售商业和娱乐用房，就近为行人服务。因此，尽管香港人均道路长度不足 0.3m，每千米道路机动车承载量达 285 辆，但高效便捷的绿色交通系统使香港在如此高密度下仍能保持城市交通顺畅，并有效控制交通污染。

BOD 和 POD 是两种慢行交通导向的土地开发模式。两者都需要通过适当的紧凑开发、土地混合利用和小尺度的街区规划，结合科学的公交线网规划、站点布局和道路系统设计，创造适宜自行车和步行的出行环境。与 TOD 模式相比，BOD 和 POD 模式对城市尺度、品质和活力的改变更大，更有利于传统人居文化的保护和回归。国际上许多著名城市，如巴黎、哥本哈根、苏黎世等，都有与城市风光相得益彰的优越慢行交通环境。在我国，如果离开了适于慢行交通发展的空间尺度控制，城市在很大程度上也就失去了它的传统人居环境魅力，如北京、苏州、成都等。有学者建议，我国城市建设要首先有利于步行和自行车的使用，大力发展高性价比的公共交通，同时要注意改善城市形象，控制小汽车发展，即三种开发模式的考虑顺序为 POD>BOD>TOD[134]。

2. 多模式绿色交通体系建设

城市绿色交通体系建设需要发挥不同运量交通方式的服务优势，通过它们之间的便捷联系，服务于城市发展的多维目标，提高绿色出行竞争力。

发展公共交通是城市绿色交通体系建设的核心。城市需要根据自身规模和用地特点，选择适宜的公共交通模式。轨道交通运量大、速度快、安全、准点，并能节约能源和用地，保护环境，是人口规模大、财力充足的大型和特大型城市构建公交主干的首选，例如日本东京。东京拥有总长 2800km 的地铁、轻轨、新干线等轨道交通，交通运量占公交系统总运量的 80% 以上。发达的轨道交通系统和围绕轨道交通形成的密集公交网络，使东京的地面交通拥堵情况得到极大改善。尽管东京的小汽车拥有量比北京多近 1/3，但小汽车年均行驶里程不到北京的一半。中型城市则可以构建以快速公交和常规公交为主体的公交体系，在部分客流量较大的交通走廊建设公交专用道。快速公交系统有着 8000 人/h 以上的单向运送能力，甚至超过很多轨道交通系统。巴西库里蒂巴的快速公交系统建设证明，常规快速公交同样可以起到像轨道交通一样整合土地利用、引导土地开发等作用。而对于小城市，常规公交就足以满足出行需要。

常规公交既能够独立承运部分客流，又能够接驳大运量轨道交通，是城市公共交通发展的基础。绿色交通体系建设要在骨干线路的基础上建立丰富的常规公交线路，满足城市组团和社区之间的中短距离出行需求，承担快速公交枢纽之间的衔接换乘任务。如何创新场站综合开发模式，使常规公交的场站建设带动土地开发，同时提高公交出行的便捷性，也是 TOD 模式探索的一部分。接驳公交也称微循环公交，具有路程短、站点少、客流相对明确、营运发车频率较高、客流高峰时间分布集中等特点。发展接驳公交能够很好地提高公交服务有效区域的覆盖面、灵活性和服务水平，是公交系统精细化发展的重要体现。

绿色交通体系建设也离不开与公共交通无缝衔接的，安全、便捷、舒适、低成本的慢行交通系统建设。从经济性和灵活性来看，慢行交通与公共交通整合也是长距离交通出行中替代小汽车的重要方案。目的地与公交站点之间、不同公交线路换乘站点之间距离过远，是影响居民选择公交出行的一个关键因素。从时间效率看，在 3km 范围内，选择自行车出行衔接常规公交在很多时候要比接驳公交更具竞争力[135]。因此，成功的 TOD 模式都离不开高质量的慢行交通系统，特别是自行车出行系统建设。发展自行车出行就要妥善解决公共自行车系统建设问题，如车辆的灵活使用和及时维护、投资回收等。共享单车的崛起使人们看到了解决这一问题的新可能。或者说它为公众选择绿色出行解决了一个至关重要的"小"问题。

3. 新趋势与新要求

交通工具的不断进化对静态交通设施规划提出了许多新要求。新能源汽车和共享单车的普及是其中的两个代表。得益于更加严格的尾气排放法规、快速下滑的技术成本和政策支撑，低碳环保的新能源汽车近年来在全球快速发展。英国和法国均计划到 2040 年禁止所有化石燃料机动车的销售，挪威计划到 2025 年实现汽车 100% 电动化（含混合动力），瑞典也决心在 2030 年将所有车辆更新为不使用化石燃料的清洁能源汽车。作为世界上最大的汽车市场，中国也在为停止生产和销售化石燃料汽车设定时间表。新能源汽车的普及，使充电设施规划成为静态交通设施规划的一个必备内容。同样，共享单车的快速成长，使非机动车停放问题重新进入规划设计视野。截至 2017 年底，中国共享单车用户规模已达 2.21 亿人。如何对大量共享单车的停放规划合理布局和停放方式，也成为静态交通设施规划的一个新内容。

在可能的条件下发展智慧交通，是城市进一步提高道路交通系统效率、缓解道路交通压力的重要措施。对于大型、特大型城市来说，交通压力的缓解、出行效率和道路交通系统效率的提高，在一定程度上也会改变城市居民生活方式和人口的空间分布，部分改变城市道路交通系统规划建设特征。这些变化同时也与城市整体的绿色交通发展紧密相连。

近年来的海绵城市建设也对城市道路规划提出了一些新要求。根据住建部《海绵城市建设技术指南——低影响开发雨水系统构建（试行）》，城市道路应在满足道路基本功能的前提下，达到相关规划提出的低影响开发控制目标与指标要求；人行道宜采用透水铺装，非机动车道和机动车道可采用透水沥青路面或透水水泥混凝土路面；道路横断面设计应优化道路横坡坡向、路面与道路绿化带及周边绿地的竖向关系等，便于径流雨水汇入低影响开发设施；路面排水宜采用生态排水方式，也可利用道路及周边公共用地的地下空间设计调蓄设施。

5.4.2 关键规划资源与任务分析

1. 道路交通现状与居民意愿

獐子岛镇分项规划以主岛陆路交通系统建设为对象。主岛共拥有县级公路 9.8km，乡级公路 27.22km，有客运码头至沙包社区、沙包社区至东獐社区两条主要道路，均为两车道。岛上部分路段坡度较大，超出乡级公路坡度控制的规范要求，部分路段的转弯半径过小，亦不符合国家标准，存在一定的安全隐患。主岛共有小汽车、巴士 200 余辆，运行出租车 140 余辆，摩托车近 400 辆。受低丘地形影响，出租车和摩托车是居民出行的主要交通工具。出租车灵活方便，深受岛上居民欢迎，逐渐取代了集体经营的客运公交。通过综合问卷调查来看，步行仍是主岛居民的主要出行方式；在各种出行活动中，居民最希望改善的是工作和上下学通勤出行；在各种出行方式中，居民最希望改善现有公交系统，选择公交出行，也有相当数量的居民希望购买家用汽车，改变出行方式，如图 5-13 所示。

2. 问题与规划任务

总体而言，主岛陆路交通系统主要存在两方面的问题，一是支路网布局不合理，尽端路较多，部分道路设计不符合国家标准，没有形成科学、合理的道路系统；二是缺少公共交通，机动交通工具较多，但出行效率欠佳。虽然主岛不适合发展大规模公共交通，但通过局部公共交通解决三个社区的交通联系仍是非常必要的。因此，绿色交通分项规划的重点主要有两个，一是构建符合海岛居民出行要求的公交系统，加强出租车等运营车辆管理，提高车辆使用效率，限制私人小汽车发展，减少交通系统能耗和碳排放；二是结合居民出行和公交系统发展需要，调整现有道路系统，提高三个社区联系的通达性，如图5-14所示。

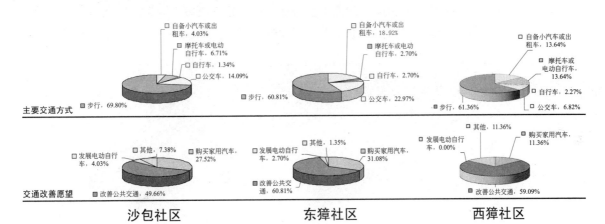

图5-13 獐子岛镇居民综合问卷调查（主岛交通方式和交通意愿）

资料来源：獐子岛镇生态规划与城市设计项目组，2009.

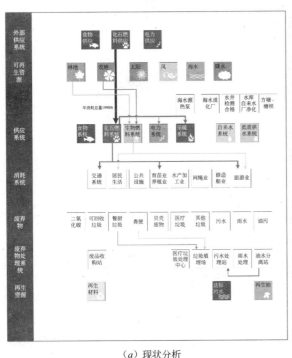 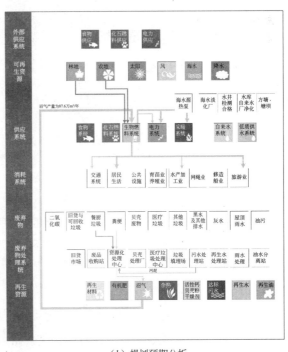

（a）现状分析 （b）规划预期分析

图5-14 獐子岛镇燃料消费的物质流分析

资料来源：獐子岛镇生态规划与城市设计项目组（黄一翔绘制），2009.

5.4.3 分项规划方案[①]

1. 出行需求预测

分项规划采用出行目的地（OD）调查来进一步了解主岛居民出行需求。调查显示，主岛居民居住相对集中，工作和上下学出行以步行为主。居民上班时间比较集中，主要分布在5：00—7：00之间，单位接送班车和摩托车使用率相对较高；学生上学出行更为集中，主要分布在5：30—6：30之间，出租车使用率较高。岛上居民出行方向基本趋于向心化，主要出行吸引点共6个，以沙包社区和东獐社区为主，如图5-15所示。从调查结果来看，主岛公交系统建设的主要服务对象是企业职工和在校学生，同时也要协调好未来的旅游发展需求，因此，适合建立以服务通勤居民和游客为主的高效率小型公交系统，同时联合电动车研发机构，探讨海岛低碳公交发展的可行性。

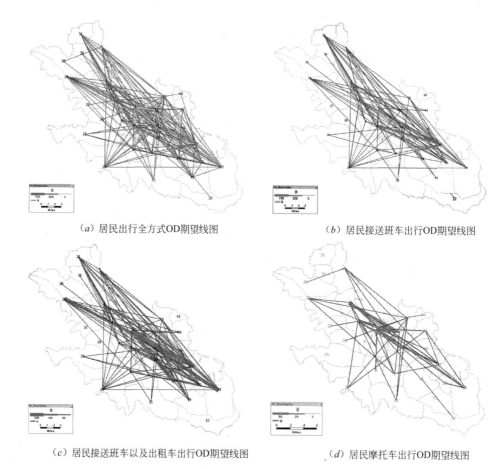

（a）居民出行全方式OD期望线图　　　　　（b）居民接送班车出行OD期望线图

（c）居民接送班车以及出租车出行OD期望线图　　　（d）居民摩托车出行OD期望线图

图5-15　居民出行方式 OD 期望线图

资料来源：獐子岛镇公共交通规划报告，2009.

2. 公交线路规划

主岛公交线路规划根据以上居民出行方向分布和主岛道路功能等级分布，拟定了三个比选方案，三者在公交线路数量、覆盖率、换乘次数和投资额度方面有所不同，如图5-16所示。综合来看，在方案三中，公交线路覆盖了除北船坞居民点以

---

① 本节内容整理自獐子岛镇公共交通规划报告。

外的绝大部分集中居民点，基本满足岛上居民的日常出行需求，且减少了换乘，线路设置较简单，适合公交初期发展需要。因此，规划最终采用方案三作为近期建设方案，方案二作为公交系统的远期建设方案。

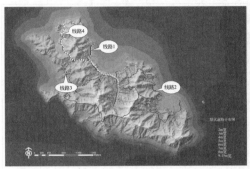

方案一
设置4条线路。该方案能够很好地满足岛上各方向出行需求，公交覆盖率高，线路长度设置较短，全程运行时间较短，相对节省了车辆配置。但长距离出行需要换乘，如从东獐社区到西獐社区，需要在沙包社区换乘一次。

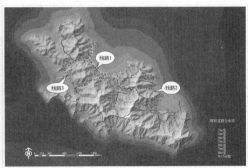

方案二
设置3条线路。考虑到未来西獐社区居民的搬迁，取消方案一中的线路4，而线路3则延伸到码头，方便西獐社区居民出岛及游客前往西獐社区。

方案三
设置2条线路。该方案基本满足岛上主要交通出行需求，但公交覆盖率相比方案一较低，部分小区乘客需要步行至公交站的距离比方案一长，但基本在步行可接受范围（500m）内。

图5-16 主岛公交线路规划方案比较
资料来源：作者根据獐子岛镇公共交通规划报告（2009）整理.

在客流量预测和车辆配置方面，规划也设计了三种愿景方案进行比较，见表5-4。

不同方案公交客流量预测　　　　　　　　　　　　　表5-4

愿景	做法	线路方案	高峰小时客流量（人/h）	线路长度（km）	配车数
愿景一	取消单位班车，或将单位班车纳入公交运行车辆中，由于摩托车污染排放较严重，应逐步取消摩托车出行	线路1	1654	14.7	15
		线路2	1570	12.5	14
		线路3	1276	11.8	18
愿景二	取消单位班车，或将单位班车纳入公交运行车辆中，由于摩托车作为私人拥有的交通工具，一定程度上也有其不可替代性，保留摩托车或推广电动摩托车	线路1	1339	14.7	12
		线路2	1250	12.5	12
		线路3	1029	11.8	14
愿景三	对单位班车或摩托车均保持现状，增加公交线路	线路1	827	14.7	9
		线路2	785	12.5	8
		线路3	638	11.8	8

资料来源：獐子岛镇公共交通规划报告，2009.

愿景一取消单位班车和摩托车，愿景二取消单位班车但保留摩托车，愿景三保留单位班车及摩托车。从实际情况出发，獐子岛镇初步建立公交系统时宜考虑愿景三，保留单位班车和摩托车，此方案下配车数量少，初始投资较省，但运行回收周期较长；远期可采用愿景二，建议取消单位班车或将单位班车纳入公交运行，保留摩托车作为私人交通工具的灵活性。同时，为推广清洁交通工具的使用，规划建议开展电动公交车运行试点。考虑到地形和道路条件，运行可选择8m车型的电动公交车。

3. 现有道路系统的调整

结合总体规划，未来主岛干路道路网采用"一纵一环"结构。一纵，指沿北部滨海岸线连接三个社区的城镇主干道，规划红线宽度为15m；一环，指沿西獐社区山体在现状道路的基础上修建旅游性环路，规划红线宽度为12m。为保证道路通达性，适应公交系统建设，分项规划结合总体规划、实地调研、土地生态适宜性分析和景观生态安全格局分析，对主岛整体和各组团道路系统布局、等级、宽度、坡度等提出了调整方案，如图5-17所示。

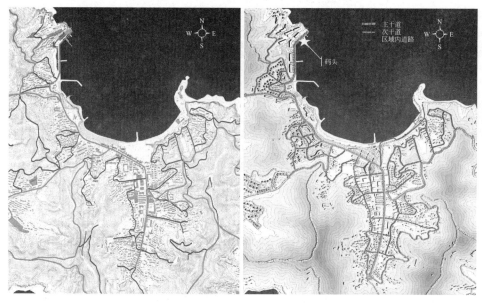

（a）沙包社区道路系统现状　　　　　（b）沙包社区道路调整方案

图5-17　沙包社区道路系统调整方案

资料来源：獐子岛镇生态规划与城市设计项目组（邹涛、城市设计团队绘制），2009.

5.5　能源综合利用

5.5.1　基本策略

1. 可再生能源的规模化应用

充分利用可再生能源是我国能源转型的重要策略。不同于欧美国家能源转型从煤炭到油气再到可再生能源的普遍路径，我国的能源转型考虑到能源革命的紧迫性、具体国情和资源特点，需要更加强调可再生能源的规划布局和规模化发展，甚至

"可能应该一步到位地拥抱可再生能源"[136]。其中，能够在城市层面实现规模化应用并需要统一规划布局和建设管理的主要是太阳能、风能和地热能的利用。

我国属太阳能资源丰富的国家之一，全国总面积 2/3 以上的地区年日照时数大于 2000h，年辐射量在 5000MJ/m² 以上。目前适合城市规模化应用的太阳能利用技术主要是太阳能热水和光伏发电。前者投资小、维护简便、应用范围广，既可以提供生活热水，也可以作为采暖热源，是当下最成熟的可再生能源利用技术。我国部分城市将太阳能热水作为新建居住建筑的强制性要求。太阳能光伏发电技术建设形式灵活，可与各类建筑、构筑物和基础设施一体化设计施工，不单独占用土地资源。我国城市有大量的民用和工业建筑屋顶、墙面可安装光电板，无论是离网发电还是并网发电都有巨大的节能潜力。如何进一步提高能量转化率、降低发电成本、解决城市电网的消纳问题，是我国光伏发电技术市场化发展的关键。大型公共建筑和工业建筑通常有充足的屋顶和场地面积来铺设光电板且用电负荷与光伏发电系统的日发电强度变化耦合度较高，是最适合采用光伏发电技术的两类项目。道路广场也具有相当的光伏发电技术利用潜力。美、法、韩等国以及我国的研究者正在积极探索光伏路面的应用可能，一些实验性路段已经建成。

我国幅员辽阔，海岸线长，风能资源丰富。风能资源开发率如果能达到 60%，就能支撑我国目前全部的电力需求。从技术条件来看，目前适合城市规模化应用的主要是启动风速较低、技术逐渐成熟的中、小型风力发电技术。我国城市风能资源虽然集中程度不高，但分布极为广泛。在风能资源较好的城市，高层建筑、大型公共建筑和工业建筑通常都有不错的小型风机利用条件，别墅等建筑密度低、相互遮挡小的居住建筑也适合小型风机的使用。但由于风能利用的间歇性和随机性，风力发电技术需要与其他发电方式互补使用，或与储能装置结合。由于季节、天气、地域等方面的互补性，风光互补发电系统是目前最常用的互补发电形式。虽然发电效率仍有待提高，但从实用性、可靠性、经济性等方面综合评价，已可基本满足家庭和路灯光源的供电。同时，风力发电设备的生产不存在光伏发电设备生产的高能耗和高污染问题，因此，从技术的全寿命周期来看，风力发电更加低碳环保。

我国地热资源分布广泛，种类繁多，其中最易于规模化发展的是浅层地热能，利用潜力可观。地级以上城市浅层地热能的年可开采总量达 7 亿 tce，相当于 2015 年全国煤炭消耗量的 19%，但现状开采率仅为 2.3%[137]。利用地源热泵系统供暖、制冷、提供生活热水，是目前浅层地热能利用的主要形式。与传统空调相比，地源热泵系统经济高效、应用范围广、运行灵活、使用寿命长，如果设计安装良好，每年可节约 30%~40% 的供热制冷能耗，且由于没有室外机，也无污染物和废热排放，更有利于缓解城市热岛效应。按能量交换方式划分，地源热泵技术包括地埋管、抽取地下水、抽取湖水或江河水等多种方式。它们都可以进行规模化应用，但适用条件有所不同。地埋管地源热泵系统需要足够的场地面积埋管，适用于建筑密度较低的公共和住宅建筑，同时要注意解决系统全年的冷热负荷平衡问题和土壤温度改变对地面植被的生长影响；地下水源热泵系统的使用没有场地面积要求，但需要避免使用过程对地下水的污染；地表淡水源热泵系统适合临水地带，规划设计需要综合考虑河流的水温、水深、流量、含沙量、取水点与河流距离等因素。

2. 分布式能源系统与能源的高效利用

广泛发展分布式能源系统，提高能源利用效率，也是我国能源转型的重要策略之一。由于产业结构的转型升级，我国城市的能源需求正在由过去以大型制造业为主的高温高压高品位能源，向以服务业、轻型制造业、先进制造业和居民生活为主的低温低压低品位能源转变。负荷稳定的工业用能在城市用能结构中的比重逐渐下降，而负荷不稳定的建筑用能比重持续上升。与传统的集中式能源系统相比，靠近用户端、输配损耗小、调峰作用好的分布式能源系统，更适合新的用能趋势。分布式能源系统的能量来源灵活，既可以是太阳能、风能、生物质能等可再生能源，也可以是天然气、清洁煤等清洁化石能源，还可以是工业余热、废热等未利用能源。这些能源形式及其利用技术各有优势也各有局限。可再生能源绿色、环保、安装方式灵活，但存在能源供应的波动性和间歇性问题；清洁化石能源供应稳定性高、经济性好，但消耗的仍是化石能源，会造成一定的温室气体排放；余热、废热的利用经济、环保，但作为低品位能源，利用途径有较大局限。因此，与单一能量来源的分布式能源系统相比，因地制宜地发展多能互补的分布式能源系统，是分布式能源发展的重要方向。

热电冷三联供系统（CCHP）是建立在能量梯级利用基础上的高效总能系统。系统中的高品位热能用来发电，低品位热能用来供热或制冷。天然气、清洁煤等清洁化石能源在分布式能源系统中的利用主要是通过 CCHP 来完成的。它同时也可以由太阳能、生物质能等可再生能源和余热、废热来提供能量，构建多能互补的分布式能源系统。CCHP 具有出色的能效和环保表现，发电效率可比传统的大型发电厂提高近 1 倍，CO_2 排放量也仅为传统能源系统的 30%~50%。热电联产系统是 CCHP 中能量利用效率最高的电-热转换方式，也是解决我国城市和工业园区供热系统中热源结构不合理、热电供需矛盾突出、热源能效低污染重等问题的主要途径之一。在建设规模上，它既能够以商业、科技园区、大学城等较大区域为单位统一规划建设，也能够以楼宇为单位独立设计。

建立多能互补的分布式能源系统，使多种形式的能源供应和需求高度匹配，同时保证大电网的可靠性等级，其离不开智能微网建设。智能微网作为小型发配电系统，将分布式能源技术、信息通信技术和输配电基础设施高度集成，是智能电网的发展趋势之一。利用信息通信技术，系统既能够支持多种能源形式的合理互补，以及分布式能源与现有电力系统的有机融合，实现发电侧的"智能"；又能够帮助用户科学用电，减少用电需求，实现用电侧的"智能"。因此，智能微网能同时提高能源生产、输配和使用效率，是对传统的大集中、大一统、大规模供能用能模式和单向管理架构的颠覆[138]。智能微网在工业园区、商业区、大学城等用电负荷集中的区域以及偏远地区都有很好的应用前景。

3. 基于综合资源管理的需求侧区域能源规划

城市用能形式和供应模式的转变，以及节能技术的进步，也对城市能源规划理念和技术方法提出了新的要求。传统的城市能源规划是自上而下的供应侧能源规划。它以保证最大负荷和容量储备可靠性为原则，符合工业化时代以大型制造业为主的城市负荷要求。但对于以服务业、轻型制造业、先进制造业和居民生活为主的新的城市用能结构，沿用这种规划方法易使能源系统长期低负荷运行，设备利用率低、能效低。同时，以建筑群为代表的需求侧区域节能潜力也没有作为虚拟资源纳入能源规划视野，能源需求与供应匹配性较差。而城市可再生能源、传统能源和清洁能源使用之间的替代性和优化配置问题也没有在规划中得到较好解决。此外，在我国城市规划体系中，供应侧能源规划是单项规划，电力、燃气和热力规划各自为政，彼此之间协调较少，基础设施重复建设和资源浪费情况严重[139]。这些问题都制约着城市能源的可持续利用及其节能减排潜力的发挥。因此，与新的能源供应和需求模式更加契合，基于综合资源管理的区域能源规划逐渐引起关注。

在需求侧，区域能源规划有以下几个显著特点[140]：一是以园区、社区、街区、成片开发区、小城镇等占地面积在数平方千米以下，建筑面积在百万平方米以下的区域作为基本规划单元。这样的规划尺度更利于分布式能源的空间布局。更大规模的区域可以分为若干这样的小区域或园区展开规划。二是将需求侧的建筑节能视为供应侧的虚拟资源纳入规划范围。规划自下而上地通过调研、模拟等大量后台工作，进行精细化的负荷预测，生成适合当地的、满足各种功能应用的系列负荷指标，指导能源系统的构建。三是以多能互补的分布式能源系统构建为核心，充分利用清洁能源、可再生能源和未利用能源，实现能源的梯级利用，提高能源综合利用效率。四是对供能方案和节能方案进行成本-效益分析，经过优选组合，形成社会、供能企业和用户等多方共赢的综合规划方案。五是形成针对每块用地的具体建筑用能指导方案，使建筑节能和能源的高效利用工作更加规范可控，规划效益得到切实保障。这些特点也能使城市能源利用和建筑节能问题更紧密地整合到一起。

5.5.2 关键规划资源与任务分析[①]

1. 能源供应与消费现状

电力消费是獐子岛镇能源消费增长的主力军。用电全部来自东北电网，用电结构稳定，主要是企事业单位的照明和动力用电。企事业单位用电以海水源热泵采暖系统、育苗厂和海水淡化厂为主，季节性突出，主要集中在冬、夏两季。冬季通常是獐子岛镇的用电高峰期，电网基本处于满负荷工作状态。居民用电方面，以一个建筑面积在 $100 \sim 150 m^2$ 的典型住宅为例，每月户均用电在 $100 \sim 200kWh$ 左右，节电潜力主要来自灯具和电器的使用，但近期改善条件有限。

建筑冬季采暖是獐子岛镇的能耗大户，包括分散采暖和集中供暖两类。居民自建的农家院通常使用燃煤分散采暖。由于住宅围护结构设计和建造方式落后，采暖方式落后，冬季采暖耗煤量大。远高于大连市区的燃煤价格，又使多数居民为节省采暖费用而压缩采暖时长，因此，多数住宅冬季室内温度较低，但尽管如此，采暖费用仍然较高。集中供暖包括集中式燃煤锅炉供暖和海水源热泵系统供暖。燃煤锅炉供暖集中在沙包社区的部分住区。由于设备技术落后，供热系统综合效率仅为 $35\% \sim 55\%$。海水源热泵系统为沙包社区 5 万 m^2 多层住宅和中学供暖。由于严寒期海水温度较低、部分住宅配套管网和末端设备改造跟不上，供暖效果并不特别理想。使用新型散热器和地热采暖的住宅采暖效果较好，使用传统散热器的住宅采暖效果较差。

---

① 本节内容整理自獐子岛镇能源电力规划。

獐子岛镇可再生能源利用项目较少。岛上现有风力发电机组的所有权不归獐子岛镇所有，所发电力难以为缓解岛镇的用电紧张服务。全镇目前除个别居民安装的太阳能热水系统和部分路段的太阳能路灯外，再无其他太阳能利用设施。

2. 可再生能源利用条件[1]

獐子岛镇可再生能源以太阳能、风能和生物质能为主。獐子岛镇多年平均日照时数 28102h，日照率 63%，太阳总辐射量多年平均值 14158.5kcal/cm²，属于太阳能资源比较好的地区。其中以 3—10 月辐射量最好，适宜太阳能光热技术和光伏发电技术的使用，冬季辐射量少，适宜太阳能光热技术利用但不适宜光伏发电技术利用。獐子岛镇也是辽宁南部风能资源较为丰富的地区之一，年平均风速达 6m/s，年平均有效风速小时数 6476.4h，风能品质好，风向频率稳定。海岛有效风能密度在一年之中并非均匀分布，冬季风能密度最大，夏季最小。结合用地条件来看，主岛太阳能和风能利用条件均可分为 5 个等级，如图 5-18 所示[2]。太阳能利用条件以沙包社区中心偏东一带最好，码头附近也十分有利于太阳能利用；东獐社区东部、中部，西獐社区大部分地区都适合太阳能利用；山丘南侧的各类设施也都可充分利用太阳能。同时，主岛大部分用地均有利于风机布置，最佳区域主要分布在面向西北无遮挡、地势高、周边空旷的地区。风力发电运行过程中产生的噪声、光影闪动和空间阻隔会对鸟类的栖息、觅食、迁移和繁殖造成一定干扰。但由于缺少具体资料，且除主岛外镇域其他岛屿可为鸟类迁徙提供栖息条件，因此，分项规划暂不考虑大型风机布置对鸟类迁徙的影响。此外，生物质能也是獐子岛镇可再生能源利用的选择之一。獐子岛镇居民生活产生的厨余垃圾、旅游服务产生的餐厨垃圾、海珍品增养殖和加工产生的有机垃圾以及未来农业园发展产生的家禽粪便等都是制取生物质能的重要原料，数量较为可观。

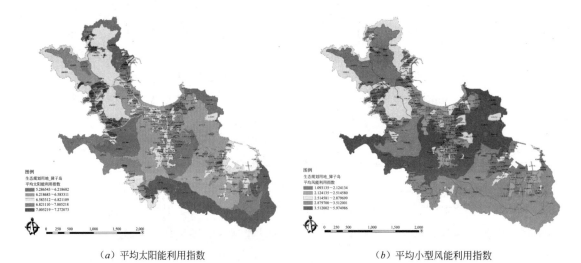

（a）平均太阳能利用指数　　　　　　　　　　　（b）平均小型风能利用指数

图 5-18 主岛规划地块太阳能和风能利用条件分析

资料来源：獐子岛镇生态规划与城市设计项目组（邹涛分析绘制），2009.

---

① 本部分内容整理自獐子岛镇能源电力规划。
② 主岛太阳能、风能利用条件分析整理自邹涛工作成果。

除太阳能、风能和生物质能外，包括潮汐能、波浪能、海流能和温差能在内的海洋能也是未来獐子岛镇可再生能源利用可以尝试拓展的方向。与风力发电相比，海洋能发电成本较高，不具备大规模商业化应用能力。如果在獐子岛镇开发海洋能发电，潮汐能发电和波浪能发电是可以考虑的两种利用形式。潮汐能发电建站周期长，年满发小时数低于风力发电，且发电容量大需要并网。波浪能发电容量小，一般是独立系统，需配有蓄电池储能。

3. 规划任务

综合以上分析，分项规划的主要工作是要结合獐子岛镇用能和能源利用特点，在降低能源需求、提高能效的基础上，充分利用可再生能源，建立集中与分散结合、供需耦合、规模化的可再生能源协同利用系统，逐步实现可再生能源对常规能源的替代，建设可再生能源岛和零碳岛。风、光、水和生物质是獐子岛镇可再生能源利用的重点，但在供应能力上都不同程度地存在一定的不确定性，需要多种能源利用方式的配合。同时，獐子岛镇无大型工业，生产和生活用能布局分散，适合低品位、分散式能源供应体系的建设，如图5-19所示。

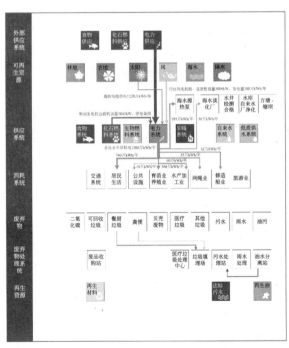

（a）现状分析

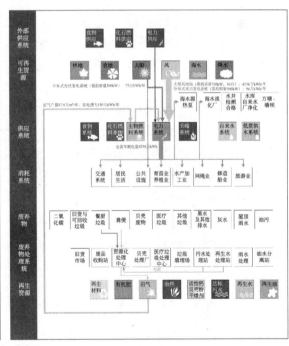

（b）规划预期分析

图5-19 獐子岛镇电力消费的物质流分析

资料来源：獐子岛镇生态规划与城市设计项目组（黄一翔绘制），2009.

5.5.3 分项规划方案[①]

獐子岛镇可再生能源利用技术包括大型风力发电、小型风力发电、光伏发电、垃圾发电、太阳能热水和太阳能采暖。这些技术的全面落实，可以使獐子岛镇近期电力需求的53%和远期电力需求的68%实现供应的本地化，见表5-5。

---

① 本节内容整理自獐子岛镇能源电力规划。

电力供应系统低碳发展方案 表 5-5

发展阶段	电力总需求（万 kWh）	电力类型	供应方式/项目	供应能力（万 kWh/年）	占电力总需求比例（%）
基期	1500	常规电力	大陆供应	1500	100
近期	4008	风电	风力发电场（一期）	1620	49
		生物质电	垃圾发电（资源化中心）	122	4
		常规电力	大陆供应	2266	47
远期	8160	风电	风力发电场（一、二期合计）	4536	64
			分布式风力发电项目	96.5	
		光电	分布式光伏发电项目	72.9	1
			市政可再生能源照明项目	4.7	
		生物质电	垃圾发电（资源化中心）	182.5	3
		常规电力	大陆供应	3123.4	32

资料来源：作者根据獐子岛镇能源电力规划（2009）整理.

1. 风力发电场概念规划

獐子岛镇是典型的海蚀阶地地貌，大型风机可沿山脊排布，建设条件较好。在镇域各岛屿中，主岛和褡裢岛地势开阔，山丘舒缓，最利于风机布置；其余岛屿山丘多，地势陡峭，风力资源质量较差，新建基建、道路、安装等投资大，暂不适合大型风机的安装。因此，分项规划综合考虑海岛风力资源、场区面积、噪声防护等因素，建议獐子岛镇大型风力发电场建设分两期展开。一期在主岛安装单机容量750kW 的风机 12 台。按年满发小时数 1800h 计算，年发电量保守估计可达 1620 万 kWh，基本满足岛镇用电需求。二期在主岛继续布置 2 台单机容量 900kW 风机，在褡裢岛布置 16 台 900kW 风机。30 台风机累计年发电量 4536 万 kWh，不仅能满足岛镇未来用电需求，还能向岛外并网发电，如图 5-20 所示。

为保证风力发电场的可靠运行，规划建议岛镇增加一回 35kV 海底电缆，同时考虑建设分布式可再生能源发电系统，减少岛镇峰值负荷，缓解海底电缆输电压力。

2. 分布式可再生能源发电系统规划

从当地电力变压器容量来看，獐子岛镇分布式发电系统的最大总装机应控制在2000kW 以下，单个系统容量不超过 50kW。根据主岛的太阳能利用等级分析、企事业单位所处位置和负荷特点，规划建议在主岛部分电力负荷较大的企事业单位和市政领域逐步开展分布式可再生能源发电系统示范建设。示范单位安装的分布式光伏发电系统总功率 500kW，分布式风力发电系统总功率 500kW。主岛同时改造太阳能路灯 200 盏，太阳能庭院灯 200 盏、风光互补路灯 100 盏、太阳能草坪灯 1000 只、太阳能道路标志和城市景观 100 处，合计功率 40kW。

分布式光伏发电系统示范企事业单位主要包括育苗厂、海水淡化厂、度假酒店（规划中）和镇中小学。以海水淡化厂为例，淡化厂现有屋顶面积 400m²，约可安装太阳能电池组 50 kW，年发电量 7.5 万 kWh，占淡化厂年耗电量的 1/4，如图 5-20所示。因此，安装光伏发电系统不仅可以对淡化厂白天用电起到很好的调峰作用，同时也能使淡化厂在相当程度上摆脱淡水制备的能耗困扰，促进海水淡化技术的使用。

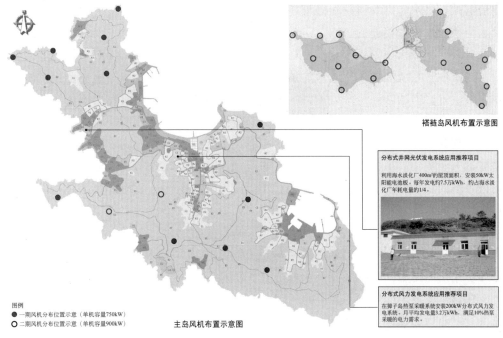

图例
● 一期风机分布位置示意（单机容量750kW）
○ 二期风机分布位置示意（单机容量900kW）

主岛风机布置示意图

褡裢岛风机布置示意图

分布式并网光伏发电系统应用推荐项目
利用海水淡化厂400m²的屋顶面积，安装50kW太阳能电池板。每年发电约7.5万kWh，约占海水淡化厂年耗电量的1/4。

分布式风力发电系统应用推荐项目
在獐子岛热泵采暖系统安装200kW分布式风力发电系统。月平均发电量3.2万kWh，满足10%热泵采暖的电力需求。

图5-20　獐子岛镇风机布置示意图
注：作者根据獐子岛镇能源电力规划（2009）和邹涛工作成果绘制。

　　海岛冬季和夜晚风力较大，分布式风力发电系统适宜安装在冬季和晚上负荷大的用电单位，如海水源热泵采暖系统主机房。如果在该系统主机房屋顶安装 20 台 10 kW 的小型风机，月平均发电量为 3.2 万 kWh，约可以满足热泵采暖系统 10% 的电力需求，部分缓解岛镇变电站在冬季夜晚的负荷压力，如图 5-20 所示。

　　3. 太阳能热水和采暖系统规划

　　太阳能热水和采暖技术在獐子岛镇有很好的适用性，技术成熟度高，经济环保。这两项技术的配合使用既可以为居民提供四季生活热水，又能够极大地改善建筑的冬季室内热环境，替代现有高成本的煤炭和电采暖措施。獐子岛镇可结合以住宅为重点的既有建筑节能改造和新建建筑设计，逐步推进这两项技术的规模化应用。如果以每户住宅 60m² 的采暖面积计算，这两项技术实施的户均投资约为 3 万元，后期运行费用几乎为零。如果以推广太阳能热水器 2000 套，开展太阳能采暖面积 10 万 m² 计算，每年可节电 250 万 kWh，并可以在很大程度上替代海水源热泵采暖系统的使用，缓解獐子岛镇冬季用电紧张的局面（具体方案见本章 5.8.3 节）。

5.6　水资源综合利用

5.6.1　基本策略

1.城市供水系统节水与节能

　　城市供水系统既有巨大的节水潜力，也有很好的节能潜力。供水系统的各项节水措施同时也在节约相关的自来水制取和输配过程能耗。其能耗在城市能耗中也占一定比重。而随着我国城镇化的快速发展和城镇供水规模的扩大，供水行业的新增用电机组和用电量每年仍在快速增长。在另一方面，供水系统的很多节能措施同时也能够减少供水管网漏损率等隐形的水资源损失，促进节水。因此，城市供水系统节水与节能是紧密相连的。

合理预测城市规划用水量、严格控制总用水量是城市供水系统节水与节能的前提。传统供水系统规划对用水量的预测，主要根据规划人口数和国家规范提供的用水定额确定。但通常规范提供的用水定额指标值范围较大，且没有对城市水资源紧缺形势、居民用水习惯变化以及建筑节水、非传统水源利用等新技术的替代作用做进一步规定，加之规划者对供水安全的考虑，使这种预测方式确定的规划供水规模往往远大于实际需求，进而造成超规模的基础设施建设投入和资源浪费，影响后续的再生水回用系统规划。2015年2月，国务院发布《水污染防治行动计划》以应对严峻的全国水环境形势。根据计划提出的"充分考虑水资源、水环境承载能力，以水定城、以水定地、以水定人、以水定产"的空间布局优化要求，城市水资源的综合利用应从流域水资源的可利用量出发，在满足生态环境用水要求和退减挤占的生态环境用水前提下，结合系统节水和再生水利用措施，合理确定城市规划用水量①。

在合理确定城市规划用水量的基础上，城市供水系统还应进一步优化管网设计，减少管网压力和扬程，降低泵站能耗和水头损失。管网系统是城市供水系统的重要组成部分，占供水系统建设总投资的60%~80%，占供水系统总运行能耗的90%。供水管网的优化设计，应提高地形在供水中的作用，使给水主干管多靠近地势高或用户多的区域，以最低的供水能耗满足多数用户的用水需要。在地势变化较大，或沿水源地狭长展开，或给水面积较大的规划区，设计可通过分区给水、局部设置加压泵等措施控制出厂水压，降低供水能耗。分区给水虽然节能，但也增加了基建投资和管理费用。因此，是否选择分区给水，如何分区给水，应根据规划区具体条件、系统可靠性、工程造价、运行能耗等因素综合考虑。

降低供水管网漏损率是城市供水系统节水与节能的关键指标。由于规划设计、管道管理、管道材质和施工质量等原因，我国城市的供水管网漏损率较高。从《城乡建设统计年鉴》数据来看，2017年我国664个城市平均供水管网漏损率接近15%，其中46个城市供水管网漏损率超过30%，8个城市供水管网漏损率高达一半以上。与之相比，尽管存在统计口径的差异，国际上一些设施先进、漏损控制管理较好的城市，如新加坡、首尔、柏林、汉堡、阿姆斯特丹、洛杉矶、旧金山等，供水管网漏损率均在5%左右，东京市仅为3%，差距显著。作为全球人均水资源最匮乏的国家之一，我国城市供水管网的漏损控制离不开三个方面的基本对策：一是城市老旧供水管网的更新改造，通过综合评判，逐步减少管道自身问题造成的漏损；二是通过规划和技术手段，调控管网水压，建立相对集中的二次增压供水系统，减少二次增压供水过程造成的水量损耗；三是利用信息化、数字化等先进手段，建立供水管网运行监控管理系统，实施管网精细化管理，及时了解供水管网漏损情况，优化调整方案，向管理要效益[141]。

2. 非传统水源利用

充分利用再生水、雨水、海水等非传统水源是城市水资源综合利用的基本策略。城市污水再生回用水量大、水质稳定、生产成本低、受季节和气候变化影响小，

---

① 本段部分内容引自吕伟娅老师工作成果。

既能够丰富城市供水来源，又能够减少污水排放，还具有可观的经济效益。再生水用途很多，景观环境、工业生产、农林牧业、城市非饮用水和地下水回灌均可采用。2012年，我国再生水回用率为19.5%，以上五类再生水回用比例分别为45.4%、37.0%、13.8%、2.9%和0.9%。2015年，北京市再生水回用率达65%，再生水用量超过地表水。与国外相比，我国再生水回用比例不低，但处理工艺、技术标准与发展模式都有待进一步提高，污水再生回用总体处于起步阶段。污水的再生处理既可以分散进行，也可以集中进行。分散处理以独栋建筑、住宅区、商业区、度假村等分散的人群聚居地或独立工矿区为对象，污水就地处理就地回用；集中处理以城市污水处理厂尾水为原水，统一收集、处理、输送和使用。两种方式相比，前者处理规模小、建设周期短、初投资小、污水成分简单、处理难度低，但不具备规模效应，也易出现处理效果不稳定等问题；后者规模效应好，处理设施的运行成本较低，水质稳定，但管网建设规模大、费用高、输送距离长，且污水成分复杂，处理工艺要求高，对于市政排水管网未覆盖区域和地下管网情况复杂的旧城改造项目，实施难度较大。因此国际上再生水处理系统的发展仍以集中式为主，但对于分散处理的研究和应用力度也在不断加大。作为分散处理应用较好的国家，美国超过1/4的新建社区采用分散处理工艺，日本的污水分散处理率达12%。

雨水是重要的优质水源。经处理后的雨水可广泛地用于绿化、景观、洗车、浇洒道路、冲厕等。雨水易于收集，处理工艺简单，处理费用低。雨水的集蓄利用对于分流制排水管网来说，也会减轻市政雨水管网压力，减轻雨水对河流水体的污染及下游的洪涝灾害，改善城市景观和生态环境。我国大部分城市雨水利用率不足1%，但也有较为成功的案例，如北京奥林匹克公园的雨水收集与利用。海绵城市建设的广泛开展，对提高雨水回用率起到了极为重要的推动作用。

海水淡化既可作为饮用水，也可作为工业用水，具有蕴藏量丰富、不受季节和气象条件限制、处理设施占地面积小、临近供水地点建设、节省管网投资等优点，特别适合小岛及无稳定大陆水源的地区供水。目前海水淡化大约养活了全球5%的人口，沙特阿拉伯、日本、新加坡都是重要的海水淡化生产和使用国。高能耗、淡化药品消耗和浓缩废水排放对海洋环境的影响是阻碍海水淡化技术应用的主要问题。其中，能耗是决定处理成本高低的关键。40多年来，海水淡化的单位处理能耗已从26.4kWh/m³下降到2.9kWh/m³，处理成本也随之大幅下降。部分国家的处理成本已降低到和自来水供应成本差不多的水平，某些地区的淡化水量达到了国家和城市的供水规模。此外，海水淡化可以与多种能源供应技术整合，提高技术利用的资源环境效益，如太阳能海水淡化技术、海水淡化水的水电联产等。

3. 海绵城市建设

建设具有自然积存、自然渗透和自然净化功能的海绵城市，是城市水资源综合利用和水环境保护的重要策略。它能够减轻开发建设对城市水环境产生的一系列不利影响，如城市内涝、面源污染、干岛效应等，同时促进雨水资源的开发利用，扭转我国城市雨水资源利用不足的局面[142]。在正常气候条件下，典型的海绵城市建设可以截留80%以上的雨水。

海绵城市建设主要包括三方面的途径。一是结合区域景观生态安全格局和城市蓝线、绿线等开发边界规划，最大限度保护区域河流、湖泊、湿地等水生态敏感区，保留充足的涵养水源、能够应对较大强度降雨的林地、草地、湖泊、湿地，维持城市开发前的自然水文特征。二是最大限度恢复和修复粗放开发模式下已经受损的城市绿地、水体、湿地等的水文循环特征及生态服务功能，维持一定比例的生态空间。三是应用低影响开发（Low Impact Development，LID）模式，从场地、屋面、市政道路广场、绿地及水体等方面，综合采用源头削减、中途转输、末端调蓄等手段，实现城市良性水文循环，提高对径流雨水的渗透、调蓄、净化、利用和排放能力，维持或恢复城市的"海绵"功能。作为海绵城市建设的关键理念，低影响开发模式的核心是减少开发后场地水文特征的变化，包括径流总量、峰值流量、峰现时间等[143]。同时，低影响开发雨水系统建设需要与城市雨水管渠系统和超标雨水径流排放系统建设相配合。通过低影响开发雨水系统有效控制径流总量、径流峰值和径流污染；由城市雨水管渠系统和低影响开发雨水系统共同组织径流雨水的收集、转输与排放；通过超标雨水径流排放系统应对超出城市雨水管渠系统设计标准的雨水径流。

5.6.2 关键规划资源与任务分析[①]

1. 水资源利用现状与潜力

獐子岛镇主岛现状供水形式包括水库供水、海水淡化供水、屋檐截水以及水井、方塘和塘坝供水。各类设施年供水总量 21.5 万 m^3，其中饮用水 18.2 万 m^3，绿化和灌溉用水 3.3 万 m^3。主岛自来水由水库和海水淡化设备交替供应，通过供水管网每年为岛上 2100 余户居民和企事业单位供水 10 万 m^3，其中 80% 为居民生活用水，20% 为水产品加工用水；屋檐截水经处理后为岛上无供水管网覆盖的 1200 户居民分散供水，年供水量 3 万 m^3；主岛有水井 1400 余眼，多为无供水管网覆盖的家庭使用，年供水量 5.2 万 m^3；岛上塘坝、方塘的蓄水能力约 8 万 m^3，实际年供水量 3.3 万 m^3，由于水质较差，不能直接饮用，一般作为市政和林业用水，见表 5-6。

<table>
<tr><td colspan="4" align="center">獐子岛镇主岛供水现状   表 5-6</td></tr>
<tr><td rowspan="2">水源</td><td rowspan="2">供应对象</td><td colspan="2">供水量（万 m^3）</td></tr>
<tr><td>饮用水</td><td>其他</td></tr>
<tr><td>水库水</td><td rowspan="2">为主岛 2100 余户居民和企事业单位供水</td><td rowspan="2">10</td><td>—</td></tr>
<tr><td>海水淡化水</td><td>—</td></tr>
<tr><td>屋檐截水</td><td>灌溉用水，经处理后可作为地势较高处居民饮用水源</td><td>3</td><td>—</td></tr>
<tr><td>水井</td><td>偏僻地区居住地势较低的居民饮用水</td><td>5.2</td><td>—</td></tr>
<tr><td>方塘、塘坝</td><td>水质较差，不能直接饮用，一般作为市政和林业用水</td><td>—</td><td>3.3</td></tr>
<tr><td>总计</td><td>—</td><td>18.2</td><td>3.3</td></tr>
</table>

资料来源：獐子岛镇可持续水环境规划报告，2009.

獐子诸岛均为板岩、片岩组成的丘陵，坡陡、地面窄、径流短、无河流。主岛只有从丘谷通向海口、长度在 1000m 以上的沟渠 13 条，雨天流水，雨后干涸。除少量深层地下水和海水淡化外，主岛其他淡水资源均直接或者间接来自雨水。可持

[①] 本节内容整理自獐子岛镇可持续水环境规划。

续利用水资源为土壤水、地下水和河川水（包括降雨径流）中可逐年恢复更新且可进行工程利用的部分。主岛年降雨径流深度230mm，径流总量409万 m^3，多年平均地下水天然总量142万 m^3，可开采量52.3万 m^3。据此推算，降雨中的37.3%成为降雨径流，16.0%补给地下水，46.7%通过各种植被蒸腾作用、降雨蒸发等途径进入大气。因此，主岛水资源利用途径主要有三种，一是在森林中修建雨水截留沟引水进入水库、方塘，二是居住区的屋檐截水，三是开采地下水。此外，海水淡化也是岛上饮用水备用和应急的重要水源，如图5-21所示。

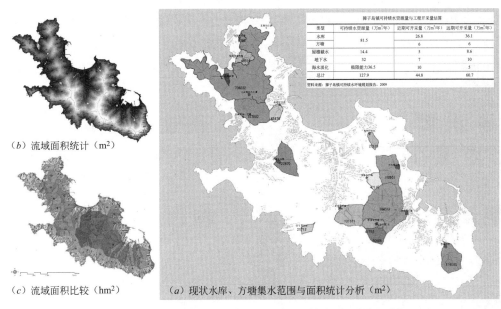

图5-21 主岛现状水库、方塘集水区域和可持续利用水资源分析

资料来源：獐子岛镇生态规划与城市设计项目组（邹涛等绘制），2009.

主岛居民生活污水年均排放量3万t，水产品加工业和育苗业生产废水年排放量5万t。育苗业产生的废水基本无污染，仍相当于自来水，可循环使用。主岛现有污水管道7条，总长2218m。沙包社区污水处理站设计容量500t/d，采用毛管渗滤污水处理技术，渗滤场地占地较大。

2. 问题与规划任务

獐子岛镇水资源利用存在的主要问题包括：（1）尽管镇政府采取了各种措施提高淡水供应能力，但岛上淡水供应总量仍然偏低。长期的淡水资源紧缺使居民节水意识较强，但居民的生活舒适性也因此受到一定影响。随着第三产业的发展和居民生活水平的提高，未来獐子岛镇淡水用水量应会显著上升。根据我国城镇化建设标准，未来海岛居民的综合生活用水量将从现状的33L/（人·d）逐步上升到60～80L/（人·d）。目前的供水能力远远不能满足未来用水需求。（2）主岛储水工程储水能力已达37万 m^3，但由于设计不合理和维护不佳，设施利用不充分，实际供水量远低于储水能力。（3）海水淡化作为主岛的主要淡水供应系统，年供水量占主岛自来水供应量的60%，出水水质好，但电耗较高，制水成本高于水库供水。（4）由于地势起伏较大，主岛供水和污水管网铺设难度大，自来水供应率仅占居民生活用水的53%，污水管网覆盖率在70%左右，供水和环境安全均存在一定隐患。（5）主岛污水处理站设计容量几近饱和，难以满足未来污水排放的增长需求，且没有资源化利用措施，水资源综合利用率不高。

结合以上问题，以主岛为代表，獐子岛镇水资源综合利用规划目标如下：（1）完善市政供水和污水管网建设，提高市政自来水供水比例和生活污水收集处理率。除去约5%的较为偏僻的高处用地（可使用经处理的屋檐截水）和较低洼区域的住户（可使用井水）外，其余区域应实现市政供水和污水管网的全覆盖。（2）可持续的淡水资源供应。通过现有水利设施的高效利用，充分利用天然降水，形成廉价、低能耗的可持续淡水资源供应系统，缓解海岛用水紧张状况，减少高能耗海水淡化系统的使用。（3）通过分质供水、合理配置用水指标等措施，减少不合理淡水需求。（4）逐步建立再生水回用系统，提高污水资源化利用水平，减少污水排放，如图5-22所示。

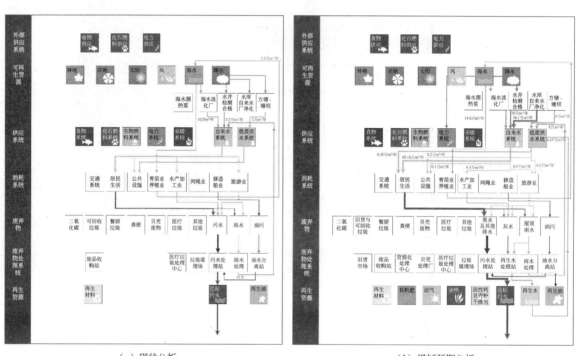

（a）现状分析　　　　　　　　　　（b）规划预期分析

图 5-22　獐子岛镇水资源消费的物质流分析

资料来源：獐子岛镇生态规划与城市设计项目组（黄一翔、邹涛等绘制），2009.

5.6.3　分项规划方案[①]

1. 供水规划

獐子岛镇综合需水量包括居民综合生活用水、产业用水、市政杂用水、消防用水和管网漏损等其他未预见用水量。预计主岛近期综合需水量44万 m^3/年，远期58.5万 m^3/年，其中的90%为居民综合生活用水。按水质划分，需水量中的70%为高质水，30%为低质水。水资源供需平衡分析显示，除去特殊年份，未来主岛的生产和生活用水完全可以通过已有水利设施的完善与维护（水库清淤）、新水利设施

---

①　本节内容整理自獐子岛镇可持续水环境规划。

建设（水库扩建）、因地制宜的取水措施（地下水井群建设与屋檐截水进一步推广）和水资源循环利用措施（东獐社区再生水回用）得到满足，不必依赖高能耗、高成本的海水淡化系统，见表5-7。

獐子岛镇主岛供需水平衡分析　　　　　　　　表5-7

水质	水源	近期供需水平衡分析（万 m^3/年）		远期供需水平衡分析（万 m^3/年）	
		可开采水资源量	规划需水量	可开采水资源量	规划需水量
高质（符合饮用水标准）	水库水	26.8	40.1	36.1	53.4
	屋檐截水	5.0		8.0	
	经检测的井水	7.0		10.0	
	海水淡化水	5.0		后备水源	
	总计	43.8		54.1	
低质（低于饮用水标准）	方塘、塘坝蓄水	60.0	3.9	60.0	5.1
	再生水回用	3.3		4.4	
	总计	63.3		64.4	

资料来源：獐子岛镇可持续水环境规划报告，2009.

　　规划近期主岛供水管网供水率70%，远期85%。近期的高质淡水供应以水库供水为主，以海水淡化系统、屋檐截水和地下水供水为辅；远期供水仍以水库供水为主，屋檐截水和地下水供水为辅，海水淡化系统作为备用水源保留；方塘、塘坝蓄水和再生水回用作为低质淡水水源，用于市政和绿化用水。

　　主岛森林面积大，人类活动影响小，有利于修建雨水截留设施，提高水库蓄水量。据测算，如果以70%的森林面积作为汇水区，结合雨水截留设施的完善，每年可截留雨水81.5万 m^3。因此，规划建议主岛近期改造和扩建已有的两座主要水库，将两座水库的供水能力从5~10万 m^3/年提升到26.8万 m^3/年。远期将部分塘坝扩建为水库，库容12万 m^3。以上水库建设都需要同时扩大汇水区面积，加强汇水区内的植被修复和相关雨水截留设施建设。

　　屋檐截水技术简单易行，投资低廉。规划建议主岛在不影响建筑外观和屋顶使用功能的前提下，分阶段、最大范围地推广该技术。近期规划建设屋檐截水设施700座，将供水量由3万 m^3/年提升到5万 m^3/年。远期规划建设屋檐截水设施1200座，供水量进一步提升到8.6万 m^3/年。对于单层和双层住宅，屋檐截水收集的雨水经过滤沉淀可作为饮用水水源。对于高层住宅，所收集的雨水可排入再生水处理站作为再生水水源。不同的建筑功能和屋顶形式应采用不同的雨水收集系统，瓦屋面和混凝土屋面可采用硬质屋顶收集系统，风景游览区和旅游区采用花园式收集系统，丰富景观的同时充分利用雨水。

　　主岛地下水实际开采量目前仅为可开采量的10%，开发潜力巨大。未来随着人口居住的集中，井水的分散取水优势将会逐渐丧失。规划建议发挥井水供水的灵活性优势，将井水管连接起来，作为井群供水，部分与自来水管网并网。规划供水量在近期从5.2万 m^3/年提高到7万 m^3/年，远期提高到10万 m^3/年。

　　海水淡化系统产水能力强，但运行成本高。规划建议在水库与自来水厂配套工程建设期间，海水淡化系统作为补充水源使用，淡化水供应量维持在5万 m^3/年，配套工程建设完成后，海水淡化系统作为备用和应急水源使用。

2. 排水规划

主岛规划采用集中与分散相结合的灵活排水体系。集中排水也应针对不同社区人口聚集区具体特点采用不同方式。沙包社区居住密集，基础设施建设相对完善，环境生态负荷相对较高，适合采用雨污合流排水体系；东獐社区和西獐社区未来人口相对集中，但活动强度较低，适合采用雨污分流排水体系。规划主岛远期总污水集中收集处理率85%，其中，沙包社区收集处理率最高，可达90%，东獐社区和西獐社区同为80%。除人口聚集区外，三个社区均存在一定数量的散居住户。散居住户所处区域通常地形复杂，很难统一敷设市政排水管网，规划建议因地制宜，以小组团的形式，使几户居民的污水管并管。并管后收集的污水，利用人工快渗等技术进行分散处理。

规划在沙包社区、东獐社区和西獐社区分别建设污水处理厂。沙包污水处理厂负责本社区常住人口及各类机关、学校的生活污水处理；东獐污水处理厂负责本社区常住人口生活污水和水产品加工废水的处理；西獐污水处理厂负责本社区常住居民和旅客的生活污水处理。根据欧盟对于海水养殖产业的环境标准，以上污水处理厂建议采用占地面积小、综合处理率高、自动化程度高的序批式活性污泥处理系统。对于难以纳入排水管网的散居住户，规划分两期建设 10 处分散处理设施，可处理 2000 居民产生的生活污水。

规划在东獐社区新建住区建设 1 座设计处理量为 $120m^3/d$ 的再生水处理站，设计年供水量 4.38 万 m^3。该社区建筑同时采用源分离式分散污水收集和处理系统。建筑黑水进入市政污水管道，输送到污水处理厂集中处理；灰水送至再生水处理站就地处理，处理后的再生水用于住区建筑冲厕。预计再生水处理成本约 1 元/m^3。由于沙包社区和西獐社区基础设施建设已经成熟，开展集中式再生水回用工程投入较大，故暂不考虑。

3. 雨洪管理

雨洪管理对缓解獐子岛镇缺水状况、控制水土流失、减少岛陆污染物挟带入海都具有重要作用。主岛雨洪管理措施主要包括三个方面：源头污染物清除、雨水入渗和雨水回用。

由于初期雨水径流携带的地面污染物、冲刷管道内的沉积物和非法排入的污染物影响，主岛初期雨水污染物浓度较高，甚至超过污水。规划采用分散式雨水源头处理措施消除面源污染物。措施包括植被缓冲带、植被浅沟和雨水管道入海处的人工湿地建设，见表 5-8。雨水入渗管理以"最大可能减小地表综合径流系数，争取开发前后径流系数增量小"为目标，主要措施包括采用透水地面、提高绿化覆盖率、推行下沉式绿地、实施生态护坡等。未来主岛全部市政道路的非机动车道均应采

主岛雨水源头处理措施	表 5-8

主要措施	建设位置
植被缓冲带	岛陆冲沟与潮间带衔接处；各水库、方塘汇水区内
植被浅沟	主岛所有道路和冲沟两侧，替代部分道路雨水管进行径流的收集和输送
人工湿地	雨水管道入海口

资料来源：作者根据獐子岛镇可持续水环境规划报告（2009）整理.

用透水路面，所有广场均应采用透水铺装。主岛的入渗措施与雨水的源头污染物清除结合，采用初期雨水弃流装置，保证入渗雨水水质。雨水回用措施以屋檐截水为主，不再赘述。

5.7 固体废弃物综合利用

5.7.1 基本策略

城市固体废弃物分类方式较多，按其化学成分可分为有机废物和无机废物，按其对环境和人类健康的危害程度可分为一般废物和危险废物，按其形态可分为固体废物和泥状废物，按其来源可分为工业固体废物、生活垃圾和危险废物。其中，生活垃圾来源分散、成分复杂，分类方式更难统一。通常，生活垃圾按其分类收集和处理处置方式分为可回收物、大件垃圾、可堆肥垃圾、可燃垃圾、有害垃圾、其他垃圾等6类，也有文献按其来源分为家庭垃圾、清扫垃圾、商业垃圾、工业单位垃圾、事业单位垃圾、交通运输垃圾、建筑垃圾、医疗垃圾、其他垃圾等9类。综合利用要在技术和经济可行的前提下，通过减量化、资源化和无害化措施，最大限度提高这些"错放资源"的利用效率，减轻环境负荷。这三类措施之间没有严格界定，资源化措施往往也具有减量化和无害化效益，减量化和无害化措施也具有资源化价值。

1. 分类收集与减量化

减量化侧重通过分类收集和废旧物资的回收利用，从源头减少城市固体废弃物的产生量，缓解固体废弃物处理系统负担和相关的物耗、能耗及环境负荷，是控制城市固体废弃物物质流的起点。

我国是最早提出生活垃圾分类收集的国家之一。1957年北京市率先提出生活垃圾分类收集要求。2017年3月，国家发改委、住建部发布《生活垃圾分类制度实施方案》（国办发〔2017〕26号），要求全国46个城市的公共机构和相关企业以有害垃圾、易腐垃圾和可回收物为重点，先行实施生活垃圾强制分类。这些城市同时选择不同类型社区，开展居民生活垃圾强制分类示范试点。30余年来，尽管各级政府大力推动，但生活垃圾分类收集的实施效果并不尽如人意。生活垃圾成分复杂、居民分类投放习惯缺乏、相关法律法规和标准体系缺失、收运系统不完善、市场化运营水平低等诸多问题均有待解决。在《城市生活垃圾分类及其评价标准》CJJ/T 102—2004提出的6大类生活垃圾中，除可回收物通过个体经营的废品回收站得到较好再利用外，其余均缺乏有效回收机制。这些垃圾的混合收集与处理处置，仍是环境污染的重要源头。从德国、日本等国家的分类收集经验来看，如何通过法律法规明确政府、企业和公众责任，如何把行政指令和市场化措施相结合，是推动垃圾分类收集切实开展的关键。

我国的餐厨垃圾和建筑垃圾分类收集工作推进较快，成效显著。狭义的餐厨垃圾是指食品加工、餐饮服务、单位供餐等活动中产生的食物残渣、残液和废弃油脂，不包括家庭生活饮食产生的厨余垃圾。进入"十二五"后，我国开始重视餐厨垃圾的集中处理处置问题，许多城市初步建立了餐厨垃圾分类收运和集中处理制度，禁止餐厨垃圾随意丢弃，由具备技术资质的企业对其进行专门收运和资源化处理。我国城市的开发建设项目多、人口流动性大、住房周转率和装修率高，每年因此产生的建筑垃圾和装修垃圾数量也非常可观。在政策的推动下，许多城市的建筑垃圾和装修垃圾已开始从混合收运向分类收运转变。建筑垃圾由施工单位分类堆放，装修垃圾堆放在指定地点，由专业处理单位统一收运处理，不得随意丢弃，也不得混入生活垃圾。许多城市同时采取政策措施，鼓励新建住宅和公共建筑项目统一装修，提高建筑工业化水平，减少装修垃圾的产生和随意处理处置。

2. 资源化综合利用

餐厨垃圾、建筑垃圾和各类"城市矿产"是目前城市固体废弃物资源化利用的主要对象，兼具经济、社会和环境效益。

随着人们生活水平的提高和餐饮业的快速发展，我国餐厨垃圾产生量大、增速快，但无害化处理率仅为10%。剩余垃圾中，小部分与生活垃圾混合进行卫生填埋或焚烧，大部分用来非法养猪，更有部分通过不法商贩加工成地沟油，流入食品市场。由于含水率高，餐厨垃圾的填埋会增加渗滤液量，加重土壤和水环境污染，焚烧则会增加焚烧难度，形成二噁英。因此，资源化利用也是实现餐厨垃圾无害化处理的主要途径。目前餐厨垃圾的资源化处理技术主要有三类：肥料化处理、饲料化处理和能源化处理。由于餐厨垃圾成分复杂，这三类技术的单独使用都很难达到高效、高产值的利用目的。因此，结合组分分离，综合运用已有技术，成为餐厨垃圾资源化处理的主要思路，如在回收生物柴油后再利用发酵回收生物气，将发酵后的发酵残渣制造饲料等。与厨余垃圾相比，餐厨垃圾的分类收集和资源化处理条件更成熟，餐厨垃圾资源化处理中心已在许多城市出现，部分取得了很好的综合效益。

建筑垃圾包含多种废弃建筑材料，既可直接回用，也可通过资源化处理生产新材料。我国建筑垃圾产生量逐年上升，2013年达10亿t，但资源化利用率仅5%，远低于70%的发达国家平均水平[144]。目前欧盟、日本等地区和国家的资源化利用率都在90%以上。由于对建筑垃圾的定义不同，也有专家估计，我国每年的建筑垃圾产生量在15亿~30亿t左右。堆放与填埋是我国建筑垃圾的主要处置方式。每万吨建筑垃圾堆放占地1~2.5亩，10亿t建筑垃圾的堆放将占用土地10万~25万亩。不仅如此，长期堆放的建筑垃圾所含有害物质会进一步分解、析出，造成土壤、地表水、地下水、空气等二次污染，危害深远。资源化利用是解决我国建筑垃圾问题的根本途径。仅环境效益方面，资源化利用（以混凝土为主）就可比堆放或填埋方式减少50%的N_2O排放、30%的SO_2排放、28%的CO排放和10%的CO_2排放，潜在温室效应仅为原石的1/2~1/3。随着处理技术的不断成熟，我国许多城市正在开展相关实践。

经过工业革命以来300年的开采，全球80%以上可工业化利用的矿产资源已从地下转移到地上，并大量以垃圾的形态堆积在人们周围。城市矿产就是指那些蕴藏在废旧机电设备、电线电缆、通信工具、汽车、家电、电子产品、金属、塑料包装物和废料中，可循环利用的钢铁、有色金属、稀贵金属、塑料、橡胶等资源。这些资源的可利用量基本相当于原生矿产资源量。在美国、日本、德国等发达国家工业生产所消耗的金属原料中，有40%是从城市矿产中提取的。以生态工业园区为依托，建立生产者和消费者责任制，形成生态工业网络，是这些国家城市矿产开发利用的一个基本模式。由于城镇化进程和居民生活消费升级，我国的资源需求超过以往任何时期，而人均资源占有量又极为有限，因此开发利用城市矿产替代原生资源，是支撑我国城镇化持续发展、减轻环境负荷的重要措施。相对于发达国家，我国的城市矿产利用还处在起步阶段，适合我国国情的利用模式和政策机制都尚在摸索中。

3. 无害化处理与信息化管理

卫生填埋和焚烧是城市生活垃圾无害化处理的两项主要技术。2013年，我国设市城市生活垃圾无害化处理量1.54亿t，其中卫生填埋1.05亿t，焚烧处理0.46亿t，另有少量进行堆肥等其他处理[145]。卫生填埋一直是我国垃圾处理的主要方式。但随着用地紧张的加剧和环保要求的提高，城市新建垃圾填埋场选址越来越困难。同时，大量既有垃圾填埋场技术工艺与管理模式落后，填埋废物造成的二次环境污染，特别是地下水污染问题突出。与之相比，尽管垃圾焚烧设施建设投资大、运行费用高，但占地面积小、垃圾处理速度快、减量化显著、无害化彻底，节地和环保效益突出，因此在发达国家得到了广泛的应用。日本80%以上的生活垃圾采用焚烧处理。我国的垃圾焚烧近年来也得到了长足发展。特别是在土地资源稀缺、经济较发达的东部地区，发展步伐更快。从运行经济性和环境效益来看，我国的垃圾焚烧仍有两个关键问题有待解决。一是如何通过有效的垃圾分类收集，提高垃圾热值，减少辅助燃料添加，降低运行成本；二是如何规范工艺设计，严格运行和监督制度，使二噁英等二次环境污染物排放降至最低，使垃圾焚烧从"邻避"型产业向"邻近"型产业转变。

信息化技术的发展在城市固体废弃物的回收与利用管理中起到了重要作用。数字化环卫信息管理系统的建设，能够通过对环卫作业车辆、环卫作业、环卫设施和环卫终端处置的监管，建立快速发现机制，提升环卫管理效率和固体废弃物终端处置水平。例如在阿姆斯特丹的智慧城市建设中，智能压缩式垃圾箱可以在垃圾装满后自动向环卫部门发送信号，引导垃圾收运。随着互联网技术的发展，"互联网+回收"的城市固体废弃物回收模式也开始走入公众视野。该模式通过建立O2O的城市再生资源回收网络服务平台，利用互联网线上回收线下物流的方式，提高再生资源回收效率。回收体系建设一直是中国再生资源综合利用产业链的最薄弱环节。"互联网+回收"模式有利于促进我国垃圾的分类回收，推动非正规回收人员的整合，促进低价值废物的回收利用，推动废物回收行业的信息公开和监管，完善生产者责任延伸制度，最终促进中国再生资源回收的规模化增长。因此，它的发展对再生资源回收环节的影响是革命性的[146]。

5.7.2 关键规划资源与任务分析[①]

1. 固体废弃物产生量与利用潜力

獐子岛镇分项规划以全镇固体废弃物处理处置和持续利用为对象。獐子岛镇的固体废弃物主要包括生活垃圾、工业固体废弃物、建筑垃圾、医疗垃圾、污水处理厂产生的剩余污泥和粪便。其中，生活垃圾经统一收运后，运往垃圾填埋场填埋处置；工业固体废弃物主要是水产品加工剩余的各类贝壳废弃物和有机质垃圾，有机质垃圾和大部分贝壳废弃物运往垃圾填埋场填埋处置，少部分贝壳废弃

---

① 本节内容整理自獐子岛镇固体废弃物绿色管理规划。

物回收后出口国外用于牡蛎养殖；建筑垃圾除部分废砖回收外，其余亦堆放在垃圾填埋场；全镇约50%的家庭使用旱厕，另有公厕14个，粪便由环卫部门统一收运并作堆肥处理，旱厕和公厕使用以及粪便收运过程的环境污染较大；医疗垃圾主要来自镇中心卫生院和各社区小型医疗站，日产生量有限，统一收运后送往大连市区处理。

獐子岛镇年产生各类固体废弃物1.4万t（不包括建筑垃圾），日均产生量60t，主要为工业固体废弃物，占比58.3%，其次为生活垃圾和粪渣污泥，分别占25.0%和16.7%。预测到规划期末，全镇日固体废弃物产生量约80.9t，主要仍为工业固体废弃物，占比43.3%，其次为生活垃圾和粪渣污泥，分别占31.3%和23.9%，生活垃圾中45%为可回收垃圾，见表5-9。

獐子岛镇现状和规划期末固体废弃物产生量（t/d）　　　　表5-9

产生量①	生活垃圾	餐厨垃圾	粪渣污泥	工业固体废弃物	医疗垃圾	污水处理厂污泥	总量
现状	15		10	35	0.0074	—	60
规划期末（预测）	17.3	8	19.3	35	0.001	1.3	80.9

① 测算不包含建筑垃圾。

资料来源：獐子岛镇固体废弃物绿色管理规划，2009.

目前獐子岛镇建筑垃圾产生量较小，但未来，随着东獐社区和西獐旅游区的兴建，以及各社区既有建筑的节能改造，大量旧住宅将被拆除。如果其中产生的建筑垃圾得不到再利用，将成为獐子岛镇固体废弃物处理处置的一项重任。根据建筑发展规划，主岛建设预计近期将产生建筑垃圾51万 m^3，远期将产生建筑垃圾25.8万 m^3，是现有垃圾填埋场剩余填埋容量的数十倍，是规划中新建垃圾填埋场填埋容量的十余倍。

獐子岛镇现有垃圾填埋场剩余填埋容量几近饱和，规划中的新建垃圾填埋场设计填埋容量依然有限。全镇共有私营废品回收站4家，年回收废钢铁约330t、杂铜8t、废纸11t、铅6t、铝8t、塑料70t、网绳100t、易拉罐18t。废旧物资分类回收后，运往大连市区处理。

2. 问题与规划任务

总体而言獐子岛镇固体废弃物处理处置的主要问题包括：（1）海岛垃圾填埋场空间有限，需最大限度减少垃圾填埋量，延长现有垃圾填埋场和未来新垃圾填埋场使用年限；（2）未来厨余垃圾、餐厨垃圾、水产加工废弃物和粪渣污泥等有机垃圾产生量大，是威胁海域水质的主要垃圾种类，需要进行专项处理处置；（3）贝壳废弃物每年产生量大，缺乏有效的处置措施，堆放占用土地面积大，且有一定污染威胁；（4）未来大量建筑垃圾的处理处置方案。

因此獐子岛镇应建立"源头削减、分类收运、综合处理、高效衔接"的现代化垃圾处理处置系统，结合科学处理工艺，进行垃圾分类集中和分区收运处理，将高效分类收运模式和集中资源化处理模式相结合，改变分散经营、简单处置、高消耗、低效能的落后模式，如图5-23所示。具体目标包括：（1）建立高效的固体废弃物分类收集和收运系统，为固体废弃物整体的资源化和无害化处理奠定基础；（2）建立有机垃圾资源化处理厂，解决固体废弃物处理处置的主要环境隐患；（3）逐步建立水产品加工废弃物和建筑垃圾资源化处理系统，解决这两类废弃物产生量大、处理困难等问题；（4）完善垃圾填埋场建设，提高固体废弃物无害化处理水平。

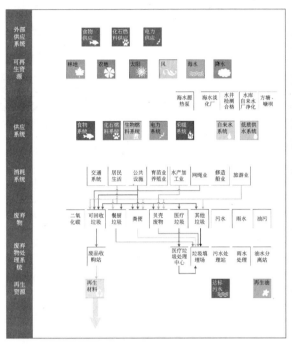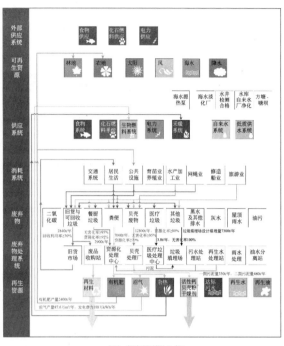

（a）现状分析　　　　　　　　　　　　　　　（b）规划预期分析

图 5-23　獐子岛镇固体废弃物处理处置的物质流分析

资料来源：獐子岛镇生态规划与城市设计项目组（黄一翔、邹涛绘制），2009.

5.7.3 分项规划方案①

1. 生活垃圾分类收运系统建设

分项规划建议结合现有生活垃圾回收系统，逐步在全镇形成以环卫部门和废品回收站为纽带的生活垃圾分类收集处置系统，重点完善垃圾分类收集体系。集中住宅区的家庭垃圾分为厨余垃圾（泔水）、可回收垃圾和其他垃圾进行收集。收集后的可回收垃圾送到废品回收站再生利用，厨余垃圾运往有机垃圾资源化处理中心处理，其他垃圾进入垃圾填埋场处置。餐饮区、办公区和商业娱乐区等公共场所的垃圾分为餐厨垃圾、可回收垃圾和其他垃圾进行收集。餐厨垃圾单独收集后统一运往资源化中心，可回收垃圾送到废品回收站，其他垃圾进入垃圾填埋场处置，见表 5-10。同时加强对公众的垃圾分类收集和环境卫生管理重要性宣传，使岛上的生活垃圾从源头上实现最大程度的分类收集。全面实行垃圾分类收集可使生活垃圾中的餐厨垃圾、可回收的塑料、纸、金属等制品都得到专门的回收和资源化利用，垃圾分类率超过 80%，资源利用率达到 80% 以上。

---

① 本节内容整理自獐子岛镇固体废弃物绿色管理规划。

獐子岛镇生活垃圾分类收集比例预测 表5-10

区域	分类收集比例（%）		
	泔水/餐厨垃圾	可回收垃圾	其他垃圾
住宅区	35	30	35
公共场所	55	30	15

资料来源：獐子岛镇固体废弃物绿色管理规划，2009.

獐子岛镇生活垃圾产生源较为集中，垃圾产生量较小，因此不考虑设置垃圾转运站。规划在镇中心商业区、岛内旅游景区及大型公共场所设置带有分类收集标识的环保垃圾桶进行垃圾分类收集；在生活区，每户自设垃圾存放点以便垃圾专用车收集；提高公厕的300~500m服务半径覆盖水平，对公厕进行无害化改造，尝试采用分布式风光互补可再生能源系统，为公厕设施和设备供电。

獐子岛镇主要废品回收站位于东獐社区，占地面积8000m²，但实际废品存放占地面积仅3000m²，土地使用效率较低。规划该废品回收站近期迁往社区东端重建。新的废品回收中心规划占地4000m²，采用现代化分类整理设备，对全镇各收购网点收购的废纸板、废金属和废塑料统一分拣加工，可日处理垃圾4t。规划远期在现有垃圾填埋场封场后，利用填埋场场址建设另一处废品回收中心，占地5000m²，与东獐社区东端的废品回收中心共同满足全镇废品回收需要。

2. 生态环境园规划

规划在现有生活垃圾填埋场附近，建设综合性生态环境园，通过低值废弃物的协同处置和综合管理，全面提高獐子岛镇垃圾资源化和无害化处理处置水平。生态环境园主要包括有机垃圾资源化处理厂、水产品加工废弃物资源化处理厂和远期规划建设的废品回收中心。

有机垃圾资源化处理厂主要针对镇域厨余垃圾、餐厨垃圾、水产品加工产生的有机垃圾、粪便和污水处理厂剩余污泥以及褡裢岛生态农业园的农业废弃物和畜禽粪便进行转换利用，为獐子岛镇提供有机肥料、沼气和电力。鉴于我国生活垃圾的特点和处理处置技术现状，规划建议采用厌氧消化技术。厌氧消化系统生成的沼液用来制造液肥；沼渣经过堆肥后再辅以必要的氮、磷等营养元素制成有机肥或土壤改良剂，供褡裢岛生态农业园和岛上土壤改良使用；厌氧消化后产生的沼气作为绿色能源为当地供电和供暖。处理厂日处理规模30t，可产生沼气2400m³，发电5000kWh，产生有机肥6.6t。项目分两期建设，总投资700万元。

水产品加工废弃物资源化处理厂可以选择两个产业发展方向，一是贝壳废弃物的资源化利用，二是水产品加工产生的有机垃圾的资源化利用。獐子岛镇贝壳废弃物年产生量约8400t。由于所辖海域无污染，贝壳重金属含量远低于国家标准。贝壳废弃物的资源化利用可选生产活性钙、贝壳微粉、贝壳干燥剂等普通产品，也可选生产高档陶瓷制品和工艺品。以生产干燥剂为例，预计可年生产干燥剂2500t，年销售额1500万元。水产品加工产生的有机垃圾可用于生产海鲜调味品或饲料，也可与其他有机垃圾一起，送往有机垃圾资源化处理厂进行厌氧消化处理。

针对建筑垃圾，规划从建立和完善建筑垃圾分类回收机制入手，通过机械和人工方法对建筑垃圾进行分类，然后做出相应处理。废塑料、金属及木材交回收中心再利用（或由生活垃圾分类回收单位统一处理），其余的废混凝土和废砖渣作为工程回填材料或再生细骨料。作为工程回填材料，废混凝土和废砖渣可用于海岛生活垃圾填埋场覆土或西㝫社区地形改造，以减少对当地宝贵土壤资源的破坏；作为再生细骨料，加工后的废混凝土和废砖渣可替代部分天然细骨料，用于抹灰砂浆、砌筑砂浆和打混凝土垫层[①]。

生态环境园建设具有很好的投资收益。仅废品回收和有机垃圾资源化处理，每年可产生经济效益350万元。其中，废品回收收益152万元；厌氧消化系统产生的沼气每年发电潜力相当于1500tce，按当地煤价（2007年价格1000元/t）折合150万元；厌氧消化系统与好氧堆肥联合系统产生的有机肥按市场价格200元/t计算，年收益可达48万元。

3. 垃圾填埋场规划

新垃圾填埋场在现有垃圾填埋场封场处理的基础上建设，总占地面积1.5万m^2，设计填埋量20t/d，填埋区总库容6.7万m^3，设计使用年限8年。为确保垃圾填埋场邻近水域水质，填埋厂应采用严格的卫生镇埋处理工艺，避免渗滤液污染，同时在填埋区设置水质监测井。如果严格执行各项垃圾回收和资源化利用措施，新垃圾填埋场使用年限可从8年延长至12年。

5.8 绿色建筑

5.8.1 基本策略

1. 集约型建筑发展

控制建筑规模、提高建筑使用寿命和利用效率、解决建筑的粗放型发展问题，是发挥建筑部门资源节约与环境保护作用的基本措施。粗放型发展带来的土地占用和全生命周期物耗、能耗等资源浪费，是难以通过单纯的建筑节能和绿色建筑技术来弥补的，并具有长期的锁定效应。与日本、新加坡等亚洲国家类似，我国的人均资源占有量也极为有限，城镇化尚未完成，但已很难再像早期发展起来的欧美国家一样，依靠大量资源进口满足发展需求，因此我国的经济发展包括建筑发展，都必须建立在资源节约的基础上[147]。另一方面，我国各类民用建筑都在向着"大"的方向发展，粗放型发展趋势不容忽视。2016年，我国人均住宅面积36.6m^2，已比肩发达国家水平。新建城市住宅户均面积大多在120m^{2}以上，豪华者更高达200~400m^2/户。而在新加坡，中产阶级住宅面积通常在70~90m^{2}之间，在日本和中国香港地区，100m^{2}以上的住宅即被视为豪宅，并要征收特殊的税费。同样，我国的办公建筑，无论是政府机关还是公司企业，人均建筑面积也远高于日本、新加坡等国家和中国香港地区的平均水平。

在过大的人均建筑面积之外，过低的建筑使用寿命和利用效率又进一步加剧了资源浪费和环境负荷。以住宅为例，目前我国住宅平均使用寿命仅30年，远低于国家规定的房屋设计使用年限标准（50~100年），也远低于欧洲国家的实际平均水平（80年）。在东亚地区，我国并非此类情况的个案。中国台湾、日本的住宅使用寿命

---

① 本段内容整理自黄一翔工作成果。

均不足 40 年。究其原因，日本的调查认为，消费观念误区和不理性的社会需求（包括改变土地使用性质、提高土地效益、城市改造、扩大空间等）占半数比重。也有研究认为，决定建筑使用寿命这棵大树高度的，是土壤的肥沃程度（宏观环境）和根的深度（包括功能寿命、物理寿命、经济寿命），而主根（功能寿命）又是决定建筑使用寿命的最主要因素[148]。将房屋作为投资渠道，不仅缩短了建筑使用寿命，也导致我国城市大量房屋的空置。在部分二、三线城市，房屋空置现象更加突出。2015 年全国城镇住宅空置率为 21.9%，海南、福建等部分地区的住宅空置率达 25% 以上。而按照国际惯例，合理的商品房空置率应不大于 10%，空置率在 20% 以上即为商品房严重积压状态。大量空置房屋的存在，使住宅建筑总能耗并未随着建筑规模的快速增长而增加，单位建筑面积能耗统计数据甚至有所下降。但未来，随着住宅空置率的不断下降，住宅建筑总能耗和单位面积能耗的增长压力就会显现出来。除住宅外，一些企业、房地产商建造的超大面积办公用房和大量的"广场"、"中心"，也存在大规模空置现象[149]。未来空置率下降带来的能耗增长压力同样不容忽视。

2. 建筑节能与能耗控制

建筑节能是城市节能的关键领域。不断提高节能标准、改进建筑节能评价办法，是我国建筑节能发展的两个重要特点。1986 年我国颁布了第一部民用建筑节能标准，建筑节能工作正式开始。与当时发达国家的节能策略类似，该标准把 1980—1981 年各采暖地区通用住宅全年采暖能耗作为基准能耗，把基准能耗基础上再节能 30% 作为节能建筑的基本要求。之后，随着技术进步和工作推进，节能标准不断提高，从节能 30% 逐渐提高到节能 65%，节能评价对象也不断丰富，从居住建筑扩展到公共建筑和既有建筑节能改造，节能标准的使用也从引导性转向强制性[150]。到 2015 年底，节能建筑占我国城镇民用建筑面积的比重超过 40%，北京等城市开始尝试将新建居住建筑节能标准提高到 75%，并作为强制性指标执行。2016 年 4 月，新的《民用建筑能耗标准》GB/T 51161—2016 颁布。与以往的节能标准相比，这份能耗标准的评价框架做了很大调整，能耗核算范围更加全面，节能标准从相对的节能率控制转向绝对的用能强度控制，由过程控制转向效果控制。这些改变更有利于建筑实际节能效益的核算、市场资源配置作用的发挥，也更符合国际建筑节能管理的发展趋势。

以德国为代表，国际建筑节能技术的发展正在逐渐从节能向产能靠近。德国的建筑节能发展包括 4 个技术层次：低能耗建筑、被动房、零能耗建筑和产能建筑。低能耗建筑要求建筑采暖能耗平均值不得超过 50kWh/（m^2·年）。德国 2014 版节能条例生效后，新建建筑都必须达到低能耗建筑标准。被动房是实现近零能耗目标的一种技术体系。它要在低能耗建筑标准的基础上，通过大幅提升围护结构热工性能和气密性等技术措施的使用，将建筑采暖能耗降至 15kWh/（m^2·年）以下。德国《节能法》（EnEG 2013）要求自 2019 年起，新建政府公共建筑全部达到近零能耗建筑标准，2021 年起所有新建建筑达到近零能耗建筑标准，2050 年起所有存量建筑改造成近零能耗建筑[151]。零能耗建筑要在近零能耗标准基础上，进一步提高能效，增加可再生能源利用比例，使建筑一次能源需求可以不依靠外部能源来解决。产能建筑则要使可再生能源的利用，在覆盖建筑所有能源需求之外，还能够向外部输出能源。德国的建筑节能发展思路，在许多发达国家中都有不同程度的体现，例如丹麦要求 2020 年后居住建筑全年冷热需求降至 20kWh/（m²·年）以下，英国要求 2019 年后公共建筑达到零碳目标，美国要求 2020—2030 年零能耗建筑应在技术经济上可行[152]。我国政府也在 2015 年印发了《被动式超低能耗绿色建筑技术导则（试行）（居住建筑）》，引导建筑节能技术的进步。

3. 绿色建筑的规模化发展

发展绿色建筑是建筑可持续发展的主要方式之一。我国引入绿色建筑概念始于 20 世纪 90 年代，之后，随着资源环境问题的加深和社会观念的转变，绿色建筑发展规模不断壮大。截至 2017 年底，全国获得绿色建筑评价标识的项目累计超过 1 万个，总建筑面积达 10 亿 m²。但由于基数过大，绿色建筑在全国民用建筑中所占比重依然较小。为更好地满足人民群众日益增长的美好生活需要，2016 年 2 月，《中共中央国务院关于进一步加强城市规划建设管理工作的若干意见》将我国建筑发展方针由"适用、经济、美观"调整为"适用、经济、绿色、美观"。"绿色"从建筑发展的一项补充要求转变为基本性能，发展地位大大提升。住建部也在 2018 年组织了《绿色建筑评价标准》的新一轮修订。修订着重将绿色建筑评价从传统的技术导向转向对绿色建筑高质量发展的综合引导，并确立了"以人为本、强调性能、提高质量"的绿色建筑发展新模式。评价内容也从"四节一环保"拓展为安全耐久、服务便捷、健康舒适、环境宜居、资源节约、管理与创新 6 个方面。规模与质量并重，成为绿色建筑发展的新诉求。

从国家建筑发展方针来看，我国建筑品质面临的提升诉求是全方位的，除了绿色性能，也包括适用、经济和美观性能。随着城镇化进程的加深和人们对生活品质要求的提高，它们都需要重新被认识并进一步引起重视。适用不仅包括建筑的使用功能，还包括对不同使用群体的尊重和关怀、建筑的安全性和耐久性要求、建筑对城市空间和微气候环境营造的影响；经济不仅是建造的经济性，还有运营的经济性、全生命周期的经济性；美观不仅是悦目，更应怡情，传递情感、传承和弘扬城市文化。这些性能要求内容丰富。它们与绿色性能相互约束、相互激发，共同构成建筑品质的完整内涵。全面提升建筑品质，摆脱"千城一面"的城市面貌，更好地满足人民群众对美好生活的向往，是当代建筑发展的责任。"绿色"作为四项基本性能之一，也是建筑创作重要的灵感来源。科技与文化结合、传统与当下结合，始终是中国建筑创作本土化探索的基本方向。"绿色"不仅是建筑科技进步的集中表现，也是中国传统人居环境营造的宝贵经验，还代表着当下经济社会与资源环境协调发展的重大现实问题。集多重含义和优势于一身，"绿色"能够并且应当在建筑创作的本土化探索中，或者说在中国人居环境面貌的改变中，发挥更大作用。因此，建筑发展应坚持四项性能全优的基本方向，并将其作为单项性能进一步创优的基础和门槛，促进建筑品质的整体提升。只有这样，城市才能营造出完整的、可持续的、有魅力的、高品质的人居环境。

从项目类型上看，新建民用建筑单体和街坊规模的建筑群项目在我国绿色建筑发展中一直占绝对比重，而既有建筑的绿色改造、绿色工业建筑、绿色住区和园区发展仍显薄弱。截至 2017 年底，我国既有建筑面积已达 613 亿 m²，其中的大部分受建设时期技术水平与经济条件等因素制约，存在适用性差、能耗过高、耐久性差、设备老化等问题，绿色建筑仅占现有建筑面积的 1.6%。但由于经济、建造、运营等多方面原因，业主的绿色改造意愿低、改造难度大，改造规模与需求极不匹配。同样，我国工业建筑数量庞大，资源消耗和环境负荷高，绝大部分没有以绿色理念规划建设，改造提升空间大，但进展缓慢。此外，城市的资源环境和可持续发展问题很多是需要从更大的住区或园区尺度去协同解决的，如开放式街区制的运用、部分资源环境技术的整合、循环经济产业链的组织，等等。但相关的项目实践和标准体系建设，都有待进一步的推动，并形成规模效应。绿色建筑发展质量的提高，还需要多维度、多层次地努力。

5.8.2 关键规划资源与任务分析

1. 建筑类型与现状

獐子岛镇既有建筑以住宅为主。主岛住宅总计 62.6 万 m²，占主岛总建筑面积的 80%。住宅中 70% 为自建的农家院，包括单层住宅和双层住宅，其余为多层和高层商品住宅，人均居住建筑面积 33.6m²。农家院基本无集中供热，依靠燃煤和水暖气采暖，部分无市政供水和排水。其中，单层住宅建设年代最早，市政配套设施、围护结构热工性能和冬季室内热舒适性最差；双层住宅建设年代较早，市政配套设施、围护结构热工性能和冬季室内热舒适性比单层住宅稍好；多层住宅建设年代较晚，市政配套设施相对完善，但仍有少数住宅没有集中供热，冬季依靠燃煤采暖，与农家院类似；高层住宅建设年代最晚，市政配套设施完备，围护结构设计建设情况较好，冬季室内热舒适性最佳。为节约土地，镇政府已停止了单层和双层住宅项目的审批，新建住宅全部为多层建筑，如图 5-24 所示。

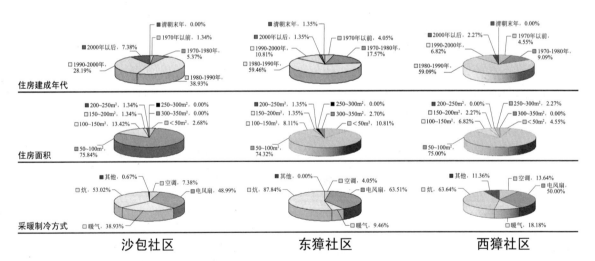

图 5-24 獐子岛镇居民综合问卷调查（居住环境）

资料来源：獐子岛镇生态规划与城市设计项目组，2009.

沙包社区是多层住宅建设最为集中的区域，共有多层住宅楼 67 栋，另有 14 层高层住宅楼 2 栋。住宅建筑品质和市政配套设施建设水平在各社区中整体情况最好，但空间尺度、格局和建筑风貌已失去渔村聚落的韵味，与一般城镇无异。东獐社区共有多层住宅楼 6 栋，多层住宅与农家院布局杂糅，公共空间格局较为凌乱，建筑品质和市政配套设施建设水平整体较差。西獐社区全部为自建农家院，绝大部分为单层住宅，少量为双层住宅。由于建设年代较早，西獐社区的市政配套设施建设水平在三个社区中最低，生活舒适性差，但空间肌理、尺度和建筑风格保留了鲜明的传统渔村特色。从空置率来看，西獐社区的住宅空置率最高，未来也较难有居民回迁；沙包社区和东獐社区的住宅空置率最低，随着"大岛建、小岛迁"计划的实施，住宅空置率还会进一步降低。

2. 问题与规划任务

对主岛典型单层住宅、双层住宅和多层住宅的入户调研表明，围护结构热工性能不佳、采暖方式落后和冬季热舒适性差是影响住宅居住品质的主要问题。围护结构问题主要表现为：墙体、屋顶、单层住宅底部架空层顶板等无保温构造，门窗传热系数大、密闭性差，开窗数量过多、洞口尺寸过大，特别是西向、北向窗。獐子岛镇建筑冬季采暖方式主要分三种：分散式燃煤采暖、集中式燃煤锅炉供暖和海水源热泵采暖。三种采暖方式各有优劣（详见 5.5.2 节）。各典型住宅冬季采暖能耗的 ECOTECT 模拟分析表明，由于围护结构热工性能不佳，无论采用哪种采暖方式，岛镇住宅的单位建筑面积采暖能耗均高于国家规定的基准能耗（20 世纪 80 年代大连地区住宅通用设计耗热量指标为 41.14W/m^2），与当时标准《民用建筑节能设计标准》JGJ 26—1995 要求的住宅建筑节能 50% 和 65% 目标更是相去甚远。对于单层和双层住宅，入户调研也发现了一些经济有效的民间保温做法，如加建阳光房、建筑底层作为非居住用房、利用聚苯板增加建筑保温层等。有了这些措施，住宅冬季保温效果能得到极大改善，约可节省 1/4 的采暖用煤量。聚苯板造价低廉，一户单层住宅的改造费用约为 1 万元，与冬季采暖的燃煤费用相比，经济效益非常可观。但在建筑外墙内侧使用聚苯板，一方面会增加火灾隐患，另一方面也会因为没有设置隔汽层和热桥的存在，造成墙体内侧结露、潮湿、甚至发霉，见表 5-11[1]。

沙包社区典型住宅入户调研信息表（节选） 表 5-11

典型住宅	建筑概况	建筑构造及室内热环境	用能情况
单层住宅	1989 年建成，南北朝向，建筑面积 127m^2，坡屋顶形式；建筑底层架空 1.8m 作为储藏室	240 空心砖砌筑，无保温层，单层塑钢窗；冬季燃煤火炕取暖，室温较低；聚苯板改造建筑围护结构，保温效果提升较大	年用煤量 6~8t
双层住宅	1996 年建成，南北朝向，建筑面积 178m^2，坡屋顶形式	240 烧结砖砌筑，无保温层，双层铝合金窗；一层加建阳光房，抵御冬季寒风极为有效；冬季燃煤水暖气采暖，温暖舒适	年用煤量 30t；太阳能热水器提供生活热水；炊事采用电磁炉
6 层单元式住宅楼	20 世纪 90 年代建造，总建筑面积 1695m^2，南北朝向	240 黏土烧结砖砌筑，无保温层；海水源热泵系统采暖，效果较好，但如果室外温度过低，仍需要电暖气补充采暖；采暖无分户计量	冬季月用电量 300kWh，灶具使用电磁炉和液化气罐

总体而言，獐子岛镇建筑节能和绿色建筑发展的重点主要在三个方面：（1）既有住宅的节能改造。根据不同类型住宅的建设品质和保留价值，针对性制定改造方案，提高居住品质，如图 5-25 所示。（2）绿色住区规划设计探索。选择东獐社区

---

① 本段内容整理自雷李蔚、作者工作成果，全部 ECOTECT 模拟由雷李蔚完成。

待建住区，结合当地建设条件和国内绿色住区规划设计经验，探索经济可行的獐子岛镇绿色住区示范建设方案，逐步推进绿色住区建设。（3）西獐社区生态民俗村改造。针对西獐社区的旅游服务定位，改造有保留价值的农家院，进行建筑形象和居住功能改造，恢复传统渔村空间格局、建筑风貌，改善居住品质和资源环境影响。

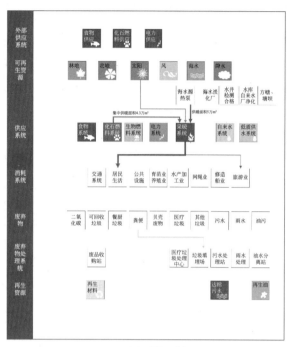
（a）现状分析

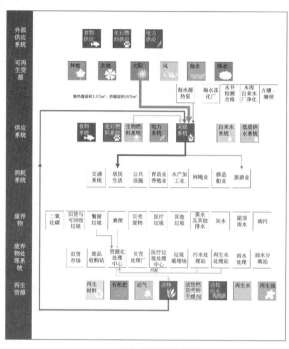
（b）规划预期分析

图5-25 獐子岛镇采暖能耗的物质流分析

资料来源：獐子岛镇生态规划与城市设计项目组（黄一翔绘制），2009.

5.8.3 分项规划方案

结合总体规划相关内容和现状调研成果来看，主岛既有住宅可分为6类处理处置，见表5-12。其中，第1、2、3类住宅建筑品质较差，拟近期拆除，不做改造；第4、5类住宅建筑品质较好，拟近期保留远期开发或拆除，仅需要针对建筑围护结构做基础节能改造，在经济可行的前提下，使改造后的节能效果接近或达到国家节能标准；第6类住宅建筑品质最好，拟长期保留，可做综合节能改造，将外围护结构改造和采暖系统改造结合，进一步提高室内热舒适性和节能效果，如图5-26所示。主岛需要做基础节能改造的住宅总面积9.38万 m²，需要做综合节能改造的住宅总面积30.23万 m²。同时，规划近期在东獐社区新建多层住宅16.42万 m²，远期在西獐社区新建多层住宅4.45万 m²，全镇新建公建18.63万 m²。新建建筑应全部符合国家建筑节能和绿色建筑设计标准，并严格控制人均面积指标，避免建筑的粗放型发展。

1. 既有住宅节能改造①

专项规划选择沙包社区典型单层住宅、双层住宅和多层住宅各一处作为既有住

---

① 本部分内容整理自雷李蔚、作者工作成果。

宅节能改造代表，结合 ECOTECT 模拟分析，确定各类住宅节能改造的适宜方案。节能改造方案包括基础节能改造和综合节能改造两种，见表5-13。基础节能改造以

主岛住宅建筑分类规划统计表　　　　　　　　　　表5-12

住宅规划类型		建设方式	建筑面积（万 m²）				
			单层	双层	多层	高层	合计
既有住宅	1类区　近期拆除与开发	不改造	5.46	1.87	2.28	0	18.76
	2类区　近期拆除保育-远期开发	不改造	2.16	0.54	0.02	0	
	3类区　近期拆除保育-不再开发	不改造	4.75	1.56	0.12	0	
	4类区　近期保留改造-远期开发	基础节能改造	6.13	1.57	1.19	0	9.37
	5类区　近期保留改造-远期拆除	基础节能改造	0.35	0.05	0.08	0	
	6类区　长期保留与逐步改建	综合节能改造	14.84	0.62	13.34	1.43	30.23
新建住宅	东獐社区	—	0	0	16.42	0	20.87
	西獐社区	—	0	4.45	0	0	
新建公建		—	18.63				

资料来源：獐子岛镇生态规划与城市设计项目组（邹涛整理），2009.

图5-26　主岛既有住宅改造建议方案

资料来源：獐子岛镇生态规划与城市设计项目组（作者、邹涛绘制），2009.

典型住宅节能改造方案　　　　　　　　　　表5-13

项目	基础节能改造	综合节能改造
墙体	低密度聚苯板外保温层，砂浆抹灰外饰面	
屋顶	顶棚内贴低密度聚苯板保温层	
窗户	窗户室内侧增设节能型中空玻璃塑钢窗一道	
地板	增铺低密度聚苯板保温层（针对底层架空的单层和双层住宅）	
多层建筑楼梯间	墙体外贴低密度聚苯板外保温层，窗户更换为节能型中空玻璃塑钢窗	
采暖系统	—	太阳能低温地板辐射采暖和空气源热泵辅助采暖系统

资料来源：獐子岛镇生态规划与城市设计项目组（雷李蔚、作者绘制），2009.

加建围护结构外保温层和提高门窗保温性能为主，改造应根据节能效果和投资回收期的综合权衡选择适宜的门窗气密性方案。综合节能改造在基础节能改造的基础上进一步采用太阳能低温地板辐射采暖系统。系统由太阳能加热系统、低温热水地板辐射采暖系统和辅助保障系统三部分组成，热舒适性高、节能效果显著、便于调节和控制。辅助采暖设备采用空气源热泵。热泵电源近期采用市电，远期采用低启动风速的聚风型小风机（装机容量1kW）。

ECOTECT模拟具体比较不同门窗气密性改造方案（较高气密性门窗改造方案，设定各房间通风换气次数0.5次/h；高气密性门窗改造方案，设定各房间通风换气次数0.25次/h）下，基础节能改造的节能效果和投资回收期。以典型双层住宅为例，该住宅现状单位耗热量63.2W/m²，比基准能耗高54%，见表5-14。如果采用较高气密性门窗改造方案，改造后单位耗热量可比基准能耗降低30%，但仍高于节能50%的国家标准。如果采用高气密性门窗改造方案，改造后单位耗热量将比基准能耗降低62%，远优于节能50%的国家标准，接近节能65%的国家标准。分项规划最终选择高气密性门窗改造方案，基础节能改造总投资约为2万元，单位投资104元/m²，改造后年节煤7.5t，2.5年可收回投资（以獐子岛镇煤炭价格计）。如果进一步实施综合节能改造，改造总投资（含基础节能改造）为5.4万元，单位投资303元/m²，改造后不再使用燃煤，6.5年可收回投资（以獐子岛镇煤炭价格计）。

典型双层住宅不同基础节能改造方案能耗模拟结果　　　　　表5-14

项目	最大采暖负荷（W/m²）	单位面积耗热量（W/m²）	采暖季单位面积能耗（kWh/m²）	采暖季总采暖能耗（kWh/年）	单位耗热量指标标准差（%）（标准41.14W/m²）
现状	125.8	63.2	204.6	36419	+54
较高气密性门窗改造方案	61.4	28.7	93.0	16533	-30
高气密性门窗改造方案	34.1	15.7	50.8	9037	-62

资料来源：獐子岛镇生态规划与城市设计项目组（雷李蔚绘制），2009.

ECOTECT模拟结果汇总显示，主岛三类住宅平均单位面积耗热量为85.59W/m²，是基准能耗的2倍，如按规划全部完成基础节能改造，平均单位面积耗热量可降至15.93W/m²，与基准能耗相比平均节能60%，见表5-15。初步估算，进行基础节能改造的住宅平均单位面积改造投资139元/m²，投资回收期2.8年（以獐子岛镇煤炭价格计）；进行综合节能改造的住宅平均单位面积改造投资276元/m²，投资回收期6.5年（以獐子岛镇煤炭价格计）。其中，20%的基础节能改造投资和25%的综合节能改造投资可来自上一级政府的资金奖励。为减轻投资压力，综合节能改造可分两步进行，首先完成所有待改住宅的基础节能改造部分，之后在基础节能改造的基础上追加采暖系统改造。

2. 绿色住区建设

根据城市设计要求，东獐绿色住区建设选择在适宜建设的重点区域分阶段开展。绿色住区应采用小街坊混合住区结构，有绿地、商业中心、广场等容易识别的公共活动中心，多数住宅在距公共活动中心5min步行距离内或600m范围内，商业及公共服务设施位于住区周边，教育设施可步行抵达，每户住宅160m范围内有活动场地。

主岛住宅节能改造效果与投资比较　　　　　　　　　　表 5-15

住宅类型	单位面积耗热量（W/m²）		改造规模（万 m²）		单位面积投资（元/m²）	
	改造前	改造后	基础节能改造	综合节能改造	基础节能改造	综合节能改造
单层	114.5	22.6	6.48	14.84	164	406
双层	63.2	15.7	1.62	6.21	104	303
多层	42.4	15.0	1.28	13.36	60	247

资料来源：獐子岛镇生态规划与城市设计项目组（作者、雷李蔚绘制），2009.

同时，绿色住区应综合采用屋顶绿化、太阳能集热、雨水收集、雨水回渗、生物污水处理等绿色技术，建筑形态整体向海岸叠落，加强通风引导、天际线组织和景观视廊效果[①]。

分项规划同时结合可再生能源利用条件，在重点区域选择一处用地作为示范组团，探索当地住区适宜的综合节能方案。组团由五栋行列式单元住宅和一所幼儿园组成，住宅总建筑面积 11552m²。组团的节能措施主要包括四个方面，如图 5-27 所示：（1）采用高性能外围护结构（高气密性门窗改造方案）和太阳能低温地板辐射采暖系统。（2）考虑到冬季热效率，采用聚风型小风机作为太阳能采暖系统的辅助能源，同时设置两台 100kW 的水源热泵，辅助冬季热水升温，并使小风机的使用数

（a）示范组团位置

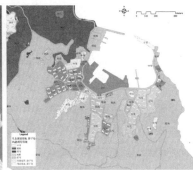

（b）西獐社区风能利用等级分析图

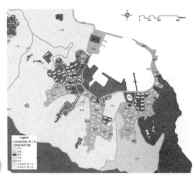

（c）西獐社区太阳能利用等级分析图

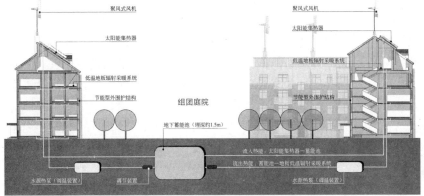

（d）示范组团节能措施组织示意图

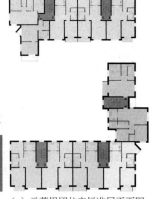

（e）示范组团住宅标准层平面图

图 5-27　示范组团节能方案示意图

资料来源：獐子岛镇生态规划与城市设计项目组（作者、雷李蔚、邹涛等绘制），2009.

①　本段内容整理自獐子岛镇生态规划与城市设计项目组（城市设计团队）工作成果。

量减半，节省投资。（3）太阳能集热系统采用集中式蓄能池代替分散式蓄能罐，提高蓄能效率。蓄能池（容积160m³）由组团内建筑共用，埋于组团庭院地下，不会对室外空间的使用造成影响。（4）太阳能集热系统具有非采暖季热能充足但利用途径少的问题。规划建议在非采暖季利用太阳能集热系统的热量加工蒸馏水，在提高热能利用效率的同时增加就业岗位，提高居民收入。ECOTECT模拟显示，采用以上节能措施后，该组团住宅单位面积耗热量为13.2W/m²，与国家标准相比可节能68%，见表5-16。在此条件下，全组团所需太阳能集热板铺设面积与建筑采暖面积之比为1/7.8，共需铺设太阳能集热板1414m²；所需风机总装机容量130kW，相当于每栋住宅屋顶安装4个5kW的风机。与常规住宅相比，采用节能措施的新建住宅单位面积增量成本为211元/m²，平均投资回收期5.2年（以獐子岛镇煤炭价格计）[1]。

示范组团采暖季能耗模拟结果 表5-16

最大采暖负荷（W/m²）	单位面积耗热量指标（W/m²）	采暖季单位面积耗热量（kWh/m²）	采暖季总采暖能耗（万kWh/年）	采暖季所需风能（万kWh/年）
较高气密性门窗改造方案，设定各房间室内通风换气次数0.5次/h				
55.1	25.0	81	89.19	17.84
高气密性门窗改造方案，设定各房间通风换气次数0.25次/h				
30.5	13.2	43	47.14	9.43

注：设定采暖季135d，室内得热率3.82W/m²。
资料来源：獐子岛镇生态规划与城市设计项目组（雷李蔚绘制），2009.

3. 生态民俗村改造[2]

西獐社区未来将通过改造与新建结合的方式，逐步建成现代绿色技术与传统村落空间结合的生态民俗村，如图5-28所示。规划拆除重建社区中品质较低的住宅，保留改造社区中传统特色浓郁、品质较高的民居，并使新建和改造民居以广场、庭院等共享空间为纽带相互融合，形成因山就势、尺度适宜、兼具居住和旅游接待功能的生态民俗村。

村落整体以不增加能耗的方式提高居住环境的舒适度，消除环境负荷。在场地规划方面，村落将重构以公共绿地系统为基础的景观生态安全网络；以绿量指标指导植物配置，实现绿地系统生态效益的最大化；注重保护当地自然景观，充分利用贝壳、鹅卵石等当地废弃材料进行景观设计，体现海滨特色；保留和恢复原生态特点，结合现状水系设计人工湿地，并利用生物污水技术处理生活污水，提供景观水源。在建筑规划方面，村落中无论是新建住宅还是改造民居，都应加强对外遮阳、自然通风、立体绿化、阳光房、相变蓄热地板、高性能围护结构、热回收新风装置、太阳能热水等主、被动绿色建筑技术的运用，提高建筑冬夏两季的热舒适性，节约用能。

---

① 本段内容整理自雷李蔚、作者工作成果。
② 本部分内容整理自獐子岛镇生态规划与城市设计项目组（城市设计团队）工作成果。

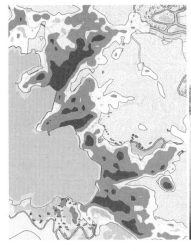

（a）城市设计方案与适宜建设范围比较图

（b）城市设计方案鸟瞰图

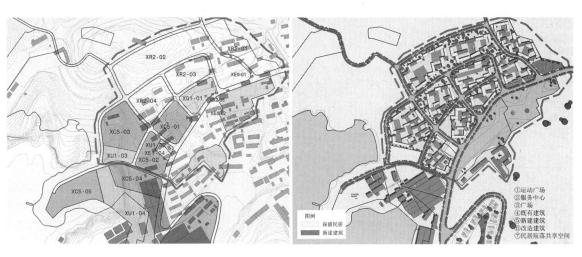

（c）重点改造组团现状图

（d）重点改造组团规划图

图5-28 西獐社区改造规划方案

资料来源：獐子岛镇生态规划与城市设计项目组（城市设计团队），2009.

　　分项规划策略的气候与可持续发展协同效应小结见表5-17。

分项规划策略的气候与可持续发展协同效应小结　　　　　　　　　　　　　　　　表5-17

类型	减缓气候变化		适应气候变化		大气污染防治		可持续发展	
	重要性[1]	效应[2]	重要性	效应	重要性	效应	重要性	效应
产业经济								
生态农业（种植、养殖）	★★★	固碳，减少温室气体排放（+）	★★★	应对极端天气气候事件，提高作物抗旱和抗病虫害能力（+）	★★	防风固沙，减少气溶胶前体物排放（+）	★★★	维护生态系统健康，保障食品安全，提高产业附加值和竞争力（+）
高能耗工业转型升级	★★★	减少化石能源利用的温室气体排放（+）	—	—	★★★	减少化石能源利用的气溶胶、臭氧前体物排放（+）	★★★	提高资源利用效率，保护环境，提高发展竞争力（+）

类型	减缓气候变化		适应气候变化		大气污染防治		可持续发展	
	重要性[1]	效应[2]	重要性	效应	重要性	效应	重要性	效应
服务业发展	★★	减少化石能源利用的温室气体排放（+）	★	应对极端天气气候事件（+）	★★	减少化石能源利用的气溶胶、臭氧前体物排放（+）	★★★	保护环境，吸纳就业，增强城市竞争力和活力（+）
土地利用与城市空间								
规模控制与合理的高密度	★★★	减少出行需求和交通温室气体排放（+）	—	—	★★★	减少出行需求和交通大气污染物排放（+）	★★★	保护生态用地和农业发展，提高资源利用效率（+）
多中心结构	★★	减少出行需求和交通温室气体排放（+）	★★	缓解热岛效应和城市高温（+）	★★	减少出行需求和交通大气污染物排放（+）	★★★	保护生态安全，促进城市有机生长（+）
土地混合利用与合理的街区尺度	★★★	减少出行需求和交通温室气体排放（+）	—	—	★★★	减少交通需求和大气污染物排放（+）	★★★	提高资源利用效率、生活便捷性和城区活力（+）
空间形态优化与城市微气候调控	★★★	减少出行需求和交通温室气体排放（+）	★★★	提高城市通风能力，城市对高温和极端天气气候事件的适应（+）	★★★	增强城市空间污染物扩散能力（+）	★★★	改善城市气候与舒适度（+）
景观生态								
景观生态安全格局的修复	★★★	提高自然碳汇能力（+）	★★★	缓解热岛效应、促进海绵城市建设（+）	★★	吸收大气污染物，防风固沙（+）	★★★	保护生物安全、维护生态过程（+）
绿地生态服务功能维护	★★★	提高自然碳汇能力（+）	★★★	缓解热岛效应、促进海绵城市建设（+）	★★	吸收大气染污物，防风固沙（+）	★★★	保护生物安全、维护生态过程（+）
绿道建设	★★	提高碳汇能力，减少机动车出行和碳排放（+）	★★	缓解热岛效应、促进海绵城市建设（+）	★★	促进慢行交通，减少机动车出行和污染物排放（+）	★★★	保护生态，促进文化保护和旅游发展，体现人文关怀（+）
生态河道建设	—	—	★★★	缓解热岛效应，促进海绵城市建设（+）	—	—	★★★	保护生态，促进文化保护和旅游发展，体现人文关怀（+）
生态湿地建设	—	—	★★	涵养水源、蓄洪防旱、调节气候（+）	—	—	★★★	保护生态，促进文化保护和旅游发展，体现人文关怀（+）
绿色交通								
绿色交通为导向的用地开发	★★★	减少小汽车出行和温室气体排放（+）	—	—	★★★	减少小汽车出行和大气污染物排放（+）	★★	提高土地利用效率

类型	减缓气候变化		适应气候变化		大气污染防治		可持续发展	
	重要性[1]	效应[2]	重要性	效应	重要性	效应	重要性	效应
公共交通体系建设	★★★	减少小汽车出行和温室气体排放（+）	—	—	★★★	减少小汽车出行和大气污染物排放（+）	★★	减少道路、停车场等设施占地，缓解交通拥堵，提升城市魅力（+）
慢行交通体系建设	★★★	减少小汽车出行和温室气体排放（+）	★★★	避免极端天气气候事件对交通设施的影响（+）	★★★	减少小汽车出行和大气污染物排放（+）	★★★	减少道路、停车场等设施占地，缓解交通拥堵，提升城市魅力（+）
绿色能源交通工具的使用	★★★	减少化石燃料汽车使用和温室气体排放（+）	—	—	★★★	减少化石燃料汽车使用和大气污染物排放（+）	—	—
智慧交通系统建设	★★★	提高交通系统运营效率（+）	—	—	★★★	提高交通系统运营效率（+）	—	提高出行效率和城市魅力（+）
能源综合利用								
可再生能源利用（光、风、生物等）	★★★	减少化石能源使用（+）	★★	提高城市供电安全性（+）	★★★	减少化石能源使用和污染物排放（+）	★★	减少化石能源开采和使用的环境破坏，保障能源安全（+）；占地面积大，设备生产污染，影响鸟类、昆虫生境等（−）
传统能源的高效利用（热电联产、余热回用等）	★★★	提高化石能源使用效率（+）	—	—	★★★	提高化石能源使用效率（+）	★★	减少化石能源开采和使用的环境破坏（+）
分布式能源系统	★★	扩大可再生能源利用途径（+）	★★★	提高城市供电安全性（+）	★★	扩大可再生能源利用途径（+）	★	保障能源安全（+）
智能微网	★★	优化能源利用结构，提高能源利用效率（+）	—	—	★★	优化能源利用结构，提高能源利用效率（+）	★	保障能源安全（+）
水资源综合利用								
供水系统节水	★	减少供水能耗（+）	★★	应对城市干旱（+）	★	减少供水能耗（+）	★★★	节约水资源（+）
非传统水源利用	★★	减少供水能耗，减少污水处理的温室气体排放（+）；增加供水能耗（海水淡化）（−）	★★★	应对城市干旱（+）	★	减少供水能耗，减少污水处理的CH_4排放（+）；增加供水能耗（海水淡化）（−）	★★★	节约水资源，减少污水排放，保障用水安全（+）

类型	减缓气候变化		适应气候变化		大气污染防治		可持续发展	
	重要性[1]	效应[2]	重要性	效应	重要性	效应	重要性	效应
海绵城市建设	—	—	★★★	改善城市内涝和干岛效应（+）	—	—	★★★	涵养水源，保护水环境（+）
固体废弃物综合利用								
垃圾焚烧	★★	增加电力供应（+）	—	—	★	替代一定的化石能源（+）	★★	减少垃圾填埋的土地占用和污染（+）；焚烧造成的二次污染（-）
厨余、餐厨等有机垃圾资源化处理	★	增加沼气等生物质能供应（+）	—	—	★	替代少量化石能源（+）	★★	提供生物质肥料等多种生态产品，促进生态循环（+）
绿化垃圾资源化处理	—	—	—	—	—	—	★★	还田还林，循环利用，促进自然生态循环（+）
建筑垃圾的资源化处理、城市矿产的再利用	★★	材料的回收再利用，减少全寿命周期能耗和温室气体排放（+）	—	—	★★	替代化石能源，减少全寿命周期能耗和大气污染物排放（+）	★★★	提高资源利用效率，减少相关物耗和水耗，保护环境（+）
数字化环卫信息管理系统	★	提高资源利用效率，减少相关温室气体排放（+）	—	—	★	提高资源利用效率，减少相关污染物排放（+）	★★★	提高资源利用效率，减少相关物耗和水耗，保护环境（+）
绿色建筑								
集约型建筑发展	★★★	减少资源和全寿命周期化石能源消耗（+）	—	—	★★★	减少资源和全寿命周期化石能源消耗（+）	★★★	节约土地和资源消耗，保护环境（+）
建筑节能与能耗控制	★★★	减少化石能源消耗（+）	—	—	★★★	减少化石能源消耗（+）	★★★	减少能源需求，保护环境（+）
绿色建筑的规模化发展	★★★	减少资源和全寿命周期化石能源消耗（+）	★★	适应热岛效应等（+）	★★★	减少资源和全寿命周期化石能源消耗（+）	★★★	节约土地和资源消耗，保护环境（+）

注：1."★"表示重要性程度；2.（+）表示积极作用，（-）表示消极作用。

第6章 方案优化、规划实施与实施评价

本章先以獐子岛镇的项目实践为例，探讨利用情景分析，对系列分项规划方案进行协同优化的基本方法，进而形成效益最优的综合规划方案和行动路线；再结合獐子岛镇和苏州高新区两个项目的指标体系与实施指南的编制，探讨综合规划方案融入法定空间规划成果和规划实施管理工作的主要"抓手"；最后，以江苏省建筑节能和绿色建筑示范区的创建活动后评估为例，探讨综合规划方案、指标体系与实施指南报告等协同规划成果实施评价的可行路径，促进规划成果进一步的优化调整。

6.1 情景分析与方案优化

6.1.1 绿色低碳技术与技术评价

1. 绿色低碳技术

技术进步是解决资源环境问题的一个关键。绿色低碳技术有很多分类方式。从减缓气候变化的角度来看，可分为无碳技术，如太阳能发电、风力发电等各类可再生能源利用技术；减碳技术，如煤的清洁高效利用、建筑节能、电动汽车等；去碳技术，如景观碳汇、海洋生物固碳（贝藻、微藻养殖）、碳捕获和储存（CCS）等。从实施难度来看，可分为低成本技术，如被动式建筑设计、景观碳汇等；中等成本技术，如可再生能源利用、电动汽车等；高成本技术，如 CCS、智能电网等。受资源禀赋、发展水平和战略导向的影响，我国的绿色低碳技术使用需要兼顾不同发展层面，既要强调对前瞻性的高新技术的运用探索，更要强调各类低成本、低难度的适宜技术、既有技术和传统技术的运用，以降低行动成本。由于世界各国的广泛关注和投入，绿色低碳技术发展迅速，从研发到市场化应用的周期不断缩短。这使许多当下的高成本、高难度的新技术很快会成为明天的低成本、低难度的适宜技术。所以绿色低碳技术的选择必须保证一定的前瞻性，特别是为那些准市场化的新技术使用预留空间。伦敦市《市长应对气候变化行动计划》[153] 认为，由于技术的快速进步，10 年是目前能够对技术发展做出较好判断的期限。同时，绿色低碳技术的选择还应从全生命周期和综合效益的角度进行判断。它们既要具备全生命周期的节能减碳效益，还应符合资源节约和环境保护的其他要求，保证应对气候变化与可持续发展行动的一致性。对于高生产消耗、高污染排放、高生态干扰的绿色低碳技术应审慎使用。另外，绿色低碳技术的实施是一个由技术方案、投资来源、运维模式选择、监管体系建设等多方面因素共同作用的系统性过程。其中任何环节的缺失都会影响技术的实施和实施效果，进而损害技术发展。

选择绿色低碳技术重点是识别其中的关键性技术。IPCC 将关键性低碳技术定义为那些对城市低碳发展具有重要战略意义、基础意义的新技术和实用技术。识别的

关键在于以何种方法评价技术的减缓潜力。IPCC将"减缓潜力"定义为某项减缓方案在一定时期内，与某个基线或基准相比的单位投资减排量，并将各关键领域的减缓潜力区分为"市场减缓潜力"和"经济减缓潜力"。前者是基于私人成本和私人贴现率的减缓潜力，并在现有市场条件下可以预测；后者考虑了社会成本、效益和社会贴现率，一般需要合适的政策支持。两者的研究分别为决策者提供了减缓技术应用的现实条件和需求信息。国内研究认为[154]，2035年（中期）之前，工业部门一直是我国节能减排的最大贡献者，以高能耗行业为主；2020年（近期）以后，随着居民生活水平的提高和消费结构的转变，民用/商用建筑部门、交通部门的节能贡献度开始加强；到2050年（远期），建筑部门的节能贡献度将超过交通部门和工业部门，居减排贡献首位。

2. 技术评价

技术评价是绿色低碳技术选择和辅助决策的重要工具，通常包括行业（部门）评价和单项技术评价。单项技术评价方法又分为两类，一是技术经济评价，侧重对技术温室气体减缓潜力和经济性的认识；二是综合评价，侧重对技术综合效益和综合成本的认识。

技术经济评价把握了绿色低碳技术选择的核心问题，评价步骤简单，是目前辅助决策的主流方法，以成本-效益分析法（CBA法）应用最广。麦肯锡全球研究所（Mckinsey Global Institute，MGI）发布的《温室气体减排的成本曲线》（2007）是全球首份几乎涵盖所有人为温室气体类型、行业和领域的成本-效益研究报告，曾引起广泛关注。该报告认为，在2030年情景下（温室气体浓度控制在400mg/L之内），全球75%的温室气体减排量可以通过非技术措施或成熟技术来实现，无需开发新技术，25%的减排量在整个技术生命周期中成本为零甚至为负。但是，这份报告只研究了减排技术的直接成本，而发展中国家的实际减排成本要远远大于技术直接成本，因此对包括技术研发、转让、推广应用在内的全成本分析可能会更有参考价值。与传统的成本-效益分析类似，绿色低碳技术的成本-效益分析难点也在于成本和效益取值、折现率以及项目寿命期的选择问题。某些技术在减排温室气体的同时也可能大量减排其他污染物，如TSP、SO_2、NO_x等，但这些减排效益的量化和货币化较为困难。而在长期的技术分析中采用成本-效益分析法，也很难选择合适的折现率。因此，IPCC建议，成本-效益分析适合气候变化影响和技术策略的粗略估算，分析的时间跨度不宜超过20年，同时建议只评价减排代价，不衡量它的产出。在AR5的第三工作组报告《气候变化2014：减缓气候变化》中，IPCC进一步指出，完善的系统性和跨行业减缓战略在减排方面的成本效益，要大于只重视个别技术和行业，且以单个行业努力来影响其他行业减缓需求的战略（中等信度）[16]。

与技术经济评价相比，综合评价通常会整体考量技术策略的资源环境、经济和社会影响，更有利于应对气候变化与其他可持续发展行动的协同。WWF在《气候变化解决方案：WWF2050展望》中对中国主要低碳技术应用前景的评价就采用了该方法，如图6-1所示。评价以传统能源利用方式下，2050年中国碳排放预测值为参照，根据环境影响（非气候的）/风险、社会接受度和成本，对各种低碳技术进行排序分析。排序将各种技术分为三类：第一类技术有特别明显的正面影响，无负面影响；第二类技术有一定的负面影响，但正面影响大于负面影响；

第三类技术有严重的负面影响，负面影响大于正面影响，且负面影响是损害可持续发展的，如不可持续的生物质能技术（为了种植能源作物而侵占森林土地）、不可持续的大型水力发电技术（可能淹没充满生物多样性的土地或肥沃耕地，迫使大规模移民，或者严重影响河流系统）。分类表明，能效措施普遍具有减排成本低、对生态环境干扰小、社会接受度高等优点，是最值得我国优先考虑的低碳技术；可再生能源技术的使用往往对自然环境有一定的负面影响且技术成本较高，选择时应同时考虑环境补救措施和融资渠道；个别低碳技术对环境干扰较大但易被忽视，应避免使用。

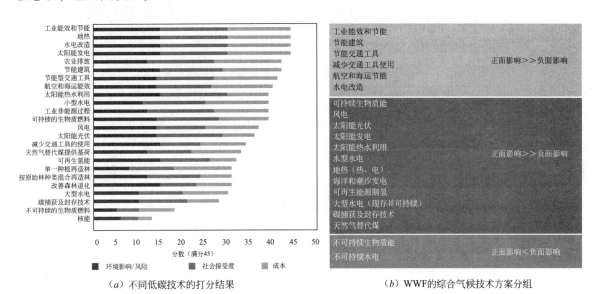

（a）不同低碳技术的打分结果　　　　（b）WWF的综合气候技术方案分组

图6-1　WWF中国低碳发展的主要技术前景评价

资料来源：WWF全球能源课题组.气候变化解决方案：WWF2050展望［M/OL］.北京：中国环境科学出版社，2007.http：//www.wwfchina.org/publication.php？page＝9&programme＝3.

3. 成本-效益分析

獐子岛镇的项目实践受数据获取所限，难以对众多绿色低碳技术进行综合评价，因此仅就其中的技术初投资和 CO_2 减排效益情况做简单的成本-效益分析，指导规划方案的比选，评价的全面性有较大欠缺。

评价从分项规划方案中初步梳理出10项可操作性较强、可进行成本-效益分析的关键绿色低碳技术，分别是：电动公交、风力发电场建设、分布式光伏发电、分布式风力发电、海水淡化的替代[①]、垃圾发电、单/双层住宅基础节能改造、多层住宅基础节能改造、太阳能采暖和小风电辅助采暖。这些技术集中在绿色建筑、能源综合利用、水资源综合利用和固体废弃物综合利用部门。以单位初投资的 CO_2 减排量划分，这些技术可分为低成本技术、中等成本技术和高成本技术，如图6-2和表6-1所示。

---

① 该技术严格说不是专门的减排技术，是海岛淡水供应系统未来完善后带来的减排效果。海水淡化系统是獐子岛镇主要的淡水供应系统，耗电量较大。计划远期通过海岛地表蓄水系统、屋檐截水与再生水回用系统建设，使海水淡化系统由现状的主要供水系统转变为备用系统，减少电网的能耗负担和经济投入。

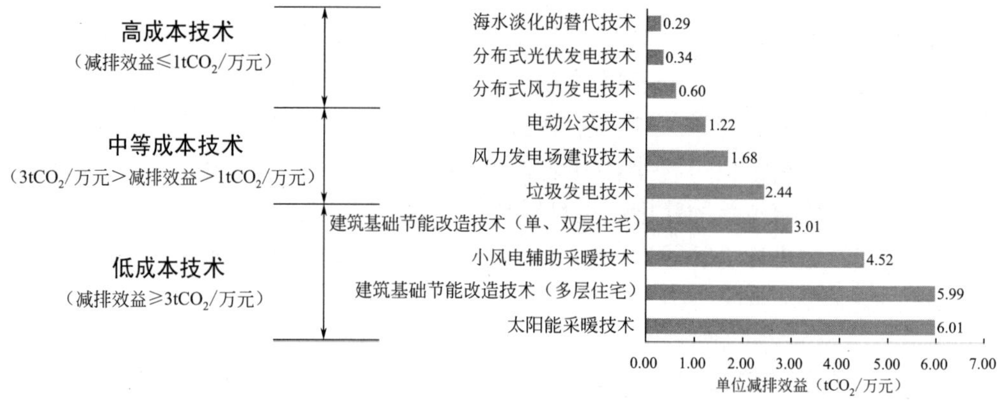

图 6-2
獐子岛镇关
键绿色低碳
技术的成本
效益比较

| 高成本技术 (减排效益≤1tCO₂/万元) | 海水淡化的替代技术 | 0.29 |
(Figure content - bar chart)

图 6-2 内容（横条图）：

- 海水淡化的替代技术 0.29
- 分布式光伏发电技术 0.34
- 分布式风力发电技术 0.60
- 电动公交技术 1.22
- 风力发电场建设技术 1.68
- 垃圾发电技术 2.44
- 建筑基础节能改造技术（单、双层住宅） 3.01
- 小风电辅助采暖技术 4.52
- 建筑基础节能改造技术（多层住宅） 5.99
- 太阳能采暖技术 6.01

高成本技术（减排效益≤1tCO₂/万元）
中等成本技术（3tCO₂/万元>减排效益>1tCO₂/万元）
低成本技术（减排效益≥3tCO₂/万元）

横轴：单位减排效益（tCO₂/万元） 0.00 1.00 2.00 3.00 4.00 5.00 6.00 7.00

獐子岛镇关键绿色低碳技术的 CO₂ 减排效益评价　　　　表 6-1

部门	序号	技术策略	替代能源	减排量 (tCO₂)	总投资 (万元)	单位效益 (tCO₂/万元)	补充说明
绿色建筑	1	单/双层住宅基础节能改造	标煤	3518	1169	3.01	—
	2	多层住宅基础节能改造	标煤	385	64	6.02	—
	3	太阳能采暖²	标煤	57795	9622	6.01	—
	4	小风电辅助采暖	煤电	14449	3196	4.52	无政策补贴
电力供应	5	风力发电场建设（一期）	煤电	15132	9000	1.68	无政策补贴
	6	分布式光伏发电	煤电	680	2000	0.34	政策补贴1000万元
	7	分布式风力发电	煤电	901	1500	0.60	无政策补贴
绿色交通	8	电动公交	汽油	1012	828	1.22	政府补贴50万元
水资源综合利用	9	海水淡化的替代	煤电	286	1000	0.29	—
固体废弃物综合利用	10	垃圾发电	煤电	1705	700	2.44	不考虑垃圾资源化处理的其他效益
总计				95863	29079	3.30	—

注：评价只计算技术的初投资情况，不包括运行成本及投资回收期，也没有考虑技术产生的其他效益；投资以 2007 年人民币不变价格计算；2. 太阳能采暖的 CO₂ 减排量通过当地日照条件分析及软件模拟获得，可能略高于实际效益。

（1）低成本技术（减排效益≥3tCO₂/万元）。共 4 项，分别为单/双层住宅基础节能改造技术、多层住宅基础节能改造技术、太阳能采暖技术和小风电辅助采暖技术。4 项技术都具有减排效益好、投资小、技术难度低等优势，且都属于绿色建筑部门。它们适合獐子岛镇在绿色低碳发展初期，作为起步建设项目考虑。其中，太阳能采暖和多层住宅基础节能改造的成本效益最好。

（2）中等成本技术（1tCO₂/万元<减排效益<3tCO₂/万元）。共 3 项，包括垃圾发电技术、风力发电场建设和电动公交技术。这些技术减排效益较好、技术难度适中、协同效益突出，但技术的初始投资较大，适合作为獐子岛镇近期绿色低碳发展

的主要建设项目。

（3）高成本技术（减排效益≤1tCO$_2$/万元）。共3项，包括分布式风力发电技术、分布式光伏发电技术和海水淡化的替代技术。这些技术的减排成本较高，但在特定领域仍有不可或缺的技术优势，如分布式光伏发电技术和分布式风力发电技术对电网的调峰作用等，可以结合獐子岛镇绿色低碳发展的推进，作为远期建设内容。

比较以上各项技术所在部门的减排潜力，结果如图6-3所示。其中，绿色建筑部门的减排潜力最大，占总减排潜力的56%；产业优化和电力供应部门的减排潜力基本相当，占总减排潜力的21%；受海岛建设规模限制，绿色交通、固体废弃物综合利用和水资源综合利用部门的减排潜力较小。也可以说，绿色建筑、产业优化和电力供应部门的建设情况基本决定了獐子岛镇一定时期内的碳减排水平。

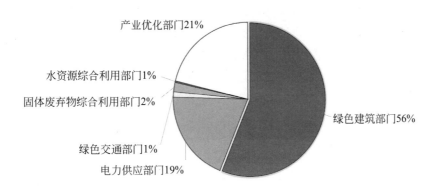

图6-3
獐子岛镇主要部门 CO$_2$ 减排贡献比较

6.1.2 温室气体排放情景分析

1. 情景分析法

情景分析法是对未来不确定性和复杂性的设想、权衡和判断，是气候变化研究进行气候模拟、评价气候变化影响、选择适应和减缓措施的基本方法。温室气体排放情景分析主要包括全球、国别和城市三个层次，都遵循IPCC从90情景、IS92情景、SRES情景和RCPs情景中发展而来的分析框架。城市尺度的温室气体排放情景分析，包括5个基本步骤：框架设计、情景设定、技术预测、情景模拟和方案比较。

评价模型的设计是情景分析的关键，也是各类温室气体排放情景研究的主要差异。模型通常包括自上而下和自下而上两类。自上而下模型以经济学为出发点，强调发展方案整体的经济潜力，适合跨行业和经济整体的政策评价；自下而上模型以详细的人类活动和技术变化信息为基础，预测结果具体，更适合政策阐述。两种模型具有互补性。前者的评价可能产生过高的减排基准线和减排潜力估算，后者可以通过具体的技术信息汇总，弥补前者的不足。全球和国别层面的温室气体排放情景分析一般将两种模型结合，形成跨学科工作的综合评价模型（如IAM模型）。城市研究尺度较小，侧重政策阐述和自下而上模型的使用，但也需要一定程度的跨学科、跨部门的考察，仍应将两种模型结合。Kaya模型是城市分析的主流模型。它是一个自上而下模型，也是众多评价模型的发展蓝本，如由Kaya模型延伸出的IPAT模型。IPAC-AIM技术模型是国内城市研究的又一代表性模型。它是IPAC模型的子模型之一，比Kaya模型的分析更加综合全面，但分析过程也更加复杂。在"2050亚洲低碳社会发展情景研究"中，吉林市和广州市的排放情景分析就采用了该模型。

情景设定是情景分析的基础，通常包括一个与基准年份对应的基准情景和若干与目标年份对应的替代情景。基准情景（Business As Uaual，BAU）是评价替代情景减排效益和减排成本的参照坐标。不同的基准情景设定会带来不同的分析结论。替代情景的设定、分析范围、分析深度与评价模型的设计有关，可简可繁。作为最有代表性的情景研究，IPCC SRES 的情景设定逻辑是一个树状结构。情景"树"的根系由 Kaya 公式中的温室气体排放主要驱动力构成，树冠由 4 种替代情景"族"组成，如图 6-4 所示。每种替代情景"族"由若干具有共同驱动力特征和不同发展参数的情景组成。为求客观准确，研究共设定 40 个情景，基本涵盖了温室气体排放变化的全部范围。在新一代的温室气体排放情景"典型浓度路径"（RCPs）[155] 中，IPCC 进一步将短寿命气候污染物排放、土地利用和陆地变化影响等应对气候变化出现的新趋势纳入了情景设定。国内研究中，"中国 2050 年低碳发展之路"的情景分析最具代表性。该研究利用 IPAC-AIM 技术模型，系统研究了我国在既定经济发展目标下，不同政策选择对能源需求和温室气体排放的影响，进而绘制了国家低碳发展的行动路线图。情景设定以 2020 年完成全面建设小康社会、2050 年达到中等发达国家水平时的中国能源需求为目标，从 GDP 增长和产业结构、人口和城镇化、工业发展三个方面设定情景。

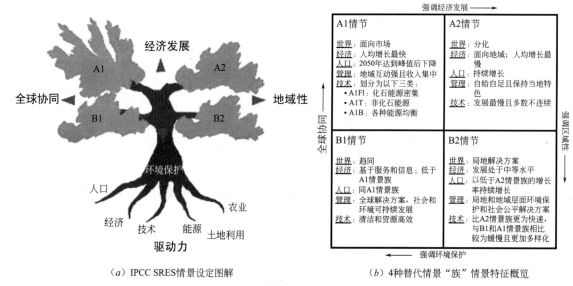

（a）IPCC SRES情景设定图解　　　　　（b）4种替代情景"族"情景特征概览

图 6-4　IPCC 的情景设定及情景特征

资料来源：Nakic enovic N, et al. Special Report on Emissions Scenarios ［R］. A Special Report of Working Group III of the International Panel on Climate Change. Cambridge, United Kingdom and New York, USA: Cambridge University Press, 2000.

2. 步骤设计与情景模拟

獐子岛镇的温室气体排放情景分析，在技术评价的基础上展开。分析以獐子岛镇 CO_2 排放为研究对象，以镇域为研究的空间范围，时间跨度与总体规划的近远期规划年限一致。分析共包括 4 个 CO_2 排放部门和 2 个能源生产转换部门。排放部门分别为产业（第一产业、第二产业）、建筑（居住建筑、公共建筑）、交通和水资源综合利用；能源生产转换部门包括电力供应（风力发电场、分布式光伏发电和分布式风力发电系统）和固体废弃物综合利用。固体废弃物综合利用部门通过资源化处理中心为规划区提供生物质能，因此也视为能源生产部门。能源生产转换部门的生产用能和 CO_2 排放计入产业部门，太阳能采暖系统和小风电辅助采暖系统的供热能耗计入建筑部门。

借鉴已有研究成果[115]，分析采用 Kaya 模型测算獐子岛镇 CO_2 排放总量发展趋势，建立各部门的排放驱动因子公式：

$$C = \sum_i C_i = \sum_i D_i \times E/D_i \times E_i/E \times C_i/E_i \qquad (6-1)$$

公式（6-1）中，C 为规划区碳排放总量，C_i 为第 i 种部门碳排放量，D_i 为第 i 种部门的发展规模，E 为规划区一次能源消费总量，E_i 为第 i 种能源的消费量，C_i 为第 i 种能源的碳排放量。其中，E/D_i 表征第 i 种部门的能源效率；E_i/E 表征第 i 种部门的能源结构；C_i/E_i 表征第 i 种部门各类能源的碳排放系数。碳排放系数与能源结构密切相关。能源结构通常在短期内不会发生较大变动，所以 C_i/E_i 为常数。

基准情景（既有发展模式）设定以 2007 年作为基准年，见表 6-2。情景模拟显示，2015 年獐子岛镇总能源需求约为 6.18 万 tce，预计排放 $CO_2$16.39 万 t，CO_2 排放量是基准年的 1.82 倍；2020 年总能源需求约为 8.99 万 tce，预计排放 $CO_2$23.88 万 t，CO_2 排放量是基准年的 2.65 倍，单位 GDP 能耗为 0.40 tce/万元。未来獐子岛镇各类能源需求均会有大幅增长。由于产业经济的发展，煤炭、电力和柴油将是 CO_2 排放增长的主导因素。

基准情景设定条件　　　　　　　　　　　　　　　　　表 6-2

设定条件	内容
经济增长率	目前我国温室气体排放情景分析研究在预测未来经济发展趋势时，多采用国家"三步走"经济发展目标。据此设定獐子岛镇 2007—2020 年 GDP 年均增长率为 10%①
能源强度	结合我国国民经济和社会发展五年规划目标，设定獐子岛镇年能源强度有一定下降
碳排放系数	2007 年獐子岛镇综合碳排放系数为 0.72tC/tce，高于国家发改委能源研究所推荐值（0.67tC/tce），由于缺乏历史数据，无法求得近年来獐子岛镇各年综合碳排放系数平均值，所以设定 2007—2020 年獐子岛镇综合碳排放系数为 0.72tC/tce

① 现有城市规划中的发展规模测算较多考虑发展的上限或极限情况，以应对发展中的不确定性。但这种测算方式并不适合温室气体排放情景分析。它可能会造成过大的减排基数和过乐观的减排效果预期。相对而言，温室气体排放情景分析更适合采用常规状态下的规模测算，提高分析结论的可比性。本研究中，电力需求采用《獐子岛镇能源电力规划》（2009）中的预测值，体现獐子岛镇常规发展状态。预测值与用地负荷指标法的预测结果有较大差异。

低碳情景设定只考虑技术作用不考虑政策影响，以投资规模为主要约束条件，设定三种情景：情景 1（低投资发展）、情景 2（中等投资发展）和情景 3（理想投资发展）。设定同时考虑技术的其他经济社会效益和建设作用，如分布式光伏发电技术和分布式风力发电技术的调峰作用等，见表 6-3、表 6-4。低碳情景模拟中，产业部门的情景方案根据规划确定的产业结构调整目标，设定产业部门（第一、二产业）单位产业增加值能耗比例及综合碳排放系数不变，利用部门碳排放测算公式求解，且不考虑产业内部的技术进步影响。从发展的重要性出发，产业结构调整只设计一个排放情景。电力供应部门的情景方案包括两部分，一是建筑、交通、产业等部门在低碳发展后，较基准情景减少的能源需求；二是常规电力和各类可再生能源电力组成的能源供应方案。随着旅游业的发展，交通部门将是碳排放上涨最快的部门之一。交通部门的情景方案根据公交线路安排及电动公交车投资要求设定，公交线路选择最具合理性的"愿景二、线路2"方案。未来獐子岛镇水资源需求量增长较快，水资源综合利用部门的情景方案根据分项规划的相应结论设定。建筑部门的情景方案包括建筑采暖、照明/电器和炊事用能的改变。建筑采暖情景模拟分为既有建筑和新建建筑两类。根据分项规划方案，规划期内保留的既有建筑，将结合建筑质量和用途差异，在各情景中采用不同的围护结构和采暖系统改造措施；新建建筑全部执行建筑节能标准，不同情景下采用不同的采暖方式和建设方案。

低碳情景设定参数（发展特征）　　　　　　　表 6-3

情景	发展特征			主要排放部门						关键低碳技术
	人口（万人）	GDP 年增长率（%）	经济性	电力供应	产业	交通	建筑	固体废弃物综合利用	水资源综合利用	
情景 1	1.7	10	低投资	—	▲	▲	▲	—	—	低成本技术
情景 2	1.7	10	中等投资	▲	▲	▲	▲	—	—	低成本技术、中等成本技术
情景 3	1.7	10	理想投资	▲	▲	▲	▲	▲	▲	各类成本技术
基准情景	1.7	10	设定獐子岛镇年能源强度有一定下降							

注："▲"表示该情景涉及的排放部门，"—"表示该情景不涉及的排放部门。

低碳情景设定参数（技术策略）　　　　　　　表 6-4

情景	主要技术策略											
	单/双层住宅基础节能改造	多层住宅基础节能改造	太阳能采暖	小风电辅助采暖	水资源管理	风力发电场建设（一期）	风力发电场建设（二期）	分布式光伏发电	分布式风力发电	电动公交	垃圾发电	海水淡化的替代
情景 1	▲	▲	▲	▲	—	—	—	—	—	▲	—	—
情景 2	▲	▲	▲	—	▲	▲	—	▲	▲	▲	▲	—
情景 3	▲	▲	▲	▲	▲	▲	▲	▲	▲	▲	▲	▲

注："▲"表示该情景采用的技术策略，"—"表示该情景不采用的技术策略。

3. 情景比较

总体来看，低碳情景下，獐子岛镇 CO_2 排放增长幅度将有显著降低，情景 1 的远期排放总量约为基准情景的 4/7，较基准年排放量约增长 50%；情景 2 的远期排放总量不到基准情景的 1/2，与基准年排放量基本持平；情景 3 的远期排放总量进一步降低，约为基准情景的 1/8，基准年排放量的 1/4，如图 6-5（a）所示。各排放部门和能源供应部门均有重要减排贡献，如图 6-5（b）所示。排放部门的减排贡献在各情景的近远期表现相当，建筑部门贡献最大。随着可再生能源项目的加入，能源供应部门的减排贡献不断提升。在情景 3 的远期阶段，可再生能源供应总量不仅已能满足岛镇自身发展需求，还能够以风电形式向岛外输出。输出风电折算的

CO_2 量已超过海岛自身化石燃料燃烧释放的 CO_2 量，可实现獐子岛镇的碳中和发展。

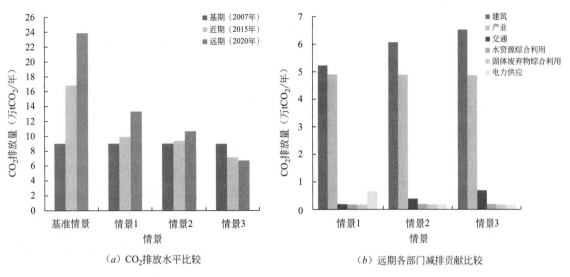

（a）CO_2 排放水平比较　　　（b）远期各部门减排贡献比较

图6-5 各低碳情景下 CO_2 排放水平和减排贡献比较

　　同样，三种低碳情景的远期化石能源消费总量均比基准情景有大幅降低。其中，情景1的化石能源消费量约为基准情景的2/3，是基准年消费量的2倍；情景3的化石能源消费量不到基准情景的1/2，与基准年消费量基本持平；情景2的表现介于情景1和情景3之间。随着技术的进步，三种低碳情景的能源消费构成比例均会发生显著变化，如图6-6所示。煤炭和电力消费比例降幅明显，柴油消费比例不断上升，后者将成为能源消费的主导类型。这意味着2020年之后，产业能源消费特别是渔业作业方式改变或作业工具进步将是獐子岛镇 CO_2 减排的主要切入点。同时，各排放部门的节能贡献巨大，约占基准情景下能源需求总量的1/3~1/2。可再生能源利用对减少化石能源消耗也有重要贡献，但贡献率总体不如排放部门的节能表现。

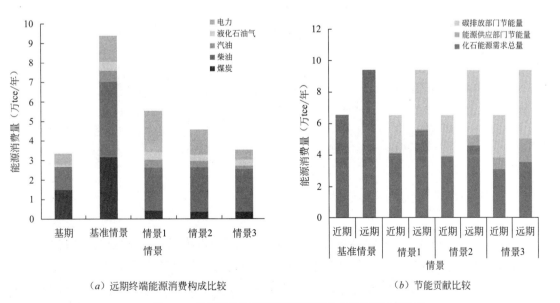

（a）远期终端能源消费构成比较　　　（b）节能贡献比较

图6-6 各低碳情景下终端能源消费构成和节能贡献比较

低碳情景下，獐子岛镇可再生能源利用形式主要包括风能、太阳能和生物质能，用于供电和供暖，如图6-7（a）所示。电力供应系统包括5项技术，其中的大型风力发电开发是关键。采暖系统由太阳能采暖系统和小风电辅助采暖系统组成。根据ECOTECT模拟，这两项技术的结合不仅可满足高品质室内热舒适性要求，余热还可提供生活热水或蒸馏水生产。结合实际建设条件，分析仅从我国室内热工的一般要求测算这两项技术的节能和减排效益，暂不考虑更好的室内热舒适性和余热利用问题，如图6-7（b）所示。

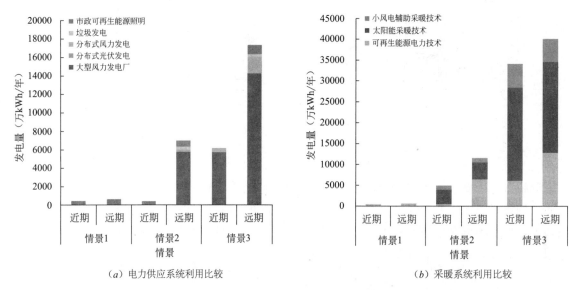

（a）电力供应系统利用比较　　　　　　　（b）采暖系统利用比较

图6-7　各低碳情景下电力供应系统和采暖系统中可再生能源利用比较

以上情景分析为獐子岛镇的低碳发展提供了4个不同投资规模、发展难度和减排效果的情景方案，如图6-8所示。

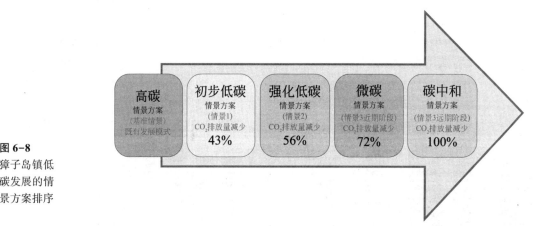

图6-8
獐子岛镇低碳发展的情景方案排序

（1）初步低碳情景方案（情景1）。与既有发展模式下远期高碳情景方案的CO_2排放量相比减少43%，与基准年CO_2排放量相比增长50%，可初步实现獐子岛镇的低碳发展。方案初投资6200万元，主要采用低成本绿色低碳技术，发展主要集中在产业、交通和建筑部门，建设难度较低。

（2）强化低碳情景方案（情景2）。减排效果优于既有发展模式，与既有发展

模式下远期 CO_2 排放量相比减少56%，与基准年 CO_2 排放量相比基本持平。方案初投资22000万元，主要采用低成本和中等成本的绿色低碳技术，发展主要集中在电力供应、产业、交通和建筑部门，建设难度适中。

（3）微碳情景方案（情景3近期阶段）。减排效果较理想，基本涵盖了獐子岛镇低碳发展的所有相关部门和减排潜力。与既有发展模式下远期 CO_2 排放量相比减少72%，与基准年 CO_2 排放量相比减少25%。方案初投资51160万元，将全面采用相关绿色低碳技术，同时需要政策及商业运作的良好支持。

（4）碳中和情景方案（情景3远期阶段）。减排效果理想，需要充分利用海岛的可再生能源利用条件，以及更好的政策支持与商业运作。

6.1.3　情景方案的再评价与综合行动路线

通过技术评价和情景分析，规划形成若干不同投资规模和 CO_2 减排效益的情景方案。从应对气候变化与可持续发展的协同性出发，规划还应进一步比较这些方案的综合发展效益和影响，在此基础上进行方案优化和整合。

1. 评价工具

低碳发展评价与可持续发展评价一样，评价工具众多，但归纳起来主要有两类：一是针对关键问题和单一目标的综合型指标评价；二是用于多目标决策的指标体系评价。

"脱钩指数"是低碳发展评价中最具代表性的综合型指标评价工具。它是基于"驱动力-响应"模型设计的，用以反映驱动力（如 GDP 增长）与环境压力（如环境污染）在同一时期的增长弹性变化情况，检验资源环境政策的有效性。计算公式为：

$$DR_{t_0 \cdot t_1} = \frac{EP_{t_1}/EP_{t_0}}{DF_{t_1}/DF_{t_0}} \qquad (6-2)$$

公式（6-2）中，$DR_{t_0 \cdot t_1}$ 为脱钩指数，EP 代表环境压力变量，DF 代表经济驱动力变量，下标 t_0 和 t_1 分别为评价时段内的起始和终止时刻。从经济角度认识，低碳发展是一个经济增长与温室气体排放从高度关联到逐渐脱钩的过程。碳排放脱钩是碳排放增长率与 GDP 增长率的不平行状态。不平行状态又包括 GDP 增长率高于碳排放增长率的相对脱钩，以及经济驱动力稳定增长但碳排放量减少的绝对脱钩。除了相对脱钩和绝对脱钩外，还有初级脱钩、次级脱钩、双重脱钩等概念。但在另一方面，利用脱钩指数来衡量动态的发展过程有很大局限性。许多问题无法由它来进一步回答，例如，如果这些压力需要减少，那么应该低于什么阈值？如果允许增长，那么上限是多少？

指标体系是可持续发展评价的主流方法，在低碳发展评价中也是如此。与单一的综合型指标评价相比，指标体系评价更全面系统，应用广泛[156-157]。除了构建评价模型、选择合适的评价指标外，如何进行数据处理和成果表达，使评价结论更加直观、可用，也是此类研究的一个重要问题。指标体系的数据综合处理方法有很多种，有完全利用数学手段形成综合成绩的，如 AHP 法、主成分分析法等；也有将数学手段与图示语言结合，突出发展关系的，如雷达图分析法、全排列多边形综合图示法、WWF 基于生态足迹和人类发展指数的综合评价等。雷达图分析法是综合评价的常用方法，尤其适合对多属性体系的整体性判断，具有简单、直观、主观干预相对较少等优势。我国学者提出的"全排列多边形综合图示法"[158] 也具有整体、客观等评价优势。在 UNDP 提出"人类发展指数"（Human Development Index, HDI）指标后，国际组织和研究者又找到了综合衡量可持续发展的重要方法。WWF 首先利用"生态足迹"和 HDI 两个指标的值域来检验人类可持续发展目标的实现程度。评价将同时满足以上两个指标的全球平均水平，作为可持续发展的最低标准，如图 6-9 所示。该方法简明形象地表达出了两个不同发展目标之间的协调性要求，因此被许多同类评价所采用，如循环经济评价、低碳发展评价等。低碳发展评价主要通过对"碳足迹"与"人类发展指数"的共同考察，来定义低碳发展的实现程度。

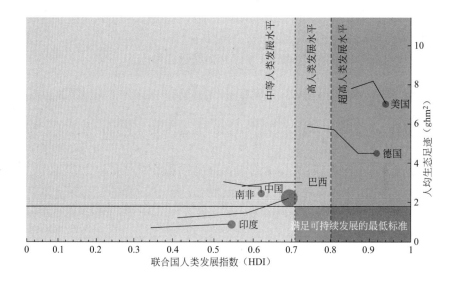

图 6-9 1980—2010 年部分国家人均生态足迹与人类发展水平比较

资料来源：全球足迹网络，2014；联合国开发计划署，2013. 转引：WWF. 地球生命力报告·中国 2015：发展、物种与生态文明［EB/OL］.（2015）. http：//www.wwfchina.org/content/press/publication/2015. pdf.

2. 综合影响评价

从数据条件出发，獐子岛镇的项目实践采用脱钩指数法、生态足迹分析法和雷达图分析法，比较各情景方案（暂不考虑碳中和情景方案）碳排放与经济增长的脱钩能力、资源环境占用强度变化和资源优化配置综合水平。

脱钩指数评价显示，在既有发展模式下，獐子岛镇碳排放增长的弹性系数为 0.8，碳排放增长率与人均 GDP 增长率接近；在初步低碳情景方案中，碳排放增长的弹性系数为 0.4，碳排放增长率比人均 GDP 增长率有较大降低，能够实现经济发展与碳排放的相对脱钩；在强化低碳情景方案中，碳排放增长的弹性系数为 0，能够基本实现经济发展与碳排放的脱钩；在微碳情景方案中，碳排放增长的弹性系数为 -0.3，可实现经济发展与碳排放的绝对脱钩。从投资需求来看，以上三个低碳情景方案的初步建设投资分别是獐子岛镇 2007 年国民生产总值的 9%、33.8% 和 76%。单位投资减排量分别为 $0.74tCO_2$/万元、$0.39tCO_2$/万元和 $0.28tCO_2$/万元，如图 6-

10 所示。如果考虑大型风力发电项目的融资建设，强化低碳和微碳情景方案的初步建设投资可以分别减少 6800 万元和 25960 万元，行动难度能够得到极大降低。

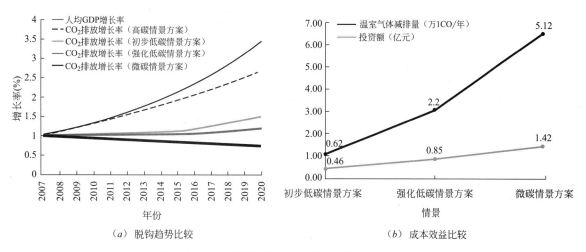

（a）脱钩趋势比较　　　　　　　　　　　　（b）成本效益比较

图 6-10　不同低碳情景方案的脱钩趋势与成本效益比较

以上三种脱钩发展状态在城市低碳发展过程中是有一定代表性的。如果以传统高碳发展模式下城市年碳排放量为基准，以碳中和为目标指向，那么城市的低碳发展基本都可分为四个阶段：初步低碳发展（相对脱钩）阶段、强化低碳发展（基本脱钩）阶段、微碳发展（绝对脱钩）阶段和碳中和发展阶段。发展中国家的低碳城市计划多以初步低碳发展为目标，发达国家的低碳城市计划多以强化低碳发展和微碳发展为目标，也有部分城市有意愿和能力向碳中和发展阶段迈进，如哥本哈根。作为一个微缩模型，獐子岛镇的低碳发展有很多独特优势，难度相对较小。首先，獐子岛镇产业规模小，无高能耗产业发展，居民生活对化石能源的依赖性低（如出行方式），易于调整产业结构、转变生活方式。其次，獐子岛镇能耗和碳排放总量小，又有优越的可再生能源利用条件，能源供应系统的减排优势明显。另外，受落后的建造方式影响，建筑采暖能耗在镇能源消耗中占了很大比重。与产业、土地利用和交通领域的低碳发展相比，改善建筑采暖能耗投资较小，效果突出，更易实施。

生态足迹评价设定各低碳情景方案的规划期限、人口规模和经济发展速度与基准情景相同，在此基础上，分别测算各情景方案生态足迹与承载力变化。以微碳情景方案为例，由于土地资源极为有限，不论是既有发展模式还是微碳情景方案，未来獐子岛镇的人均资源与环境承载力均比基准年有一定提高，但提高幅度有限。在生态足迹变化方面，由于生活水平的提高，微碳情景方案下人均生物资源消费的生态足迹与既有发展模式相比变化幅度较小，都较基准年结构更加合理，占有量有所降低。但两种模式人均能源消费的生态足迹变化有显著不同。2015 年，既有发展模式和微碳情景方案下人均能源消费的生态足迹分别为 1.098ghm^2 和 0.285ghm^2。前者比基准年提高 1/3，后者比基准年降低 1/3。2020 年，既有发展模式和微碳情景方案下人均能源消费的生态足迹分别为 3.118ghm^2 和 0.269ghm^2。前者比基准年提高近 3 倍，后者比基准年降低 2/3，见表 6-5 和图 6-11。

獐子岛镇不同情景方案的生态足迹与承载力比较（以微碳情景方案为例） 表6-5

人均指标（ghm²/人）	基准年（2007年）	近期		远期	
		既有发展模式	微碳情景方案	既有发展模式	微碳情景方案
资源与环境承载力（扣除生物多样性保护面积）	0.168	0.177	0.179	0.175	0.177
生态足迹 生物资源消费生态足迹	1.349	1.189	1.189	1.189	1.189
能源消费生态足迹	0.803	1.098	0.285	3.118	0.269
生态赤字	-1.985	-2.110	-1.295	-4.132	-1.281

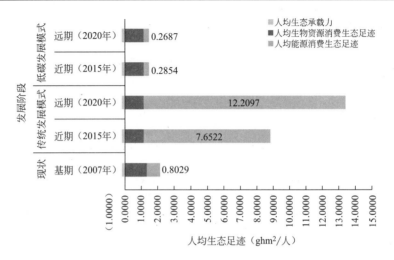

图6-11
獐子岛镇不同情景方案的生态足迹与承载力比较（以微碳情景方案为例）

雷达图评价共选择6项指标，分别为：建设用地利用相对效率（以100m²/人为相对参考值）、电力供应自给率、水资源（非海水淡化）供应自给率、固体废弃物本地资源利用率、食品（果蔬）供应自给率、第三产业就业比重，如图6-12所示。评价以这些指标来初步表征獐子岛镇绿色低碳发展中土地、能源、水资源、物资和人力资源的优化配置水平。评价中，能源、水资源和固体废弃物的消费基数均不考虑全寿命周期消耗影响。如果不考虑旅游业、庭院经济和社区经济的发展，各分项规划方案提供的资源环境建设措施和项目仍能提供一定数量的就业岗位。其中，微碳情景方案可带来112~179个就业岗位，见表6-6。

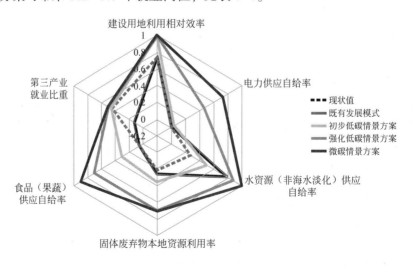

图6-12
不同情景方案的资源优化配置水平比较

相关措施和项目就业岗位数估算（微碳情景方案） 表6-6

序号	相关措施和项目	就业形式	就业岗位	估算依据
1	生态农业园	生产、运营	15~25	同类项目
2	岛陆森林、绿化及近海水质保护	维护、监督	5~10	同类项目
3	绿色公交	运营、维护	15~30	同类项目
4	风力发电场及分布式可再生能源电力系统	维护	5~10	同类项目
5	太阳能采暖等绿色建筑技术	维护	3~5	技术特点
6	自来水厂扩建、水资源可持续利用和雨洪管理	运营、维护	10~15	同类项目
7	中水处理站和污水处理厂	运营、维护	10~15	同类项目
8	生活垃圾分类收集与转运	运营、维护	30~35	同类项目及建设标准
9	固体废弃物回收与资源化	运营、维护	15~25	
10	垃圾填埋场	运营、维护	4~9	
	合计	—	112~179	—

注：部分项目就业岗位数结合邹涛工作成果估算。

3. 行动路线与保障措施建议

综合来看三个低碳情景方案（暂不考虑碳中和情景方案），初步低碳情景方案最易实现，但发展的前瞻性较差，碳排放与经济发展的脱钩能力、综合规划效益等都较低；强化低碳情景方案发展难度适中，但前瞻性略差；微碳情景方案的前瞻性突出，碳排放与经济发展的脱钩能力、综合规划效益等在三个情景方案中均居首位，虽然投资规模和建设难度相对较大，但也并未脱离獐子岛镇发展的现实条件。从最大限度发掘潜力，同时保证发展弹性的角度出发，规划最终以微碳情景方案为实施目标，整合初级低碳、强化低碳和微碳情景方案的行动内容，以分阶段、分步骤的方式，形成獐子岛镇"走向生态岛"行动路线图和综合规划方案。路线图以既有住宅节能改造作为"走向生态岛"的起步项目，以绿色建筑发展、风力发电场建设、生态环境园建设和水资源综合利用为行动重点，根据各项目的资金投入、建设难度和运营效益，引导行动的逐步开展，如图6-13所示。

为保障方案实施，项目组编写了"生态文明与生态教育"专题报告。报告包括两部分内容，一是獐子岛镇生态文明建设的基本机制，二是獐子岛镇的生态教育与培训构想。獐子岛镇的生态文明建设重点在于建立政企学民"四位一体"的运行和参与机制。其中，政府着力于镇生态文明建设的领导和组织工作，通过相关优惠政策，推动风力发电场、太阳能海水淡化等项目的发展；各职能部门抓好各自的生态环保项目，如植树造林、污染治理等；科研机构提供技术支持，如编写生态规划，联合本地学校，组织生态教育与培训；企业结合政府的政策优惠和科研机构的技术支持，努力转变产业结构，发展贝壳资源化利用等循环经济项目；公众通过转变生活方式（如绿色出行、行为节能、节约用水、垃圾分类弃置等）、成立绿色协会、投身环保项目等多种形式，积极参与到生态岛建设中来。生态教育与培训也是獐子岛镇生态文明建设的重要环节。实现"社会节能环保+个人节能环保"，使政府、企业、学校、民众充分具备有关知识、生态环保意识、节能环保技能，都离不开教育与培训。以"认识、交流、参与"为目标，针对不同群体的认知需求，獐子岛镇的

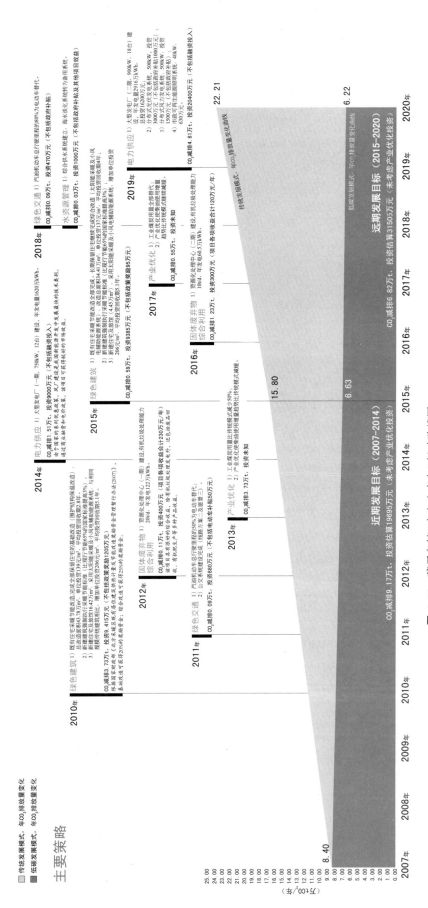

图 6-13 獐子岛镇"走向生态岛"行动路线图

生态教育与培训大致分为四类，见表6-7[1]。

生态獐子岛镇生态教育与培训构想 表6-7

分类	主要成果	成果运用	
生态獐子岛认知教育	《"走向生态岛"：生态獐子岛认知手册》	对象	政府、企业、全体居民
		形式	生态大讲堂专题报告；媒体宣传（宣传板、电视台）；小组讨论（单位、组委会、居民小组）；生态岛认知知识竞赛
		奖励	—
生态环保项目技术培训	低碳工程技术培训	对象	职工
		形式	上岗培训
		奖励	—
运行节能管理培训	《"走向生态岛"：生产运行节能环保手册》、《"走向生态岛"：商业运行节能环保手册》	对象	政府、企业、商业管理者
		形式	集中培训；发放手册，指导日常节能管理
		奖励	先进单位评比
个人行为节能环保教育	《"走向生态岛"：个人行为节能环保手册》	对象	全镇居民，尤其是赋闲妇女与学生
		形式	集中培训环保宣传员；以村民小组、居委会为单位，发放手册，组织交流；以学校为依托，鼓励学生带动家长共同节能环保
		奖励	先进个人、家庭评比

资料来源：作者根据邹涛工作成果整理。

6.2 指标体系与规划实施

6.2.1 规划指标体系

低碳生态城市协同规划主要涉及评价和规划两类指标体系，如图6-14所示。前者作为规划评估工具，负责在协同规划开展之初，评估规划区可持续发展状态，了解规划需求，或者在综合规划方案、指标体系与实施指南报告等规划成果编制完成并实施一段时间后，考核成果编制水平和实施效果，指导规划成果的再优化。后者作为规划决策工具，负责在综合规划方案编制过程中或确定后，明确规划任务，传递规划意图，指导规划实施，促进综合规划方案与所服务的法定规划及其他方案实施部门的成果衔接。

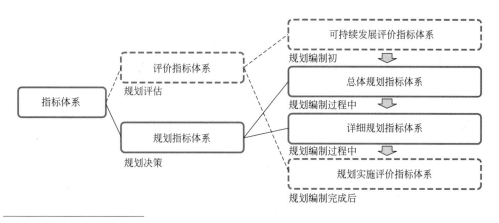

图6-14 低碳生态城市协同规划中的指标体系应用分类

---

[1] 本段内容整理自邹涛工作成果。

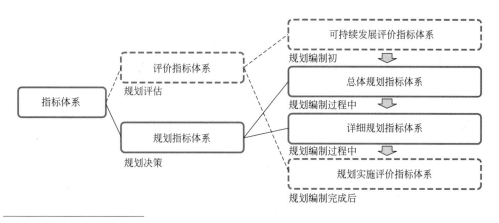

以实施为指向，规划指标体系在协同规划中的作用具体表现在三个方面：（1）加强对复杂规划内容的表述和管理。应对气候变化和可持续发展的新要求，为城市规划带来了许多新的、非空间属性的规划内容，如能源、水、废弃物等资源的综合利用，绿色交通发展，绿色建筑发展等。这些规划内容之间的关联性复杂，既可以相互协同，又可能相互冲突。指标体系对信息的量化表征和汇总能力，尤其适合表述这些规划内容的目标要求和控制强度，同时也能在一定程度上对其行动关联进行管理，减少目标冲突，提高协同效益。低碳生态城市比一般城市的空间规划更需要利用指标体系来表述发展任务、管理发展逻辑。（2）促进综合规划方案融入法定城市规划体系，引导规划实施。城市规划在我国城市发展建设中具有独特的管理地位。而指标体系则是我国法定城市规划体系的基本表述和管理工具，作用贯穿规划体系的各层级和规划实施管理的各阶段。充分利用指标体系，传递规划意图，是综合规划方案融入法定城市规划编制和管理体系的一个重要手段。（3）为低碳生态城市规划、建设与运营管理工作的联动以及城市多元治理主体的共同行动提供抓手，保证和提升规划实施效果。与一般的空间规划指标相比，综合规划方案中很多指标的实施和实施效果的保障，都离不开跨部门、跨领域以及各城市治理主体的共同行动。例如，如何发挥各类用地的可再生能源利用潜力，不仅在于利用技术是否合理，还在于开发企业的落实意愿与能力、技术投入使用后的运维方式与水平、公众对技术的了解与支持、政府的引导与管理办法，等等。而这些问题的解决又是政府治理创新的一个重要驱动力，如更加协同高效的管理平台、管理流程和政策机制建设。因此，指标体系的构建与实施，能够很好地将低碳生态城市的规划、建设与运营管理工作串联起来，将城市协同治理的多元主体调动起来，带动协同发展与创新。

总结已有成果，相关规划指标体系的构建由于所服务的法定规划层级、规划指导思想、管理授权模式等差异，主要有两种方式。一是侧重总体规划视角，沿用可持续发展评价指标体系的构建思路，采用 PSR 模型和"经济-环境-社会"指标结构，突出可持续发展的系统性、协调性、关联性和指标的可比性，代表案例如中新天津生态城指标体系、深圳光明新区绿色城市建设指标体系等；二是侧重详细规划视角，围绕空间规划管控职能收缩规划任务，以部门法搭建指标结构，突出城市规划管理部门的职能特点和项目特色，代表案例如唐山湾生态城指标体系、北京丰台区长辛店生态城指标体系等。两种构建方式相比，前一种方式可能会造成指标种类多、责任关系复杂、分解实施难度大、项目特色不突出等问题；后一种方式可能会削弱绿色低碳发展的系统性和关联性，影响一些重要发展策略的实施，同时，对规划特色的强调也会在一定程度上削弱指标的可比性。但无论是哪种方式构建的指标体系，其实施都离不开完整详尽的指标分解方案，最终将代表综合规划方案的绿色低碳发展技术路线图转化为权责明确、任务清晰、可操作、可考核的实施路线图[159]。指标分解包括两个层次的工作。一是明确各项指标含义、核算方法、各实施部门的任务与考核办法、不同治理主体的实施参与内容及要求；二是针对其中需要通过城市规划实施管理来落实的指标，进一步配合控制性详细规划的编制体例和规划实施管理工作特点，明确不同开发层次和各类用地的实施目标及要求，指导指标落地。

6.2.2 指标体系的构建与分解应用 (一)

1. 总体规划指标体系的构建

獐子岛镇"走向生态岛"规划建设指标体系以"经济-环境-社会"的结构构建，同时以代表"走向生态岛"规划愿景的综合目标为引领，见表6-8。指标体系共包括4个部分，31项指标。其中，"综合目标"部分共3项指标，分别呼应规划愿景中"低足迹"、"低碳"、"和谐"三个主题。"经济发展"部分通过5项指标，突出獐子岛镇经济可持续中产业结构协调、产业资源高效利用、绿色渔业与农业三个关键问题。"环境保护与资源利用"部分作为指标体系构建的重点，共19项指标，侧重强调獐子岛镇的生态环境保护、关键自然资源高效利用以及绿色居住与出行要求。"社会生活"部分指标较少，共4项，但内容关键。因为没有良好的就业率、深入人心的绿色观念和适当的资金投入，就没有和谐海岛建设，也难以实现獐子岛镇的持续发展。

獐子岛镇"走向生态岛"规划建设指标体系　　　表 6-8

类别		指标	单位	现状值	目标值		指标特征[1]
					近期	远期	
综合目标							
低足迹		人均生态赤字	ghm²/人	1.98	1.47~1.30	1.54~1.28	①②③
低碳		人均 CO_2 排放量	t/人	3.9	5.3~3.9	5.9~3.7	
和谐		居民生活满意率	%	—	80	95	
经济发展							
结构协调		一次产业比重	%	73	50	35	②③
发展高效		单位 GDP 能耗	tce/万元	0.51	0.24~0.14	0.13~0.12	②③
		单位 GDP 水耗		—	3.56	1.08	
模式健康		海产养殖业绿色及无公害比重	%	100	100	100	②③
		食品供应（果蔬）自给率	%	5	50	95	①②
环境保护与资源利用							
生态环境良好	自然环境	近海海水质量	—	一类	结合欧盟养殖标准		①②③
		地表水环境质量	—	较差	Ⅱ类	Ⅱ类	
		森林覆盖率	%	71	71	71	
	建成区环境	人均公共绿地面积（且乔木覆盖率>70%）	m²/人	9	12	16	①②
		地方树种比例	%	40	70	80	
		公共绿地 400m 可达性	%	—	60	90	①
资源高效利用	土地	人口规模	万人	1.90	1.67	1.70	①③
		新增建设用地比例	%	—	0	0	①
	能源	电力供应自给率	%	0	31	73	①②
		既有住宅节能改造率	%	0	60	100	
	水资源	水资源（非海水淡化）供应自给率	%	91	88	100	
		非传统水源利用率	%	13.6	18	29	

类别		指标	单位	现状值	目标值		指标特征[1]
					近期	远期	
资源高效利用	水资源	污水集中处理率	%	70	80	95	①②
	固体废弃物	固体废弃物无害化处理率	%	10	60	100	①②③
		固体废弃物本地资源利用率	%	5	36	70	
绿色居住与出行	建筑	人均居住建筑面积指标	m²/人	33.6	33	33	②
		新建绿色建筑及住区比例	%	0	100	100	②
	出行	绿色出行比例	%	39	62	62	①③
		公交站点400m覆盖率	%	—	60	95	①②
社会生活							
就业		第三产业就业比重	%	12	30	50	②③
教育		环保宣传教育普及率	%	5	85	100	③
		从业人员继续教育参与率	%	—	30	100	③
投资		环境保护投资占GDP比重	%	2.2	3.5	3.5	③

注：指标特征一栏，"①"表示空间规划指标或包含空间规划要求，"②"表示建设指标或包含项目建设要求，"③"表示管理指标或包含运营管理要求。

资料来源：作者结合各分项规划成果整理、绘制.

獐子岛镇整体尺度较小，各职能部门之间易于协调，指标选择以分项规划方案为主，部分结合上位规划，适当增加经济、社会类指标，加强对发展系统性的表述。同时，指标选择既注重指标的代表性、概括性，也注意突出项目特色，避免指标冗余。因此，这些指标中部分指标是城市可持续发展评价和同类规划的常用指标，如"三次产业比重"、"单位GDP能耗"、"非传统水源利用率"等；部分指标并不常用，但对獐子岛镇的可持续发展意义重要，如"居民生活满意率"、"新增建设用地比例"、"人均居住建筑面积指标"等；部分指标是针对本项目特点设计的独有指标，如"电力供应自给率"、"水资源（非海水淡化）供应自给率"等，突出獐子岛镇的自维持发展需要。

从实施的角度出发，指标体系对各项指标的实施阶段（空间规划、建设、管理）和属性（约束性、引导性）做了区分。指标赋值主要采用规划目标下限值。部分实施难度较大或发展潜力较大的指标，尝试结合情景方案提出合理的目标值域，以值域下限为规划约束值，以值域上限为规划引导值，提高规划弹性和管理精度。引导值的实施，需要镇政府通过合理的政策设计来推动。

2. 分项规划指标与开发引导

以上31项指标并不能完整表述各分项规划方案的实施目标与要求，还需要进一步分解。獐子岛镇"走向生态岛"分项规划指标表，是对各分项规划目标和实施要求的进一步梳理，也是对各分项规划协同性的进一步表述，以能源分项规划指标表为例。指标表包括能源需求、能源供应和节能措施3部分，见表6-9。指标筛选以《獐子岛镇能源电力规划》成果为主，同时也吸纳了其他专项成果中的节能内容。从管控范围来说，这些指标分为两类，一类是针对全镇范围或社区发展的综合性指标，另一类是指导具体开发的地块指标。地块指标主要集中在建筑节能和可再生能源利用方面，通过城市设计导则指导用地开发，如图6-15所示。

能源分项规划指标表　　　　　　　　　　　　　表 6-9

一级指标	二级指标		单位	现状	目标值		管控范围
					近期	远期	
能源需求	人均综合用电量		kWh/（人·年）	788	2400	4800	全镇
	人均居民生活用电量		kWh/（人·年）	398	600	1200	
能源供应	供应结构	煤炭	tce/年	16700	1112	107	全镇
		汽油	tce/年	450	285	129	
		柴油	tce/年	8150	6002	6385	
		液化气	tce/年	400	0	0	
		煤电	tce/年	1500	1534	2347	
		可再生能源	tce/年	0	9900	20200	
	可再生能源使用	风能	%	0	21	30	全镇
		太阳能（光伏发电）	%	0	0	0.8	
		太阳能（光热）	%	0	10	4.7	
		生物质能	%	0	1	0.5	
节能措施	交通系统电力动力使用率		%	0	50	80	全镇
	单位淡水生产能耗节能率		%	0	0	37	全镇
	固体废弃物资源化处理发电量		万 kWh/年	0	122	182.5	全镇
	市政照明可再生能源使用率		%	0	100		全镇
	既有住宅节能改造率		%	0	60	100	全镇
	采暖系统可再生能源使用率		%	0	40	80	全镇
	新建建筑	保温节能比例（相对基准年份）	%	—	60	68	地块
		采暖系统可再生能源使用率	%	0	63	83	地块
	既有建筑	单位耗热量指标 单层住宅	W/m²	114.5	22.6		地块
		双层住宅	W/m²	63.02	15.7		
		多层住宅	W/m²	62.4	15		
		采暖系统可再生能源使用率	%	0	79	80	地块

图6-15　主岛城市设计导则（节选）

资料来源：獐子岛镇生态规划与城市设计项目组（城市设计团队），2009.

6.2.3 指标体系的构建与分解应用（二）

《指标体系与实施指南报告》是苏州高新区绿色生态专项规划成果的一部分（项目概况详见 7.3 节），主要探讨苏州高新区生态型城区规划建设的任务表述与实施问题。报告共包括四部分内容，一是苏州高新区生态型城区规划建设指标体系的构建，二是指标内容与实施路径的系统解析，三是重点片区控制性详细规划层面的指标分解与专项规划图则，四是重点片区图则指标实施的规划设计指引，如图 6-16 所示。

图 6-16 苏州高新区绿色生态专项规划《指标体系与实施指南报告》编制框架

1. 总体规划指标体系的构建与指标解析

苏州高新区生态型城区规划建设指标共 33 项，见表 6-10。其中，核心愿景指标 3 项，代表了高新区生态型城区规划建设的关键目标；分项规划指标 26 项，分别对应系列专项规划研究的 8 个方面内容，指标选择侧重空间规划的管控职能和项目亮点；发展引导指标 4 项，代表系列专项规划中没有详细展开，有待深入探讨的 2 个方面内容。部分指标还进一步增加了补充要求，通过若干指标的"捆绑"，提高指标实施质量。此外，作为国家级的高新技术产业开发区，指标筛选也应体现"高"、"新"特色，反映国家同类高新技术产业开发区发展要求和趋势，如"单位地区生产总值建设用地占用"、"高新技术产业增加值比重"、"全社会研发经费支出占地区生产总值比重"等指标的选择。在 33 项指标中，有 20 项需要通过控制性详细规划分解传递，并通过城市规划实施管理体系落实，另外 13 项指标需要由规划建设之外的政府管理部门主导实施。为指导指标的规范实施，报告对每项指标的定义、编制目标、赋值依据、实施要点和考核方式等做了详细说明。

苏州高新区生态型城区规划建设指标表（建议稿）　　　　表 6-10

系统	序号	指标	单位	补充要求	实施部门
		核心愿景			
绿色繁荣	1	人均碳排放强度※	$tCO_2e/$（人·年）	且 $PM_{2.5}$ 平均浓度达标天数≥280d	部门协同
	2	单位地区生产总值建设用地占用※	hm^2/亿元	且严控三类工业企业进入	部门协同
	3	居民绿色发展满意度	%	—	部门协同
		分项规划			
绿色产业与创新经济	4	高新技术产业增加值比重	%	—	略
	5	规模以上工业企业万元增加值综合能耗※	tce/万元	—	略
	6	全社会研发经费支出占地区生产总值比重	%	—	略

系统	序号	指标			单位	补充要求	实施部门
可持续土地利用与城市空间	7	人均建设用地面积※			km²/人	—	略
	8	存量建设用地在土地供应中的比例			%	近期目标与江苏省同期发展规划目标一致	略
	9	土地混合利用率			%	轨道交通站点300m范围内土地混合利用率100%，地上地下一体化综合开发率50%	略
	10	社区级公共服务设施和开放空间500m服务半径覆盖率			%	设施包括小学、托幼、养老和商业；开放空间中，单个公园绿地面积≥5hm²，广场面积≥0.05hm²；轨道交通站点周边300m服务半径覆盖率100%	略
	11	职住平衡指数			—	规划面积10km²以上的城区	略
绿色交通	12	绿色交通出行分担率			%	包括轨道交通、常规公交和慢行交通	略
	13	路网密度	道路网络		km/km²	—	略
			常规公交			—	
			独立路权慢行路网			—	
	14	公交站点300m覆盖率			%	且城区不同交通方式换乘距离不大于200m	略
景观生态	15	建成区绿化覆盖率			%	且绿地率≥35%；每100m²绿地中乔木不少于3株；本地木本植物指数≥0.9；屋顶绿化比例≥30%	略
	16	建成区湿地面积变化率			—	—	略
	17	受损弃置地生态恢复率			%	—	略
	18	生态河道比例			%	—	略
节能与能源综合利用	19	建筑节能比例	新建建筑		%	且单位面积能耗≤0.05tce/m²（近期），0.04tce/m²（远期）；能耗分项计量比例100%	略
			既有建筑		%		
	20	建筑可再生能源贡献率			%	其中，太阳能贡献率2%~4%，地源热泵6%~10%，其他1%~3%	略
水资源综合利用	21	城市供水管网漏损率※			%	—	略
	22	非传统水源利用率	再生水替代		%	—	
			雨水利用		%		
	23	年雨水径流总量控制率			%	—	略
固体废弃物资源化利用	24	生活垃圾分类收集设施覆盖率			%	—	略
	25	生活垃圾无害化处理率			%	—	略
	26	固体废弃物资源化处理率	餐厨垃圾		%	—	略
			建筑垃圾		%		
			绿化垃圾		%		
绿色建筑	27	新建绿色民用建筑比例	一星级		%	且满足城市微气候引导要求；5%~20%引导取得绿色建筑运营标识；5%~20%引导采用产业化配建方式；无障碍设施普及率100%；高星级绿色建筑中20%引导达到三星级标准；居住建筑全装修比例100%	略
			高星级（二星级及以上）		%		

系统	序号	指标		单位	补充要求	实施部门
绿色建筑	28	新建绿色工业建筑比例		%	且满足城市微气候引导要求	略
	29	既有建筑绿色改造率	民用	%	—	略
			工业	%		
发展引导						
智慧生态	30	生态型城区建设信息化管理率		%	包括：智慧交通、智慧能源、智慧水务、固体废弃物资源化管理、绿色建筑、环境污染监测、智慧社区、智慧医疗、智慧政务	部门协同
人文生态	31	公众绿色生活认知度		%	包括：绿色出行、行为节能、行为节水、垃圾分类等	部门协同
	32	社区乐居生活服务体系建设率		%	包括：养老服务、学龄儿童日间照料与托管、残障人士照料、家政服务、智慧生活服务平台	部门协同
	33	社区教育与就业体系建设率		%	包括：失业人员和残障人士技能培训及就业介绍、退休人员再就业介绍和培训、兼职介绍和培训	部门协同

注：指标一栏，带"※"的指标，目标值为控制上限，不带"※"的指标，目标值为控制下限。
资料来源：作者在团队协同基础上整理，指标内容与项目最终成果相比有改动.

2. 控制性详细规划阶段指标分解与开发管控

配合重点片区的控制性详细规划编制，报告将指标表中需要城市规划部门实施的指标进一步分解，落实到地块层面，编制专项规划图则及规划设计指引，指导规划实施管理。专项规划图则采用与控规地块图则相同的编制模板，便于两部分工作成果的整合。规划设计指引是对专项规划图则中地块指标实施的技术引导及规范，通常分为两类：一类是针对具体地块规划指标和要求实施的，如可再生能源利用指引、微气候控制规划设计指引、非传统水源利用和海绵城市建设指引等；另一类是针对整个规划区同类开发建设的，如绿色居住建筑设计指引、绿色公共建筑设计指引、绿色工业建筑设计指引、景观生态设计指引等。前一类指引通常内容较少，可以与地块指标和规划要求同时纳入图则，便于查阅；后一类指引通常内容较多，需要报告在图则之外集中安排篇幅表达。

将低碳生态指标和规划要求分解到具体用地，需要综合考虑用地性质、资源利用条件、建设方式、增量成本、运营管理难度和外部影响，是一个"自下而上"与"自上而下"结合的过程。以可再生能源利用率指标的分解为例，它需要综合考虑以下条件：（1）考虑不同用地性质、建筑功能和建筑面积的能耗负荷特点，例如居住建筑、普通公共建筑或者大型公共建筑，是商业建筑还是办公建筑；（2）用地的可再生能源利用条件，如太阳能利用条件、水源热泵利用条件、地源热泵利用条件；（3）可再生能源的利用方式，如区域集中利用还是建筑分散利用；（4）利用技术的增量成本，是政府开发还是商业开发，如果是商业开发，需要考虑开发商的承受能力；（5）未来项目的运行主体是否有科学管理能力和维护技术，能否保证技术实施效果；（6）技术使用的外部影响，如地源热泵技术可能引起的土壤温度变化及其对地表植物生长的影响。这些考量通过规划设计指引传递给土地开发和下一层次的规划设计单位。

根据主管部门和相关专项规划团队的意见，苏州高新区生态型城区规划建设指标表中落实到地块层面的指标主要有13项，涉及城市空间、景观生态、绿色建筑、绿色交通、节能与能源综合利用、水资源综合利用、固体废弃物资源化利用7个方面，见表6-11。在形成的相关规划设计指引中，城市微气候控制规划设计指引和绿色建筑设计指引最具特色。前者以城市微气候模拟分析报告为基础（详见7.3.3节），结合用地的功能布局、地形和风环境特点，将规划区划分为若干微气候控制引导区，每个控制引导区推荐采用不同的规划设计策略，如图6-17所示。后者是在国家绿色建筑评价标准基础上，结合规划区功能定位、区域条件和系列专项规划成果制定的，以促进系列专项规划方案在微观空间发展单元上的协同与实施。

重点片区低碳生态专项规划图则主要内容 　　　　　　表6-11

图则类别	序号	规划指标与要求		指引
		名称	赋值	
城市空间、绿色建筑与景观生态	1	土地混合利用率	R、C类用地轨道交通站点300m范围内土地混合利用率100%，地上地下一体化综合开发率50%	—
	2	微气候控制	城市微气候控制分区引导要求	①
	3	绿色建筑星级建设要求	R、C类用地100%达到一星级绿色建筑标准，其中50%根据建筑类型和规模达到二星级绿色建筑标准；二星级绿色建筑中，20%引导达到三星级绿色建筑标准	②
			M类用地100%	③
	4	居住建筑全装修比例	R类用地根据用地区位和建筑高度赋值	②
	5	屋顶绿化比例	R类用地30%，C类用地50%	②
	6	每100m² 绿地中乔木不少于3株	R、C、G类用地100%	—
绿色交通	7	公共交通5min步行可达性	R、C、M类用地100%	⑤
	8	建筑停车配建率	R、C类用地参考苏州市规定，轨道交通影响区（500～800m）在原配建标准基础上做10%折减	
节能与能源综合利用	9	建筑节能比例　新建建筑	R类用地65%，C类用地75%	②
		建筑节能比例　既有建筑	R类用地65%，C类用地75%	④
	10	建筑可再生能源利用率	R、C、M类用地根据用地性质、资源条件和建筑类型赋值	⑥
水资源综合利用	11	非传统水源利用率	R类用地5%，C、M类用地45%，G类用地100%	⑦
	12	年雨水径流总量控制率	R、C、M类用地60%，G类用地80%	
固体废弃物资源化利用	13	生活垃圾分类收集设施覆盖率	R、C、M类用地100%	—

注：指引一栏，"①"表示城市微气候控制规划设计指引，"②"表示绿色建筑（民用）设计指引，"③"表示绿色工业建筑设计指引，"④"表示既有建筑绿色节能改造设计指引，"⑤"表示绿色交通规划设计方案与技术措施，"⑥"表示地块能源规划方案，"⑦"表示地块非传统水源利用与海绵城市建设方案。

资料来源：作者结合各专项规划方案整理，内容在项目最终成果基础上有改动.

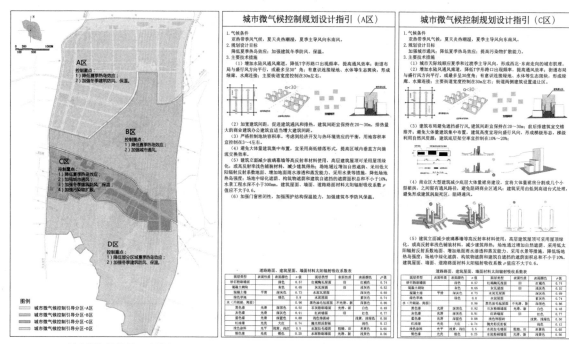

(a) 城市微气候控制分区引导图[1]　　　　　　　(b) 片区微气候控制规划设计指引(节选)[1,2]

图6-17 A片区城市微气候控制分区与规划设计指引

资料来源：1.彭渤、作者绘制；2.图中部分示意性图片引自：Edward Ng. Policies and technical guidelines for urban planning of high-density cities-air ventilation assessment（AVA）of Hong Kong〔J〕. Building and environment, 2009，44（7）：1478-1488.

6.3 规划实施评价

6.3.1 概念比较

实施评价是考察协同规划成果编制和实施合理性，指导规划编制和实施工作优化的重要环节。与协同规划成果实施评价相关的评价体系主要有城市规划实施评价、城市可持续发展评价和项目后评价三种。城市规划实施评价是对城市规划实施结果和过程的全面考量，是规划修编的必要程序。它包括对法定规划在规划实施过程中是否得到贯彻执行的评价，对规划实施过程中规划是否发挥作用和发挥了怎样作用的评价，以及对法定规划被执行、规划作用得到发挥所产生的绩效的评价[160]。城市可持续发展评价是对城市复合生态系统可持续发展状态和水平的综合考察，是城市可持续发展研究和建设决策的重要分析工具。项目后评价是对已完成的投资项目的目的、执行过程、效益、作用和影响的系统分析，是国际项目考核和投资管理的通用手段。为提高项目管理水平和再投资项目的投资效益，项目后评价既包括评价时点之前项目周期的全过程回顾，也包括评价时点之后项目发展趋势的预测。从评价对象、目的、内容、手段、实施机制和评价结论来看，以上三种评价体系各有所长，见表6-12。

城市规划实施评价、城市可持续发展评价与项目后评价比较　　　表 6-12

比较项目	城市规划实施评价	城市可持续发展评价	项目后评价
评价对象	城市总体规划、控制性详细规划、城市设计等	城市/城区的可持续发展状态与水平	已完成的投资项目
时间范围	规划实施过程中，规划期限内，多次评价	发展现状，无明确的时间范围和评价时点	项目周期，有明确的时间范围和评价时点
评价目的	提高规划编制及实施水平	理论研究与辅助决策	提高项目和投资管理水平
评价内容	过程、目标、效果、影响、前瞻性	目标、效果、影响、可持续性	过程、目标、效果、影响、效率、可持续性
主要手段	指标体系、GIS 等	指标体系、综合型指标	指标体系、投入产出分析、资金使用审计等
实施机制	机制完整，规范性强	机制宽松，规范性弱	机制完整，规范性强
评价结论	较为全面、细致，引导性强	较为全面、细致，引导性较弱	较为全面、细致，引导性强

　　三者之中，城市规划实施评价与项目后评价的基本内涵一致。它们都是对一项工作预期目标的合理性、完成度、实施效果和影响的全面考量。但前者以城市土地利用和空间发展为主要评价对象，规划编制时间跨度大，影响实施的因素多，因此，很多内容难以量化考察，难以通过规划实施现状与成果的一致性高低来判断规划实施效果，也较难在城市整体层面展开投入产出分析。与之相比，项目后评价的评价对象更加具体，项目规划建设的时间跨度短，实施干扰少，更易量化考察，更易开展投入产出和投资效率分析，评价结论也更加客观、深入。城市可持续发展评价与城市规划实施评价虽然面对的评价对象相近，但评价角度和内容有很大不同。除空间要素外，城市可持续发展评价中还包含了大量的技术和项目要素，如能源、水、固体废弃物等资源的可持续利用问题，绿色建筑的发展等，这些要素更适合通过量化指标来表征。同时，城市可持续发展评价仅仅是针对城市发展水平和现状的考察，与城市规划实施评价相比，评价的复杂性大大降低。易于量化考察是城市可持续发展评价与项目后评价的一个共同点。但与项目后评价相比，目前的城市可持续发展评价多数仍停留在宏观发展状态的判断上，缺乏对技术措施和项目实施层面的现实考量，评价的实施引导性不足。与城市规划实施评价和城市可持续发展评价相比，开展投入产出分析是项目后评价的一个重要特点。也可以说，作为投资管理手段，项目后评价比前两者更关心行动的效率和持续性问题。此外，与仍处在成长阶段的城市规划实施评价和始终缺乏统一标准的城市可持续发展评价相比，项目后评价的规范性也更突出。项目后评价经过近50 年的发展，已在国际范围内形成了较为成熟的评价体系和评价机制，有评价的法律依据和系统规则，并有健全的管理机构、配套方法和程序。2010 年，住建部首次在城市建设领域颁布了《市政公用设施建设项目后评价导则》（建标［2010］113 号），以加强和改进市政公用设施建设项目管理。

　　低碳生态城市协同规划的实施评价，实质上是综合规划方案、指标体系与实施指南等协同规划成果编制与实施的综合评价。它既要考察成果编制和实施的方式方法问题，也要考察与成果编制和实施相关的保障措施建设问题；既要考察成果实施的效益、影响问题，也要考察成果实施的成本、效率问题；既要考察成果实施的现状，也要考察成果实施的可持续性。而在成果编制的评价方面，它既包括空间属性规划内容的编制问题，也包括非空间属性规划内容的编制问题。因此，从评价内容和作用来说，协同规划的实施评价更接近项目后评价的体系特点。同时，它也要吸收城市可持续发展评价和城市规划实施评价的相关内容与技术方法，满足"绿色低碳"和"城市"问题的双重评价要求。

6.3.2 评价框架

1. 评价任务与原则

从项目后评价的基本概念出发，低碳生态城市协同规划的实施评价是在协同规划成果编制和实施基本完成并运营一段时间后，对协同规划筹备组织、规划编制、建设实施和运营管理全过程的系统评价，旨在总结经验教训，提高规划编制和实施水平，引导低碳生态城市的规划建设向更科学、高效、精细化的方向发展。它既包括对评价时点之前规划编制和实施工作的全面回顾，也包括对评价时点之后实施成果的发展趋势预测，如图 6-18 所示。

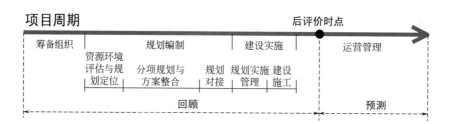

图 6-18
低碳生态城市协同规划与实施的项目周期划分

协同规划的组织、编制、实施与运营是四个相互衔接且共同影响规划实施质量的项目阶段。前两者决定规划成果的编制质量，后两者保证规划成果的实施效果。实施评价要通过四个阶段的全面评价，区分影响规划编制和实施质量的外部因素与内部因素，掌握各阶段内部因素的内容和影响，同时结合外部因素完成问题查找、原因分析和经验教训总结，形成优化调整建议，见表 6-13。

影响协同规划实施质量的主要因素　　　　　　　　　　　表 6-13

影响因素		主要评价材料
项目周期外部因素		
政策环境、经济形势、自然条件、资源供给、资金来源、技术水平等		
项目周期内部因素		
筹备组织	协同规划决策和工作机制，多元主体的参与方式与程度等	协同规划工作记录
规划编制	规划区资源禀赋和环境承载力的科学评估，利用现状及问题的系统梳理等	资源环境评估报告
	规划编制内容的完整性、方法的科学性，对规划区资源环境承载力与现状问题的充分回应等	综合规划方案报告、指标体系与实施指南报告等
	协同规划成果在法定城市规划成果中的融入	总体规划、控制性详细规划文件
	协同规划成果在其他非法定城市规划成果中的融入	城市设计、修建性详细规划文件等

	影响因素	主要评价材料
建设实施	协同规划成果在城市规划实施管理工作中的体现与执行情况	"一书两证"的审核内容与程序
	协同规划成果的建设与实施情况	竣工验收总结报告
运营管理	协同规划成果实施并投入使用后的运营方式、状态、效果、影响、后续投入、财务状况等	技术策略运营管理报告
	组织机构、技术服务、监督、激励、规范、宣传、公众参与等保障措施建设水平	规划区保障措施建设报告

协同规划实施评价体系的构建应以科学性、系统性、前瞻性、引导性和可操作性为基本原则：

（1）通过严谨的评价框架和方法设计，规范评价过程，减少主观臆断，提高评价结论的科学性和客观性；

（2）采用多目标决策理论和方法，全面、深入评价协同规划成果编制与实施水平，经济、社会与资源环境影响，项目运营管理水平和发展的后劲潜力，确保评价的全面、完整、细致，提高评价结论的系统性和引导性；

（3）同时考察协同规划成果编制与实施的"量"和"质"，避免低质低效，引导低碳生态城市的规划建设向高品质、精品化方向发展；

（4）既要反映协同规划成果编制与实施的一般特点，也要为不同项目的特色营造和创新发展提供充足的表达空间，避免千城一面，鼓励规划与实施创新；

（5）评价最终应形成一套专业性与可操作性兼备的量化评价工具，促进低碳生态城市规划建设的科学、持续开展。

2. 评价步骤与内容

根据项目周期各阶段活动特点，评价可以概括为5个步骤：规划过程评价、实施过程评价、目标评价、效果评价和综合评价，如图6-19所示。

规划过程评价和实施过程评价都是对各阶段工作程序、内容、方法、成果完备性与合理性的系统回顾。评价以各阶段评价材料的梳理和调研座谈为重点，初步总结阶段经验，查找阶段问题，分析原因。

目标评价是在以上两个过程评价的基础上，通过对规划目标体系构建与赋值情况的考察，进一步了解协同规划成果编制的系统性与合理性。"目标"包括与协同规划各规划分项对应的资源环境技术目标、产业经济目标、人文生态目标和技术经济性目标。除一些特殊的功能区外，协同规划的目标均应包含以上内容。规划目标赋值的合理性则与规划区的现实条件相关。规划要充分挖掘区域发展潜力，避免敷衍了事、以偏概全、好高骛远、夸大其词。评价要在规划目标值与参考值横向比较的基础上，结合规划过程评价结果，逐项分析目标值与参考值产生差异的原因，区分其中的外部影响因素和内部影响因素，保证评价结论的客观性。参考值是从国家标准和国内外规划案例中总结出来的普遍情况，不是规划方案必须达到的发展要求，但仍有较好的参照作用。在此基础上，评价可以进一步完善规划过程评价结论。

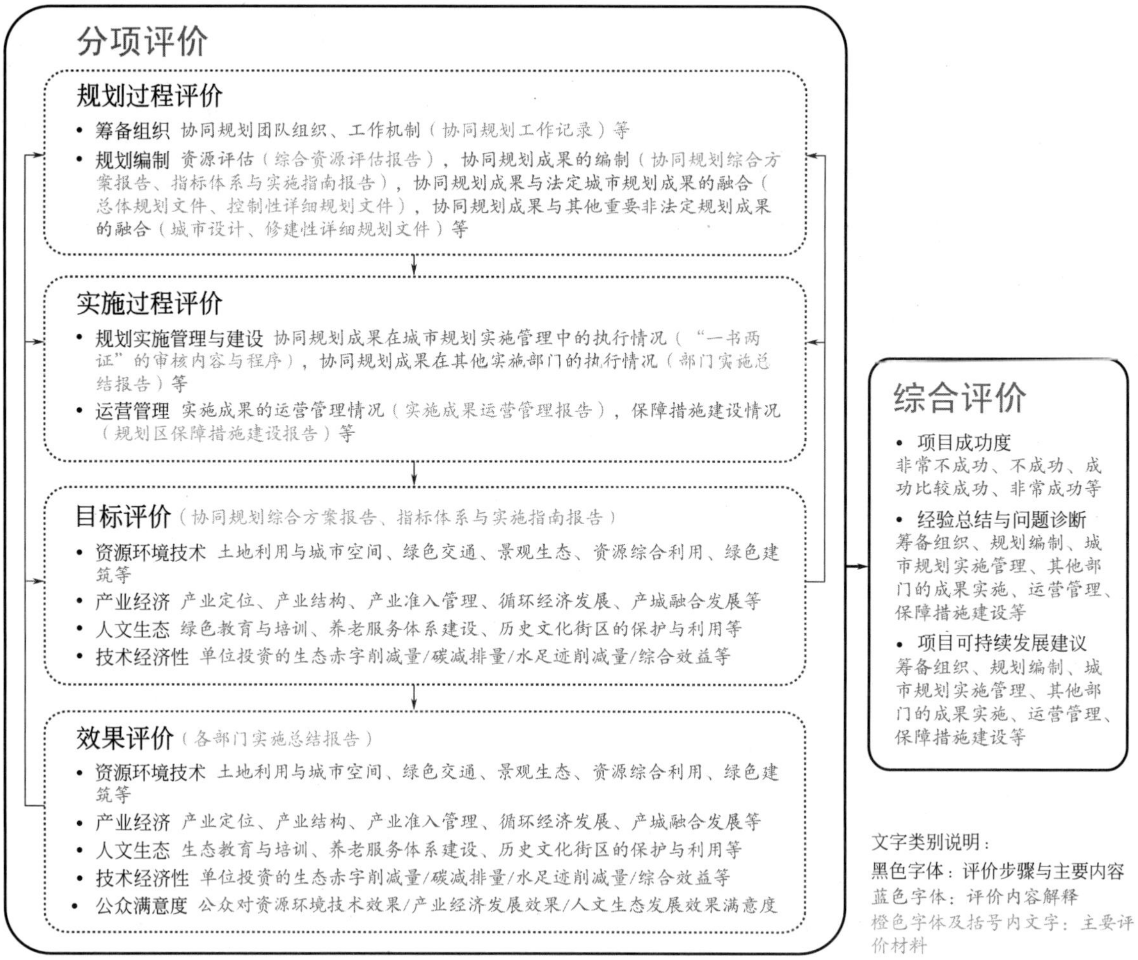

分项评价

规划过程评价

- **筹备组织** 协同规划团队组织、工作机制（协同规划工作记录）等
- **规划编制** 资源评估（综合资源评估报告）、协同规划成果的编制（协同规划综合方案报告、指标体系与实施指南报告）、协同规划成果与法定城市规划成果（总体规划文件、控制性详细规划文件），协同规划成果与其他重要非法定规划成果的融合（城市设计、修建性详细规划文件）等

实施过程评价

- **规划实施管理与建设** 协同规划成果在城市规划实施管理中的执行情况（"一书两证"的审核内容与程序），协同规划成果在其他实施部门的执行情况（部门实施总结报告）等
- **运营管理** 实施成果的运营管理情况（实施成果运营管理报告），保障措施建设情况（规划区保障措施建设报告）等

目标评价（协同规划综合方案报告、指标体系与实施指南报告）

- **资源环境技术** 土地利用与城市空间、绿色交通、景观生态、资源综合利用、绿色建筑等
- **产业经济** 产业定位、产业结构、产业准入管理、循环经济发展、产城融合发展等
- **人文生态** 绿色教育与培训、养老服务体系建设、历史文化街区的保护与利用等
- **技术经济性** 单位投资的生态赤字削减量/碳减排量/水足迹削减量/综合效益等

效果评价（各部门实施总结报告）

- **资源环境技术** 土地利用与城市空间、绿色交通、景观生态、资源综合利用、绿色建筑等
- **产业经济** 产业定位、产业结构、产业准入管理、循环经济发展、产城融合发展等
- **人文生态** 生态教育与培训、养老服务体系建设、历史文化街区的保护与利用等
- **技术经济性** 单位投资的生态赤字削减量/碳减排量/水足迹削减量/综合效益等
- **公众满意度** 公众对资源环境技术效果/产业经济发展效果/人文生态发展效果满意度

综合评价

- **项目成功度**
非常不成功、不成功、成功比较成功、非常成功等
- **经验总结与问题诊断**
筹备组织、规划编制、城市规划实施管理、其他部门的成果实施、运营管理、保障措施建设等
- **项目可持续发展建议**
筹备组织、规划编制、城市规划实施管理、其他部门的成果实施、运营管理、保障措施建设等

文字类别说明：

黑色字体：评价步骤与主要内容
蓝色字体：评价内容解释
橙色字体及括号内文字：主要评价材料

图6-19 低碳生态城市协同规划实施评价的主要步骤与内容

效果评价是在目标评价的基础上，对协同规划目标完成度（规划目标的客观效果）与公众满意度（规划目标的主观效果）的考察，借以进一步了解规划成果编制与实施的合理性。完成度评价是对规划目标完成值与目标值的纵向比较；满意度评价包括公众对规划方案资源环境技术效果、产业经济发展效果和人文生态建设效果的满意程度。效果评价应结合规划过程评价、实施过程评价和目标评价结果，逐项分析规划目标完成值与目标值产生差异的原因和公众满意度的形成原因，在此基础上，继续调整规划过程评价、实施过程评价和目标评价结论。

综合评价是在以上4部分评价任务完成的基础上，对评价结论的最终梳理。它包括对项目整体成功度的综合评判、项目经验与问题诊断的汇总以及协同规划成果和项目周期各阶段工作的优化调整建议。

3. 评价方法与实施

协同规划实施评价采用的主要方法有7种，分别为逻辑框架法、调查法、对比法、专家打分法、指标体系评价法、成功度评价法以及评价工具的数字化和可视化处理。其中，前4种方法主要用于评价逻辑的构建和具体问题的分析判断，后3种方法主要用于综合评价工具的构建，见表6-14。

低碳生态城市协同规划实施评价的基本方法 　　　　表 6-14

评价方法		主要内容	作用
评价逻辑的构建和具体问题的分析判断	逻辑框架法	从确定待解决的核心问题入手，汇总评价要素，建立因果逻辑，确定评价任务和内容	搭建评价逻辑框架
	调查法	资料查阅、问卷调查、专家调查、访谈、现场调研等	获取评价信息，了解评价意见，形成评价结论
	对比法	前后对比、预计和实际对比、所评价项目与其他项目的对比等	找出变化和差距，丰富分析判断手段
	专家打分法	对不确定性高、难以量化分析的评价对象，得出相对准确的评价结论	解决部分评价内容的量化评价问题
综合评价工具的构建	指标体系评价法	指标体系的组织、指标权重的确定、单指标评价、综合评价	构建综合评价工具，满足可操作的多目标评价要求
	成功度评价法	根据项目各方面的执行情况评价项目总体的成功程度	将指标体系评价成果转化为综合评价结论
	数字化和可视化处理	利用 EXCEL 等软件，实现综合评价工具的数字化和可视化，供评审人员和数据查询人员使用	提高综合评价工具的数据处理能力和工作效率

实施评价主要涉及三类参与主体：评价组织者、评价执行者和项目单位。三者的工作责任各有不同。评价组织者负责编制评价工作计划、下达评价任务、确定评价执行者、组织评价工作成果验收；评价执行者应由不参与评价组织和评价项目规划建设的有资质的咨询机构担任，负责制定评价大纲、编制调研方案、组建专家组、开展实地调研、撰写后评价报告；项目单位负责编写自我总结评价报告，与评价执行者商定实地调研计划，协助和配合评价执行者开展实地调研和信息分析。评价工作的顺利开展和评价成果的科学、公正来自三方的密切配合。评价工作有时也由项目单位委托有资质的咨询机构完成。这时，项目单位既是评价组织者，也是被评价对象。

6.3.3　评价应用①

1. 评价对象

江苏省是我国经济发展和城镇化大省，也是我国开展生态型城区规划建设探索的前沿省份。自 2010 年开始，江苏省住房和城乡建设厅在全省范围内启动"省级建筑节能和绿色建筑示范区"创建活动，用于支持建筑节能和绿色建筑的示范推广。示范区通过专项引导资金②的支持，在几平方千米到十几平方千米的城市区域内，以江苏省节约型城乡建设重点工作③为抓手，以绿色建筑和建筑节能为重点，开展

---

① 本节内容亦可参见：江苏省住房和城乡建设厅，江苏省住房和城乡建设厅科技发展中心. 江苏省绿色生态城区发展报告［M］. 北京：中国建筑工业出版社，2018.

② 根据各年度《省级建筑节能专项引导资金项目申报指南》（以下简称《申报指南》）的要求，示范区应确定建筑节能、绿色建筑及节约型城乡建设指标体系，完成区域太阳能、浅层地热能等可再生资源评估，编制区域能源供应、水资源综合利用、绿色交通、城市固体废弃物资源化利用等低碳生态专项规划。围绕绿色建筑的发展，《申报指南》要求区内新建或改造项目应全部达到绿色建筑星级标准，新建保障性住房和新建商品住宅分层次推广全装修建设模式，新建和改造的机关办公建筑、大型公共建筑实施建筑能耗分项计量，既有居住和公共建筑实施节能改造。此外，《申报指南》还对示范区的扶持政策、工作创新、土地出让规划条件制定、配套奖励资金投入等提出了相应要求。

③ 根据江苏省《省政府办公厅转发省住房和城乡建设厅关于推进节约型城乡建设工作意见的通知》（苏政办发［2009］128 号），示范区应着重推进城市空间复合利用、可再生能源建筑一体化、绿色建筑发展、绿色施工管理、住宅全装修、综合管廊建设、城市绿色照明、节水型城市建设、垃圾资源化利用等十项重点工作，引导城乡发展建设模式的转型升级。

绿色低碳技术集成运用示范，同时鼓励示范区开展推进机制、模式及政策等多元创新实践，探索城市发展建设的转型路径。2013年，第一批省级建筑节能和绿色建筑示范区通过验收评估。在此基础上，江苏省住房和城乡建设厅进一步提出了"绿色建筑示范城市（区、县）"、"绿色建筑和生态城区区域集成示范"两种新的示范类型，扩大示范效应，提高规划建设的系统性。

实施评价应用以江苏省2010—2014年立项并已完成考核验收或已满足考核验收条件的37个"省级建筑节能和绿色建筑示范区"和5个"绿色建筑和生态城区区域集成示范"（以下均简称"示范区"）的规划建设为对象，检验评价框架的可行性，同时总结示范区规划建设经验，发现问题，促进示范区创建活动的更好开展。这42个示范区以新城建设为主，多为3~5km²的特色园区或街区，也有规划面积在20~30km²的大型综合性新城，如图6-20所示。示范区总体上与中心城区距离适中、交通便利、功能定位的绿色低碳导向鲜明，并具有较强的产城融合发展能力。评价首先由评价团队在实施评价框架基础上细化评价指标和办法，其次由示范区结合评价指标开展自评，提供初步评价数据，再由评价团队实地调研，核实数据真实性，了解示范区发展诉求，同时也听取示范区对实施评价工作的意见和建议，进一步优化评价指标和办法，开展补充评价和调研，形成最终评价结论。

图6-20　案例示范区分布图

2. 评价工具

评价应用结合江苏省住房和城乡建设厅对示范区创建活动的申报和验收评估要求以及地域特点，对实施评价的步骤和内容做了调整，并采用指标体系评价法、成功度评价法和EXCEL软件构建综合评价工具。调整后的评价步骤仍包括5个部分，分别为：筹备组织评价（规划过程评价）、目标评价、完成度评价、可持续性评价

（实施过程评价）和综合评价。

　　与评价步骤相对应，示范区综合评价指标体系共 4 个分项、10 个评价指标表、106 项单项指标（目标评价和完成度评价指标相同，重复指标 38 项），如图 6-21 所示。其中，筹备组织评价包括 1 个评价指标表和 7 项指标；目标评价和完成度评价分别包括 3 个评价指标表和 38 项指标；可持续性评价包括 3 个评价指标表和 23 项指标。为鼓励规划创新，各分项中的单项指标分为基础指标和提升指标两类。基础指标是示范区规划建设应达到的基本要求，相当于体育竞技中的"规定动作"。指标主要来自江苏省节约型城乡建设工作意见、年度省级建筑节能专项引导资金项目申报指南和验收评估细则，也包括一些国内外相关评价的常用指标。提升指标代表了示范区规划建设的创新水平，相当于体育竞技中的"自选动作"。指标部分来自国内外相关规划建设新理念、新要求和新策略的提炼，部分来自示范区发展特色和优秀做法，见表 6-15。由于参评示范区数量多、情况复杂，为提高评价的公平性，指标的选择，特别是技术与资源环境目标/完成度评价指标和经济社会发展目标/完成度评价指标的选择尽量做到内容全面，能够覆盖不同示范区的规划建设特色和工作成果。

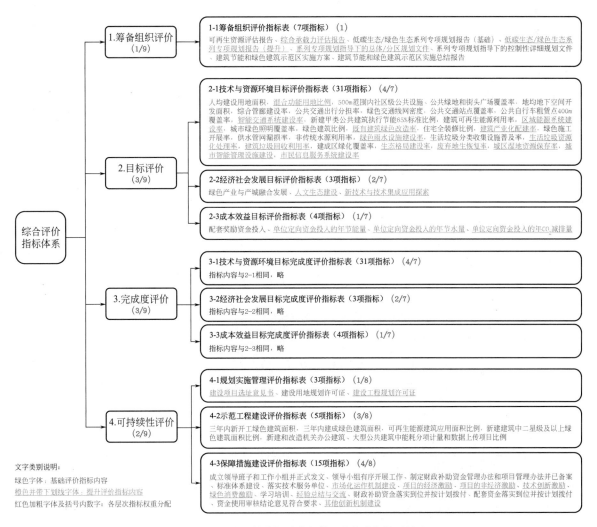

图 6-21　示范区综合评价指标体系的构成与权重关系

资料来源：作者、王登云绘制.

评价阶段	序号	评价指标 （项目文件）	指标属性①	标准得分	示范区		指标解释	得分标准
					完成情况②	评价得分③		
规划准备	1	可再生资源评估报告	●	1			报告根据《申报指南》撰写	略
	2	综合承载力评估报告	○	1			报告是对示范区气候、地质、水文、资源承载力与环境容量的综合评估	略
规划设计	3	低碳生态/绿色生态系列专项规划报告	●	4			根据《申报指南》，包括以下专项：绿色交通、能源综合利用、水资源综合利用、固体废弃物综合利用	略
			○	7			包括以下专项的编制：低碳生态/绿色生态、产业经济、土地利用与空间布局（地下空间）、景观生态、绿色建筑、智慧城市、绿色生活	略
	4	系列专项规划指导下的总体/分区规划文件	○	2			将系列专项规划成果系统纳入总体规划文件，指导示范区总体发展与开发建设	略
	5	系列专项规划指导下的控制性详细规划文件	●	3			将系列专项规划成果系统纳入控制性详细规划文件，为土地利用和各项建设管理提供法定依据	略
规划设计	6	建筑节能和绿色建筑示范区实施方案	●	1			报告根据《申报指南》编写	略
建设运营	7	建筑节能和绿色建筑示范区实施总结报告	●	1			报告根据《申报指南》编写	略
基础指标得分合计			●	10	—	—	—	—
提升指标得分合计			○	10	—	—	—	—
分项得分			—	20	—	—	—	—

①指标属性一栏，"●"表示基础指标，"○"表示提升指标；②"完成情况"一栏采用简要文字描述，并出示证明材料。

　　评价指标基于专家打分法定权。由于指标层次较多，定权应同时满足 4 个评价分项之间、评价分项内部各指标表之间以及指标表内部各单项指标之间的重要性关系，如图 6-21 所示。根据权重，综合评价指标体系总的标准得分为 170 分，4 个评价分项的标准得分占比为1:3:3:2，基本反映了各分项在评价中的重要性关系；基础指标和提升指标的标准得分占比为3:2，也基本体现了"规定动作"与"自选动作"兼顾的评价初衷，见表6-16。作为对超额完成规划任务的奖励，每个单项指标的实际得分可以高于标准得分，但为保证发展的均衡性，得分最高不能超过单项标准得分的50%。例如，在"4-2示范工程建设评价指标表"中，指标"三年内新开工绿色建筑面积"以《申报指南》规定的60万 m² 作为标准得分条件，结合定权，标准得分为3分，如果超额完成任务，实际得分最高可达4.5分，但不能超过4.5分。

指标体系标准得分构成 表6-16

评价分项	评价标准分		
	基础指标标准分	提升指标标准分	分项标准得分
筹备组织评价	10	10	20
目标评价	32	23	55
完成度评价	32	23	55
可持续性评价	28	12	40
合计（项目总得分）	102	68	170

项目成功度采用等级隶属度法评价，根据评价成绩划分为4个等级：优、良、可、差，每个等级再细分为两个亚等级，见表6-17。示范区评价总成绩为基础指标和提升指标的成绩之和。示范区能否通过评价考核由基础指标成绩和总成绩共同决定。在评价办法的设计中，只有当这两项成绩都达到相应分数线时，示范区才算通过考核，拿到"可"及"可"以上成功度，相反，这两项成绩中任何一项没有达到分数线，均视为未通过考核。同时，提升指标成绩应与示范区在后续建设中能够获得的政策倾斜度挂钩。提升指标成绩越高，示范区在创新发展方面的努力和成效越高，越应获得后续的发展支持。此外，由于规划条件和开发进度的差异，如果仅用评价成绩来衡量一个项目是否成功，仍然有失偏颇。因此，项目的最终评价还应结合示范区区位条件、经济基础、资源禀赋、开发规模、建设特征、进展情况等，进一步分组判断。

示范区项目综合成功度等级划分 表6-17

成功度		特征描述		得分标准		
		目标	特征	基础指标得分	关系	项目总得分
优	优+	规划目标全面实现或超过	项目取得较大效益和影响	略	且	略
	优			略	且	略
良	良+	大部分目标已实现	基本达到预期效益和影响	略	且	略
	良			略	且	略
可	可+	实现原定部分目标	只取得了一定的效益和影响	略	且	略
	可			略	且	略
差	差	实现目标非常有限	几乎没有产生什么正效益和影响	略	或	略
	差-			略	或	略

评价借助 EXCEL 软件，对综合评价工具进行数字化和可视化处理，建立相关数据库，提高评价效率和评价数据的管理价值。这样，综合评价工具就转化为 7 个 EXCEL 工作表（sheet）。工作表 1 为评价工具简介，以帮助评价人员快速掌握表格使用；工作表 2 为示范区基本信息，包括其区位条件、自然环境、资源禀赋和规划概况等，旨在帮助评价人员更好地了解示范区的规划条件和基础，开展评价工作；工作表 3~6 为分项评价工作表，每张工作表对应一个评价分项，如图 6-22 所示；工作表 7 为项目成功度综合评价表，包含 4 个分项成功度评价指标表和 1 个项目综合成功度评价指标表。各工作表均包括三种颜色的单元格。白色单元格为可编辑单元格，由评价人员填写示范区完成情况和部分评价得分；粉色单元格内容不需人工编辑，它在白色单元格填写完成后，根据公式自动生成相应评价成绩；其他颜色单元格均为不可编辑单元格，内容固定。

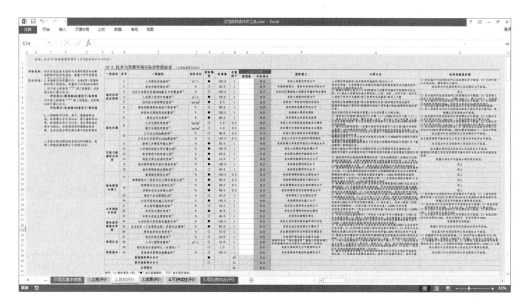

图 6-22
综合评价工具工作表（节选）

3. 评价结果

从总成绩来看，42 个示范区平均评价得分 73 分（总标准得分按 100 分折算），项目综合成功度总体处于"可+"水平。基础指标平均得分远高于提升指标平均得分。其中，6 个示范区获得"优"或"优+"成绩，13 个示范区获得"良"或"良+"成绩。如果去除指标体系中数据储备较少、评价难度较大的三个成本效益指标，42 个示范区项目综合成功度总体将处于"良"的水平。苏州工业园区中新科技城、昆山花桥金融服务外包区和泰州医药高新产业开发区以及它们的提档升级示范项目表现最突出，项目综合成功度均为"优+"。这些示范区在系列专项规划编制、系列专项规划成果与法定规划成果的融合、规划实施管理办法、示范项目建设、保障措施建设等方面均开展了大量工作，且有许多创新之处，非常值得学习借鉴。

从分项评价的成功度来看，各示范区可持续性评价成绩总体最好，30 个示范区成功度处于"优"或"优+"水平；目标评价成绩紧随其后，一半以上示范区处于"良"或"良"以上水平；再次为筹备组织评价成绩，32 个示范区达到"可"或"可"以上水平，成功度以"可"和"优"居多；完成度评价成绩由于多种原因，在 4 个分项中总体最差, 成功度以"可"、"可+"居多, 如图 6-23 所示。

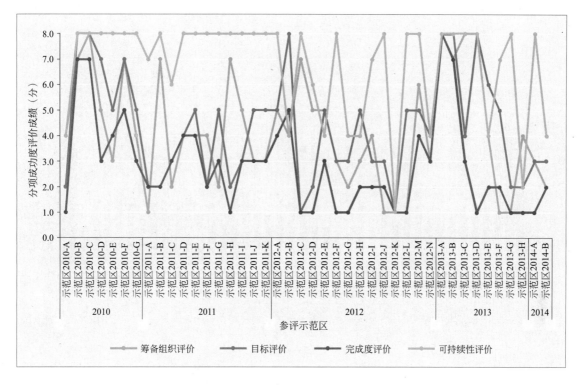

图 6-23 各示范区分项成功度成绩比较

注:图片纵坐标中, 数字"1"代表"差-", "2"代表"差", "3"代表"可", "4"代表"可+", "5"代表"良", "6"代表"良+", "7"代表"优", "8"代表"优+"

资料来源:作者、王登云、李湘云等绘制.

（1）筹备组织评价

筹备组织评价共 7 项指标, 基础指标完成情况非常理想, 提升指标完成情况稍逊。低碳生态系列专项规划的开展和规划成果在法定规划编制及管理体系中的融入是筹备组织评价的两个重点。在专项规划开展方面, 各示范区对《申报指南》要求的绿色交通、能源综合利用、水资源综合利用和固体废弃物综合利用专项规划编制都积极给予落实, 《申报指南》要求之外的低碳生态/绿色生态、产业经济、地下空间、景观生态等专项规划开展情况则在不同示范区中存在较大差异, 如图 6-24 所示。部分示范区开展情况较为理想, 专项规划编制系统完备、内容丰富, 并以低碳生态/绿色生态专项规划为统领, 加强系列专项规划成果的整合、协调及其与法定规划成果的融合。部分示范区对《申报指南》要求之外的专项规划编制关注不够, 缺少产业经济和低碳生态/绿色生态专项规划的情况相对较多。这也与示范区规划条件有关。对于大型综合性新城, 这两项规划的编制对其产城融合发展能力和专项规划成果的实施有重要作用, 应进一步引起重视。此外, 各示范区对专项规划成果的实施均给予了高度重视, 多数示范区的专项规划成果得到发文实施和部门落实, 部分将其融入法定规划文件。"融入"包括多个层次。从评价情况来看, 发展战略、指标体系和规划措施的融入较多, 进一步配合控规, 编制相应的专项规划图则和导则的较少。后者会对规划实施的系统性和可操作性有一定影响。

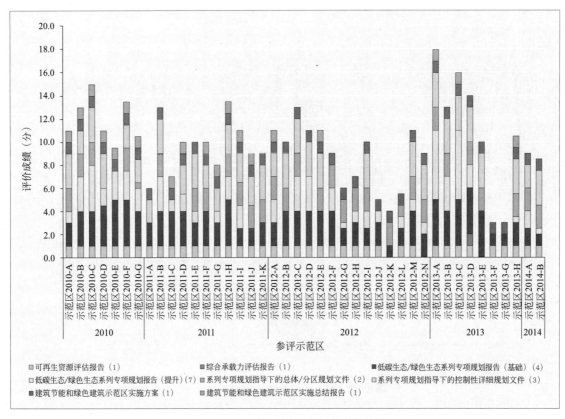

图 6-24 示范区筹备组织评价成绩统计

资料来源：作者、王登云、李湘琳等绘制.

（2）目标评价与完成度评价

目标评价与完成度评价指标相同。每个分项均为 3 个部分，包括 20 项基础指标和 18 项提升指标。3 个部分的目标评价平均成绩远好于完成度评价，基础指标平均成绩远好于提升指标。目标评价成绩好于完成度评价成绩的原因主要有两方面，一是示范区管理部门统计机制没有相应跟上，建设工作已经开展，但不能及时统计成果，因此也无法反映到完成度评价指标上。例如，各示范区普遍开展了类型多样的节能和可再生能源利用探索，但大部分示范区没有对其整体的节能减排效益、技术经济性等指标进行核算。因此，示范区的实际完成度评价成绩应好于现有统计情况。二是部分指标，特别是技术与资源环境指标，规划值针对的目标年限与实施评价开展的时间节点不完全吻合，部分规划内容还需要较长时间去实施完善。

技术与资源环境评价方面，42 个示范区目标评价平均得分 58 分，完成度评价平均得分 67 分（分项标准得分按 100 分折算）。由于参评示范区情况复杂，技术与资源环境评价包含的指标数量较多，这些指标并不一定适合所有示范区的建设。如"地均地下空间开发面积"、"废弃地生态恢复率"、"城区湿地资源保存率"等指标就仅适用于有相应规划条件和规划需求的示范区。所以与分项评价成绩的整体考察相比，单项指标评价成绩的逐一分析更有利于总结经验、查找问题。例如，"人均建设用地面积"作为基础指标，是对规划区土地集约利用的基本要求。目标评价标准值根据国家标准设定为100m²/人。32个示范区提供了目标评价数据，平均值与标准值基本持平，土地集约利用意识整体上较为突出。但也有个别示范区人均指标高于标准值，土地集约利用意识有待加强（排除资源环境的特殊要求）。32个示范区中的23个示范区提供了完成度评价数据，由于尚未到达规划期末，平均值为167m²/人。再例如，"地均地下空间开发面积"作为提升指标，是对"重地上，轻地下"空间利用倾向的约束。江苏省地少人多，城市化率高，充分利用地下空间是其提高土地利用效率的重要措施。该指标建设难度较大，也较难统一评价标准。结合国内典型项目和一般示范区发展要求，目标评价标准值暂定为15万m²/km²。36个示范区提供了目标评价数据，说明各示范区对空间复合利用问题已经有了很好的认识，目标评价平均值为6万m²/km²。这些示范区同时提供了完成度评价数据，完成度达80%，如图6-25所示。

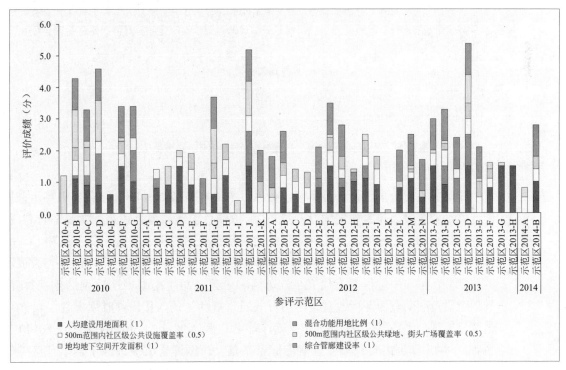

图 6-25 示范区城市空间复合利用指标目标评价成绩统计

资料来源：作者、王登云、李湘琳等绘制.

经济社会发展评价方面，42个示范区目标评价平均得分42分，完成度评价平均得分90分（分项标准得分按100分折算）。同技术与资源环境指标相比，经济社会发展指标的实施难度相对较低，但部分示范区关注程度不足，没有将相关内容纳入规划视野。例如，对于"绿色产业与产城融合发展"的目标评价，各示范区对产业发展的绿色低碳导向都有了较清晰的认识，在产业规划中，注意把握产业结构和类别选择，控制工业用地类型及规模；"职住平衡"、"产城融合"等观念也获得了一定程度的重视，但规划实施还可进一步加强，并需要较长周期的发展检验；循环经济的开展和土地开发过程中出现的人口安置问题平均得分较低，需要示范区的进一步关注，如图 6-26 所示。

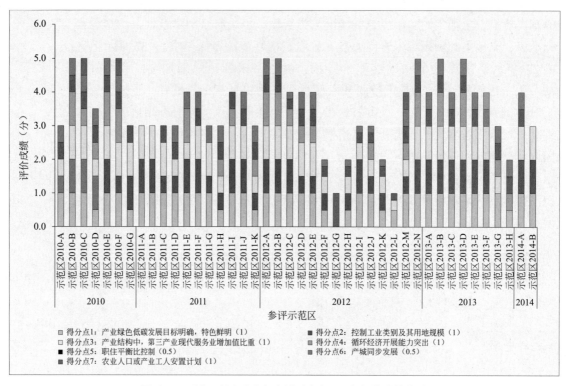

图 6-26 示范区绿色产业与产城融合发展目标评价成绩统计

资料来源：作者、王登云、李湘琳等绘制.

成本效益评价主要是提升指标。核算以省级建筑节能专项引导资金和各示范区配套奖励资金投入作为规划建设"成本"，以绿色交通、绿色建筑、能源综合利用、水资源综合利用、固体废弃物资源化利用及景观碳汇的年节能量、节水量和 CO_2 减排量作为规划建设"效益"。虽然专项引导资金和配套奖励资金投入仅是建设成本的一部分，但在一定程度上代表了江苏省和示范区对生态型城区建设的重视程度。规划建设产生的资源环境效益是由两者共同"撬动"的。从评价成绩来看，42 个示范区目标评价平均得分 46 分，完成度评价平均得分 98 分（分项标准得分按 100 分折算）。由于核算内容较多，且信息储备不足，所以评价成绩远低于各示范区的实际发展效益。

（3）可持续性评价

可持续性评价分为 3 个部分，共计 23 项指标，示范区平均得分 73 分（分项标准得分按 100 分折算）。各示范区均对规划实施管理工作给予了高度重视。80% 以上的示范区不同程度地将绿色低碳要求和相关规划成果融入到了规划实施管理工作中，特别是建设项目选址意见书和建设用地规划许可证的审批管理工作中。示范工程建设作为示范申报的基本要求，5 项评价指标均得到了示范区的高度响应。41 个示范区提供了指标数据并普遍超额完成任务，平均得分 17.5 分，比分项标准得分高出 2.5 分。保障措施建设评价方面，39 个示范区提供了相关数据，基础指标平均得分 75 分，提升指标平均得分 25 分（标准得分按 100 分折算），如图 6-27 所示。其中，各示范区在组织管理、监督机制建设、标准体系建设、学习交流、资金使用管理等方面开展了大量工作，普遍得分较高，同时在长效技术服务体系建设、项目激励模式建设、学习交流形式等方面屡有创新。后者如苏州工业园区中新科技城先后与清华大学、上海交通大学、南京大学联合建立低碳与绿色创新平台，昆山花桥金融服务外包区与芬兰、日本、爱尔兰、中国台湾等国家或地区大学合作开展新技术探索和示范工程建设，武进高新区低碳小镇和泰州医药高新产业开发区针对区域能源站、市政综合管廊和热电联产等项目的商业化运营尝试，泰州医药高新产业开发区成立的低碳科技创新专项资金，苏州工业园区中新科技城启动的绿色建筑"1680"工程计划等，都有很好的推广价值。

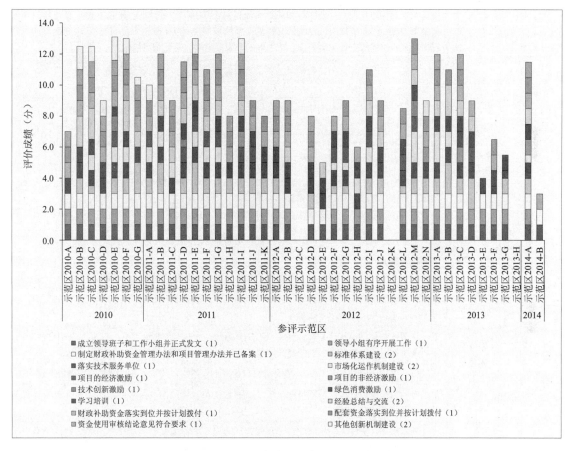

图6-27 示范区保障措施建设评价成绩统计

资料来源：作者、王登云、李湘琳等绘制.

4. 评价展望

从以上评价结果来看，江苏省"省级建筑节能和绿色建筑示范区"创建活动持续开展至今，在创建活动主管部门和示范单位的共同努力下，从无到有，不断成熟，取得了巨大成效。以系列专项规划编制为核心的绿色建筑和节约型城乡建设规划编制思路、以"一书两证"为重点的规划实施管理办法、生态型城区建设的保障机制架构，以及示范区各具特色、效益显著的示范工程和技术实施探索，无论是内容上、数量上还是质量上，都是江苏省乃至全国城市绿色低碳转型不可多得的经验财富。同时，在省域范围内组织这样大规模的综合性生态城区规划建设示范，任务重、难度大。创建活动主管部门细致高效的组织管理工作，同样值得学习借鉴。本次评价中展现的规划建设经验和发现的问题，不仅要形成针对各参评示范区的详细评价意见，还应进一步梳理提炼，整合到全省范围的标准体系和数据库建设中去，提高实施评价的成果价值，见表6-18。

示范区规划建设提升建议汇总　　　　　　　　　　　　　表6-18

阶段	提升建议
筹备组织	进一步提高领导部门对生态文明和绿色低碳发展的认识水平；提高领导权限；建立问责制度，加强实施部门之间的信息共享和协调
规划编制	提高规划内容的系统性，在交通和资源综合利用之外，把产业经济、景观生态、绿色建筑和人文生态等也纳入专项规划或专题研究范围，资源环境与经济社会发展并重；以性能为导向，重视规划策略整体的资源环境效益、成本效益和发展效率，避免技术堆砌
	系统开展资源环境评估和社会调研，加强对规划需求的认识，了解公众期许，提高规划编制的针对性
	完善规划分析技术，引入土地生态适宜性分析、城市微气候模拟、成本效益等多学科分析手段，提高规划结论的科学性
	通过"低碳生态"、"绿色生态"等综合性专项规划的编制，形成综合规划成果，协调规划冲突，提高专项规划成果之间的协同性
	通过编制专项规划图则与技术导则等措施，加强系列专项规划成果在法定规划，特别是总体规划和控制性详细规划文件中的体现
规划实施管理	将系列专项规划成果中的相关指标和规划要求作为规划条件，系统落实到"一书两证"审批中
	加强其他规划措施实施部门的管理，保证各实施部门之间的相互配合，提高综合规划效益
保障措施建设	完善技术服务模式，着重建立从规划编制、项目审批、工程建设到实施运营的长效服务机制，使各类专业力量系统、深入、持续地为示范区的绿色低碳发展服务，提高建设质量
	充分发挥市场机制作用，通过合同能源管理等形式逐步转变以政府为主导的运营模式，提高生态型城区建设和运营的市场化水平
	进一步拓宽激励范围和激励模式，将技术创新激励、公众参与激励等纳入进来，采用财政补贴、容积率奖励、税收减免等多种经济和非经济手段，最大限度释放各相关方的建设热情
	积极探索PPP等新型融资模式，广泛吸纳社会资本，拓宽公共领域和准公共领域融资渠道
	加强对示范区绿色低碳建设项目的全项目周期考核和监督，也可以与示范区创建活动管理部门的后评价体系结合，建立示范区自评机制，规范示范区建设
	充分利用媒体、互联网、示范项目参观体验、论坛等多种虚拟和实体宣传形式，提高公众对示范区建设的认知和支持，引导绿色生活

从评价应用来看，与传统的验收考核办法相比，协同规划实施评价的系统性、全面性、深入性和引导性都有了较大提高。对于一个复杂系统的规划建设来说，问题往往隐身于细节之中。只有评价内容和方法达到一定的专业容量和深度，才能有效地总结经验，发现问题，引导规划建设更科学、高质量地开展。但专业容量和深度的增加，也势必会带来评价难度和工作量的增加。因此，就可操作性而言，目前的评价工具仍有欠缺，评价内容多、评价工作的专业性要求高。如何在不降低评价专业性和引导性的前提下，提高评价工具的可操作性，是研究需要进一步探讨的问题。

第7章 补充案例

7.1 案例一：海南万泉乐城低碳生态专项规划

7.1.1 规划任务与低碳目标导控分区

规划区位于海南省琼海市东南部，沿万泉河两岸展开，面积近 28km² （含 7km² 河流水域），规划人口 11 万人，生境优越。流经规划区的万泉河全长 14km，干流开阔，支流蜿蜒。丰富的水系孕育了沿河两岸大量的沙洲、小岛、肥沃土地和丰富植被。规划区东南部的江心岛——乐城岛始建于南宋，至今仍保留着完整的海南传统村落格局和大片民居、古道、城墙、古庙等历史遗迹，以及丰富的乐会地区民俗风情。

在专项规划启动之前，规划区已编制完成战略定位研究、概念性规划方案、低碳概念方案和总体规划（初稿）。根据这些工作成果，规划区将依托优越的自然生态条件，建设成以旅游、医疗养生、有机农业和高端商务为主的能实践、能持续的低碳、低排放生态示范区，协调好经济繁荣、环境保护与当地民生问题。同时，规划区将利用当地独特的气候资源、水系资源和岛屿结构，采用低密度、低强度、软质化的岛链式滚动开发模式，保证发展建设的经济可行，并从可再生能源、交通、建筑、水、固体废弃物资源化利用和农业 6 个方面入手，展开低碳城镇建设探索。低碳生态专项规划的编制在以上工作成果的基础上，分两个阶段展开。在第一阶段，专项规划负责配合总体规划方案的深化，开展生态调研、资源评估和用地生态规划①，在此基础上，结合低碳概念方案，优化规划区低碳城镇建设愿景和指标体系，重新进行规划措施的成本效益和 CO_2 减排效益测算，确保规划措施的科学可行。在第二阶段，专项规划负责配合控制性详细规划的编制，进一步完善和细化产业、空间、交通、景观、资源综合利用、建筑等方面的低碳生态分项规划措施，进行指标分解，编制相关地块控制图则和技术导则，指导专项规划实施。

作为企业主导的开发项目，规划区低碳城镇建设的重点是通过对区域风、光、水、土、绿等自然资源的综合利用，在不过度增加开发压力的条件下，塑造低碳城镇建设特色，保证发展的"能实践、能持续"。从滚动式开发模式和环境保护要求出发，专项规划提出以分区导控、分阶段实施的方式布局空间、交通、景观、资源综合利用等分项规划策略。结合总体规划提出的建设时序和用地性质，规划区分为

---

① 规划区生态环境优越、敏感性高，深入细致的生态调研、资源评估和用地生态规划是专项规划的重要工作，成果丰富。但受篇幅所限，本书不做深入介绍。

2个一级低碳目标区——"乐城低碳生态示范区"和"乐岛零碳零排放实验区"。两者的规划建设分别以"低碳、低排放"与"碳中和"为目标导向，如图7-1所示。"乐城低碳生态示范区"再细分为3个二级低碳目标区。其中：

（1）"一类低碳目标区"以居住用地为主，开发建设主要集中在规划近期完成。规划采用经济性较佳的适宜低碳技术，规划期末年 CO_2 排放量约可较传统开发模式（2005年海南省平均水平）减少60%。

（2）"二类低碳目标区"以商业、商务用地为主，也有部分居住和旅游度假用地，开发建设主要集中在规划近期和中期完成。规划采用经济性较佳的适宜低碳技术和实施难度较高但减排效果好的先进低碳技术，规划期末年 CO_2 排放量约可较传统开发模式减少70%。

（3）"三类低碳目标区"以医疗养生和旅游度假用地为主，开发建设主要集中在规划中期和远期完成。规划综合采用不同实施难度的低碳技术，探索技术耦合的最佳效益，规划期末年 CO_2 排放量约可较传统开发模式减少80%。

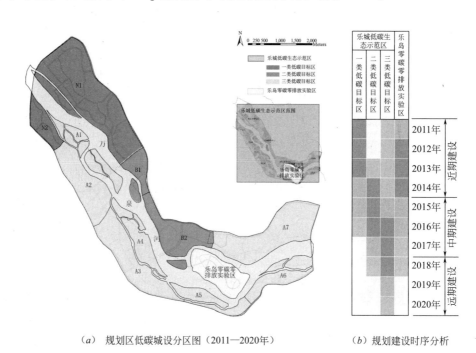

图7-1
规划区低碳城镇建设导控分区及建设时序

（a）规划区低碳城设分区图（2011—2020年）　　（b）规划建设时序分析

7.1.2 分区导控重点指标与策略

1. 生态聚落与绿色交通

专项规划开展之前完成的战略定位研究和概念性规划方案已经对规划区的空间结构提出了很好的设想。根据设想，规划区将结合岛链式低密度开发，形成"生态城市-生态小镇-生态社区"三级空间发展结构，以及由大面积自然区域"包裹"生态小镇或生态社区的生态聚落模式。生态聚落是有较强自维持能力的区域生态单元，是生活、生产和生态功能的复合体。生态聚落中的自然区域以保留的农田、村庄、林地、湿地和河流水域为主，生态小镇或生态社区统筹居住、商业、教育、医疗、公共设施等土地功能的混合。生态小镇或生态社区与自然区域之间在资源代谢、产业功能和景观构成上相互融合，把健康有机、田园特色和城乡统筹贯穿生态聚落发展始终，形成如"医疗养生–有机农业"、"特色居住–有机农业"、"国际事务–有机农业"、"特色购物–有机农业"等特色生态聚落，支撑规划区健康产业发展，协调规划区原住民的持续就业问题。在空间形态控制上，一类低碳目标区作为紧凑式规模化开发区域，适当保持高容积率，提高土地利用效率；二类低碳目标区作为中等强度的过渡性开发区域，容积率比一类低碳目标区有所降低，同时着重考虑面向整个规划区的公共服务和交通节点功能；三类低碳目标区作为低强度岛链式开发区域，侧重主题化开发，见表7-1和图7-2（a）。

低碳空间分区导控重点与指标　　　　　　　　表7-1

目标分区	导控重点	容积率	混合用地比例	开放空间400m可达性
一类低碳目标区	紧凑式规模化开发区域	1.0~1.5	70%	100%
二类低碳目标区	中等强度的过渡性开发区域	0.5~1.0	50%	100%
三类低碳目标区	低强度岛链式开发区域	0.2~0.5	—	100%

　　规划区低碳交通发展的重点有三个，一是交通与土地利用的耦合发展，二是水陆绿色交通系统建设，三是低碳交通工具的使用。结合功能分区来看，一类低碳目标区交通通勤量较高，规划应着重通过TOD导向的用地开发，提高交通枢纽周边容积率，增加公交站点密度，加强换乘管理，提高绿色出行的便捷性，同时适当提高区域土地混合利用水平和职住平衡水平；二类低碳目标区公共设施集中，规划应进一步丰富区域土地利用功能，提高土地混合利用水平，加强区域职住平衡能力，将区外通勤量削减至较低水平；三类低碳目标区通勤量较低，个性化出行需求较多，是新能源汽车、PRT系统等新型低碳交通工具使用探索的主要区域，见表7-2和图7-2（b）。此外，各低碳目标区均应在区域外围的主要出入口附近，结合公交换乘枢纽设置面积充足的换乘停车场，有效截流来访车辆（工程车辆、应急车辆除外）。来访车辆原则上只允许沿区域外围道路和主干道行驶，不得进入区域内部。进入各区域的来访人员可换乘区域内部的清洁能源公共汽车或公共自行车[①]。

低碳交通分区导控重点与指标　　　　　　　　表7-2

目标分区	导控重点	内部交通绿色出行比例	清洁能源车辆利用比例	系统CO_2减排目标（相比传统模式）
一类低碳目标区	交通高效化重点区	70%	70%	减少50%
二类低碳目标区	区外通勤削减重点区	100%	100%	减少60%
三类低碳目标区	低碳交通工具应用重点区	100%	100%	减少80%

① 本段内容主要整理自邹涛工作成果。

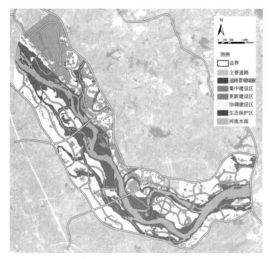
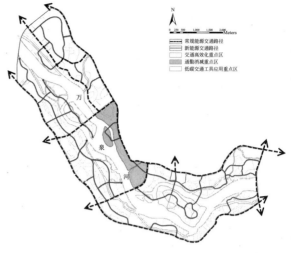

(a) 用地生态功能分区规划图（GIS）[1]　　　　　　(b) 规划区低碳交通分区导控图[2]

图7-2　规划区用地生态功能和低碳交通分区导控

资料来源：1.邹涛分析绘制；2.邹涛、作者等绘制。

2. 风-光-水-土-生物质耦合的可再生能源系统[①]

结合资源条件和低碳目标分区，布局风、光、水、土和生物质高效耦合的分布式可再生能源系统，是专项规划的一个策略重点。到规划期末，规划区内55%的电力消费由可再生能源提供。太阳能热水、光伏发电、土壤源热泵、小风机、生物质发电和生物质燃料是规划区可再生能源利用的主要技术形式，见表7-3、表7-4。

可再生能源利用分区导控重点与指标　　　　　　　　　表7-3

目标分区	导控重点	可再生能源使用率	系统 CO_2 减排目标（相比传统模式）
一类低碳目标区	适宜性可再生能源技术利用重点区	35%	减少50%
二类低碳目标区	可再生能源技术集成优化重点区	45%	减少60%
三类低碳目标区	可再生能源与智能微网协同优化实验区	60%	减少70%

规划区主要能源生产和节能技术利用时序分析　　　　　　表7-4

建设时序	太阳能			风能	水能	浅层地热能		生物质能		能源管理
	太阳能热水	光伏发电（BIPV）	光伏发电（BAPV）	小风机	水力发电	土壤源热泵	水源热泵	生物质柴油	固体废弃物资源化	智能微网
近期	√	√	—	√	—	√	—	—	√	—
中期	√	√	√	√	—	√	√	√	√	—
远期	√	√	√	√	√	√	√	√	√	√

---

① 本部分内容感谢林波荣和张兴老师的指导，感谢李义强和宋梦馕博士的参与。

琼海地区属于全国太阳能资源利用二类区域，太阳能热利用条件优于光利用条件。太阳能热水和太阳能热发电是最适合当地日照条件的利用技术。其中，太阳能热水技术规模化应用条件最成熟，适合规划区应用，太阳能热发电技术占地面积大、投资规模大、市场化应用条件较差，可以不予考虑。光伏发电在当地使用中可能存在电量波动大、发电效率低等问题，但可与具体用电负荷结合，起到调峰作用，且光伏发电成本不断下降，结合相关政策，也有较好的规模化发展前景。从地形条件来看，规划区地势平坦，各区域太阳能利用条件基本相当，少部分用地利用条件相对较好，可优先考虑技术布局，如图7-3所示。综合以上条件，规划区所有居住建筑和公共建筑的生活热水应优先采用太阳能热水系统，与建筑一体化设计施工，同时，以三类低碳目标区公共建筑为重点，鼓励采用光伏发电技术，与小型风力发电系统相配合，减少低密度建设用地对市政电网的依赖，提高供电稳定性。除建筑外，光伏发电系统还可以集中铺设在日照条件较好的各类场地中，或与场地中各类构筑物，如风雨廊、自行车棚等的屋顶结合，提高使用规模。以规划期末常住人口和度假人口规模测算，规划区应安装太阳能热水器 4.4 万 m²（太阳能保证率 50%），预计每年节约电力 3265 万 kWh。以多晶硅光伏组件，正南向最佳方向布置（光电转化率 12.1%），二、三类低碳目标区公共建筑及其场地可铺设光电板 4.2 万 m²，年发电量 550 万 kWh。

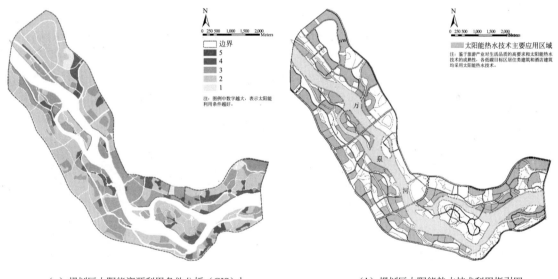

（a）规划区太阳能资源利用条件分析（GIS）[1]　　　　（b）规划区太阳能热水技术利用指引图

图 7-3　规划区太阳能利用条件与技术指引

资料来源：邹涛分析绘制。

琼海地区历年平均风速 2.7m/s，在全国范围属于风能资源可利用区，但易受台风影响，不利于大型风力发电场建设。规划区宜采用启动风速较低且抗风能力强的垂直轴小风机，与光伏发电系统配合，平衡电网负荷。从地形条件来看，规划区地势平坦，各类用地风速条件接近，东部部分用地受地形影响，利用条件稍差。专项规划以二、三类低碳目标区的公共建筑和养生住宅为重点，推荐采用小型风力发电系统。以小型风力发电系统年发电量 320kWh 计算，二、三类低碳目标区的公共建筑总装机容量可达 4300kW, 年发电量 138 万 kWh, 如图 7-4 所示。

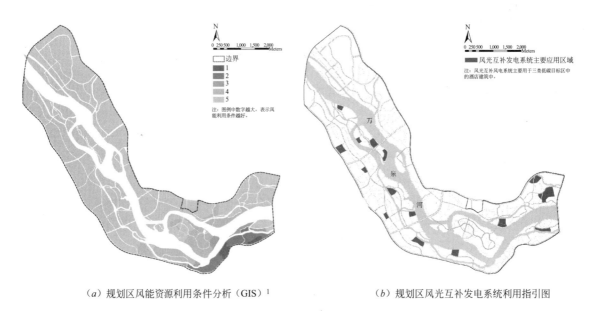

（a）规划区风能资源利用条件分析（GIS）[1]　　　（b）规划区风光互补发电系统利用指引图

图 7-4　规划区风能利用条件与技术指引

资料来源: 1. 邹涛分析绘制。

海南地区土壤温度较高, 夏季可以从中提取的冷量较少, 不适合作为空调系统冷源, 过渡季和冬季可以从中提取适度热量, 作为太阳能热水系统的辅助热源。结合用地条件和技术效率等因素, 专项规划建议在二、三类低碳目标区热水需求量大的酒店、医疗养生等公共建筑中采用土壤源热泵技术, 作为太阳能热水系统的补充热源。预计土壤源热泵热水供应量 60t/d, 替代电力 570 万 kWh。根据水文地质调查, 规划区浅层地下水水温为 27~29℃, 未发现浅层地热异常点, 专项规划暂时认为规划区无地下水源技术利用条件。此外, 规划区内万泉河夏季水量充足, 枯水季水深较浅, 水质酸碱度适中, 含沙量略高, 可部分满足河水源热泵使用要求。结合用户与取水点距离, 河水源热泵可用于二、三类低碳目标区制冷负荷大、用能时间连续的公共建筑中, 作为夏季空调制冷冷源。但由于缺乏更深入的水深和全年水文资料, 专项规划无法判断该技术的具体使用条件, 因此, 暂不将其计入可再生能源供应总量, 如图 7-5 所示。

规划区的农业生物质能资源较为丰富, 除了常规的畜禽粪便和农业秸秆、椰壳等农产品加工剩余物外, 还包括木薯等能源作物。规划区畜禽粪便和农业秸秆、椰壳等农产品加工剩余物可就近结合村庄的生产生活处理, 生产沼气等生物质能。木薯是海南省主要能源作物之一, 相关的生物质能生产项目已在省内开展, 并在我国其他地区获得了较大规模发展。种植木薯既可以提供生物质能生产原料, 也有较好的经济效益, 且易于种植管理, 不与经济作物争地。如果以规划区内木薯种植面积 100hm^2 计算, 可年生产乙醇 650t, 减少 CO_2 排放 230t, 年综合开发收益 9000 元/hm^2。麻风树也是海南省的主要能源作物之一, 种植优势和生物质能开发价值与木薯相当, 但不适合旅游区种植。

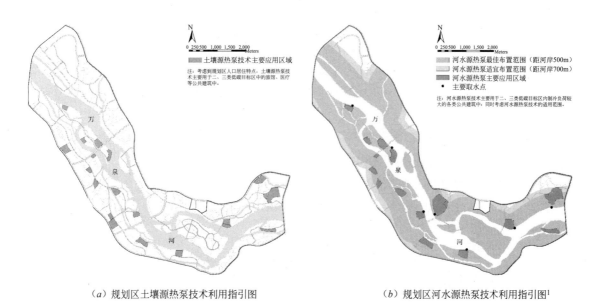

（a）规划区土壤源热泵技术利用指引图　　　　（b）规划区河水源热泵技术利用指引图[1]

图 7-5　规划区浅层地热能利用技术指引

资料来源：1. 作者、邹涛分析绘制。

3. 基于能耗指标的低碳建筑发展[①]

专项规划尝试以能耗指标代替节能百分比，结合相关设计导则，指导规划区各类建筑的节能设计和建设运营，提高建筑节能设计和管理的灵活性及环境性能，见表 7-5。

低碳建筑分区导控重点与指标　　　　　　　　表 7-5

目标分区	主要建筑类型	能耗负荷削减（比例相比传统建筑模式）[①]	可再生能源使用率	CO_2 减排比例（相比传统建筑模式）[①]	绿色建筑比例
一类低碳目标区	住宅、商业、医疗	减少 16%	9%	减少 55%	100% 达到一星级绿色建筑标准
二类低碳目标区	商业、办公、住宅	减少 26%	10%	减少 70%	70% 达到一星级绿色建筑标准，30% 达到二星级绿色建筑标准
三类低碳目标区	医疗、酒店、住宅	减少 32%	13%	减少 70%	50% 达到一星级绿色建筑标准，50% 达到二星级及以上绿色建筑标准

① 传统建筑模式指 2005 年海南省及同气候区建筑设计及建造方式，并已执行国家居住及公共建筑节能设计标准。

各低碳目标区低碳建筑能耗指标以相同气候区 2005 年左右同类型建筑能耗平均值（相当于执行国家 50% 节能标准）为基准，按主要用能设备类型进行分解。以二类低碳目标区能耗指标为例。根据低碳目标区设定原则和各类建筑节能潜力，该区域建筑能耗负荷（不含可再生能源利用贡献）应在基准能耗的基础上再降低 30%，

---

① 本部分内容感谢林波荣老师的指导。

可再生能源使用率（不含区域电力结构调整贡献）≥10%，见表7-6。其中：

（1）多层住宅的能耗负荷应通过改善围护结构热工性能、空调节能、照明节能、电器节能等措施，在保证舒适性不变的前提下，使空调和照明能耗比基准建筑降低30%，家电系统能耗降低20%，同时，生活热水全部采用太阳能热水系统（太阳能保证率50%），地源热泵机组或天然气辅助加热。

（2）公共建筑类型较多，能耗负荷总体上应通过改善围护结构隔热性能、空调节能和照明节能等措施，使空调和照明能耗比基准建筑降低30%；空调宜采用温湿独立控制系统，解决海南地区高温高湿问题；采用节能电梯、节能水泵等高效节能设备，使动力设备能耗降低30%；生活热水全部采用太阳能热水系统（太阳能保证率50%），地源热泵机组或天然气辅助加热。

二类低碳目标区建筑能耗负荷指标分解 表7-6

建筑类型		单位建筑面积能耗值 $[kW \cdot h/(m^2 \cdot a)]$					
高档多层住宅	—	合计	空调	照明	家电	炊事与生活热水	
	基准建筑	57	22	7	9	19	
	低碳建筑	45	15	5	7	18	
办公建筑	—	合计	空调	照明	动力设备（电梯、水泵）	特殊功能设备（信息中心等）	办公设备及其他
	基准建筑	120	48	16	10	19	27
	低碳建筑	87	34	11	8	11	23
医疗建筑	—	合计	空调	照明	综合服务（生活热水、电梯）		医疗设备
	基准建筑	129	62	28	12		27
	低碳建筑	98	43	20	8		27
酒店建筑	—	合计	空调	照明	锅炉	电梯	给水排水	特殊功能设备	热水
	基准建筑	190	70	40	2	15	27	6	30
	低碳建筑	134	49	28	0	13	20	5	28

注：基准建筑能耗值均采用同一气候区、同一时期、同一类型的典型建筑数据。

7.1.3 减排效益与指标分解

专项规划对不同开发模式的碳排放量做了测算。测算表明，在低碳开发模式下，到规划期末（2020年），规划区每年预计排放温室气体32.15万 t CO_2e，人均排放温室气体3.5t CO_2e，比传统开发模式减少67%，能够达到战略定位研究提出的减排65%的预设目标。其中：能源供应系统可比传统开发模式减少61%，交通系统（不含能源供应方式变化贡献）减少33%，建筑运营过程（不含能源供应方式变化贡献）减少32%，废弃物处理处置减少84%，景观碳汇能力提高1.8倍。在总量测算的基础上，专项规划借鉴低碳概念方案提出的"各地块减排量分项计量"模式，对不同低碳目标区的温室气体减排任务做了进一步分解，在此基础上，形成相应地块指标，如图7-6所示。

（a）各组团GHG减排效益测算

A1组团（1）　　　　　　　　　　　单位：万tCO₂/年

GHG测算账户	传统模式 GHG排放控制总量	乐城模式 GHG排放控制总量	减排比例
产业经济	5.23	0.89	82.98%
交通	1.09	0.09	91.53%
建筑	3.98	1.88	52.90%
废弃物处置	1.24	0.35	71.79%
景观碳汇	-0.03	-0.04	54.91%（增汇）

A1组团（2）　　　　　　　　　　　单位：万tCO₂/年

GHG测算账户	传统模式 GHG排放控制总量	乐城模式 GHG排放控制总量	减排比例
产业经济	4.08	0.83	79.55%
交通	0.88	0.07	91.55%
建筑	3.08	1.71	44.53%
废弃物处置	1.19	0.34	71.69%
景观碳汇	-0.08	-0.13	76.79%（增汇）

A2组团　　　　　　　　　　　　　单位：万tCO₂/年

GHG测算账户	传统模式 GHG排放控制总量	乐城模式 GHG排放控制总量	减排比例
产业经济	4.99	0.80	83.89%
交通	3.41	0.45	86.89%
建筑	5.97	2.40	59.71%
废弃物处置	0.89	0.31	65.08%
景观碳汇	-0.05	-0.08	68.35%（增汇）

（b）各类用地低碳生态指标表

用地性质		能源管理 建筑节能率（相对于现有规范）(%)	能源管理 可再生能源占总能源需求量比率(%)	水资源综合利用 节水器具普及率(%)	水资源综合利用 非传统水源利用率(%)	固废管理 生活垃圾分类设施覆盖率(%)	景观生态 可上人屋面绿化率(%)	景观生态 植林比(%)	景观生态 本地植物指数(%)	低碳和建筑设计指引	绿色建筑设计指引	植物配置指引
居住用地	一类居住用地	40	12	20	20	100	30	40	80			
	二类居住用地	40	11	20	20	100	30	40	80			
公共设施用地	中小学用地	40	5	20	30	100	30	40	80			
	商业办公用地	40	13	20	30	100	50	50	80			
	文化娱乐用地	40	13	20	30	100	50	50	80	详见附录B	详见附录C	详见附录E
	体育用地	—	—	—	30			50	80			
	医疗卫生用地	40	13	20	25	100	50	50	80			
	教育科研用地	40	12	20	30	100	50	50	80			
	文物古迹用地	40	—	—	30			50	80			
市政公用设施用地		40	0	20	20			50	80			
道路广场用地	道路用地	—	—	—	80							
	社会停车场用地	—	—	—	80							
绿地	公共绿地	—	—	—	80			70	80			
	防护绿地	—	—	—	80			90	80			

指标解释：1）建筑节能率（相对于现有规范）：指新建居住和公共建筑分别在现有国家规范《夏热冬暖地区居住建筑节能设计标准》（JGJ75-2003）、《公共建筑节能设计标准》（GB50189-2005）节能50%的要求基础上，再减少20%的能源需求量目标。2）可再生能源占总能源需求量比率：指可再生能源（包括太阳能热水、水源热泵、光伏发电等）提供的非化石能源占地块总能源需求量的比例，可再生能源不包括海南省电力供应结构调整带来的可再生能源贡献。3）节水器具水率：（安装节水器后的用水量－安装节水器前的用水量）/安装节水器前的用水量×100%，主要通过提高用水器具效率和节水器具普及率实现。4）非传统水源利用率：指中水和雨水利用量占用水量中所占的比例，鼓励排入河道的雨水作为城市景观用水考虑。5）生活垃圾分类设施覆盖率：指地块中生活垃圾分类收集系统设施的配置比例。6）可上人屋面绿化率：指可上人屋面的绿化率，绿化屋顶占总屋面面积的比例。7）植林比：植林地面积占地块内绿地的绿化面积比例，植林地地面间应以相邻树木的间距必须满足≤10米的要求。8）本地植物指数：指应严格本地区或通过长期引种、驯化和繁殖、被证明已完全适合本地区的气候和环境、生长良好的植物。本地植物比例是指绿化物种和面积中，本地植物所占种类和面积比例。

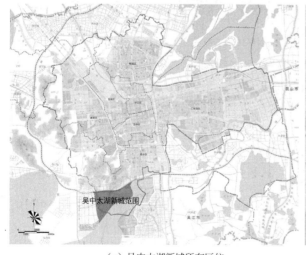

（a）吴中太湖新城所在区位

（b）启动区在新城的位置

图 7-6　三类低碳目标区减排任务分解

7.2　案例二：苏州吴中太湖新城启动区绿色生态专项规划

7.2.1　规划任务与目标

苏州吴中太湖新城（苏州太湖新城吴中片区，以下简称"新城"）位于苏州南部，南临太湖，背靠七子山脉，总规划面积 30km²，是苏州"一核四城"发展战略的重要组成部分。根据总体规划，未来它将建设成为苏州重要的科技创新实践区、生态休闲旅游区及文明和谐宜居地。启动区位于新城东部，规划面积 10km²，规划人口 13 万人，是新城核心建设区和现代服务业发展中心。启动区外的二期规划区包括新城西部和部分东北部用地，规划面积 19km²，规划人口 17.9 万人，是新城资源环境保护重点区，如图 7-7 所示[161]。

图 7-7　规划区区位图

资料来源：东南大学城市规划设计研究院编制的《苏州市太湖新城启动区控制性详细规划》。

绿色生态专项规划（以下简称"专项规划"）是启动区绿色生态系列专项规划研究[①]（以下简称"系列专项规划研究"）的总领专项。在团队协同的基础上，绿色生态专项规划负责完成4个部分的工作：一是开展现状调研和资料收集，了解新城和启动区资源禀赋与生态基底条件，分析生态占用现状，比较国内外同类优秀案例，明确新城和启动区生态型城区规划建设优势、挑战及愿景；二是补充系列专项规划研究中未涵盖，但对规划区生态型城区规划建设较为重要的技术内容，如相关可持续土地利用与空间布局分析、景观生态和绿色建筑发展的规划等；三是汇总系列专项规划研究团队工作成果，形成新城和启动区生态型城区规划建设的综合方案，整理行动计划，测算综合方案实施的环境绩效与增量成本；四是提炼新城生态型城区规划建设指标体系，并配合启动区控制性详细规划编制，分解地块指标，编制专项规划图则和技术导则。绿色生态专项规划成果主要包括《综合规划方案报告》和《指标体系与实施指南报告》。与獐子岛镇和万泉乐城项目相比，本项目与城市发展建设的联系更密切，进一步强化了数字化分析手段的运用，与法定规划编制和城市设计的联系也更加紧密。

独特、优越的自然环境是苏州文化的根基所在。没有这一环境，就很难有苏州闻名中外的古城风韵、园林文化和水乡风光，也就不会有那些传诵至今的文学和艺术作品。所以，保护苏州文化的活力，首先要保护它的自然环境，在此基础上，保护孕育于其中并不断延续的物质与非物质文化遗产。吴中太湖新城的开发建设也是如此。新城位于苏州两个重要生态斑块——太湖和七子山之间，是二者生态联系的廊道区域之一。太湖是我国第三大淡水湖，水域壮阔，物产富饶。七子山及其支脉距新城2km，生境优越、动植物种类繁多，并有多处春秋战国至明清时期的历史遗迹。新城地势平坦，水网交错。用地中部和西南部有较大面积的湿地和水田，水鸟栖息，一些粉墙黛瓦、保留传统格局的村落和鱼塘分布其间，极具水乡韵致。因此，新城的开发建设主要面临3个方面的生态敏感性因素，一是土地利用方式改变对七子山与太湖之间生态联系的削弱，二是人口集聚和生产生活方式改变对太湖水环境的面源污染威胁，三是开发建设可能造成的传统水乡景观的消失。同时，作为苏州城市空间的延伸，新城的开发建设也有责任传承传统姑苏城"水巷小桥多"、"人家尽枕河"的人居环境特色，保护城市文化。所以，专项规划认为，新城应在概念规划提出的"新产业、新水乡、新生活"规划愿景的基础上，结合城市设计提出的"城在水上、城在绿中、城乡共生"的空间发展意象，以可持续的规划建设技术支撑城区功能转变，建设自然生态、经济生态、科技生态与人文生态并重的生态型城区，如图7-8所示。其中，生态足迹、碳足迹和水足迹是新城生态型城区规划建设的三项核心控制指标，见表7-7。

---

① 系列专项规划研究由7家单位联合完成，共包括7个部分，分别为：《绿色生态专项规划》、《能源专项规划》、《绿色交通专项规划》、《城市水资源综合利用专项规划》、《固体废弃物绿色管理专项规划》、《绿色建筑设计导则》和《绿色施工导则》。项目核心研究人员：栗德祥、王富平、王登云、陈振乾、陆振波、吕伟娅、陆文静、狄彦强、王世亮、李湘琳。成果为同时开展的启动区控制性详细规划和城市设计提供系统的生态型城区规划建设技术方案及实施管理指南。

图 7-8
新城生态型
城区规划建
设目标

新城生态型城区规划建设核心控制指标　　　　　　表 7-7

指标	生态足迹控制	碳足迹控制	水足迹控制
苏州市现状（2012年）	人均生态足迹 4.2595ghm² （以全市常住人口计算），人均生态承载力 0.1926ghm²，生态足迹是生态承载力的 22 倍，城市整体处于"生态过载"状态。其中，化石燃料用地需求占六种土地类型的 82%，生态赤字达 4.07ghm²/人	人均碳排放强度 16.27t CO_2e，远高于全国和江苏省平均水平，工业发展与城市生活的高碳特征突出	人均水足迹 1224.61m³/年，人均可利用水资源量 772.20m³/年，水资源匮乏度 1.58，水资源利用总体呈弱不可持续状态
新城规划建设目标（2030年）	规划区人均生态足迹比苏州市现有发展模式下人均生态足迹减少 50%，生态过载状态得到显著改善	在保证经济正常发展的同时，规划区人均碳足迹比苏州市现有利用模式下人均碳足迹减少 50%，与同期我国平均水平持平，实现经济发展与碳排放的脱钩	规划区人均水足迹比苏州市现有利用模式下人均水足迹减少 50%，消除水资源利用的高压力状态
新城规划建设方向	①转变产业结构和生活方式，控制人口规模，减少化石能源需求；②提高城区绿化覆盖率和绿容率，提高林地生态承载力	①转变产业结构，发展节能建筑和绿色交通，减少化石能源消耗；②减少废弃物产生量，提高废弃物资源化处理水平；③扩大城区绿色覆盖率和绿容率，提高自然生态系统碳汇能力	①广泛采用建筑和市政节水器具，减少用水需求；②提高再生水和雨水利用率，丰富水资源供应方式；③实施雨洪利用和低影响开发模式，减少城区活动对太湖的面源污染威胁
减量目标比较	新城生态足迹减量目标示意图	新城碳足迹减量目标示意图	新城水足迹减量目标示意图

7.2.2 专项规划方案重点

1. 数字化分析手段与空间规划成果的互动

专项规划利用土地生态适宜性评价和城市微气候模拟分析来探讨新城与启动区

土地利用及空间布局的合理发展方向，作为保护新城自然生态资源和传统水乡景观，塑造舒适宜人、独具苏州特色的城区空间的基础。以上评价和分析结论与概念规划、控制性详细规划和城市设计的有关成果相呼应，在一定程度上反映了利用数字化分析手段支撑空间规划决策的可行性。

新城的规划用地生态适宜性评价尝试将水、土等自然生态要素和以传统村落为代表的人文生态要素共同纳入评价框架，如图7-9所示。由于缺少景观生态数据，评价包括地形、水域、土地利用现状、交通和人文生态（村落）5项因子。其中，村落按传统风貌的保留程度和建设品质划分适宜性等级。根据评价，适宜建设用地约占新城用地总面积的1/5，主要集中在新城西北部、东北部和南部中段区域，土地利用现状以村镇建设用地和工业用地为主，进一步开发建设对规划区生态环境干扰最小；一般建设用地约占新城用地总面积的2/5，主要分布在规划区北部和东部，可利用方式灵活；重点生态保护区和一般生态保护区主要集中在新城西南部、中部和北部区域，约占新城用地总面积的2/5，西南部和中部区域分别以湿地、农田和河道构成新城的"生态带"和"生态核"，保留价值较高的村落也主要集中在这两个区域，应考虑自然生态资源和人文生态资源的协同保护与利用。从评价中也可以看出，新城的景观生态安全网络现状主要由六纵五横三斜的廊道体系和位于新城西南部、中部的大面积生态斑块组成，结构较均衡。新城西南部和中部的生态斑块面积及品质较好，但几条主要廊道由于开发建设影响，宽度和连通性欠佳，缺少生物多样性保护能力较强的优势廊道，同时，新城西北部和东北部可以作为"踏脚石"的小型生态斑块数量不足，南部临湖地带作为重要的生态过渡区域，生态保护用地特别是湿地面积也有一定不足[①]。

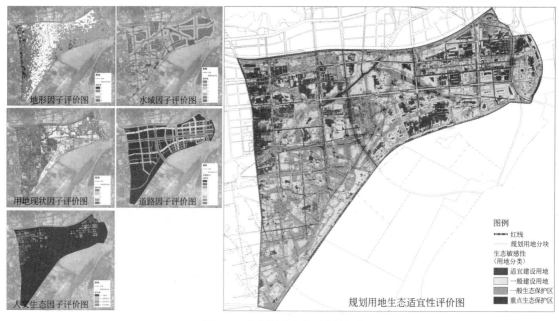

图7-9　规划用地生态适宜性评价

资料来源：程洁分析绘制。

---

① 本段内容主要整理自程洁工作成果。

尽管工作开展并不同步，但以上生态适宜性评价的结论与概念规划和控制性详细规划的土地利用思路基本吻合。根据概念规划，新城要借鉴苏州水陆双棋盘城市格局，以重要生态廊道为骨架，构建山水之间的"组团城市"，通过组团布局消解城市建设规模，保护区域生态格局的完整性，同时使城市与山川、湖泊、湿地亲密对话，如图7-10（a）所示。控制性详细规划也形成了以新城东部和西北部区域为重点的土地利用布局，并保留了南部大面积河道、湿地，拓宽规划范围内的重要生态廊道，加强生态服务功能的补偿，如图7-10（b）所示。

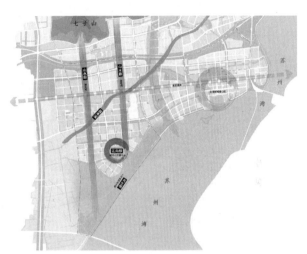

（a）苏州滨湖新城概念规划土地利用规划图[1]　　　　（b）吴中太湖新城规划结构图[2]

图7-10　相关规划图

资料来源：1. 区域概况［EB/OL］. 苏州吴中太湖新城，［2013-05-18］. http：//szthxc. com/？ q＝node/1；
2. 东南大学城市规划设计研究院编制的《苏州市太湖新城（启动区外）控制性详细规划及整体概念性城市设计》。

专项规划同时配合城市设计，通过微气候模拟了解启动区用地布局和空间形态方案的合理性，提供相关优化建议。启动区是新城主要建设区域，建设规模、容积率和建筑密度相对较高，用地布局和空间形态对区域微气候影响较大。这其中又以启动区中心区（3.3km²）的影响最突出。模拟采用PHOENICS软件，分别对启动区整体和中心区初步规划方案未来对城市通风、热岛效应及室外空气污染物扩散的影响进行分析。模拟显示，在主导风向和无风工况下，启动区典型日平均热岛强度分别约为1.2℃和1.8℃，热岛效应总体处于较低水平。启动区西部和东部规划保留的两条绿色廊道，顺应夏季主导风向，能够有效地将太湖新鲜冷空气引入启动区内部，改善热岛效应作用显著。但启动区中北部区域受容积率、建筑高度和街道布局影响，通风条件欠佳，热量聚集，热岛效应较强，如图7-11（a）、（b）所示。中心区规划方案的室外风环境条件整体较好。冬季除中轴大道和部分南北干道外，各区域风速均不超过5m/s，夏季建筑物周边平均风速2.7m/s，满足国家标准的人体舒适性要求，且利于自然通风。同时，中心区室外污染物扩散条件总体较好。如果严格按室内CO最高允许浓度30mg/m³的标准进行排风，大部分用地的室外CO浓度不高于10mg/m³，满足国家室内空气质量标准的通风规定，部分车库汽车尾气难以及时排走的地块可适当提高排放口高度，如图7-11（c）、（d）所示。但中心区热岛效应相对较强，在主导风向和无风工况下，夏季35℃以上的高温聚集区分别占中心区总用地面积的 15% 和 25%。综合以上分析，模拟建议规划方案在启动区东部和北部增加顺应本地盛行风向的绿廊，贯穿热岛强度严重和热负荷高的区域，同时结合二期用地规划，压缩启动区中心区建筑容积率和建筑高度，适当提高启动区非中心区和二期规划用地容积率，并优化用地尺度，提高路网密度，优化街道布局，优化临街建筑、商业区大型建筑和临湖建筑形态，促进区域通风。这些建议与苏州传统的扁平化、小街区、低容积率、注重临街和临水建筑空间利用的城市空间营造方式一致。它也反映了传统城市空间营造方式在气候适应性方面的优势。此外，模拟建议在中心区周边增加 3000~10000m² 的中等规模绿地，并发展立体绿化，进一步改善中心区热岛强度[①]。

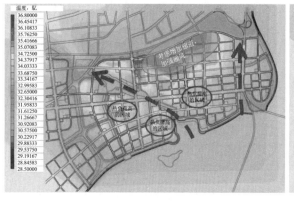

（a）启动区1.5m高度温度分布分析（夏季主导风向）

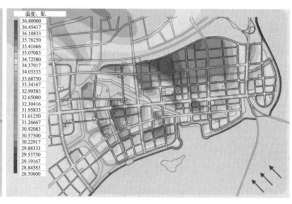

（b）启动区1.5m高度温度分布分析（无风工况）

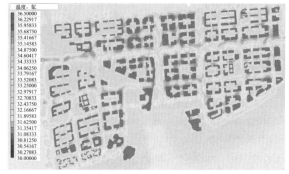

（c）中心区1.5m高度温度分布分析（无风工况）

（d）中心区1.5m人行高度处CO浓度分布分析

图 7-11　启动区微气候模拟系列分析图

资料来源：赵洋、刘加根分析绘制。

以上模拟结论和规划设计建议也与城市设计对启动区空间形态方案的优化不谋而合，如启动区开发强度和建筑高度的整体调整，启动区中心区重要街道的拓宽、界面管理和建筑形态优化等，如图 7-12 所示。

2. 基于生态服务功能维护的景观生态安全格局规划与深入设计[②]

专项规划在生态适宜性分析的基础上，从区域和新城整体出发，优化已有的启

---

① 本段内容整理自刘加根、赵洋工作成果。
② 本部分内容整理自任斌斌、作者工作成果。

修改意见：
1.天鹅港东侧点式高层建筑全部取消，保留裙房，形成滨水第一个层次的低层建筑界面；塔韵路东侧地块增加点式高层建筑，形成连续的高层建筑界面；

空间更加开敞，调整后天鹅港东西两侧围合界面距离达到1000m。

修改意见：
3.调整塔韵路-西江河东侧的建筑退界。增加10m退界，形成15m的后退，使公共活动由城市迈向太湖。

新方案-界面效果

高层建筑界面之间1000m

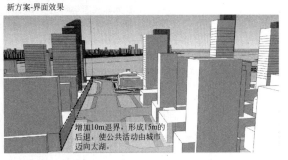

增加10m退界，形成15m的后退，使公共活动由城市迈向太湖。

图7-12 启动区空间形态的优化调整

资料来源：东南大学城市规划设计研究院编制的《苏州太湖新城滨湖沿岸城市设计》。

动区景观生态安全网络方案，调整生态廊道和斑块规模，加强生态廊道和斑块布局的均衡性、层次性及关联性，同时以生态服务功能维护为重点，结合《苏州吴中太湖新城启动区城市水资源综合利用专项规划》提出的相关海绵城市建设措施（见表7-8），形成启动区绿地、河道布局调整建议，细化两者的生态建设要求，补充湿地建设内容，构建启动区"绿地-湿地-水系"相互依存、互为补充的生态安全结构，如图7-13（a）所示。其中，生态斑块共分为3个等级，一级生态斑块单个规模应大于10hm²，以用地现状中面积较大的水域为主，维持自然生态系统的有效性，调节小气候；二级生态斑块单个规模在5~10hm²之间，包括3个以水系交汇点为中心的湿地公园和1个面向太湖的防护绿地区域，为部分生物提供生长、取食和繁殖场所，并缓解城市热岛效应；三级生态斑块单个规模应不小于0.3hm²，主要为均匀布置的社区绿地，它们将绿化系统延伸至社区内部，供居民活动、休憩，并为生物提供暂时栖息场所。

启动区海绵城市建设措施（景观生态相关内容）　　　　表7-8

用地类型	技术措施	
	绿色雨水基础设施	雨水回用
市政道路广场	绿化隔离带和绿化带采用下凹式绿地、植草沟等雨水蓄滞措施，增加道路绿地雨水吸纳能力	滞留设施设溢流口，溢流雨水排放至雨水管道或引入河道、湿地等，作为生态补水
民用建筑用地	1.居住区按照低影响开发要求规划建设雨水系统，推广建筑雨水收集利用技术，鼓励居住区绿地采用雨水花园等形式蓄存雨水； 2.公共设施用地采用屋顶绿化和下凹式绿地	收集屋顶及场地雨水，用于景观、绿化、道路浇洒等，多余雨水作为生态补水
公园绿地	1.统筹开展公园绿地竖向设计，消纳自身雨水径流，并为周边区域提供雨水滞留、缓释空间； 2.建设人工湿地、雨水花园、下凹式绿地、植草沟等，提升绿地滞蓄、净化雨水能力； 3.选育和储备适合本地生长、生态和景观效益良好的水生植物和耐水淹植物	建设留蓄设施，用于景观、绿化、道路浇洒，多余雨水作为生态补水

用地类型	技术措施	
	绿色雨水基础设施	雨水回用
河道水系	1. 加强水系连通与河道整治，改善河道水质，增强河道调蓄和行泄能力，加强滨水绿廊和生态堤岸建设； 2. 结合雨水管道入河口位置设置 5 处生态湿地，入渗、滞留、调蓄 75% 的雨水量	滞留雨水最终排入河道水系作为生态补水

资料来源：作者整理自《苏州吴中太湖新城启动区城市水资源综合利用专项规划》。

　　绿地生态服务功能维护以植物配置、植被浅沟和生物栖息地建设为重点，促进生物多样性保护和海绵城市建设，如图 7-13（b）和表 7-9 所示。河道生态服务功能维护着重加强河道与两岸滨湖绿地的整体规划，通过生态堤岸、植被缓冲带和生物栖息地建设，提高区域水系生态环境质量，如图 7-13（c）和表 7-10 所示。湿地是新城自然生态系统不可或缺的组成部分，也是海绵城市建设的重要调蓄手段。专项规划结合水系、植被和生态堤岸规划，以及《苏州吴中太湖新城启动区城市水资源综合利用专项规划》提出的雨水管道规划、湿地雨水收集方案（见表 7-11），构建启动区"一带、三核、多点"的微湿地生态系统，提出其布局、规模和植物配置建议。其中，一带即官渡河湿地带，是启动区浅滩恢复的重点区域；三核即 3 处河流汇区的湿地核，应着重恢复湿地环境，营建乡土植物群落，开展人工引鸟；多点即 6 处雨水收集关键建设点，作为城区雨水排入河道、湖泊前的滞留缓冲区，应着

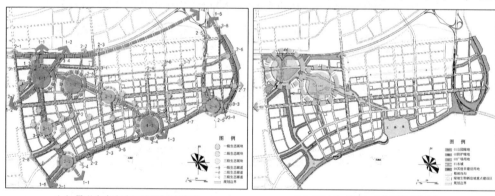

（a）景观生态安全网络规划建议图　　　　　　（b）绿地生态服务功能维护规划建议图

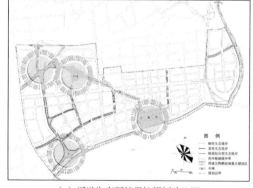

（c）河道生态环境保护规划建议图　　　　　　（d）湿地系统保护规划建议图

图 7-13　启动区景观生态系列规划建设图

资料来源：任斌斌、作者绘制。

重修复水体生态环境，提高水体净化能力，如图 7-13（d）所示。

绿地生物栖息地建设推荐 表 7-9

栖息地类型	绿地类型					斑块级别			廊道级别		
	公园绿地			防护绿地	附属绿地	一级	二级	三级	一级	二级	三级
	综合公园	社区公园	街旁绿地								
绿块生物栖息地	○	○	△	○	△	○	△	△	○	○	△
多孔隙生物栖息地	○	○	○	○	○	○	○	○	○	○	△

注："○"表示应进行的生物栖息地建设；"△"表示宜进行的生物栖息地建设。
资料来源：任斌斌绘制。

水域生物栖息地建设推荐 表 7-10

栖息地类型	柔性生态堤岸		刚性生态堤岸		刚柔结合型生态堤岸
	自然原型堤岸	自然改造型堤岸	自然型刚性生态堤岸	自然结合型刚性生态堤岸	
水域生物栖息地	○	○	○	△	○

注："○"表示应进行的生物栖息地建设；"△"表示宜进行的生物栖息地建设。
资料来源：任斌斌绘制。

雨水入河口生态湿地规模计算表 表 7-11

生态湿地编号	汇水面积（hm²）	雨水控制量（mm）	生态湿地容积（m³）	生态湿地占地面积（m²）
1	19.07		4386	14620
2	15.68		3606	12021
3	13.60	23	3128	10427
4	8.97		2063	6877
5	28.83		6631	22103

资料来源：《苏州吴中太湖新城启动区城市水资源综合利用专项规划》。

专项规划还对启动区人工引鸟问题做了简要安排。吴中地区鸟类资源丰富，共有鸟类 125 种。其中，国家一级保护鸟类 3 种，国家二级保护鸟类 30 种，江苏省级保护鸟类 24 种，主要为猛禽和水鸟，以林地、农田、湿地、鱼塘等为主要栖息地。规划以其中较为常见且对人类活动敏感度较低的 16 种鸟类作为重点招引目标群，根据其生活习性，提出绿地、湿地和水系的相应规划设计要求，如生态隔离带与鸟类绿色通道建设、植物配置、浅滩恢复、人工筑巢等，促进新城生物多样性保护，见表 7-12。

启动区引鸟植物群落模式推荐 表 7-12

序号	群落模式	备注
1	悬铃木+枫香——石楠+蜡梅+厚皮香——沿阶草	枫香、石楠为鸟嗜植物，着果期 9 月至次年 1 月；悬铃木、枫香、石楠、蜡梅为蜜源植物，总花期 12 月至次年 5 月
2	香樟+榔榆——棕榈+石楠——二月兰	所有植物均为鸟嗜植物和蜜源植物，着果期 9 月至次年 1 月和 5—6 月，总花期 2—9 月
3	南酸枣+女贞——大花溲疏——紫金牛	南酸枣、女贞、紫金牛为鸟嗜植物，着果期 8 月至次年 1 月；南酸枣、女贞、大花溲疏为蜜源植物

序号	群落模式	备注
4	香樟+栾树——枸骨+海桐——白车轴草	香樟、枸骨、海桐为鸟嗜植物，着果期9月至次年3月；所有植物均为蜜源植物，总花期4—11月
5	雪松+广玉兰——紫薇+紫荆+云南黄馨——鸢尾+红花酢浆草	雪松、广玉兰、紫荆为鸟嗜植物，着果期8—10月；广玉兰、紫薇、紫荆、云南黄馨、鸢尾、红花酢浆草为蜜源植物，总花期3—10月
6	垂柳+白丁香——桃+桂花+紫叶李——美人蕉+迎春——沿阶草	桃、桂花、紫叶李为鸟嗜植物和蜜源植物，垂柳、白丁香、美人蕉、迎春为蜜源植物，着果期5—9月和12月至次年3月，总花期2—11月

资料来源：任斌斌绘制。

3. 建筑准入管理与持续利用

对于启动区的建筑发展，专项规划在满足新建民用建筑绿色建筑比例100%的基础上，从不同情景的 CO_2 减排成本和效益比较出发，确定启动区高星级（二星级及以上）绿色建筑比例和对应的建设用地。高星级绿色建筑优先考虑新建政府投资项目、大型公共建筑项目和高能耗建筑项目。在各情景方案中，启动区新建民用建筑一星级、二星级和三星级绿色建筑面积比例的经济最优选择为60：25：15，即单位减碳量的增量成本低于平均值且总增量成本最小；减排效益最优选择为15：60：25，即年减碳总量最佳。专项规划最终选择经济最优方案，并结合土地利用规划对指标做了分解，见表7-13和图7-14。其中一星级和二星级绿色建筑指标均为约束性指标，三星级绿色建筑指标应在完成二星级绿色建筑指标的基础上加以引导[1]。分解后的用地指标在其他团队的两项重要工作成果——《启动区绿色建筑设计导则》和《启动区绿色施工导则》的指导下实施。

启动区绿色建筑星级比例划分方案（经济最优方案）　　　　表7-13

建筑类型	绿色建筑星级比例（%）			单位面积减碳量（kgCO₂/m²）	单位增量投资减碳量（kgCO₂/元）	年增量成本（万元）	年减碳量（t CO₂）
	一星级	二星级	三星级				
公共建筑	50	30	20	7.06	1.96	831.23	16.30
居住建筑	70	20	10	1.26	0.24	1333.43	3.19
整体情况	60	25	15	4.02	0.90	2164.66	19.49

资料来源：作者根据黄献明、刘畅工作成果整理。

建筑节能是启动区绿色建筑发展的关键环节。根据《苏州吴中太湖新城启动区能源专项规划》，启动区近期（2020年）建设的居住建筑应全部达到节能60%的国家标准要求，公共建筑达到节能65%的标准要求；远期（2021—2030年）建设的居住建筑和公共建筑应全部达到节能65%的标准要求；新建民用建筑的能源利用应同时满足区域建筑能源规划方案的要求（见表7-14），组织代表性公共建筑和高能耗公共建筑开展能耗分项计量，并根据江苏省相关要求开展建筑能效测评。在此基础

---

① 本段内容整理自黄献明、刘畅工作成果。

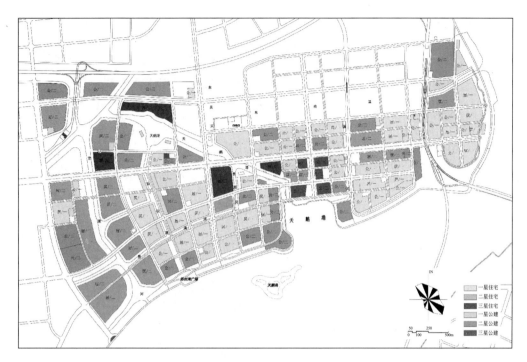

图 7-14 启动区建设用地绿色建筑星级分配方案图（过程稿）

资料来源：刘畅、黄献明、作者绘制。

上，专项规划从技术经济性出发，对启动区适宜和较适宜的建筑节能技术做了系统梳理（见表 7-15），形成不同类型建筑的节能技术集成应用指引。在不同的目标阶段，这些技术的节能贡献率不同。其中，商业建筑能耗基数高，易于集成节能技术，是启动区建筑节能的核心，节能潜力约占启动区建筑总节能潜力的 70%，剩余的建筑节能潜力基本由住宅和其他公共建筑平均分担[①]。

区域建筑能源供应形式汇总表　　　　　　　　　　表 7-14

区域名称	供应形式
A 单元	分体式空调+地源热泵+水源热泵+太阳能热水+热回收供热水
B 单元	分体式空调+太阳能热水
C 单元	分体式空调+水源热泵+太阳能热水+热回收供热水
D 单元	能源中心+太阳能热水+热回收供热水
E 单元	分体式空调+能源中心+地源热泵+太阳能热水+热回收供热水
F 单元	分体式空调+水源热泵+地源热泵+能源中心+太阳能热水+热回收供热水
G 单元	分体式空调+水源热泵+地源热泵+能源中心+太阳能热水+热回收供热水
H 单元	分体式空调+地源热泵+热回收供热水+太阳能热水

资料来源：《苏州吴中太湖新城启动区能源专项规划》。

---

① 技术选择相关内容整理自张伦工作成果。

分类	技术名称	技术应用要点
适宜技术	水源热泵	地处太湖沿岸环境敏感区域，须采用合理的取水和回灌技术
	土壤源热泵	年土壤平均温度17℃，较适宜采用
	温湿度独立控制空调系统	有效控制湿度，需要对系统进行精心设计和管理
	蓄能技术	可削峰填谷，需要对系统进行精心设计和管理
	太阳能光热	投资成本和维护成本低，节能效果明显
	冷却塔供冷	大幅降低供冷能耗，建议信息机房类全年供冷建筑使用
	余热利用	可大幅降低采暖能耗，建议使用热电厂余热
有条件适宜技术	保温围护结构	不适宜盲目增加保温结构，需针对具体建筑优化
	Low-e 玻璃	可降低热负荷，投资稍高，推荐在公共建筑使用
	区域供冷	公共建筑容积率大于5可评估后应用
	合同能源管理	建议在公共建筑中试点使用
	太阳能光伏发电	投资成本较高、系统对接较复杂，建议小范围试点使用
	风力发电	风能资源有限，可试点应用

资料来源：张伦绘制。

对位于启动区西南角和二期规划区西南部有较高保护价值的村落，专项规划建议结合旅游业和创意产业发展，将其作为新城传统文化展示、旅游接待和创意产业发展基地，予以改造和持续利用。改造应保留村落与水网和田野结合的空间关系，保留村落内部空间结构、建筑尺度和品质较高的传统民居，改造村落基础设施和所保留民居的内部生活设施，重建缺乏传统特色或建设品质较差的居民住宅，修复被破坏、人工化或现代建设痕迹过重的河道、鱼塘、水田、道路和广场，使村落既能满足现代工作和生活的需要，又能充分体现江南水乡的灵动韵致，塑造新城"城乡共生"的独特魅力。

7.2.3 行动计划与成本效益

1. 行动计划

在团队协同的基础上，专项规划对系列专项规划研究中主要规划建设措施的实施时序做了梳理（见表7-16），并提炼出由若干代表性项目组成的启动区生态型城区规划建设起步计划——"灯塔计划"，如图7-15所示。"灯塔计划"共包括14个绿色低碳技术展示项目和4个城市公共空间建设项目，系列专项规划研究中各团队的重要工作成果均有体现。这些项目的空间分布串联起来，同时也是一条游览线路。它旨在借助启动区的旅游发展条件和相关产业规划，使游客在观赏启动区优美环境的同时，对其生态型城区规划建设有更直观的感受，避免一般宣传教育的抽象枯燥，扩大新城绿色发展影响。为提高技术实施效果，专项规划对政府与公众在绿色出行、行为节能、行为节水和固体废弃物绿色管理方面的行动要点做了简要梳理，使技术减碳与人文发展协同增效，如图7-16所示。

重点技术/项目		建设进度			建设范围	建设责任
		起步阶段 （2016 年）	近期阶段 （2020 年）	远期阶段 （2030 年）		
绿色交通	公共交通	在与轨道交通 4 号支线站点/市域常规公交等接驳区域内建设公交线网	完善各层次公交线网，根据客流情况建设有轨电车，对接驳线路进行优化调整	进一步加密公交线路，优化发车时刻和间隔	重点区域~规划区	一级开发
	公共自行车	结合轨道交通 4 号支线站点、近期建成地块，设置公共自行车租赁点	根据公共自行车的使用特征，加大布点密度，完善调度方式，形成公共自行车系统	发挥智能交通优势，整合公共自行车和机动化公共交通资源，优化出行模式	建成地块~规划区	一级开发
	智能交通	框架设计；智能交通基础设施建设；软件开发；常规公交智能化试点开发建设	形成功能强大、智慧高效的智能交通系统	构建智慧城市	试点~规划区	一级开发
能源综合利用	能源节约及管理	降低输配系统漏损率，实现节能型能源基础设施建设	采用热泵技术、大温差技术、建筑能源节能控制技术等做好能源需求端的节能管理工作	建设能源监管系统，对规划区的耗能情况进行全面掌控	规划区	一级/二级开发
	新能源技术	传统能源的高效利用，新能源规模化应用	进一步推广新能源的使用	结合能源微网和风能等开发利用，优化能源结构	规划区	一级/二级开发
	市政照明	道路装灯率和亮灯率达到要求，推广高效节能灯具使用	改善城市照明控制系统，实现智能控制	推广 LED 节能灯具的使用	规划区	一级/二级开发
水资源综合利用	城市给水系统	集中二次加压泵房试点示范项目；一次性投放集中加压区域的管网建设	在示范经验基础上，推广集中式供水二次加压，完善技术水平和运营管理模式	对新城区域实施集中式二次增压供水，实现区域节水减漏	试点~规划区	一级开发
	污水再生水系统	实施启动区内再生水管网全覆盖，为二期预留中水管位	二期范围的污水再生水工程；提高污水再生水水质标准，扩大再生水使用范围，完善运营管理制度、成立污水再生水供水管理事业部门，将污水再生工程提升到产业高度	新城全范围推广污水再生水工程，在保障水质安全稳定和提高群众接受度的前提下，实施污水再生水管道入户，进一步提高管理水平	规划区~各地块	一级/二级开发

2. 系列环境效益与增量成本

专项规划通过情景比较，对系列专项规划研究方案的生态足迹、碳足迹和水足迹情况做了测算，呼应专项规划提出的三项核心控制指标。根据测算，在方案充分实施的情景下，到规划期末，启动区人均生态足迹可以得到较大改善，但由于无农业用地、生态承载力低，生态过载状态难以根本改变；启动区温室气体排放总量将比传统规划模式有大幅削减，实现经济发展与碳排放的脱钩，以现代服务业为主的产业结构在其中起到了关键作用；启动区人均水足迹也会有较大削减，消除水资源高压力状态，如图7-17所示。

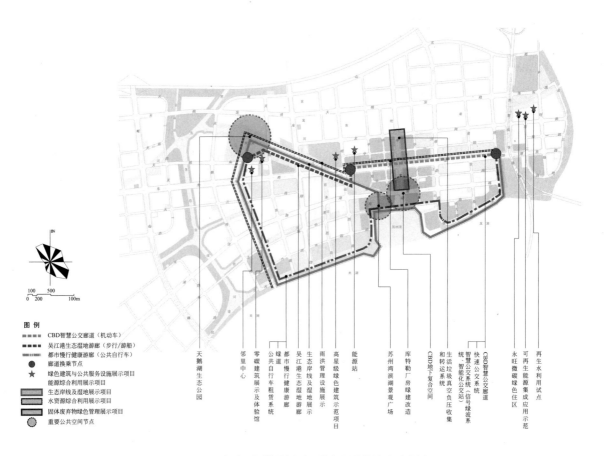

图 7-15　启动区灯塔计划项目分布和游览线路示意图

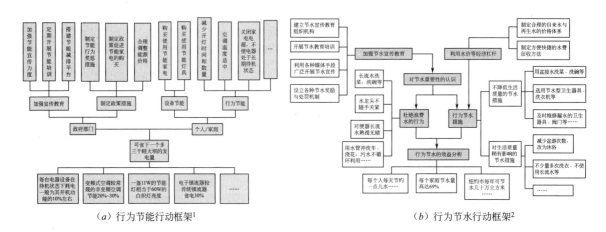

（a）行为节能行动框架[1]　　　　　　（b）行为节水行动框架[2]

图 7-16　启动区市民行动框架图（部分）

资料来源：1.《苏州吴中太湖新城启动区能源专项规划》；2.《苏州吴中太湖新城启动区城市水资源综合利用专项规划》。

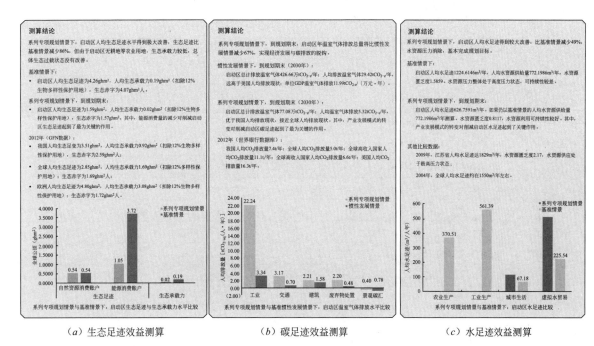

（a）生态足迹效益测算　　　　（b）碳足迹效益测算　　　　（c）水足迹效益测算

图7-17　启动区系列环境效益测算

专项规划同时对各专项主要规划建设措施的增量成本和投资回收期情况做了初步估算，见表7-17。估算显示，到规划期末，主要规划建设措施的总增量成本约为916126万元，平均投资回收期15.5年。近、远期增量成本分别占总增量成本的47%和53%。企业是启动区生态型城区建设的投资主体，总增量成本的94.8%将由企业负担，5.2%由政府负担。在各专项规划中，绿色建筑措施的总增量成本最高，约占总增量成本的35%，其次为景观生态和能源综合利用措施，分别占总增量成本的32%和28%。绿色交通和景观生态措施的投资回收期最长，约为20~30年，其次是能源和固体废弃物综合利用措施，约为11~12年，绿色建筑和水资源综合利用措施的投资回收期最短，分别为3.5年和2年。该估算的不确定性主要来自三个方面，一是估算内容的全面性不足，由于数据获取难度较大，一些对启动区生态型城区建设有重要影响，但较难进行成本效益分析的技术和项目内容，如产业发展、智慧城市建设等未能纳入其中；二是缺少对技术发展趋势的考虑，绿色低碳技术发展的总体趋势是市场化程度不断提高，技术成本不断下降，这种发展的动态性未在分析中体现；三是边际效益的估算问题，绿色低碳技术往往具有多重环境和社会效益，这些效益边界较为模糊，也较难在本分析中体现。

启动区各专项主要规划建设措施增量成本估算汇总表　　　　表7-17

序号	主要技术	总增量成本（万元）	政策补贴（万元）	净增量成本（一级开发）		净增量成本（二级开发）	投资回收期（年）
				政府投资（万元）	企业投资（万元）	企业投资（万元）	
近期（2020年）							
1	绿色交通	2925	1250	1675	0	—	20
2	绿色建筑	129400	0	—	—	129400	3.5

序号	主要技术	总增量成本（万元）	政策补贴（万元）	净增量成本（一级开发）		净增量成本（二级开发）	投资回收期（年）
				政府投资（万元）	企业投资（万元）	企业投资（万元）	
3	能源综合利用	92759	4859	—	—	87900	4.5
4	水资源综合利用	5383	0	5383	0	—	2
5	固体废弃物污染防治	4550	0	800	3550	200	19
6	景观碳汇	93653	0	38220	0	55433	—
	阶段合计	235017	3609	7858	3550	217500	14
远期（2030年）							
1	绿色交通	15750	4750	11000	0	—	—
2	绿色建筑	133536	0	—	—	133536	3.5
3	能源综合利用	111295	0	—	—	111295	20
4	水资源综合利用	7143	0	7143	0	—	1.7
5	固体废弃物污染防治	1370	0	0	1250	100	12
6	景观碳汇	140479	0	57330	0	83149	—
	阶段合计	269094	4750	18143	1250	244931	16
合计							
—		504112	8359	26001	4800	462431	15.5

注：1. 投资回收年限简单取各专项回收年限的最大值；2. 各类增量成本不考虑净现值；3. 由于地下空间专项减排效益难以量化表达，因此在本专项的技术经济性评价中，没有考虑该部分增量成本。

7.3 案例三：苏州高新区绿色生态专项规划

苏州高新区地处苏州古城西侧，东临京杭运河，西至太湖，距苏州古城3km，土地总面积223.36km²。为更好地服务于高新区"科技生态"、"迈进全国高新区第一方阵"的经济社会总体发展目标，支持高新区生态型城区规划建设，苏州高新区绿色生态系列专项规划①（以下简称"系列专项规划"）启动。系列专项规划包括三个部分的工作任务，一是从整体出发，梳理高新区生态型城区规划建设的基本目标和策略；二是为两个在建片区的控制性详细规划编制提供相关规划建设指标和技术方案，指导指标和措施落地；三是以重点建成区为对象，为高新区大量既有城区的绿色更新改造提供技术指南。其中，在建片区A，规划用地27km²，片区基础设施建设基本完成，部分土地已开发建设，部分土地尚未出让，需要补充绿色低碳措施；在建片区B，规划用地7.44km²，控制性详细规划编制中；重点建成区由三个

---

① 系列专项规划由7家单位联合完成，共包括6个部分，分别为：《绿色生态专项规划》、《绿色交通专项规划》、《能源利用专项规划》、《城市水资源综合利用专项规划》、《固体废弃物资源化利用专项规划》和《绿色建筑发展规划》。项目核心研究人员：王登云、栗德祥、王富平、龚延风、吕伟娅、陆振波、刘晋、沈志明、丁杰、冉扬涛、施玉芬、王智远、曹静、靖丹枫、汤盼成、凌羽。

街道组成，总面积64.73km²，是苏州市老城区向西延伸的主要部分，建设年代早、设施陈旧，转型升级需求突出。

该项目与吴中太湖新城项目在区位条件、资源禀赋和可持续发展挑战方面有许多相似之处，因此，系列专项规划的组织模式和技术路线相近。但与吴中太湖新城项目相比，高新区的研究范围更大、内容层次更复杂，其中既有区域整体的规划建设策略研究，也有具体片区的实施措施规划，既有增量发展任务，也有存量更新建议。为避免简单的成果复制，本项目的绿色生态专项规划在工作方法上有四个方面的改进，一是开展更加全面细致的调研评估，从细微处做好问题诊断；二是加强不同空间层次的规划建设策略梳理，明确各层次的发展侧重；三是进一步加强数字化分析手段的运用，提高方案的科学性；四是通过详细的指标体系与实施指南编制，促进系列专项规划成果的实施（详见6.2.3节）。配合工作方法的改进，专项规划成果也在《综合规划方案报告》和《指标体系与实施指南报告》的基础上，增加了《资源综合评估报告》，使规划研究逻辑更清晰严谨。

7.3.1 资源综合评估与基本判断

资源综合评估在系统梳理高新区资源环境概况的基础上，侧重对土地利用、综合交通等专项规划内容的调研与评估，同时结合对已有规划成果的整理评述、土地生态适宜性评价和国内外案例比较，形成系列专项规划研究总体思路，如图7-18所示。

图7-18 资源综合评估思路

高新区既是苏州城市发展向太湖推进的主要过渡区域，也是太湖的重要生态屏障，河网密布，有部分低丘，是苏州市域地貌地势变化最多的地区之一，生态敏感性较高。阳山是全区低丘分布的核心，也是高新区的"绿核"，主峰箭阙峰为苏州第二高峰。水域占高新区总面积的7.09%，河网密度高达4km/km²，十分有利于调节气候、改善生态环境。独特的丘陵、平原和湖荡，造就了高新区丰富的植被和生物多样性资源，以及重要的区域生态地位。苏州市域重要生态廊道——阳山通道穿越其境。在苏州中心城区规划建设"两带、三环、五楔"的绿地结构中，两带、两环和三楔均通过高新区。高新区也拥有丰富的矿产、地下水和地热资源，以及优越的地下空间利用条件。但矿产开采在一定程度上破坏了高新区的山体构造和生态环境，宕口修复成为高新区近年来生态保护的一项重要工作。此外，高新区也是吴越文化的代表地区，有"包孕吴越"之美誉。吴王夫差谢幕于此。《枫桥夜泊》描绘的"江枫渔火"、"寒山钟声"等著名景点和历史遗存也在这里。区内现有省级文物保护单位 2 处，市级文物保护单位 12 处。

"绿色"、"生态"、"可持续"是近年来贯穿高新区各类型、各层级空间规划编制的重要主题。专项规划对相关的宏观、中观、微观规划文件及研究成果做了系统梳理和评述，以了解高新区生态型城区规划建设的基础和方向。其中起到关键指导作用的是一些宏观规划文件的要求和部署，如"十三五"国民经济和社会发展规划纲要提出的"'科技、生态、宜居'的中国一流高新区"战略定位，"创新"、"转型"、"融合"、"绿色"等发展关键词和相关指标；土地利用总体规划提出的建设用地节约集约利用要求、土地利用与生态环境建设的协调发展要求；分区规划在功能分区和空间布局方面对生态优先原则的贯彻；环境保护总体规划对当前环境问题的总结和以"水"、"霾"、"土"为核心的未来保护工作部署等。两个在建片区和重点建成区的控制性详细规划文件也是评述的重点，评述以指标表的形式分析这些文件在生态型城区规划建设方面的成果与不足，从一个方面了解系列专项规划在片区层面的工作基础与需求，见表 7-18。

某片区控制性详细规划的绿色生态建设指导性评价表   表 7-18

项目	评价①					说明（简述）
	好	较好	可	弱	无	
规划理念	√					"以人为本、存量更新、生态低碳、产城融合"，切合规划区实际情况，问题把握准确
指标体系		√				对生态型城区规划建设有较好体现
产业优化	√					对未来产业发展规划科学合理
土地集约利用	√					片区产居平衡能力好，相关配套设施规划科学合理，建议增加土地混合利用内容
环境气候规划					√	未体现
绿色交通	√					内容系统、深入
景观生态			√			生态格局、绿地结构较好，但可进一步深入
能源综合利用				√		体现较少
水资源综合利用			√			有一定体现
固体废弃物综合利用				√		建议增加餐厨垃圾等固体废弃物综合利用内容
绿色建筑					√	未体现
行动步骤					√	未体现
保障措施					√	未体现
绿色生态图则及导则					√	未体现

① "评价"一栏："好"表示内容系统、全面，指导性突出，约 10% 的内容需系列专项规划进一步补充；"较好"表示内容较为系统、全面，指导意义较突出，约 20%~30% 的内容需系列专项规划补充；"可"表示规划内容有一定的系统性和指导性，约 40%~60% 的内容需系列专项规划补充；"弱"表示相关内容少、分散、指导性不足，约 70%~90% 的内容需系列专项规划补充；"无"表示无相关规划内容，全部需系列专项规划补充。

资料来源：评价成绩和说明由各专项规划团队共同完成。

资源综合评估的一个工作重点是分项调研评估，细述各分项、各空间层次的生态型城区规划建设优势与成果、挑战与问题，从中找出各专项规划要应对的具体矛盾和规划关联。例如，高新区产业发展、土地利用方式与生态环境保护之间就存在着极强的关联性。加工制造和商贸等传统服务业的发展，必然会带来人口集聚和大量的工业用地占用，这是影响该区域生态环境保护的重要因素。而高新区的产业转型升级也离不开生态环境保护工作的助力。高质量发展要素的聚集，特别是高水平创新人才的汇聚，都离不开高新区自然、健康的人居环境营造。在分项调研评估中，部分专项利用评价指标对规划区专项发展潜力、发展现状和规划预期效果进行打分比较，使评价结论更直观，如图7-19所示。

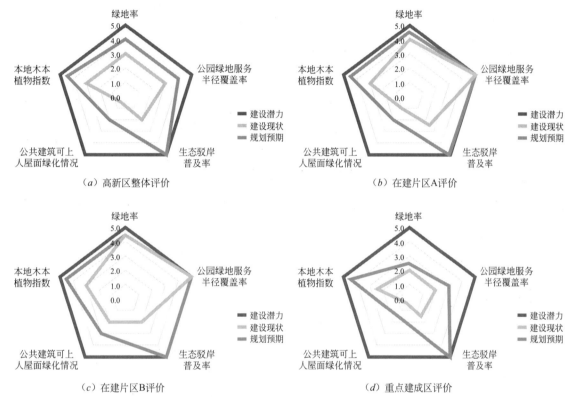

（a）高新区整体评价　　　　　（b）在建片区A评价

（c）在建片区B评价　　　　　（d）重点建成区评价

图7-19 景观生态系统建设潜力、现状与专项规划效果预期比较

注：默认建设潜力评价得分5.0分，建设现状和规划预期得分是与建设潜力之间的比较值，分值最小单位0.1。

资料来源：作者、任斌斌绘制。

综合调研评估成果来看，由于区位优势和苏州市发展需要，高新区的开发建设不可避免，并始终保持着较高的经济、社会和资源环境协调发展水平。而随着增速放缓、人口红利持续消失等经济发展新常态的到来，高新区也必然要面临转型发展的新命题。如何在发展中继续保护好当地珍贵、敏感的自然生态资源，如何利用自身的资源禀赋塑造独树一帜的城区魅力和发展竞争力，既是高新区重要的发展挑战也是其独特的发展优势。在这样的背景下，分区规划提出的"真山真水新苏州"功能定位，准确地把握了高新区的生态环境特点和国家高新技术产业开发区的产业发展要求。以此为基础，专项规划认为，高新区的生态型城区规划建设应以建设城乡一体的田园科技城区为目标，在优化产业结构的同时，最大限度地保护和修复高新区的水系山脉和自然植被，使自然环境与人工环境、城与乡更好地渗透，从根本上解决人地矛盾和由此带来的资源环境问题，在此基础上，针对人口老龄化的人口结构趋势，建设全龄友好的宜居城区，使人"诗意的栖居"。

7.3.2 规划建设策略组织

高新区的生态型城区规划建设策略需要在全区、组团和片区、街区和地块中，分层次组织开展，不同层次有不同侧重，如图7-20所示。

图7-20 高新区生态型城区规划建设策略组织层次示意图
底图图片来源：网络。

在全区层面，规划建设的首要工作是优化产业结构、控制人口规模。高新区环境生态敏感性高，现有人口规模正在接近其资源环境承载极限。只有进一步优化产业结构，减少劳动密集型产业比重，促进智力密集型产业发展，才能从根本上解决人地矛盾。同时要完善区域景观生态安全网络，完善主要斑块和廊道布局，解决生境破碎化、缺少优质廊道等问题，结合景观生态安全网络，强化组团式开发布局。这是保护高新区自然生态资源，使区域自然环境与人工环境渗透融合的基础。其次是要完善区域绿色交通系统，特别是加强轨道交通、快速公交和自行车快速路系统建设，加强组团联系，减少生活方式转变和出行需求增加带来的私人机动交通工具使用增长，减少相关大气污染和水环境面源污染，促进绿色旅游业发展。再次是要在全区层面布局能源、水、固体废弃物等资源综合利用和绿色建筑的规模化发展，制定总体发展方案、技术指南和引导措施。高新区的绿色建筑发展情况复杂，其中既有新建民用和工业建筑的发展问题，也有既有民用和工业建筑的发展问题，它们都需要制定相应的发展方案和技术指南，特别是要加强产业园区和住区层面的建设规范及引导。城乡结合是高新区生态型城区规划建设的一个重要特点。因此也要引导转变乡村生产、生活和资源利用方式，对农村用能、用水、废弃物处理处置以及农业耕作方式、农业生产过程中的化肥农药使用等进行统一规划和管理，减少点源和面源污染，加强水田管理，重视水田的生物多样性保护作用。

在组团和片区层面，规划建设首先要控制好建设用地规模，特别是工业用地规模，提高工业用地集约利用水平。同时要优先利用存量用地和设施，通过发展中小户型的居住建筑，控制人均居住面积，提高居住用地集约利用水平。并结合 TOD 模式开发、用地混合、公共服务设施升级以及常规公交系统和慢行交通系统建设，提高各组团和片区的生活便捷性，建设全龄友好的宜居城区。优化城区空间布局、形态与下垫面处理，改善微气候环境，是组团和片区层面规划建设的一项工作重点，特别是要改善既有城区的热岛效应、污染物扩散等微气候问题。对于在建片区，则需要控制好用地、街道、公共空间和建筑物尺度，化整为零，提高城区通风能力和空间魅力，传承传统苏州的城市空间意象，避免城区风貌与传统的割裂。此外，还需要完善组团内部的景观生态安全网络，开展海绵城市建设，特别是要配合法定规划，把各项资源综合利用和绿色建筑发展指标及技术要求落实到用地层面，指导土地出让。

在街区和地块层面，规划建设应以绿色产业园区和绿色住区为优先级，推动绿色建筑发展，建立能源、水资源、废弃物、绿色交通等微循环系统，把完善公共服务和绿色技术使用放在同等位置，满足不同群体的衣食住行需求，探索资源高效利用并具有丰富街道生活及人性关怀的可持续园区和住区模式，从源头提升城区细胞活力。

7.3.3 数字化分析手段的运用

1. 土地生态适宜性评价与土地利用引导[①]

高新区山、水、林、田、城构成复杂，结构交错，生态适宜性评价是指导其土地科学利用和生态环境保护的基本方法。已经完成的分区规划和景观生态概念性总体规划都开展了相关工作，并很好地把握了高新区土地利用生态适宜性的基本框架，突出了太湖、大阳山和京杭运河的战略性生态地位。专项规划的生态适宜性评价在此基础上，从高新区整体出发，以两个在建片区和重点建成区的土地生态适宜性分析为重点，进一步完善评价因子结构，剔除其中的冗余和独立性不明确内容，优化适宜性等级划分方式，使评价更加系统明确，同时采用高分辨率基础空间数据，提高评价结论的时效性和精度。

评价共筛选出 8 项主要生态敏感性因子和 5 项限制性因子，见表 7-19。生态敏感性因子分为自然环境因子和城区建设因子两类。自然环境因子以水体和植被保护因子为侧重，两者是维护高新区生态安全的关键。水体保护因子以河流水系的保护区范围作为分级条件，河流水系等级越高、水域面积越大，则保护区范围越大。评价对不同等级和面积的河流水系保护范围做了细致区分，避免简单的无差别处理。植被保护因子以植被重要性作为分级条件，植被重要性以 NDVI 指数和不同植被群

---

① 本部分内容整理自《苏州高新区土地生态适宜性评价报告》，张雪艳、作者、程洁编制。

落类型的生态价值来区分。城区建设因子中，土地利用以存量优先为前提进行适宜性分级，同时考虑开发建设与重要道路（限制性因子除外）和市区建成区的距离问题，提高空间发展的紧凑性。

高新区生态适宜性评价因子构成表 表7-19

准则层	指标层		适宜等级	分级条件	权重
生态敏感性因子					
自然环境	高程		5	高程范围	略
	坡度		5	坡度范围	略
	地质灾害		5	灾害风险	略
	水体保护	京杭大运河及大面积（大于25hm²）水域	4	缓冲区范围	略
		重要河道及中等面积（5~25hm²）水域	4	缓冲区范围	
		其他河道及小型（小于5hm²）水域	4	缓冲区范围	
	植被保护		5	植被重要性	略
城区建设	土地利用现状		5	用地分类	略
	重要道路		5	道路两侧缓冲范围	略
	市区建成区距离		5	距离范围	略
限制性因子					
生态安全	基本农田		禁止开发	基本农田保护区	不参加权重叠加
	河流、水域及湿地		禁止开发	重点水生态系统保护	
	生态红线区域		禁止开发	重点陆地生态保护	
城区建设	重要道路		禁止开发	道路两侧防护范围	不参加权重叠加
	重要电力设施		禁止开发	设施周边防护范围	

资料来源：张雪艳、作者绘制，水体保护、植被保护内容整理自任斌斌工作成果。

按照计算模型、相应因子分值和权重叠加综合分析，同时采用K-means对生态适宜性评价指数进行聚类，评价将在建片区和重点建成区土地生态适宜性分为5个等级：最适宜、较适宜、基本适宜、不适宜、很不适宜，再结合禁止开发的生态红线区域，生成最终的综合评价结果，如图7-21所示。其中，两个在建片区的用地适宜性均以较适宜和基本适宜为主，在建片区A用地的适宜性优于在建片区B用地，重点建成区用地适宜性以最适宜和较适宜为主，不适宜和很不适宜用地比例最低。

与土地生态适宜性评价的数据处理过程相配合，专项规划（景观生态部分）从水系、植被重要性分析和植被斑块景观格局分析入手，对高新区、两个在建片区和重点建成区的景观生态安全格局做了重新梳理，加强对关键生态廊道和斑块的提取，加强生态廊道和斑块的等级划分及规模限定，使规划区的生态安全格局更系统严密，层次更丰富，斑块规模和廊道宽度更符合生态服务功能要求，见表7-20和图7-22。专项规划也利用景观生态安全格局的重新梳理，进一步优化土地生态适宜性评价结论，指导土地利用。

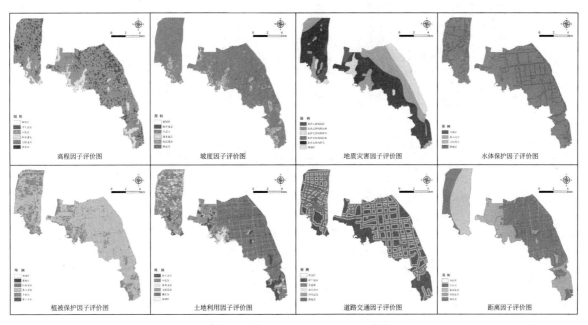

（a）单因子系列评价图（限制性因子评价除外）

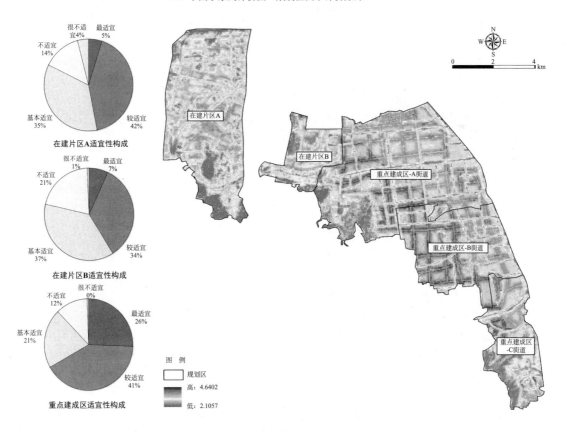

（b）综合评价图

图7-21 规划区土地生态适宜性评价图

资料来源：张雪艳分析绘制。

类别	分析结论
景观破碎度分析	高新区现状植被斑块整体破碎度为 87.436 个/km², 与其他地区相比（如 2008 年北京城市绿地斑块破碎度为 11.18 个/km²）, 破碎程度较高; 在所有植被类型中, 其他草地和林地破碎程度最低, 更有利于生物多样性保护
景观分维数分析	高新区现状植被斑块的景观分维数为 1.446, 处于分维数域值 1~2 的前半段, 绿地景观斑块周边简单, 空间实体几何形状相对规则, 人为干扰相对较大
景观形状指数分析	高新区植被的斑块景观形状指数为 1.836, 其中以其他园地、其他林地为最高, 斑块形状相对复杂, 形状差异性大, 更有利于生物多样性保护

资料来源：作者整理自任斌斌工作成果。

（a）植被重要性分析图[1]　　　　　　　　（b）景观生态安全格局规划建议图[2]

图7-22 高新区植被重要性分析与景观生态安全格局规划建议图

资料来源：1.张雪艳分析绘制；2.任斌斌绘制。

　　结合土地生态适宜性评价来看，两个在建片区和重点建成区的土地利用规划方案均较为科学，与用地生态适宜性无明显冲突，但也都有部分用地可以结合土地生态适宜性评价和景观生态安全格局的优化进一步调整，特别是要减少建设用地对水系和植被保护缓冲空间的挤占，保护和构建优势生态斑块与廊道，加强生态补偿。

　　2. 城区微气候模拟分析

　　专项规划通过微气候模拟分析，对两个在建片区和重点建成区（中心城区部分）的空间形态规划提出优化建议，并以图则的形式指导相关开发建设（详见6.2.3节）。其中，在建片区 B 的模拟分析采用 ENVI-MET 软件作为技术平台，在建片区 A 和重点建成区（中心城区部分）的模拟分析采用 PHOENICS 软件作为技术平台。

　　在建片区 B 的模拟分析从热舒适度出发，以冬至日和夏至日为典型工况，分别选择空气温度、风速、相对湿度和室外 CO_2 浓度指标，综合考察片区规划方案的微气候影响。模拟显示，由于苏州地区气象特点，片区冬季室外风速、温度、相对湿度等衡量因子均处于较正常状态，微气候问题主要集中在夏季。夏至日 12：00—14：00，片区风速分布整体处于较舒适水平，72% 的用地处于最佳舒适风状态，如

图 7-23 (a) 所示；用地温度分布由片区西北部向东南部降低，处于温和和微热温度区域的用地各占一半，如图 7-23 (b) 所示；约 60% 的用地相对湿度适宜，剩余用地由于山体和高密度建筑组团阻挡城市通风造成涡流区，相对湿度较低，如图 7-23 (c) 所示；CO_2 浓度整体处于室外环境中正常范围，空气清新，不会引起人体的不适反应，如图 7-23 (d) 所示。为解决夏季通风问题，片区应进一步优化部分区域的建筑高度和密度。其中，东南部商业用地的建筑密度和高度对夏季主导风进入片区有一定影响，如图 7-24 (a) 所示，可适当降低，引入夏季主导风，如图 7-24 (b) 所示；中部娱乐康体用地的建筑密度和高度也可适当降低，使中部区域形成真正的绿带，将气流引入南、北两个高密度区域，如图 7-24 (c) 所示。此外，为加强通风引导，模拟分析也对片区城市天际线控制、街道进风口管理、高密度商业办公建筑裙房造型、材料反射率等规划设计提出了相关要求[①]。

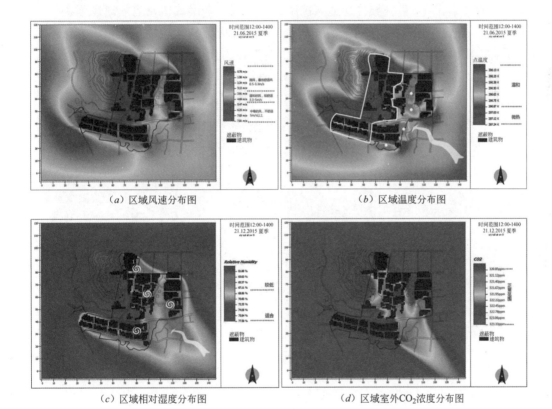

（a）区域风速分布图 　　　　　　　　　　（b）区域温度分布图

（c）区域相对湿度分布图 　　　　　　　　（d）区域室外CO_2浓度分布图

图 7-23 在建片区 B 夏至日 12：00~14：00 系列微气候模拟分析图

资料来源：朱珊珊分析绘制。

中心城区是重点建成区的核心部分，用地类型多，建筑密度高，存量更新任务重。模拟主要针对控制性详细规划提出的土地利用和空间布局方案。从模拟结果来看，规划区的微气候问题主要集中在室外风环境和热岛效应方面。在夏季主导风工况下，部分区域的人行高度会出现接近 5m/s 的高风速，需要考虑适当加大建筑退

---

① 本段内容整理自朱珊珊工作成果。

（a）建筑高度影响夏季主导风进入　　（b）适当降低局部建筑高度　　（c）主导风与"绿带"关系

图7-24 在建片区B规划设计建议示意图

资料来源：朱珊珊分析绘制。

线距离，以增加通风路径截面积，消除风速过大情况，如图7-25（a）所示。其中，商业密集区（2号区域）应适当控制建筑高度、密度或留出有效通风廊道，以避免对背风面东北区域通风效果的影响。也有部分区域的人行高度在冬季主导风工况下会出现风速大于5m/s的不舒适区域，应格外注意高层建筑的防风和保温设计，也可以适当提高规划区北部的建筑高度，以阻挡冷风的侵入。中心城区北部部分区域由于商业用地的高密度，对风的阻挡作用较强，而区域本身散热量较高，夏季热岛效应较强，需要采取措施改进，如图7-25（b）所示。此外，除少量高车流量区域外，规划区整体室外污染物扩散条件较好，如图7-25（c）所示[1]。

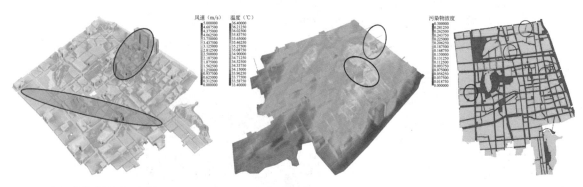

（a）夏季区域风速分布图　　（b）夏季主导风情况下室外温度分布图　　（c）人行高度污染物浓度分布情况

图7-25 中心城区系列微气候模拟分析图

资料来源：彭渤等分析绘制。

---

① 本段内容整理自彭渤等工作成果。

附彩图

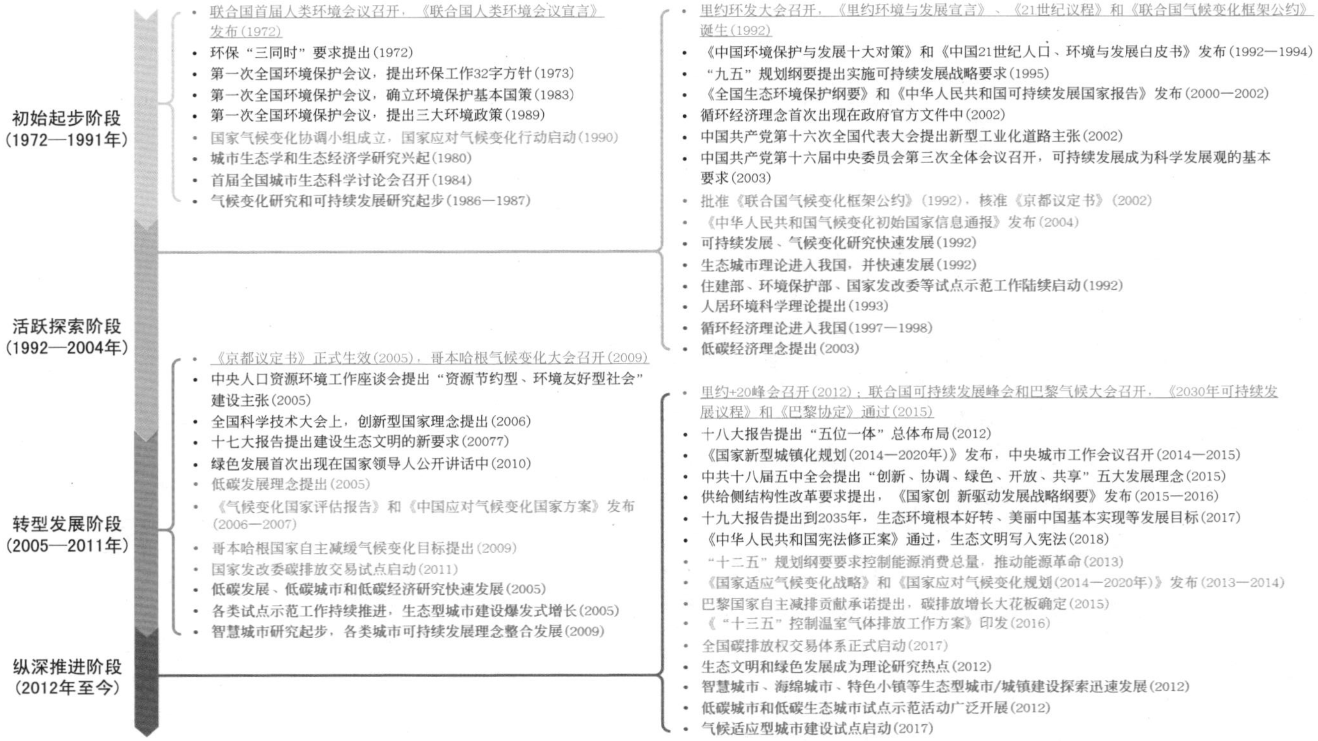

初始起步阶段
(1972—1991年)
活跃探索阶段
(1992—2004年)
转型发展阶段
(2005—2011年)
纵深推进阶段
(2012年至今)
联合国首届人类环境会议召开，《联合国人类环境会议宣言》发布(1972)
环保“三同时”要求提出(1972)
第一次全国环境保护会议，提出环保工作32字方针(1973)
第一次全国环境保护会议，确立环境保护基本国策(1983)
第一次全国环境保护会议，提出三大环境政策(1989)
国家气候变化协调小组成立，国家应对气候变化行动启动(1990)
城市生态学和生态经济学研究兴起(1980)
首届全国城市生态科学讨论会召开(1984)
气候变化研究和可持续发展研究起步(1986—1987)
里约环发大会召开，《里约环境与发展宣言》、《21世纪议程》和《联合国气候变化框架公约》诞生(1992)
《中国环境保护与发展十大对策》和《中国21世纪人口、环境与发展白皮书》发布(1992—1994)
“九五”规划纲要提出实施可持续发展战略要求(1995)
《全国生态环境保护纲要》和《中华人民共和国可持续发展国家报告》发布(2000—2002)
循环经济理念首次出现在政府官方文件中(2002)
中国共产党第十六次全国代表大会提出新型工业化道路主张(2002)
中国共产党第十六届中央委员会第三次全体会议召开，可持续发展成为科学发展观的基本要求(2003)
批准《联合国气候变化框架公约》(1992)，核准《京都议定书》(2002)
《中华人民共和国气候变化初始国家信息通报》发布(2004)
可持续发展、气候变化研究快速发展(1992)
生态城市理论进入我国，并快速发展(1992)
住建部、环境保护部、国家发改委等试点示范工作陆续启动(1992)
人居环境科学理论提出(1993)
循环经济理论进入我国(1997—1998)
低碳经济理念提出(2003)
《京都议定书》正式生效(2005)，哥本哈根气候变化大会召开(2009)
中央人口资源环境工作座谈会提出“资源节约型、环境友好型社会”建设主张(2005)
全国科学技术大会上，创新型国家理念提出(2006)
十七大报告提出建设生态文明的新要求(20077)
绿色发展首次出现在国家领导人公开讲话中(2010)
低碳发展理念提出(2005)
《气候变化国家评估报告》和《中国应对气候变化国家方案》发布(2006—2007)
哥本哈根国家自主减缓气候变化目标提出(2009)
国家发改委碳排放交易试点启动(2011)
低碳发展、低碳城市和低碳经济研究快速发展(2005)
各类试点示范工作持续推进，生态型城市建设爆发式增长(2005)
智慧城市研究起步，各类城市可持续发展理念整合发展(2009)
里约+20峰会召开(2012)；联合国可持续发展峰会和巴黎气候大会召开，《2030年可持续发展议程》和《巴黎协定》通过(2015)
十八大报告提出“五位一体”总体布局(2012)
《国家新型城镇化规划(2014—2020年)》发布，中央城市工作会议召开(2014—2015)
中共十八届五中全会提出“创新、协调、绿色、开放、共享”五大发展理念(2015)
供给侧结构性改革要求提出，《国家创 新驱动发展战略纲要》发布(2015—2016)
十九大报告提出到2035年，生态环境根本好转、美丽中国基本实现等发展目标(2017)
《中华人民共和国宪法修正案》通过，生态文明写入宪法(2018)
“十二五”规划纲要要求控制能源消费总量，推动能源革命(2013)
《国家适应气候变化战略》和《国家应对气候变化规划(2014—2020年)》发布(2013—2014)
巴黎国家自主减排贡献承诺提出，碳排放增长大花板确定(2015)
《“十三五”控制温室气体排放工作方案》印发(2016)
全国碳排放权交易体系正式启动(2017)
生态文明和绿色发展成为理论研究热点(2012)
智慧城市、海绵城市、特色小镇等生态型城市/城镇建设探索迅速发展(2012)
低碳城市和低碳生态城市试点示范活动广泛开展(2012)
气候适应型城市建设试点启动(2017)

注：带下划线的红色字体，表示重要国际会议和会议文件；黑色字体，表示国家可持续发展战略部署；绿色字体，表示国家应对气候变化行动部署；蓝色字体，表示城市重要研究和实践进展

图 2-12 我国解决资源环境可持续问题的重要行动节点

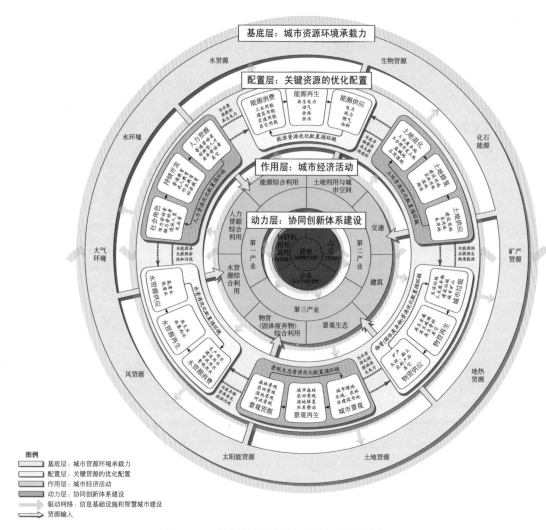

图 3-16　协同创新型低碳生态城市发展模式模型

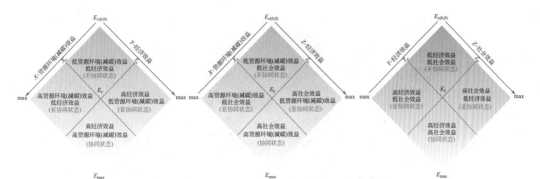

（a）经济与环境子系统协同发展状态划分　（b）社会与环境子系统协同发展状态划分　（c）经济与社会子系统协同发展状态划分

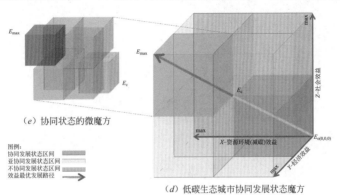

（e）协同状态的微魔方

图例：
协同发展状态区间
亚协同发展状态区间
不协同发展状态区间
效益最优发展路径

（d）低碳生态城市协同发展状态魔方

图3-17　低碳生态城市协同发展状态划分

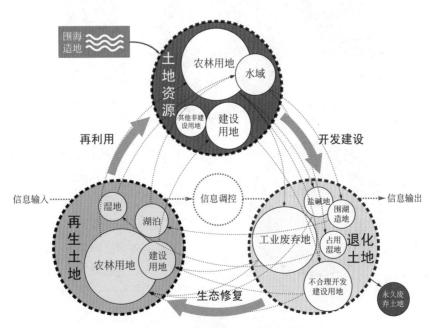

图3-19　土地资源优化配置循环链

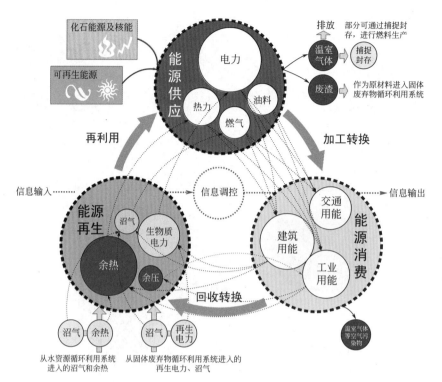

图 3-20 能源优化配置循环链

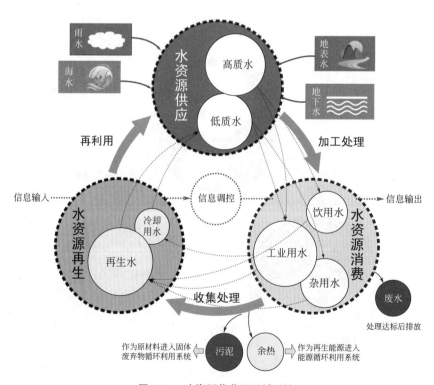

图 3-21 水资源优化配置循环链

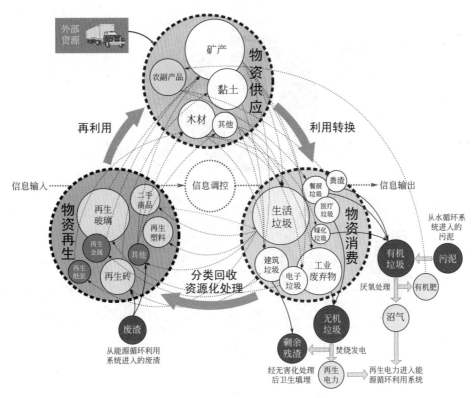

图 3-22　固体废弃物资源优化配置循环链

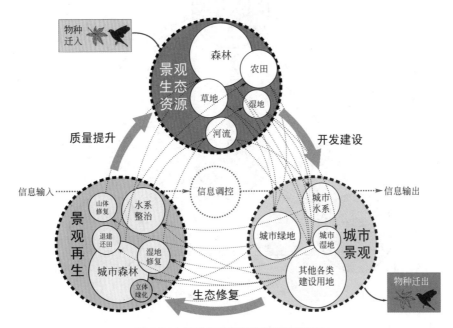

图 3-23　景观生态资源优化配置循环链

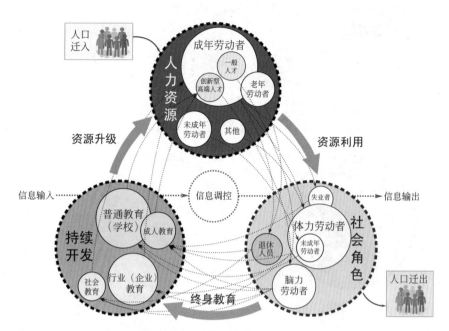

图3-24　人力资源优化配置循环链

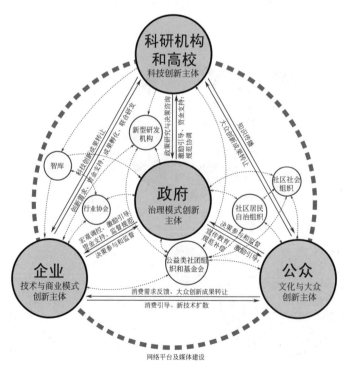

图3-27　城市协同创新发展的组织关系网络

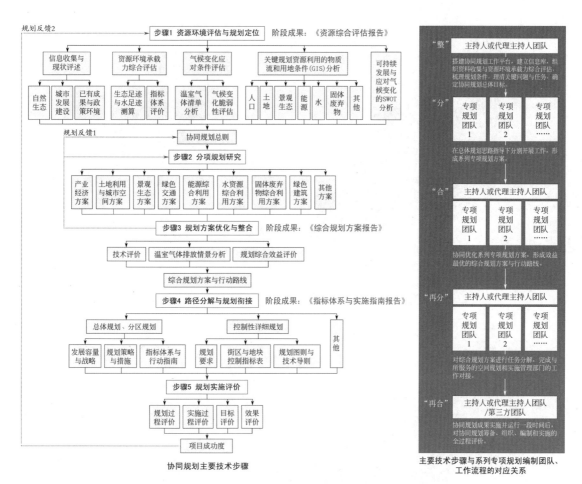

图 3-30　低碳生态城市协同规划主要技术步骤与工作流程

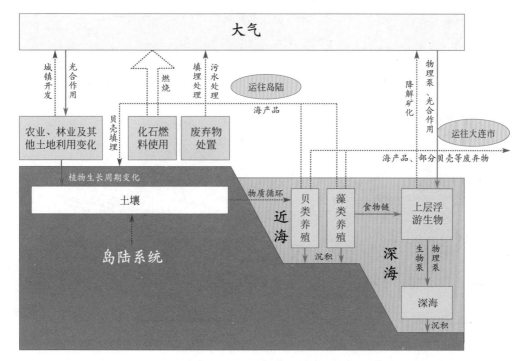

图 4-10　獐子岛镇碳平衡研究模型

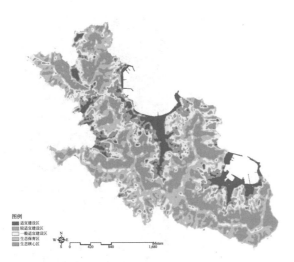

图 5-4　主岛用地综合生态适宜性分区图（GIS）

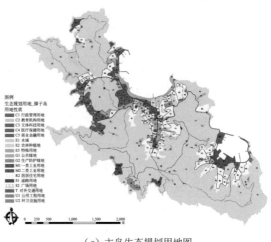

（a）主岛生态规划用地图

图 5-8 （a）　主岛生态规划用地图

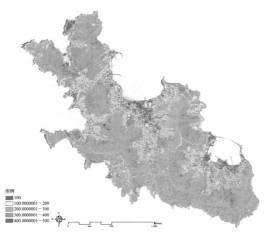

（a）主岛NDVI指数分析

（b）主岛生态廊道现状分析

图 5-10　主岛 NDVI 指数和生态廊道分析

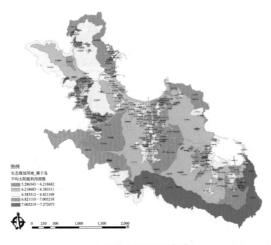

（a）平均太阳能利用指数

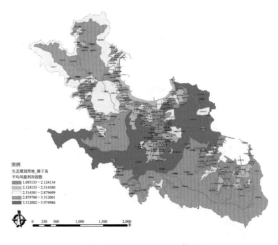

（b）平均小型风能利用指数

图 5-18　主岛规划地块太阳能和风能利用条件分析

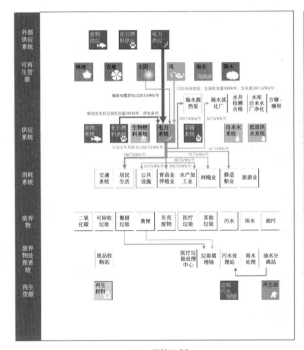
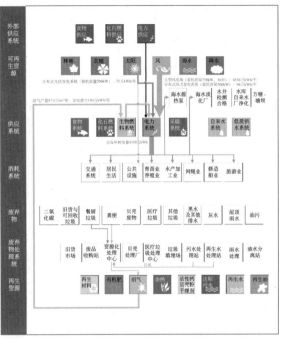

（a）现状分析　　　　　　　　　　　　　（b）规划预期分析

图 5-19　獐子岛镇电力消费的物质流分析

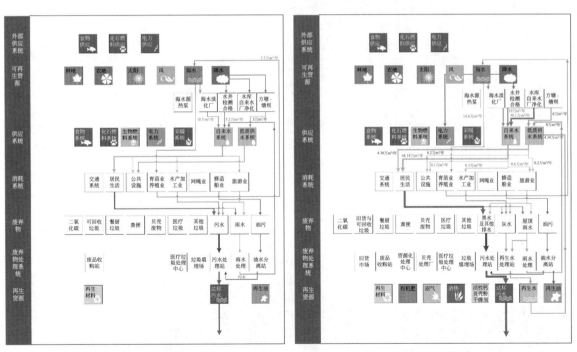

（a）现状分析　　　　　　　　　　　　　（b）规划预期分析

图 5-22　獐子岛镇水资源消费物质流分析

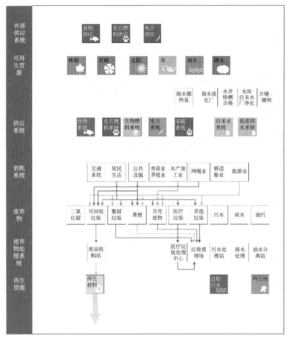

（a）现状分析

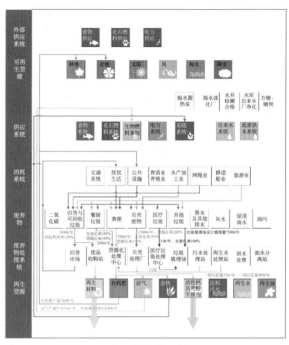

（b）规划预期分析

图 5-23 獐子岛镇固体废弃物处理处置的物质流分析

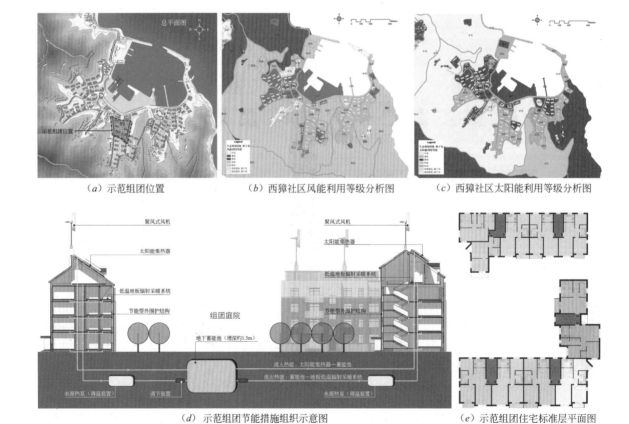

（a）示范组团位置　　　（b）西獐社区风能利用等级分析图　　　（c）西獐社区太阳能利用等级分析图

（d）示范组团节能措施组织示意图　　　（e）示范组团住宅标准层平面图

图 5-27 示范组团节能方案示意图

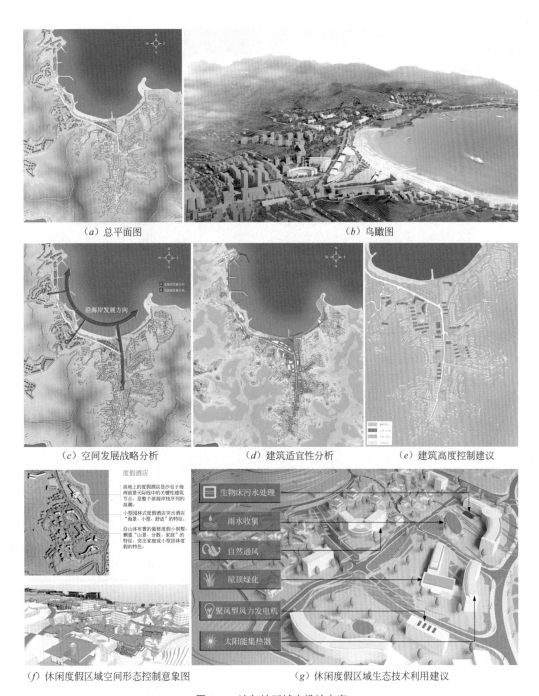

（a）总平面图 　　　　　　　　　（b）鸟瞰图

（c）空间发展战略分析 　　　（d）建筑适宜性分析 　　　（e）建筑高度控制建议

（f）休闲度假区域空间形态控制意象图 　　　（g）休闲度假区域生态技术利用建议

图 5-9　沙包社区城市设计方案

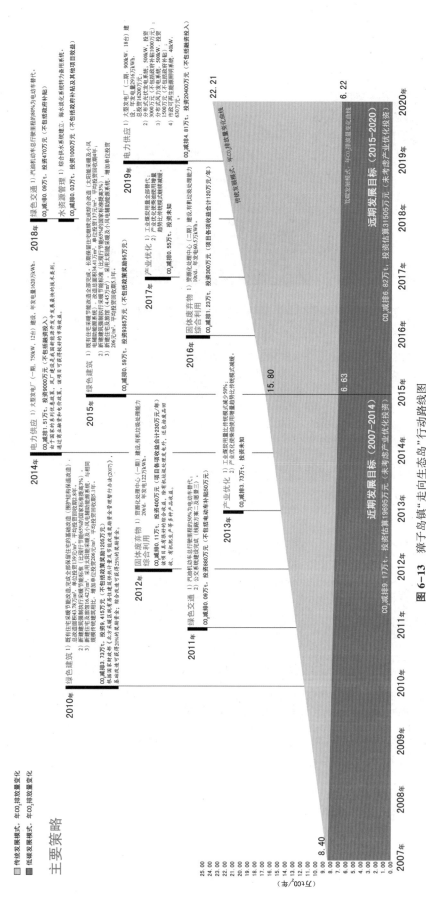

图 6-13 獐子岛镇"走向生态岛"行动路线图

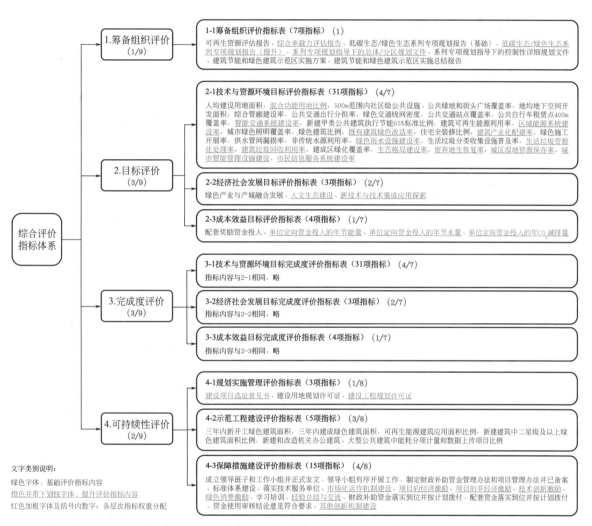

文字类别说明:

绿色字体: 基础评价指标内容

橙色并带下划线字体: 提升评价指标内容

红色加粗字体及括号内数字: 各层次指标权重分配

图 6-21 示范区综合评价指标体系的构成与权重关系

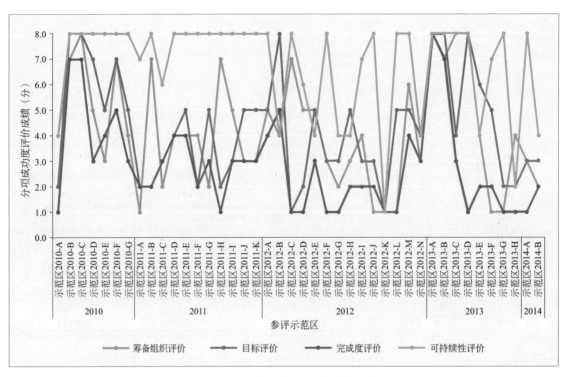

图6-23　各示范区分项成功度成绩比较

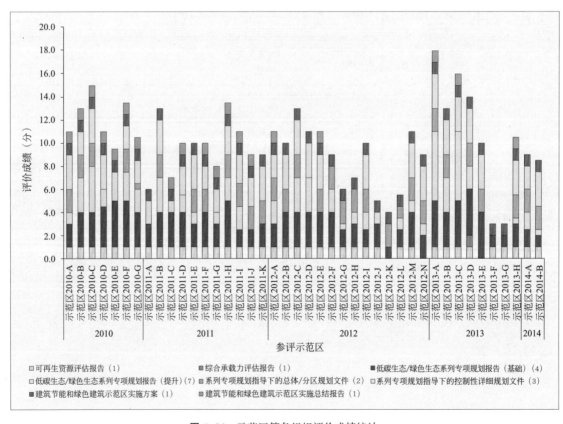

图6-24　示范区筹备组织评价成绩统计

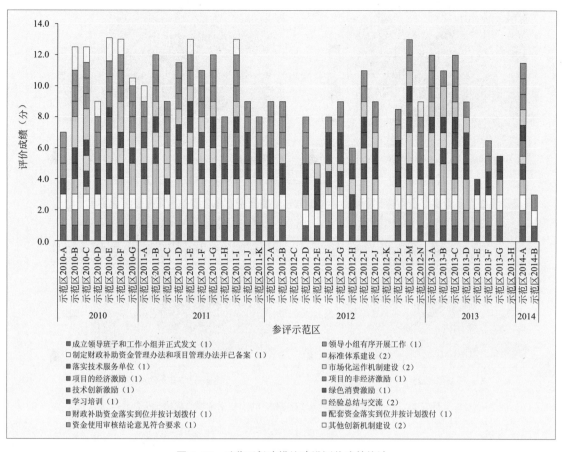

图 6-27　示范区保障措施建设评价成绩统计

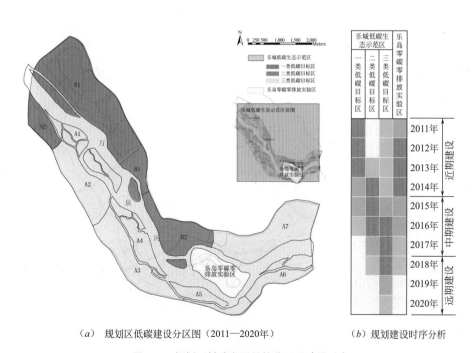

（*a*）规划区低碳建设分区图（2011—2020年）　　　（*b*）规划建设时序分析

图 7-1　规划区低碳发展导控分区及建设时序

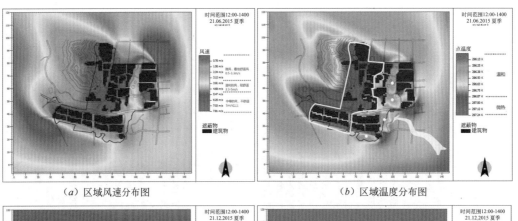

（a）区域风速分布图　　　　　　　　　　　（b）区域温度分布图

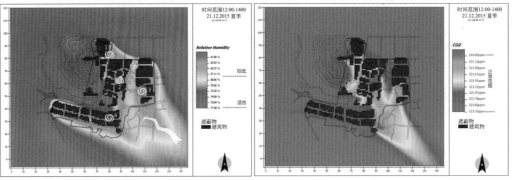

（c）区域相对湿度分布图　　　　　　　　　（d）区域室外CO₂浓度分布图

图 7-23　在建片区 B 夏至日 12：00—14：00 系列微气候模拟分析图

（a）建筑高度影响夏季主导风进入　　（b）适当降低局部建筑高度　　（c）主导风与"绿带"关系

图 7-24　在建片区 B 规划设计建议示意图

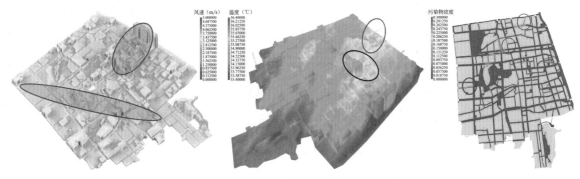

（a）夏季区域风速分布图　　（b）夏季主导风情况下室外温度分布图　　（c）人行高度污染物浓度分布情况

图 7-25　中心城区系列微气候模拟分析图

参考文献

［1］ European Environment Agency. Air quality in Europe－2017 report ［EB/OL］.（2017－10－11）. https：//www. eea. europa. eu/publications/air-quality-in-europe-2017.

［2］ Yale Center for Environmental Law and Policy, Center for International Earth Science Information Network. 2018 Environmental performance index ［EB/OL］.（2018）. https：//epi. envirocenter. yale. edu/downloads/epi2018reportv05171902. pdf.

［3］ WMO. 2018 年全球气候状况声明 ［EB/OL］.（2019）. https：//library. wmo. int/doc_ num. php? explnum_ id＝5806.

［4］ WMO. 2017 年全球气候状况声明 ［EB/OL］.（2018）. https：//library. wmo. int/doc_ num. php? explnum_ id＝4520.

［5］ IPCC. Climate Change 2013：the Physical Science Basis ［M/OL］. Cambridge：Cambridge University Press, 2013. https：//www. ipcc. ch/report/ar5/wg1/.

［6］ Centre for Research on the Epidemiology of Disasters, United Nations Office for Disaster Risk Redution. Economic losses, Poverty and Disasters：1998-2017 ［EB/OL］.（2018）. https：//www. unisdr. org/files/61119_ credeconomi-closses. pdf.

［7］ IPCC. Special Report on Global Warming of 1.5℃ ［M/OL］. Cambridge：Cambridge University Press, 2018. https：//www. ipcc. ch/report/sr15.

［8］ 刁凡超，李蕊. 专家谈京津冀雾霾：七成污染起伏由气象条件决定，地形也不利 ［N/OL］. 澎湃新闻，2017-01-07. https：//www. thepaper. cn/newsDetail_ forward_ 1595482.

［9］ UNEP. The Emissions Gap Report 2017：a UN Environment Synthesis Report ［EB/OL］.（2017－11）. https：//www. unenvironment. org/resources/report/emissions-gap-report-2017-un-environment-synthesis-report.

［10］ U. S. Global Change Research Program. Fourth National Climate Assessment：Volume Ⅱ Impacts, Risks, and Adaptation in the United States ［EB/OL］. Washington, DC：U. S. Government Publishing Office, 2018. https：//nca2018. globalchange. gov/downloads/NCA4_ 2018_ FullReport. pdf.

［11］ 中国科学院可持续发展战略研究组. 2009 中国可持续发展战略报告——探索中国特色的低碳道路 ［M］. 北京：科学出版社，2009.

［12］ UN-Habitat. Cities and Climate Change：Global Report on Human Settlements 2011 ［M/OL］. London • Washington, DC：Earthscan Ltd, 2011. https：//unhabitat. org/books/cities-and-climate-change-global-report-on-human-settlements-2011/.

［13］ Tokyo Metropolitan Government Bureau of Environment. TMG Finalizes the Cap for Tokyo Cap-and-Trade Program after 2020 ［EB/OL］.（2019－03－29）. http：//www. kankyo. metro. tokyo. jp/en/climate/index. files/TCaT_ after2020. pdf.

［14］ 吴良镛. 人居环境科学导论 ［M］. 北京：中国建筑工业出版社，2001.

［15］ 国家发展和改革委员会. 中国应对气候变化的政策与行动 2016 年度报告 ［R/OL］. 北京：国家发展和改革委员会，2016. http：//www. ndrc. gov. cn/gzdt/201611/W020161102610470866966. pdf.

［16］ IPCC. Climate Change 2014：Mitigation of Climate Change ［M/OL］. Cambridge：Cambridge University Press, 2014. https：//www. ipcc. ch/report/ar5/wg3/.

［17］ GCP. Global Carbon Budget 2018 ［EB/OL］.（2018－12－05）. https：//www. globalcarbonproject. org/carbonbudget/18/files/GCP_ CarbonBudget_ 2018. pdf.

[18] 宋金明，李学刚，袁华茂，等.中国近海生物固碳强度与潜力 [J].生态学报，2008，28（2）：551-558.

[19] 罗上华，毛齐正，马克明，等.城市土壤碳循环与碳固持研究综述 [J].生态学报，2012，32（22）：7177-7189.

[20] 寇太记，常会庆，张联合，等.近地层 O_3 污染对陆地生态系统的影响 [J].生态环境学报，2009，18（2）：704-710.

[21] IPCC. 2006 IPCC guidelines for national greenhouse gas inventories：volume II [EB/OL]. Japan：the Institute for Global Environmental Strategies，2008. http：//www. ipcc. ch/ipccreports/ Methodology-reports. htm.

[22] 国家发展和改革委员会应对气候变化司.中华人民共和国气候变化第二次国家信息通报 [M].北京：中国经济出版社，2014.

[23] 中华人民共和国生态环境部.中国应对气候变化的政策与行动 2018 年度报告 [R/OL].北京：中华人民共和国生态环境部，2018. http：//qhs. mee. cn/zcfg/201811/P020181129539211385741. pdf.

[24] 《第三次气候变化国家评估报告》编写委员会.第三次气候变化国家评估报告 [M].北京：科学出版社，2015.

[25] BP p. l. c.. BP 世界能源统计年鉴 2016 [EB/OL].（2016-06）. http：//www. bp. com/content/dam/bp-country/zh_ cn/Publications/StatsReview2016/BP%20Stats%20Review_ 2016 中文版报告. pdf.

[26] 王伟光，郑国光.气候变化绿皮书：应对气候变化报告（2014）[M].北京：社会科学文献出版社，2014.

[27] 中华人民共和国环境保护部.中国环境统计年报 2015 [M].北京：中国环境出版社，2016.

[28] 张楠，覃栎，谢绍东.中国黑碳气溶胶排放量及其空间分布 [J].科学通报，2013，58（19）：1855-1864.

[29] 张小曳.中国不同区域大气气溶胶化学成分浓度、组成与来源特征 [J].气象学报，2014，72（6）：1108-1117.

[30] 刘莹，林爱文，覃文敏，等.1990~2017 年中国地区气溶胶光学厚度的时空分布及其主要影响类型 [J].环境科学，2019，40（6）：2572-2581.

[31] 中华人民共和国生态环境部. 2017 中国生态环境状况公报 [R/OL].北京：中华人民共和国生态环境部，2018. http：//www. mee. gov. cn/hjzl/zghjzkgb/lnzghjzkgb/201805/P020180531534645032372. pdf.

[32] 中国气象局气候变化中心. 2018 年中国气候变化蓝皮书 [R].北京：中国气象局，2018.

[33] 国家统计局.中国统计年鉴 2018 [M].北京：中国统计出版社，2018.

[34] 王伟光，郑国光.气候变化绿皮书：应对气候变化报告（2015）[M].北京：社会科学文献出版社，2015.

[35] 赵贝佳.厄尔尼诺加剧全球变暖，我国极端天气事件频发 [N].人民日报，2017-01-11（16）.

[36] 国家发展和改革委员会，等.国家适应气候变化战略 [R/OL].北京：国家发展和改革委员会，2013. http：//www. gov. cn/gzdt/att/att/site1/20131209/001e3741a2cc140f6a8701. pdf.

[37] 中华人民共和国水利部. 2017 年中国水资源公报 [R/OL].北京：中华人民共和国水利部，2018. http：//www. mwr. gov. cn/sj/tjgb/szygb/201811/t20181116_ 1055003. html.

[38] 中华人民共和国自然资源部. 2017 中国土地矿产海洋资源统计公报 [R/OL].北京：中华人民共和国自然资源部，2018. http：//gi. mlr. gov. cn/201805/P020180518560317883958. pdf.

[39] 中华人民共和国环境保护部. 2015 中国环境状况公报 [R/OL].北京：中华人民共和国环境保护部，2016. http：//www. mee. gov. cn/hjzl/zghjzkgb/lnzghjzkgb/201606/P020160602333160471955. pdf.

[40] 中华人民共和国住房和城乡建设部.中国城市建设统计年鉴 2016 [M].北京：中国统计出版社，2016.

[41] 魏潇潇，王小铭，李蕾，等.1979~2016 年中国城市生活垃圾产生和处理时空特征 [J].中国环境科学，2018，38（10）：3833-3843.

[42] D. A. Sholtz，R. A. Willsen.城市生态学 [J].薛国屏译.城市生态学，1980（6）：26-31.

[43] （日）神里公.生态经济学的课题和方法 [J].童斌译.国外社会科学，1980（2）：61-62.

[44] 魏心镇.城市生态系统与城市规划 [J].经济地理，1982（3）：209-215.

[45] 徐祖同.试谈城市生态学和城市生态系统 [J].城市规划，1984（1）：35-37.

[46] 邹德慈."理想城市"探讨 [J].城市，1989（1）：5-7.

[47]（英）彼得·霍尔.西方城市规划的先驱思想家们 [J].邹德慈译.城市规划，1983（4）：60-63.

[48] 王如松.《城市生态、规划的灵敏度模型》一书评介 [J].生态学报，1983（4）：356.

[49] 曲格平.人类在生物圈内生存 [J].环境污染与防治，1987（3）：2-6.

[50] 叶笃正.人类活动引起的全球性气候变化及其对我国自然、生态、经济和社会发展的可能影响 [J].中国科学院院刊，1986（2）：112-120.

[51] L·马赫塔，徐明.人类影响气候的现状 [J].气象科技资料，1974（6）.

[52] 牛文元.持续发展导论 [M].北京：科学出版社，1994.

[53] 王如松，欧阳志云.生态整合——人类可持续发展的科学方法 [J].科学通报，1996（S1）：47-67.

[54] 叶文虎，陈国谦.三种生产论：可持续发展的基本理论 [J].中国人口·资源与环境，1997，7（2）：14-18.

[55] 吴人韦，付喜娥."山水城市"的渊源及意义探究 [J].中国园林，2009（6）：39-44.

[56] 黄光宇，陈勇.生态城市概念及其规划设计方法研究 [J].城市规划，1997（6）：17-20.

[57] 董宪军.生态城市研究 [D].北京：中国社会科学院，2000.

[58] 陈泮勤，郭裕福.全球气候变化的研究与进展 [J].环境科学，1993，14（4）：16-23.

[59] 潘家华.人文发展分析的概念构架与经验数据——以对碳排放空间的需求为例 [J].中国社会科学，2002（6）：15-25.

[60] 叶笃正，吕建华.气候研究进展和21世纪发展战略 [J].自然科学进展，2003，13（1）：42-46.

[61] 何建坤，刘滨.作为温室气体排放衡量指标的碳排放强度分析 [J].清华大学学报（自然科学版），2004，44（6）：740-743.

[62] 庄贵阳.气候变化与可持续发展 [J].世界经济与政治，2004（4）：50-55.

[63] 何建坤.我国"十二五"低碳发展的形势与对策 [J].开放导报，2011，157（4）：9-12.

[64] 胡鞍钢.中国如何应对全球气候变暖挑战 [M]//中国科学院-清华大学国情研究中心.国情报告（第十卷·2007年（下））.北京：党建读物出版社，社会科学文献出版社，2013：493-511.

[65] 付允，汪云林，李丁.低碳城市的发展路径研究 [J].科学对社会的影响，2008（2）：5-10.

[66] 刘志林，戴亦欣，董长贵，等.低碳城市理念与国际经验 [J].城市发展研究，2009，16（6）：1-12.

[67] 陈飞，诸大建.低碳城市研究的内涵、模型与目标策略确定 [J].城市规划学刊，2009，182（4）：7-13.

[68] 潘海啸，汤諹，吴锦瑜，等.中国"低碳城市"的空间规划策略 [J].城市规划学刊，2008，178（6）：57-64.

[69] 顾朝林，谭纵波，韩春强，等.气候变化与低碳城市规划 [M].南京：东南大学出版社，2009.

[70] 周岚，张京祥，崔曙平，等.低碳时代的生态城市规划与建设 [M].北京：中国建筑工业出版社，2010.

[71] 叶祖达.低碳生态空间：跨维度规划的再思考 [M].大连：大连理工大学出版社，2011.

[72] 张泉.低碳生态与城乡规划 [M].北京：中国建筑工业出版社，2011.

[73] 诸大建，臧漫丹，朱远.C模式：中国发展循环经济的战略选择 [J].中国人口·资源与环境，2005，15（6）：8-12.

[74] 杨保军，董珂.生态城市规划的理念与实践——以中新天津生态城总体规划为例 [J].城市规划，2008，32（8）：10-15.

[75] 仇保兴.我国城市发展模式转型趋势——低碳生态城市 [J].城市发展研究，2009，16（8）：1-6.

[76] 沈清基，安超，刘昌寿.低碳生态城市的内涵、特征及规划建设的基本原理探讨 [J].城市规划学刊，2010，190（5）：48-57.

[77] 栗德祥，邹涛，王富平，等.循环型低碳发展模式规划的探索与实践——以大连獐子岛生态规划项目为例 [C].2009中国可持续发展论坛暨中国可持续发展研究会学术年会论文集（上册），2009：1-6.

[78] 李冰，李迅.绿色生态城区发展现状与趋势 [J].城市发展研究，2016，23（10）：91-98.

[79] 齐晔.低碳发展蓝皮书：中国低碳发展报告（2014）[M].北京：社会科学文献出版社，2014.

[80] 徐春.对生态文明概念的理论阐释 [J].北京大学学报（哲学社会科学版），2010（1）：61-63.

[81] 诸大建. 生态文明下的中国绿色发展 [J]. 城市管理与科技, 2013 (2): 6-9.

[82] 马凯. 坚定不移推进生态文明建设 [J]. 求是, 2013 (9): 3-9.

[83] 胡鞍钢, 周绍杰. 绿色发展: 功能界定、机制分析与发展战略 [J]. 中国人口·资源与环境, 2014, 24 (1): 14-20.

[84] 诸大建. "坚持绿色发展" 理论研讨会发言摘编: 推动低碳循环发展 [N]. 人民日报, 2016-10-12 (012).

[85] 石楠. "人居三"、《新城市议程》及其对我国的启示 [J]. 城市规划, 2017, 41 (1): 9-21.

[86] 江苏省住房和城乡建设厅, 江苏省住房和城乡建设厅科技发展中心. 江苏省绿色生态城区发展报告 [M]. 北京: 中国建筑工业出版社, 2018.

[87] 周干峙. 城市化和可持续发展 [J]. 城市规划, 1998 (3): 8-9.

[88] 吴彤. 自组织方法论研究 [M]. 北京: 清华大学出版社, 2001.

[89] 钱学森, 于景元, 戴汝为. 一个科学新领域——开放的复杂巨系统及其方法论 [J]. 自然杂志, 1990, 13 (1): 3-10.

[90] 佘振苏, 倪志勇. 人体复杂系统科学探索 [M]. 北京: 科学出版社, 2012.

[91] 叶文虎. 可持续发展: 理论与方法的思考 [M]. 北京: 中国 21 世纪议程管理中心, 1995.

[92] (英) 埃里克·诺伊迈耶. 强与弱: 两种对立的可持续性范式 [M]. 曾义金, 樊洪海译. 上海: 上海译文出版社, 2005.

[93] 联合国开发计划署. 2011 年人类发展报告——可持续性与平等: 共享美好未来 [EB/OL]. (2011). http://hdr. undp. org/en/reports/global/hdr2011/download/.

[94] Ulf Ranhagen, Karin Billing, Hans Lundberg, et al. 共生城 Symbio City 分析方法 [R]. 斯德哥尔摩: 瑞典政府办公室, SIDA, 2010.

[95] 邹涛. 生态城市视野下的协同减熵动态模型与增维规划方法 [D]. 北京: 清华大学, 2009.

[96] 王如松, 胡聃, 王祥荣, 等. 城市生态服务 [M]. 北京: 气象出版社, 2004.

[97] 沈清基. 城市生态与城市环境 [M]. 上海: 同济大学出版社, 1998.

[98] 李迅, 刘琰. 低碳、生态、绿色——中国城市转型发展的战略选择 [J]. 城市规划学刊, 2011, 194 (2): 1-7.

[99] 中华人民共和国国务院新闻办公室. 中国应对气候变化的政策与行动 2008 [R/OL]. 北京: 中华人民共和国国务院, 2008. http://www.mfa. gov. cn/ce/ceun/chn/zjzg/zfbps/t521511. htm.

[100] 吴志强, 柏旸. 欧洲智慧城市的最新实践 [J]. 城市规划学刊, 2014, 218 (5): 15-22.

[101] 谭英, 戴安娜·米勒-达雪, 彼得·乌尔曼. 曹妃甸生态城的生态循环模型——能源、水和垃圾 [J]. 世界建筑, 2009 (6): 66-75.

[102] 贝恩特·达勒曼, 陈炼. 绿色之都德国弗莱堡——一项城市可持续发展的范例 [M]. 北京: 中国建筑工业出版社, 2013.

[103] 栗德祥. 欧洲城市生态建设考察实录 [M]. 北京: 中国建筑工业出版社, 2011.

[104] 诸大建. 管理城市发展: 探讨可持续发展的城市管理模式 [M]. 上海: 同济大学出版社, 2004.

[105] 仇保兴. 重建城市微循环——一个即将发生的大趋势 [J]. 城市发展研究, 2011, 18 (5): 1-13.

[106] 吴良镛. 吴良镛城市研究论文集 (1986~1995) [M]. 北京: 中国建筑工业出版社, 1996.

[107] 吴良镛. 人居环境科学发展趋势论 [J]. 城市与区域规划研究, 2010 (7): 1-14.

[108] 余猛, 吕斌. 低碳经济与城市规划变革 [J]. 中国人口·资源与环境, 2010, 20 (7): 20-24.

[109] 叶祖达, 龙惟定. 低碳生态城市规划编制: 总体规划与控制性详细规划 [M]. 北京: 中国建筑工业出版社, 2016.

[110] 张泉, 叶兴平, 陈国伟, 等. 低碳生态城乡规划技术方法进展与实践 [M]. 北京: 中国建筑工业出版社, 2017.

[111] 獐子岛镇志编纂委员会. 獐子岛镇志 [M]. 北京: 中国社会出版社, 2003.

[112] 池源, 石洪华, 郭振, 等. 海岛生态脆弱性的内涵、特征及成因探析 [J]. 海洋学报, 2015, 37 (12):

93-101.

[113]　WWF. 地球生命力报告 · 中国 2015：发展、物种与生态文明 ［EB/OL］.（2015）. http：//www. wwfchina. org/content/press/publication/2015. pdf.

[114]　叶祖达. 碳排放量评估方法在低碳城市规划之应用 ［J］. 现代城市研究，2009（11）：20-26.

[115]　姜洋，何永，毛其智，等. 基于空间规划视角的城市温室气体清单研究 ［J］. 城市规划，2013（4）：50-67.

[116]　叶祖达，王静懿. 中国绿色生态城区规划建设：碳排放评估方法、数据、评价指南 ［M］. 北京：中国建筑工业出版社，2015.

[117]　王原. 城市化区域气候变化脆弱性综合评价理论、方法与应用研究——以中国河口城市上海为例 ［D］. 上海：复旦大学，2010.

[118]　Mayor Michael R. Bloomberg. A Stronger, more Resilient New York ［R/OL］.（2013）. http：//s - media. nyc. gov/agencies/sirr/SIRR_ singles_ Lo_ res. pdf.

[119]　王祥荣，凌焕然，黄舰，等. 全球气候变化与河口城市气候脆弱性生态区划研究——以上海为例 ［J］. 上海城市规划，2012（6）：1-6.

[120]　"我国小微企业发展状况研究"课题组. 小微企业发展状况的中外比较研究 ［J］. 调研世界，2016（3）：8-15.

[121]　栗德祥，雷李蔚，王富平. 城镇低碳发展关键词释义 ［C］. 第八届城市发展与规划大会论文集，2013.

[122]　吕斌，孙婷. 低碳视角下城市空间形态紧凑度研究 ［J］. 地理研究，2013，32（6）：1057-1067.

[123]　谭纵波. 低碳浪潮下的城市规划——应对策略与现实选择 ［J］. 北京规划建设，2013（5）：18-24.

[124]　姜洋，何东全，ZEGRAS Christopher. 城市街区形态对居民出行能耗的影响研究 ［J］. 城市交通，2011，9（4）：21-29.

[125]　藏鑫宇. 绿色街区城市设计策略与方法研究 ［D］. 天津：天津大学，2013.

[126]　丁沃沃，胡友培，窦平平. 城市形态与城市微气候的关联性研究 ［J］. 建筑学报，2012（7）：16-21.

[127]　汪光焘，王晓云，苗世光，等. 城市规划大气环境影响多尺度评估技术体系的研究与应用 ［J］. 地理科学，2005，35（S1Ⅰ）：145-155.

[128]　任超，袁超，何正军，等. 城市通风廊道研究及其规划应用 ［J］. 城市规划学刊，2014，216（3）：52-60.

[129]　朱强，俞孔坚，李迪华. 景观规划中的生态廊道宽度 ［J］. 生态学报，2005，25（9）：2406-2412.

[130]　俞孔坚，李迪华. 城乡与区域规划的景观生态模式 ［J］. 国外城市规划，1997（3）：27-31.

[131]　欧阳志云，李伟峰，Juergen paulussen，等. 大城市绿化控制带的结构与生态功能 ［J］. 城市规划，2004，28（4）：41-45.

[132]　赵杭美，由文辉，罗扬，等. 滨岸缓冲带在河道生态修复中的应用研究 ［J］. 环境科学与技术，2008，31（4）：116-122.

[133]　陆化普，王晶. 基于绿色交通理念的交通供求关系导向策略 ［J］. 综合运输，2013（6）：4-10.

[134]　潘海啸. 面向低碳的城市空间结构——城市交通与土地使用的新模式 ［J］. 城市发展研究，2010，17（1）：40-45.

[135]　潘海啸. 多模式城市交通体系与方式间的转换 ［J］. 城市规划学刊，2013，211（6）：84-88.

[136]　江亿. 中国城市能源 2050 ［J］. 新能源经贸观察，2017，51（7）：26-27.

[137]　王贵玲，张薇，梁继运，等. 中国地热资源潜力评价 ［J］. 地球学报，2017，38（4）：449-459.

[138]　龙惟定. 绿色生态城区的智能能源微网 ［J］. 暖通空调，2013，43（10）：39-45.

[139]　王登云，许文发. 低碳城市建设与建筑区域能源规划 ［J］. 暖通空调，2011，41（4）：17-19.

[140]　龙惟定，刘魁星. 城区需求侧能源规划中的几个关键问题 ［J］. 暖通空调，2017，47（4）：2-9.

[141]　孔丹凤，吕伟娅. 江苏省绿色建筑节水与水资源利用技术及发展趋势 ［J］. 中国给水排水，2013，29（24）：27-31.

[142]　吕伟娅，管益龙，张金戈. 绿色生态城区海绵城市建设规划设计思路探讨 ［J］. 中国园林，2015（6）：

16-20.

[143] 中华人民共和国住房和城乡建设部.海绵城市建设技术指南——低影响开发雨水系统构建（试行）［EB/OL］.（2014-10）.http：//www.mohurd.gov.cn/wjfb/201411/t20141102_219465.html.

[144] 陈家珑.我国建筑垃圾资源化利用现状与建议［J］.建设科技，2014（1）：9-12.

[145] 国家发展和改革委员会.中国资源综合利用年度报告（2014）［J］.再生资源与循环经济，2014，7（10）：3-8.

[146] 宋庆彬，张宇平，缪友萍，等."互联网+资源回收"模式助推中国资源回收革命［J］.环境污染与防治，2016，38（8）：105-109.

[147] 江亿，彭琛，燕达.中国建筑节能的技术路线图［J］.建设科技，2012（17）：12-19.

[148] 叶贵，别领康，汪红霞，等.建筑物使用寿命影响因素的模糊因子分析［J］.现代城市研究，2015（8）：92-98.

[149] 清华大学建筑节能研究中心.中国建筑节能年度发展研究报告2017［M］.北京：中国建筑工业出版社，2017.

[150] 袁镔.从建筑节能率到建筑用能强度控制中国民用建筑节能标准发展解读［J］.建设科技，2017（4）：14-16.

[151] 卢求.德国被动房超低能耗建筑技术体系［J］.生态城市与绿色建筑，2015（1）：29-36.

[152] 中华人民共和国住房和城乡建设部.被动式超低能耗绿色建筑技术导则（试行）（居住建筑）［EB/OL］.（2015-10）.http：//www.mohurd.gov.cn/wjfb/201511/W020151113040354.pdf.

[153] Greater London Authority. Action Today to Protect Tomorrow-The Mayor's Climate Change Action Plan［EB/OL］.（2007）.http：//www.london.gov.uk/mayor/ environment/climate-change/docs/ccap-fullreport.pdf.

[154] 国家发展和改革委员会能源研究所课题组.中国2050年低碳发展之路：能源需求暨碳排放情景分析［M］.北京：科学出版社，2009.

[155] IPCC. Climate change 2014：impact, adaptation, and vulnerability［M/OL］. Cambridge：Cambridge University Press，2014. https：//www.ipcc.ch/report/ar5/wg2/.

[156] 朱守先，梁本凡.中国城市低碳发展评价综合指标构建与应用［J］.城市发展研究，2012，19（9）：93-98.

[157] 仇保兴.兼顾理想与现实——中国低碳生态城市指标体系构建与实践示范初探［M］.北京：中国建筑工业出版社，2012.

[158] 吴琼，王如松，李宏卿，等.生态城市指标体系与评价方法［J］.生态学报，2005（8）：2090-2095.

[159] 蔺雪峰，叶炜，郑舟，等.以目标为导向的中新天津生态城规划及发展实践［J］.时代建筑，2010（5）：46-49.

[160] 孙施文.基于绩效的总体规划实施评价及其方法［J］.城市规划学刊，2016（1）：22-27.

[161] 李湘琳.滨水新城的绿色生态规划策略——以苏州吴中太湖新城为例［J］.城市发展研究，2015，22（S1）：1-7.

致 谢

本书是在我的博士学位论文《低碳城镇发展及其规划路径研究——以獐子岛镇为例》的基础上，结合之后的科研与项目实践完成的。

感谢我的导师栗德祥教授。在"低碳"还不被大多数人认识的时候，栗先生就以其渊博的学识和敏锐的洞察力，引导我踏入这一领域探索。在我的研究或思考陷入困境时，也是栗先生的深刻认识和独到见解给了我启发。栗先生严谨的治学态度和抓整体、抓根本的研究方式，令我终身受益。多年来跟随栗先生的学习和工作经历，也令我终生难忘。

感谢我的合作导师张兴教授，在我从事博士后研究和后来的工作期间，始终如一的包容与支持。

感谢我所在的团队——清华大学建筑学院生态设计工作室和清华大学建筑设计研究院有限公司绿色工程设计研究所的各位领导、老师及同事。感谢栗铁所长、黄献明师兄和夏伟师兄。这是一个充满朝气和不断进取的团队。正是这里特有的科研氛围，才使我有机会完成本书的写作。

作为本书应用案例的规划研究项目和科研课题均是团队共同努力的成果，感谢所有曾经一起工作的老师和伙伴。特别感谢邹涛师兄和王登云博士，前者先进的研究理念和勤奋的工作态度，后者开放的工作格局和对知识的尊重，都使我获益匪浅。凡是本书所引案例的内容和结论，我都尽量对其完成团队和个人加以说明，倘有遗漏，肯请谅解。

王富平

2019 年 1 月